和硕恪靖公主府

修缮保护工程报告

呼和浩特博物馆　河北省古代建筑保护研究所　编著

文物出版社

图书在版编目（CIP）数据

和硕恪靖公主府修缮保护工程报告/呼和浩特博物馆，河北省古代建筑保护研究所编著. －北京：文物出版社，2014.1

ISBN 978-7-5010-3886-2

Ⅰ. ①和…　Ⅱ. ①呼…　②河…　Ⅲ. ①古建筑－修缮加固－呼和浩特市－清代②古建筑－文物保护－呼和浩特市－清代　Ⅳ. ①TU-87

中国版本图书馆CIP数据核字(2013)第260477号

和硕恪靖公主府修缮保护工程报告

编　　著　呼和浩特博物馆　河北省古代建筑保护研究所
封面设计　周小玮
责任印制　陆　联
责任编辑　王　戈　陈　峰
出版发行　文物出版社
地　　址　北京市东直门内北小街2号楼
　　　　　邮政编码　100007
　　　　　http：//www.wenwu.com
　　　　　E-mail：web@wenwu.com

制版印刷　北京燕泰美术制版印刷有限责任公司
经　　销　新华书店
版　　次　2014年1月第1版第1次印刷
开　　本　889×1194　　1/16
印　　张　25
书　　号　ISBN 978-7-5010-3886-2
定　　价　420.00元

目 录

插图目录

工程图目录

图版目录

序　一

内蒙古自治区文化厅副厅长
内蒙古自治区文物局局长

清和硕恪靖公主府是目前建筑信息保留最为完整的清代公主府邸。自2005年7月，自治区对公主府进行了全面保护维修。这是公主府自建成三百年来的首次大修，也是自治区成立近六十年来，第一个由国家文物局全资承担的全国重点文物保护单位古建筑群保护维修项目。近年来，古建筑保护维修工作越来越受到国家、自治区各级领导的高度重视，自治区清代古建筑保护工作已被列入国家文物局“十二五”规划。

和硕恪靖公主府的整个保护维修过程本着认真、严谨的工作态度，在细工慢活出精品的思想指导下，严格按照文物保护相关规范和操作规程，组织过硬的古建施工队伍和能工巧匠，科学施工，真正使该项工程项目成为全区古建筑保护维修的示范工程。

《和硕恪靖公主府修缮保护工程报告》客观完整地记录了这一清代皇家建筑的修缮过程及古建筑维修保护施工的一系列标准工艺，是自治区出版的首部古建筑工程报告，它必将对下一步全区古建筑的维修与保护起到示范和指导作用。

和硕恪靖公主府作为专题类博物馆，具有独一无二的地域优势和文化优势，它的发展将为自治区建设特色博物馆体系起到很好的引领和示范作用。希望其在展厅设计、展陈物品和博物馆文化传播方面能够起到积极的示范作用，使博物馆成为爱国主义教育基地及青少年教育的第二课堂，根据自治区“8337”发展思路，为建设民族文化、文物强区做出更大贡献。

2013年8月9日

序 二

呼和浩特市人民政府副市长 付玉莲

呼和浩特有着悠久的历史和光辉灿烂的文化，是游牧文明和农耕文明交汇、融合之地。昭君墓、五塔寺、清真大寺、大召、小召、丰州古城、盛乐古城等多处名胜古迹，承载着青城厚重的历史文化。

清代和硕恪靖公主府是呼和浩特重要的文化古迹。历经数百年沧桑变化，公主府的主体建筑破坏严重，亟待维修保护。历时四年的保护维修，使公主府的历史文化价值得以重现，全面地展示了青城人文历史文化风貌。呼和浩特市市委、市政府高度重视公主府的保护及综合利用，先后投入资金1200万元，全部用于博物馆建设，建成了全国唯一的展示民族团结的清代公主专题博物馆。这也是近年来呼和浩特市公共文化服务体系建设的重点项目之一，并以此为契机，带动呼和浩特市文物保护工作迈上了一个新的台阶。在此，感谢国家文物局、内蒙古自治区文物局及河北省古代建筑保护研究所的全力支持，使公主府维修保护工程得以顺利完工并得到各级领导和各方面专家的认可。

为更好地记录、传承古建筑保护维修技艺，呼和浩特博物馆及河北省古代建筑保护研究所共同编写了《和硕恪靖公主府修缮保护工程报告》一书。图书付梓在即，向为此做出巨大贡献的同志们表示衷心感谢！希望诸位在今后的工作中，能为我市的公共文化事业再立新功！

2013年9月2日

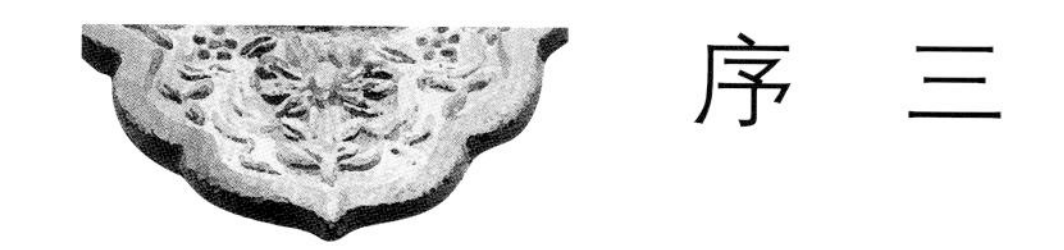

序　三

内蒙古自治区文化厅原副巡视员

自20世纪80年代以来，内蒙古自治区的文博事业有了长足的进步和发展，但古建筑修缮却一直是处“软肋”。虽然较成功地修缮了呼和浩特市白塔、赤峰市宁城县大明塔和巴林右旗辽庆州白塔，但除了庆州白塔是以自治区古建技术人员为主外，其余两塔主要的勘察、设计、施工均由国家文物局直属的文保所的技术人员承担。

进入21世纪以后，古建筑修缮量急剧增加，为了使自治区古建修缮工作有良好的发展前景，我根据当时国家文物局文保司分管这方面工作同志的建议，为避免在古建筑修缮工作中低水平地全面开花，从当时亟需修缮的古建筑中遴选出几项典型工程，精心设计，精心施工，作为内蒙古今后一个时期古建筑文物修缮的示范工程。这样一是可以全面提升内蒙古古建筑修缮质量，二是可以进一步培养古建筑修缮方面的人才。记得当时初选的项目是呼和浩特市和硕恪靖公主府、锡盟多伦县汇宗寺和赤峰市喀喇沁旗王府，其中和硕恪靖公主府被列为重中之重。时任河北省古代建筑保护研究所所长张立方（现任河北省文物局局长）和继任的所长郭瑞海是我在文博界的老友，他们在河北省古建文物修缮任务十分繁重的情况下，克服困难，抽调所内精兵强将，按照示范工程的要求，细心勘察，精心设计，用心施工。呼和浩特市的有关部门和领导，特别是公主府的使用单位呼和浩特博物馆馆长赵江滨给了河北省古代建筑保护研究所有力的配合，高质量完成了使用单位应做好的各项工作。这样，在有关各方的共同努力下，历时四年，此项工程以近乎完美的形象呈现在世人面前，成为内蒙古自治区在古建筑文物修缮方面名符其实的示范工程。

古建筑在内蒙古的存量相比于其他门类的文物遗存，诸如古遗址、古墓葬要少得多，故此显得格外珍贵。古建筑本身并不是孤立存在的，往往承载着诸多历史信息，比如建筑样式、规格、工艺、手法以及当时人们的喜好、价值取向、审美观念等。当然，古建筑修缮不可能做到百分之百保存原貌，但成功的修缮就是应在现有条件下，使原有历史信息的保存量最大化。我们要考虑的是文物本体的延年益寿，而不是焕然一新。须知，文物本体承载的历史信息丢失越多，相应的文物价值就越低。呼和浩特恪靖公主府的修缮之所以成功，之所以成为示范工程，其核心理念就是在修缮工程中最大限度地保存这座“西出京城第一府”所承载的诸多历史信息。

对照公主府的修缮工程，一些地区和单位在古建文物修缮方面有着不少不尽如人意的地方，致使大量珍贵的历史信息散失。更有甚者，打着保护、开发的旗号，在重点文物保护单位的保护范围的核心区凭空建造价值不菲的假古董，使原有的历史建筑群的环境风貌遭到严重破坏。

《和硕恪靖公主府修缮保护工程报告》一书即将结集出版，赵江滨馆长嘱我为这本书写序，欣然应从。因是这一修缮工程的历史见证人，也缘于与这一古建筑和使用这一建筑的文博同仁的缘分，故写了以上文字，是以为序。

2013年5月23日

专题研究

Subject of Research

壹　恪靖公主府的由来

“满蒙联姻”是清王朝由始至终奉行的国策之一，是特殊历史条件下的政治抉择。清代皇室的多位公主相继下嫁蒙古王公贵族，于是蒙古地区出现了诸多与公主相关的府邸、豪宅和陵寝建筑。坐落于呼和浩特市新城区公主府街西端的恪靖公主府堪称魁元。这座由清廷内务府主持兴建的府第规模宏大、气势非凡，殿堂富丽堂皇，园囿、楼台情趣盎然，充分体现了其显赫身份和重要的社会地位。

一　历史渊源

（一）明代北朝蒙古汗国的形成

1．北元政权到蒙古汗国的确立

元至正二十八年（1368年），大一统的元朝灭亡，号称中国统一多民族国家解体。蒙古汗廷北迁，退据蒙古草原建立北元政权。明朝重蹈历史覆辙先后六次派遣大军追奔逐北远离内地征讨蒙古，但始终不能使其臣服。于是，明朝采取政治上排斥、军事上驱逐、经济上封锁的全面防御政策修筑了万里长城，设置“九边”、“三卫”进行防御。 后来，以长城为界明朝和蒙古汗国各据一方，形成了长达二百多年的南北对峙局面。其间，因悔婚和互市贸易等问题曾发生“土木之变”、“庚戌之役”、“石州之役”等兵戎相见的历史事件。时战时和，各自为政。

蒙古汗廷的势力控制着东起松花江、辽河以西，西至巴尔喀什湖，南自明长城，北到贝加尔湖的广袤疆域。

2．蒙古内部纷争，卫拉特部兴起

明初期，退踞漠北的蒙古大汗权威日渐低落，大小蒙古封建主实行割据，内讧不断。蒙古黄金家族内部，争夺汗位的斗争演变为部落间的争夺政权的斗争。从14世纪末叶开始，西部卫拉特蒙古即明人记载中的瓦剌力量逐渐壮大。他们和东部蒙古王朝后裔即明人所称的“鞑靼”蒙古封建主，进行了半个多世纪的争夺汗权的

斗争。到15世纪中叶，卫拉特蒙古脱欢、也先二位太师先后西征哈密，东取辽东，“漠北东西万里，无敢与之抗者”。南犯明边时，在“土木之役”中明朝皇帝被俘，后被护送返还。至此，明朝军队全部退踞长城以内。

在长期的封建内讧中，蒙古地区原有的手工业、商业和农业几乎近于毁灭，粗放的游牧经济又成为生产的主要形式，社会经济严重衰退。

3．达延汗统一蒙古各部

15世纪末叶，巴图蒙克达延汗（元太祖成吉思汗十五世孙）在其满都海哈屯的辅佐下，消灭政敌权臣，扫平割据势力，镇压害群之马，以武力征服四部卫拉特，再一次统一蒙古各部。他将全蒙古分作中、东、西三部。中部漠南、漠北地区，把当时错落纷繁各不相属的大小领主的领地，合并为六个万户（兀鲁思）。

六万户的西部，东自杭爱山，西到巴尔喀什湖，北至萨彦岭，南达天山山脉的四万户卫拉特地区，由于历史的原因，没有实行新政，也未重新划分领地。而是延续成吉思汗时期的旧制，保留了太师制，给予卫拉特封建主以较大的自主权，但相应地采取了限制其权力、威严的规定和联姻等措施进行管辖。

六万户的东部，自呼伦贝尔及其大兴安岭以东的嫩江流域，第二松花江以西，至喜峰口、古北口以北的长城边外地区，保留了二十万科尔沁兀鲁思和兀良哈三卫的原有状况，使之同中部六万并立于蒙古。达延汗对他们采取了更为谨慎的措施，通过联姻、结盟和互访等平和的方式将其纳入自己的统治之下。

达延汗的政治体制改革取得了显著成效，从根本上改变了长久以来的混乱局面，在全蒙古确立了黄金家族蒙古大汗的统治地位。各部驻牧区域得到稳定，经济逐步恢复。

（二）清代蒙古汗国的衰亡

1．林丹汗的统治

17世纪初，万历三十一年（1603年）蒙古的布延薛禅大汗逝世，次年由他的长孙林丹汗继承大汗位，成为蒙古汗国第二十二位大汗。

林丹汗统治时期，蒙古的内外形势发生了很大变化。蒙古各部相互抗衡纷争频起，林丹汗逐渐失去对他们的控制，蒙古陷入分裂割据状态。为了有效地控制蒙古各部，维护自己的统治，林丹汗以其所筑瓦察尔图察汉浩特（今阿鲁科尔沁旗境内）为政治、军事、经济、文化中心，直属察哈尔部为基础，直接控制内喀尔喀五部，派出特命大臣率军队分别驻防管理左翼二万户和右翼三万户；定期召集各部汗、济农、洪台吉，与大汗共同商议政务大事；按照已定大法约束诸鄂托克，并定期接受朝贡。在林丹汗的统治下，中部漠南漠北和东部蒙古维持着松散的统一局面。对始自于16世纪80年代的西部卫拉特和喀尔喀封建主之间发生的矛盾冲突，林丹汗鞭长莫及，无所适从，只能听之任之，对卫拉特四部已无影响力可言。

2．女真部的兴起

明朝末叶，万历十一年（1583年）蒙古汗国的东邻，建州女真部贵族努尔哈赤起兵，统一建州女真继而统一女真三部时，奉林丹汗之命科尔沁部几次出兵救援海西女真部。羽翼未丰满的努尔哈赤对世代毗邻的科尔沁部和内喀尔喀各部采取修好联姻、结盟等绥抚策略，勿使其参与女真内部事务，避免扩大势态。万历四十四年（1616年），努尔哈赤统一女真各部建立后金汗国，在赫图阿拉（今辽宁新宾）继汗位，国号“大金”（史称后金），年号“天命”。

努尔哈赤羽翼丰满后指挥后金大军，转向进攻明朝辽东各重镇，得到明朝贸易金钱方面支持的林丹汗，为了削弱后金势力几次出兵救援明军。但努尔哈赤不以蒙古军队为敌方主动进攻，对西邻蒙古部落仍然推行善邻政策，频频派出使节至蒙古各部进行说服，要求诸台吉与后金盟誓修好，联姻结亲，形成联军共同对明的战略决策，牵制林丹汗的军事行动。唇齿相邻的科尔沁、内喀尔喀等蒙古部，与经济相仿、习俗相近、素来和睦相处的女真人之间没有歧视排斥心理，部分台吉、诺延如同以往与后金通婚、结盟。林丹汗对他们的举动大为不满，着手制裁相关大臣和台吉、诺延，从而加速了蒙古内部的分化。

又因林丹汗由信奉黄教改奉红教，其声望和形象在蒙古内部大受影响。信奉黄教的右翼三万户和喀尔喀各部汗、济农、诺延、台吉与他逐渐疏远。影响较大的黄教上层迈达里诺门汗，也久居漠北喀尔喀，不再支持林丹汗。素来与林丹汗不和的乌珠穆沁、苏尼特、浩齐特、阿巴噶等多部台吉、诺延各率部越大漠，投奔喀尔喀部车臣汗硕垒。

其后，嫩江流域和西拉木伦河西岸蒙古多部先后归附努尔哈赤，助后金对明朝作战。只有孤陋寡闻的林丹汗及其直属察哈尔部等少数部落与明朝相依，树兵与后金为敌。

3．漠南蒙古归顺清朝

天启六年（1626年）八月，后金国主努尔哈赤去世，其势力最强的第八子皇太极继承汗位，次年改元“天聪”，改易族名为“满洲”。皇太极即位后，子承父业，加快了征服漠南蒙古的步伐。以软硬兼施分化瓦解的手段，继续拉拢察哈尔外围的蒙古各部。除科尔沁、内喀尔喀诸部以外，成功地使奈曼、敖汉、喀喇沁、阿鲁科尔沁、四子部落等归附皇太极。使察哈尔林丹汗势力大为削弱。在对明朝作战进攻受阻情况下，皇太极决计毕其功于一役。崇祯五年（1632年）暮春，包括归附后金的蒙古各部兵力，皇太极调集十万大军亲自统领，第三次征战林丹汗。消息传至，林丹汗自度力蹙不能敌，于是率领所属十万之众，西奔库赫德尔苏，经库库和屯（即归化城），渡黄河到达鄂尔多斯。

林丹汗带领察哈尔、鄂尔多斯部众至青海大草滩永固城一带落帐。等待时机，准备重整旗鼓，东山再起。崇祯七年（1634年）夏，这位全蒙古的末代“林丹巴图鲁大汗”壮志未酬，不幸因病去世。与明王朝对峙并存近二百七十年的蒙古汗国，再未能推举大汗，全蒙古处于群龙无首的状态。

漠南贺兰山以东蒙古全境尽归后金后，崇祯九年（1636年）三月，漠南蒙古十六部四十九位封建主齐聚盛京（沈阳），承认皇太极为汗，并奉上“博格达·彻辰汗”的尊号，正式归附后金汗国。同年四月，太宗皇太极改国号为“大清”，在盛京即皇位。改元“崇德”。清朝由此开始向漠北喀尔喀施加政治、军事压力，逼其与明朝绝市。

从后金时开始，史籍中将蒙古各部分称三部，即漠南蒙古（即内蒙古），漠北喀尔喀蒙古，漠西卫拉特蒙古。

4．清朝统治漠南蒙古的特殊政策

清朝之前身后金，统一漠南蒙古十六部，前后共花费二十年的时间。清朝统治者根据自己同蒙古部落长期接触的政治经历，总结历代中原王朝常败于北方民族入侵的历史教训，专门制定了统治漠南蒙古部的一系列政策制度。

（1）实行盟旗制度

废除蒙古各部原有的土们（万户）、爱玛克（部）、鄂托克即明安（千户）等传统的政治体制及领属关系，拼合、重组改编为许多互不相属的基本机构——旗，作为军事、行政合一的单位。起初，旗分为两类，即扎萨克旗制蒙古和总管旗制蒙古。扎萨克旗有兵权；总管旗无兵权，所谓“官不得世袭、事不得自专”。内蒙古的扎萨克旗在1636～1676年间变动增设四次，最后成为六个盟四十九旗。归化城土默特左右二旗，张家口外察哈尔左右翼八旗，呼伦贝尔巴尔虎左右等八旗属总管旗之列。后又曾增设政教合一的喇嘛旗，达到“众建而分其力”的政治目的，以防范蒙古各部联合抗清。在扎萨克旗之上有盟一级非行政的监督组织。总管旗归将军、大臣或都统管辖。朝中与六部并列设理藩院（早期俗称蒙古衙门），指定《蒙古律例》，承办对蒙古的事务。旗以下设佐为基层单位，其官职设置、吏员额定、职能权限、任命程序都十分严密。

旗是蒙古封建主的公共世袭领地。扎萨克（旗长）实行世袭制，对旗内的土地和属民有管辖权，其职责是按照朝廷赋予的权限，负责处理旗内行政、司法、税务、军事、贸易、科派差役、旗属官吏的任免、牧场的调节等事务，责令旗属机构官员具体执行。以此代替旧制，形成了清朝统治蒙古各部的新的政权体制。

（2）高官厚禄制

清朝兼并漠南蒙古后，为利用蒙古封建主势力，确保北方边境的安全，建立了一套完整的封建统治制度。对归顺和降服的漠南蒙古大小封建主，取消他们原来享有的各种称号，视其对清朝效忠的程度和功劳的大小，分别封其亲王、郡王、贝勒、贝子、镇国公、辅国公等不同爵位。又根据蒙古社会尊重“黄金世家”的习惯，对出自成吉思汗家族的众多贵族，授予一、二、三、四等台吉称号或称一、二、三、四等塔布囊称号。

获得上述八级十等世爵的蒙古王公贵族，按等级发给高俸厚禄，并赋予各种特权和优惠待遇。

（3）推行黄教制度

蒙古各部信奉黄教已久，在政治、经济、文化和社会生活中，具有很大的潜在势力。为了利用黄教上层巩固自己的统治，清朝统治者大力提倡和推广黄教。朝廷以各种尊贵名号、职衔加封喇嘛上层，赐以金、银、珠宝，册封领地，享有特权的神秘莫测转世的呼图克图、活佛日益增多。利用国帑、捐资兴建的大小庙宇，遍布蒙古各地。信奉黄教争当喇嘛，成为蒙古诸部中风靡一时的社会潮流，后来甚至推出了政教合一喇嘛旗制度。

为了达到巩固政权的目的，把推广宗教当做国家意志，清一代的举措可谓史无前例。意想不到的后果是，喇嘛人数与日俱增，他们脱离生产，不事生育，大大妨碍了蒙古社会经济的发展和人口的繁衍。

（4）满蒙联姻制度

异国、异族、异部落联姻自古就有，是和睦相处、友好往来的象征，但多是单向的偶发事件。辽代和元代的部落联姻发展为双向，清代的满蒙联姻不仅是双向且较为频繁，是一种制度使然。在辽东崛起之初，统一女真三部过程中，就十分重视与蒙古贵族的双向联姻，利用结亲的方式建立亲情和友好关系，绥抚笼络蒙古各部封建主，后来发展成为“北不断亲”的国策。

早在努尔哈赤统一女真部的过程中，就以其近邻科尔沁部台吉的二位女子为妃。又为三个皇子娶科尔沁和内喀尔喀台吉、诺延之女为儿媳。皇太极及福临（顺治）时期，清朝成功地进行了统一全国的战争。期间，蒙古贵族义无反顾的协同征战，起到了不可替代的臂膀作用。因此，蒙满联姻也趋于高潮。据统计，皇太极后妃中蒙古后妃六人。他的两位皇后，即孝端文皇后、孝庄文皇后和殁后皇帝亲自为其写祭文的敏惠恭和元妃，都是蒙古科尔沁部人。皇太极的兄弟子侄共娶蒙古女子七人，其中五人来自科尔沁部。皇太极十四个女儿中，十位公主嫁与蒙古王公贵族。福临也有蒙古后妃六人。满蒙联姻发展到后来，产生了备指额驸制度，与清朝关系密切的科尔沁部等十三个旗的王、贝勒、贝子、公之嫡亲子弟以及公主、格格子孙在内，十五至二十岁所有聪明俊秀者，呈报理藩院以备额驸之选。从中选其优秀者，留于宫廷之中，进行特殊培养，待日后委以重任。据不完全统计，清代皇室公主适蒙古贵族的人数为三十二人，约占总下嫁人数（四十八人）的百分之七十。

（5）区域封禁制度

清朝废除漠南蒙古各部传统的部落行政体制，迁居部分部族拼合、分割、重新组合设旗划界的同时，颁布法令禁止蒙古各旗越界往来。也禁止蒙古人与内地汉民进行经济文化交流。其目的在于分割统治，防止联合反抗。蒙古王公贵族公干、进贡、朝拜出入关口者，须办理票据走指定的关口。入关时报名登记人数，出关时对照原数放出。越界礼佛须按爵位等级限定人数。蒙古人确有出界之事，必须经旗管章京批准方可出行。禁止越界通婚、联络或放牧，若有违者，不论贵族平民或处罚或治罪。清廷规定，禁止蒙古人学习使用汉文，只准学习使用蒙古文和满文。王、公、台吉们不准选聘内地书吏，公文呈词不得擅用汉文，禁止蒙汉通婚。内地人不得出关经商和耕种。违者治罪。

清朝对所属蒙古各部统治的加强，有效地制止了封建割据和封建战争的重演，也迫使漠南蒙古彻底断绝了与漠北喀尔喀和漠西卫拉特蒙古各部的一切往来。

5．喀尔喀、卫拉特结盟

漠南蒙古归顺清朝的历史事件和皇太极以武力威胁喀尔喀的态势，震慑了长期处于交战状态的漠北喀尔喀和漠西卫拉特蒙古各部。有见识的汗、台吉和黄教上层人物意识到来自东部清朝和北方俄国两面的军事压力，并认识到喀尔喀和卫拉特必须密切合作，联合防御才能确保喀尔喀、卫拉特蒙古的共同利益和各部的安全。汗、济农、台吉和黄教上层，经过反复酝酿，频繁切磋后达成协议召开联盟会议。漠南蒙古归顺清朝后的第五年，崇祯十三年（1640年）八月，召开了喀尔喀三汗、卫拉特四部蒙古诸部封建主和黄教高层参加的喀尔喀、卫拉特联盟会议。制定了《喀尔喀卫拉特法典》（后文简称《法典》），这也是以立法的形式促使喀尔喀、卫拉特成为统一体。

6.准噶尔汗国的建立

崇祯十六年（1643年）八月，皇太极去世，其子清世祖福临即位，逾年改元“顺治”。崇祯十七年（1644年）三月，李自成攻进北京，明朝末代皇帝朱由检自缢，明亡。四月，总兵吴三桂引清军入山海关，李自成功败垂成。五月，清军开进了北京城。其后的四十年间，清军为征服明朝故地而戎马倥偬，疲于奔命，无力威胁漠北喀尔喀和漠西卫拉特。受《法典》精神所鼓舞，喀尔喀开始拒绝清朝强加于他们的“九白之贡”。

顺治十年（1653年），在四卫拉特故乡以势力强大著称的绰罗斯部巴图尔洪台吉去世。依其生前的决定，第五子僧格继任绰罗斯部洪台吉。康熙九年（1670年）冬，其异母兄长联合其他二位兄长将僧格洪台吉暗杀，轰动了整个卫拉特。四卫拉特故乡盟主，僧格岳丈和硕特部鄂齐尔图车臣汗率领人马，赶到绰罗斯牧地，活捉其异母兄长及其母亲，并将之就地处决。

康熙十年（1671年）初，因僧格之子年尚幼，巴图尔洪台吉的第六子，皈依佛门的僧格之胞弟噶尔丹，奉母命还俗，从拉萨返回绰罗斯部继洪台吉之位。

噶尔丹出生于顺治元年（1644年），幼年时被认定西藏尹咱呼图克图第八世转世。不到十岁便被请到西藏学经，先到日喀则扎什伦布寺四世班禅处学经修行。四世班禅圆寂后，他转到拉萨五世达赖处继续深造，与达赖手下握有实权的第巴桑杰嘉措成为同门师兄弟。

噶尔丹继位绰罗斯部洪台吉后，战略性地向东迁移兵营帐幕的同时，利用自己的地位和声望，向卫拉特各部密遣精明强干的喇嘛使者，劝诱其归顺自己。不久，杜尔伯特、土尔扈特、和硕特的几位洪台吉、台吉，果然陆续率部前来归顺。到康熙十五年（1676年）十月，故乡盟主鄂齐尔图车臣汗归附。噶尔丹以怀柔和恩威并施的方式，未经大的战争，完全控制了卫拉特全境。

康熙十七年（1678年）六月，五世达赖喇嘛、第巴桑结嘉措的特使自拉萨出发，是年冬到达准噶尔。向噶尔丹递交了五世达赖喇嘛赐噶尔丹"博硕克图汗"（意为天命、天意）之号的谕书。为此，博硕克图汗举行了隆重的大典。喀尔喀扎萨克图汗成衮等应邀前来参加庆典。宣布准噶尔汗国成立，噶尔丹为可汗。遣使臣前往清廷，表明两国修好共处。

自康熙十八年开始，博硕克图汗向察合台汗后裔统治的天山以南和中亚地区，进行领土扩张。先后攻取哈密、吐鲁番二城，继而，向西南越过天山攻入库车、阿克苏、喀什葛尔、叶尔羌、和田等地，诸汗基本上没有抵抗，归顺了博硕克图汗。博硕克图汗利用白山派维持其地区统治，将各城池分隶于准噶尔各部鄂托克，定期征税。其后，康熙二十二年至康熙二十四年的三年中，博硕克图汗率军向西远征三次，先后征服了安集延、东西布鲁特、浩罕、那木干、玛尔噶朗、赛果木、塔什干、撒麻尔罕、布哈拉等城，势力直达里海东岸，成为雄起中亚地区的准噶尔汗国。

7.占领喀尔喀

17世纪40年代，制定并信守《喀尔喀卫拉特法典》的喀尔喀和卫拉特双方先辈和宗教上层人物相继去世，其子辈继父位称汗、台吉。新一代喀尔喀三汗，未能继续坚持和贯彻《法典》精神。他们在清朝的压力下，又恢复了"九白之贡"，虽未臣属清朝，但接受了清朝所赐将喀尔喀分左右两翼各四扎萨克的称号，落入藩属地位。

此前，康熙元年（1662年），喀尔喀右翼扎萨克又一代新的封建主曾相互发生矛盾，领兵杀伐，喀尔喀右翼大乱，其属民为躲避内乱进入左翼土谢图汗部界内者甚多。局势平静后，札萨克图汗成衮曾几次派人至土谢图汗处，索要自己的属民、牲畜。土谢图汗察珲多尔济全然不顾《喀卫法典》的规定，拒不归还。成衮无奈两次派使去北京，希望清朝协助解决此事，清朝忙于内务，无暇顾及。札萨克图汗又向西藏达赖喇嘛陈奏，希望干预此事。达赖遣使前来传谕："札萨克图汗，尔七鄂托克当共尊之。子弟人民流入左翼者俱应发还。"但察珲多尔济仍拒绝归还札萨克图汗人畜。

康熙十七年（1678年），札萨克图汗成衮无奈之下，只好求助新近强盛起来的毗邻准噶尔汗国。噶尔丹博硕克图汗与之建立了密切的盟友关系。

准噶尔汗国与喀尔喀札萨克图汗部的结盟举动，引起了康熙皇帝的不安，分别向喀尔喀左右翼八扎萨克及准噶尔派遣官员和大喇嘛组成的"使团"，实施其说服柔远策略，形成清朝与准噶尔汗国各支持一方的局面，"使团"的活动没有产生显著的效果。于是，康熙帝策划喀尔喀两翼会盟之事，鉴于蒙古地区对达赖喇嘛的尊崇，两翼会盟事宜不能不借助达赖的影响。康熙二十三年（1684年），康熙帝遣使传谕达赖喇嘛，希望他派使节协助喀尔喀两翼议和。西藏实权人物第巴桑结嘉措以达赖名誉，遣以五世达赖大弟子，甘丹寺坐床喇嘛，噶尔丹西勒图为特使的高级使节，前往喀尔喀主持议和事宜。

康熙二十五年（1686年）八月，喀尔喀左右两翼汗、济农、诺延、台吉等会盟于库伦伯勒齐尔。因札萨克图汗成衮已去世，其子沙喇继位赴盟。土谢图汗察珲多尔济未亲自与会，遣其弟参加会盟。受康熙帝旨意喀尔喀哲卜尊丹巴呼图克图也与会。清朝使臣左右盟议事宜，不顾噶尔丹西勒图呼图克图显赫的宗教地位，将哲布尊丹巴二人并坐于一席，宣读康熙帝的诏书，令蒙古各封建主行相问抱见之礼，发誓将互相强占的人畜各归本主，并永世和好等。会后，因土谢图汗察珲多尔济违背盟誓，将留拘人畜未尽数归还札萨克图汗沙喇。噶尔丹博硕克图汗得知，哲卜尊丹巴竟然与噶尔丹西勒图并坐一事，忍无可忍，致书质问清朝，以敌礼相见的意图何在，要求明白致复。同时，又致书谴责哲卜尊巴丹，抗礼踞坐，大为非礼。噶尔丹博硕克图汗就此大造舆论，康熙帝的怀柔是为分裂蒙古的势力，目的是吞食全蒙古，而达赖喇嘛调解喀尔喀的纠纷，是为整个蒙古消除内讧，重建统一的“蒙古大帝国”。库伦伯勒其尔会盟不仅未能调解两翼矛盾，适得其反，将清朝和准格尔汗国的对立公开化。喀尔喀两翼互派密探收集军情，局势越来越严重。札萨克图汗沙喇惧怕突袭，一面整顿所部加以防备，一面与准噶尔汗国会盟宣读誓书，并加强军事联防。

康熙二十七年（1688年）正月，骄横跋扈、殊少听进谏言的察珲多尔济，悍然违盟，率兵万余突然袭击札萨克图汗部，执杀札萨克图汗沙喇等。同时，令其姑爷罗卜藏衮布拉布坦遵从密约自阿拉善出兵，如期突袭准噶尔后方腹地，俘获部分人畜后，东走喀尔喀与察珲多尔济会师。突袭事变前噶尔丹博硕克图汗所派出的以其弟多尔济扎布等为首的准噶尔联络部队，在赴札萨克图汗部途中也被察珲多尔济军队偷袭剿灭，挑起了战端。

遭到阴谋突袭的噶尔丹博硕克图汗忍无可忍，如与札萨克图汗的誓言，是年五月中旬，率领三万卫拉特将士，自科布多启程，进攻喀尔喀。一路攻无不克，越过杭爱山攻入左翼土谢图汗部界内。博硕克图汗四处打探察珲多尔济和哲卜尊丹巴的下落。察珲多尔济长子噶勒丹多尔济等万余兵力，受哲卜尊丹巴调遣，在特木尔地方遭遇博硕克图汗的军队，双方激战，噶勒丹多尔济不敌，带领三百人马败逃。当博硕克图汗得知哲卜尊丹巴呼图克图落脚于额尔德尼召后，便兵分两路，亲自率领主力渡土拉河，沿克鲁伦河东趋车臣汗部的巴颜乌兰。分支兵力七千人，由丹津鄂木布率领南下直取额尔德尼召。哲卜尊丹巴闻讯丹津鄂木布来攻，携领喇嘛、班第及察珲多尔济眷属，连夜启程撤往车臣汗部，后转逃至漠南阿巴哈纳尔旗界落帐。喀尔喀举部骚动，纷纷逃难。察珲多尔济料想难以支撑，急忙向清朝请求援军。这时攻击至车臣汗部的博硕克图汗，闻之察珲多尔济仍在土谢图汗部，旋即挥师追寻至土拉河。八月三日，双方主力在鄂罗会诺尔会战。激战三日，不分胜负。第三日晚，博硕克图汗改变战术，先集中突击一部，使其大乱，紧接着全面掩杀，察珲多尔济属下及诸台吉互不相顾，各自择路而逃，全军溃败。察珲多尔济独身逃出后，收集部分属下向南逃奔，辗转越过大漠进入内札萨克苏尼特地界。

准噶尔汗国军队占据漠北三汗全部领地，兵锋对峙清朝卡伦。

8．喀尔喀蒙古归清和博硕克图汗对抗清朝

康熙二十七年（1688年）九月，惊慌逃窜至漠南内扎萨克乌珠穆沁，阿巴哈纳尔、苏尼特界内的以哲卜尊丹巴为首的喀尔喀汗、济农、诸台吉，在苏尼特旗阿鲁额勒苏台会集商榷，决定归顺清朝。康熙帝准其请降，并派大臣前往救济，为喀尔喀各部近边确定牧地进行安插。

喀尔喀诸部归附清朝后，面对准噶尔汗国凶猛的军力，康熙帝做了战与和两手准备。一面派两路使臣分别前往科布多噶尔丹和西藏达赖喇嘛处，为卫拉特、喀尔喀“各守地方，休兵罢战”调停议和；一面加强内札萨克边防，为孤立准噶尔势力，使其腹背受敌，派遣使节与沙俄签订《中俄尼布楚条约》。沙俄认可清朝给的条件，签订了《中俄尼布楚条约》。清朝将蒙古族祖先和北方少数民族的故地、领土，格尔必齐河以东岭北，额尔古纳河以西的大片领土分割给了沙俄，开启了清朝以条约形式割让领土给外国的先河。

康熙二十八年（1689年），博硕克图汗第二次东进喀尔喀，收复色楞格河下游、鄂嫩河上游地区驻牧。

康熙帝经过八年的谋划，历经1690年乌尔会战役和乌兰布通战役，1696年昭木多战役三场战役，从卫拉特准噶尔汗国博硕克图汗手中，夺回了漠北喀尔喀这一战略要地。

二　兴建呼和浩特公主府

（一）历史背景

自元朝灭亡以来，一直与中原王朝分庭抗礼的蒙古汗国三部中的中部、东部二部（漠南、漠北）蒙古成功归附清政府。

卫拉特蒙古准噶尔汗国的统一则是乾隆年间的事件。

1．喀尔喀回归休养生息

昭木多战役结束后，自康熙三十六年（1697年）下半年开始，原喀尔喀三汗所属各部回归故里，重整家园，按清朝新编行政体制，各司其职履行职责。

遭到战争重创的喀尔喀经济几近毁灭。喀尔喀三部被噶尔丹所迫，投奔清朝时，康熙帝以牲畜十万赈济。喀尔喀回归故里后，复苏经济是当务之急。为减轻人民负担，安定生活，发展生产，恢复元气，康、雍、乾三朝连续旨令喀尔喀实行“轻役减税”的政策，减轻了牧民的负担，调动了他们的生产积极性，推动了畜牧业的发展，经济形势、牧民生活较快得到好转。

2．实施社会治理

喀尔喀蒙古归顺清朝，漠北三汗领地全部收复后，在采取多种措施恢复经济的同时，尽快稳定局势，强化统治，巩固北部疆界，是具有重大战略意义的紧迫任务。

与准噶尔汗国交战间隙，乌尔会战役和乌兰布通战役后，康熙三十年（1691年）孟夏，举行声势浩大的漠南、漠北封建主齐聚的多伦诺尔会盟时，清廷颁布废除喀尔喀三汗分割统治各自领地的旧体制，照漠南蒙古内札萨克旗之例，实行盟旗制度的管理模式。将喀尔喀全部领土划分为左、中、右三路，重新编制为三十二个札萨克旗（后变更几次最终改编为四个盟八十六个旗），上设盟下编佐领的行政体制。同时，将喀尔喀蒙古大小封建主的旧称号一律更改，只保留“汗”称号，又仿漠南蒙古封建等级制度，辨明功过和以往的是非曲直分别赐封亲王、郡王、贝勒、贝子、公、台吉等称号，额定爵位俸禄，明确所在任职，纳入清朝的直接管辖。

早在库伦伯勒齐尔会盟之际，康熙帝派遣的使节就以天朝大国使臣姿态左右盟议，有意抬高哲卜尊丹巴的地位和威望进行拉拢，在其逃亡之后对之武装保护。致使以哲卜尊丹巴为首的喀尔喀七鄂托克僧俗上层在苏尼特阿鲁额勒苏台集议时，做出了归顺清朝的决定。其后哲卜尊丹巴被清朝封为大喇嘛，掌握漠北地区的宗教管理大权，成为康熙帝在喀尔喀的代言人。此后，在喀尔喀陆续兴建、敕建或布施筹建黄教庙宇。

至于区域封禁制度无需赘言，清朝直接管辖下的喀尔喀不同以往藩属地位，一切听命于朝廷。其札萨克旗如同漠南的总管旗没有兵权，只有内政管辖权，封闭程度绝不亚于漠南各旗，并严禁其与卫拉特部准噶尔汗国的一切来往。

（二）应运而生的恪靖公主府

1．清廷与喀尔喀蒙古联姻

昭木多战役后的翌年五月，康熙帝决心消除准噶尔汗国博硕克图汗的威胁，在又一次出征的进军途中，得知博硕克图汗薨逝的消息后，回师途中马上为其六女儿指婚喀尔喀蒙古枭雄土谢图汗部汗察珲多尔济之孙多罗郡王敦多布多尔济（成吉思汗二十三世孙）为额驸，并于是年十一月喀尔喀各部返回漠北之际从速成婚。

康熙帝第六女恪靖公主，亲姊妹中排行第四，故称四公主，生于康熙十八年（1679年）五月。生母贵人郭络罗氏为康熙帝宜妃的妹妹，系满洲镶黄旗人。公主在后宫受到良好的训导，礼娴内明，柔嘉成性。康熙三十六年（1697年）十一月下嫁时，其父皇恩封为“和硕恪靖公主”，是年十九岁，开始享有年俸。

额驸敦多布多尔济孛儿只斤氏族，成吉思汗十五世孙达延汗第九代后裔。喀尔喀土谢图汗察珲多尔济长孙，汗阿林盟中旗札萨克多罗郡王噶勒丹多尔济长子，生于康熙十五年（1676年）。噶勒丹多尔济去世后，承袭父爵成为札萨克多罗郡王。康熙三十六年（1697年）五月被选定为额驸，是年十一月尚四公主时，年方二十一岁。察珲多尔济逝世后，康熙三十九年（1700年）由札萨克多罗郡王晋封为和硕亲王，同时，承袭其祖父察珲多尔济“土谢图汗”之位。

2．府第选址

因循惯例，筹办公主建府事宜时，康熙帝综合当时喀尔喀政治、经济、地理位置和内外局势等诸因素，将首适喀尔喀蒙古的和硕恪靖公主府，修建在西通甘宁、青海，南达三晋，北抵漠北，东连京畿的通衢要冲——库库和屯（即归化城）。今呼和浩特市即主要由明代归化城和清代绥远城合并发展而来。归化城为明代蒙古族土默特部首领阿勒坦汗所建，位于呼和浩特市玉泉区。归化城面积较小，方圆不足四里，设南北两座城门。清代重新扩建修缮，增设了东、西城门。绥远城建于清乾隆四年（1739年），是一座军事性质的城池。位于归化城东，方圆不足十四里。城平面呈四方形，内设鼓楼，城墙上有望楼，四角有角楼，城外有石桥、护城河。整座城市布局合理，街道整齐（图1～17）。

满蒙联姻由当初表示和睦、亲善、结盟关系，深层次注入羁縻管束的政治意味。恪靖公主的下嫁和府第选址显然充满着远见卓识的政治谋略。

3．营建公主府

和硕恪靖公主府始建于何年，文献史料中没有确切年代的记载。但当地最早的文史资料《土默特志》和清代咸丰年间《古丰识略》及据其增订重修的《归绥识略》记载：“永安寺，旧在城北乌兰察布地，席力图召（延寿寺）呼图克图所建。彼时公主业于城正北修府，寺基逼近公主府，公主布施巨万银两，令移建乌素图东沟（今豪赖沟）内察汉哈达山阳，距城二十五里，俗呼为哈达召。”此寺除庙旁砖石砌筑的覆钵式白塔无法移建留在原址外，其他建筑悉数移建。根据呼和浩特寺庙蒙文档案编辑出版的《呼和浩特召庙》（蒙文版）一书证实，庙宇“赭垩之饰尽善，供奉之举开始后，奏请朝廷赐名。康熙四十二年（1703年）朝廷赐名该庙谓‘永安寺’，并赐满、蒙、汉三种文字的匾额。因处于察汗哈达山阳，地方上一直俗称哈达召”（图18～20）。

由上述记载可知，恪靖公主府的始建年代，包括席力图召所属寺院迁建时间，当然是康熙四十二年（1703年），朝廷赐“永安寺”匾额前的某年。

另据清朝营建工程分类管理程序分析，清代的营造工程有“内工”、“外工”之分。“内工”指皇家和宗室相关的工程，由内务府掌管。“外工”指上述工程外的国家工程，由工部掌管。和硕恪靖公主府是康熙帝赐建的宗女工程，应由清宫内

图1　归化城北门远景
图2　归化城北门（北—南）
图3　归化城北门通道（北—南）

图4　归化城大北街
图5　归化城城墙及城门
图6　归化城城墙
图7　护城壕

务府总管。按当时的管理制度，工程的设计、备料、施工、销算、监督、查核（检验）皆由内务府督办。工程程序一般都分三步进行，公主府也不应例外。因公主指婚后从速成婚，工程所有事项只能婚后逐个办理。

第一步，案头筹划阶段。具体事务是设计、选址、编制估算。根据公主府现存建筑实况分析，和硕恪靖公主府的设计是遵照《大清会典》和《大清会典事例》的相关定制，以王府品级为定格进行设计。照例由内务府样式房绘出府第及附属建筑

图8 绥远城东城墙

总体布局、府第单体建筑的平面和柱架侧样图，经御览批准后再制作烫样。清廷档案记载由内务府郎中佛保呈皇上最终审定。

相地选址是秉承康熙帝的旨意，内务府派出专职官员前来归化城（又名库库和屯），实地踏勘地形、地貌，选址定位，回京复命。并呈报估算也必根据归化城当时物价、人力、气候条件，预计工期，由内务府揆度所需钱粮，呈报督办职掌上司。归化城相距京城千里之外，此步骤也许用一年时间才能落实。

第二步，庀材鸠工阶段。准备建筑材料，落实各种匠人。根据公主府现存建筑及历史信息初步推算，使用木材近1500立方米，烧制各种规格的停泥砖上100万块，烧制不同型号式样的削割瓦共约30万块，雪花白石材近200立方米，做灰浆用大量熟石灰等。疏通各个环节，顺利备足前期工程的各种材料，达到开工的程度至

图9　绥远城城墙

图10　绥远城东南角

图11　归化城召庙。在明代，藏传佛教再次传入蒙古地区后，呼和浩特成为了藏传佛教传播的中心，发展盛期召庙林立，因此素有“召城”之称

图12　归化城召庙大殿

图13　归化城召庙
图14　归化城召庙
图15　归化城召庙
图16　归化城召庙建筑装饰
图17　归化城召庙建筑装饰

图18　喇嘛洞召（广化寺）

图19　弘庆召

图20　席力图召

少又是一年的时间。

第三步，施工营造阶段。康熙三十六年（1697年）冬，公主下嫁后，约经两年紧张有序的各项筹备，开工条件齐备后，推断应于康熙三十九年（1700年）破土动工。清廷档案记载，内务府经奏请康熙帝，派遣上驷院主事兼内管领寿成前来现场监工。这座以定制为规范的王府品级建筑的大木做法，是清早期官式建筑的典型。以高为贵，以中为贵。工程质量追求上乘，工艺操作务必精到，故比普通建筑既费料又费工。再加上传统建筑灰浆材料的特殊性质决定，零度以下就不能做灰浆活，因此，每年清明后开工，寒露时收工，一年只有六个月的有效施工期。以现存建筑实体为主要依据，按清工部《工程做法则例》的用工规定推算，各匠作营造用人工共计约七万工日，时间跨度为六年。此推断与清廷档案“于康熙四十四年（1705年）九月，工程告竣”的记载十分吻合。

新建成的和硕恪靖公主府第，中轴线上影壁、府门、仪门、静宜堂、寝殿、后罩房五重四进连贯南北，配殿、旁庑、拱卫于两侧的对称布局。包括影壁二十四座单体建筑和构筑物，七十二间房屋，形制分四种，主次分七等。主体殿堂，面阔五间，进深九架，跨空梁七架前后都出廊。屋面仿琉璃做三砖五瓦脊，通宽削割瓦。方直高台汉白玉系列雪花白台明。门柱丹雘，饰五彩金龙，缭以崇垣。府第内院两侧另有东西跨院，高筑外围墙，处处彰显主人的高贵身份和显赫地位。前设仪门，是清代早期府第的遗风。后置垂花门，是有别于王府的特征。按清制，影壁内广场安放一溜行马石。眺望府第，青山碧野潺湲两河间，丹青赭垩相衬，显现无限风光。

4．公主入住赐建府第

康熙四十四年（1705年）十月，恪靖公主奏请：“于归化城地方为我所建府第，曾称于本年九月竣工，额驸派人往视，房屋已竣。据蒙古卜卦，明年系丙戌年，忌迁。本年迁居若何，谨请父皇训示。”康熙帝随即降旨：“甚好。着迁。其喀尔喀（疑似误，应指清水河）地方之人畜，仍留原处。”“随后钦天监择得是年十一月初三辰时，宜于恪靖公主启程”。

关于和硕恪靖公主启程离京，前往入住归化城府第的情况，郭美兰《恪靖公主远嫁喀尔喀蒙古土谢图汗部述略》一文中，引用清廷档案进行了记述。因时值仲冬，入住新府第只得分两步进行。

第一步，公主、额驸轻车简从，携带随侍人员八十一人、六十辆车、钦赐的一百匹马等，按择定日期先行前往入住。由内务府管领一员、官员一名及兵丁若干护送。备足自京城至归化城一千二百余里，计在途中所用牛羊、米面、蔬菜、果品等项，随同前往。甚至口内沏茶之奶、食用鲜嫩乳猪、鹅等；口外沏茶之奶、所烧柴薪分别也由礼部、理藩院派官打前备办。安排之周密不可不谓是极致。

第二步，翌年返青后，公主属下在京人员，贵重、应用物品，嫁妆、陈设、瓷器、床帐、家具等大大小小箱柜不计其数，及其帐篷、蒙古包等一应设施悉数搬迁。随往的还有陪嫁户、匠人户等三十四户人家。此次大搬迁统共动用了二百四十辆车，资财之多，规模之大实属罕见。兵部派章京一员，兵丁二十人护送到归化城新府第，属下及陪嫁户等厝身于府第东西北三面。至此，公主入住城北赐建府第事宜圆满结束。

和硕恪靖公主和扎萨克多罗郡王敦多布多尔济，效忠大清皇帝，维系喀尔喀蒙古的历史使命揭开新的一页。

（三）公主、额驸履行使命

1．开垦经营“汤沐地”

康熙三十六年（1697年），和硕恪靖公主受封下嫁后，因身份尊贵使命特殊不仅“锡恩必厚于本支，象服增崇。谊每殷于同气载稽，令典用贲”，还受到在边外土默特左翼旗南部边缘（今清水河地区）开垦经营“汤沐地”和牧场的特殊恩典。土默特蒙古人称之为“效纳地”。

鉴于清初民人不得到口外开垦牧地的禁令限制下，当初的清水河地区，人口稀少，交通不便，生活条件艰苦。基本的经济形式还是蒙古牧民的传统牧业方式。公主、额驸属下，利用近边的有利条件，招长城内边民在黄河及其支流浑河、清水河边滩头、台地开垦耕种。这些边民起初春来秋回，后逐渐聚落定居劳作。“汤沐地”逐年拓展最终扩大到四万八千三百余亩庄田，遍及清水河地区，渐渐形成大小聚落点十余处，成为“督垦兴利”该地区的开端。后又在清水河东北称希尔哈墨哩图和西北乌兰拜兴借牧设牧场。

约三十年的开发经营中，公主和额驸“至德诚民，深仁育物”使“万民乐业，共享升平”，故劳作民众感恩戴德树碑纪念（见附录一）。

2．赴喀尔喀凭吊先辈

公主下嫁后不久，便身怀六甲，第二年八月在京城临盆，此即其长女。经过一段时间的调养恢复后，稔谙宫廷礼节的恪靖公主，着手随额驸横穿大漠赴喀尔喀土拉河的准备。

康熙三十九年（1700年）三月，暨翁祖察珲多尔济逝世后的第二年，公主仅带随身所用物品和随行人员几十人，随甫由札萨克多罗郡王晋封为札萨克和硕亲王，并承袭土谢图汗位的额驸，自京城出发经独石口，鞍马劳顿两千多里，远赴漠北喀尔喀土谢图汗部。康熙帝钦定，由皇室兄弟备足沿途用应需物品带兵护送。

到达土谢图部驻地后，公主凭吊额驸之先辈，以尽孝敬之意。晓谕民众，以示谦卑融合。厝居一载，翌年五月，经张家口返抵京城。这宣示清廷与喀尔喀蒙古的亲情关系。

3．朝觐请安

康熙四十六年（1707年）七月，恪靖公主入住其府第的第三年，康熙皇帝率众由承德北上西行巡视蒙古各地，为有意探望公主、额驸。

二十四日抵达德尔济库木都和洛时，公主、额驸前往请安，迎请，得赐袍褂、缎匹等物。第二天，康熙帝应邀驾临新落成府第下榻。除畅叙久别之情，或许特别感到府内上下，通达礼娴，安静和顺。帝见景生情，挥毫赐二匾“萧娴礼范”、“静宜堂”，以示勉励，激起阖府谢恩欢悦。“小住两天后，二十七日才离去继续前行”，以示关怀之意。

自康熙四十六年（1707年）七月至五十三年（1714年）五月的七年间，恪靖公主前往父皇驻跸处，请安五次。遵旨，伴随祖母在避暑山庄消遣一夏。在此期间，额驸敦多布多尔济或夫妻相伴，或单独朝觐康熙帝五次。由此可见，父女、翁婿关系的融洽和联系的密切，彰显喀尔喀蒙古与清廷的频繁沟通。

额驸敦多布多尔济一年之中，有半年在喀尔喀土谢图汗部故里履行札萨克职责，有半年越漠前来归化城府第与公主团聚间或朝觐。曾有诗抒发其生活情景：“面临清浅对孱颜，廓落虚堂静且闲。景纳四时无尽藏，我来自爱夏秋间。”

4．加封晋爵

遵循清廷礼教，和硕恪靖公主素有对上崇敬父皇、太后、翁祖之孝行；对下能体恤民情，周济予人的仁德；居家保持文雅礼范，清静宜家之心怀等功德作为。雍正元年（1723年）七月，特沛丝纶之命，晋封其为至尊至贵的“恪靖固伦公主”，举行隆重的典礼，赐之金册。其结语称“谦以持盈，弥励敬恭之节；贵能节俭，尚昭柔顺之风”，以资勉励（见附录二）。

额驸敦多布多尔济，随朝廷重臣护送六世达赖喇嘛进藏，年尊后又遵朝廷之命长期陪护二世哲布尊丹巴呼图克图有功。雍正元年七月，曾因渎职过受降级处罚的额驸“复封亲王”。这不仅使公主欢欣鼓舞，也给额驸带来了无上荣光。公主、额驸的业绩卓著，朝廷予以加封晋级。

今静宜堂明间后檐金柱前，明显添加两根柱，是公主、额驸加封晋爵后，以制在“静宜堂设坐后列三屏”举行庆典活动的明证。

和硕恪靖公主婚后第九年，入住康熙帝为其赐建的归化城北大青山前府第。居住三十一载，雍正十三年（1735年）三月，恪靖公主病殁，享年五十七岁。死后长途护送灵柩，葬于喀尔喀土谢图汗部土拉河北，汗山之阳。

公主逝世后，额驸年近花甲，长期居住多伦诺尔，陪护二世哲布尊丹巴呼图克图。

5．朝廷树碑歌功颂德

恪靖公主、额驸敦多布多尔一生不辱使命，为国家统一、民族团结和边疆安宁恪尽职守，为促进地区的经济发展、文化交融所作的努力有口皆碑。因此，恪靖公主去世后，乾隆五年（1740年）十二月，朝廷在其墓前为其树碑歌功颂德（见附录三）。其后公主后裔连续几代人，都保持着与皇族宗室的联姻关系。

康熙朝后，清廷将联姻扩展。札萨克图汗部亲王策旺扎布、赛因诺颜部长策凌、阿拉善和硕特阿宝、准噶尔汗达瓦齐以及准噶尔部札萨克多罗郡王色布腾旺布等先后都成了清朝的额驸。

前述恪靖公主去世、额驸年尊别居后，其长子贝子根扎布多尔济，妻（诚亲王胤祉长女）和硕格格（郡主）作为第二代主人居住公主府。

图21　公主府（摄于20世纪三四十年代）

公主后裔承传入住府第直至清朝末年。

自1911年以来，史稿、方志、书刊中有恪靖公主曾“三次受封”和“府第三迁”的说法，因史实有待进一步考证，故本书未提及。

三　府第沧桑变化

辛亥革命后，公主府充做土默特旗旗民公产。

1923年8月，成立不久的绥远省师范学校迁入公主府办学。为教学需要，拆除室内软硬隔断。1930～1931年间，在府第周围新建校舍近百间，府门前的羁马设施已不知去向。

1937年七七事变后，归绥市（今呼和浩特市）被日寇占领，公主府被日军当做军需仓库，学校被迫停办。1943年，绥远师范学校原任校长在抗日后方后套（今河套）陕坝复校。1945年8月，日本投降。1946年3月，师范学校从陕坝辗转返回归绥市内老校址公主府。

日伪统治八年期间，学校古建、新建校舍未得到任何保养维修，门窗破烂不堪，急需整治维修。学校又遇到合并扩招增班，需添建几十间校舍。在经费很拮据的情况下，无奈提出克勤克俭修复老校舍的原则。于是，采取拆东墙补西墙的办法，开始动手截取除府第中轴线上的府门、仪门、垂花门、大堂、寝殿五座建筑外，其余十三座建筑四十三间房的全部随梁枋、檩枋、檩垫板；拆除所有古建筑金步装修的槛框、门窗、窗榻板；拆除腰廊和后罩房耳房等三个单间小建筑；拆除一进院东西两厢翼房各五间。利用这些拆下来的老料，在一进院仪门左右两侧扭正改建各一座五间无廊正房的同时，除改作府第建筑檐步民国式简易装修的各部构件外，其余则用在校舍其他建筑上。这给部分建筑的结构安全、稳定埋下了隐患（图21）。

1949年后，为适应教育事业的发展，师范学校的规模不断扩大，府第后添建不少房舍，府第周围环境风貌日渐改变。1954年，中央人民政府撤销绥远省建制，将绥远省划归内蒙古自治区后，自治区政府迁到呼和浩特。

50年代中期，随着民族教育事业的蓬勃发展，在府第北部原马场、园囿范围内新建成片的校舍，分别创办内蒙古蒙文专科学校和蒙古语授课的呼和浩特市第二师范学校。与此同时，呼和浩特市区向北拓展的速度加快，不久公主府变为市区的一部分，北东两面被外来部门蚕食。历史的环境风貌彻底改观，但府第建筑本身没有受到太多干扰。

1966年，师范学校停办，校舍先作为串联、上访人员驻地，后改为家属宿舍。至1970年正式复课前的四年间，府第建筑受到严重破坏，原作屋面吻、兽、小跑、勾头、滴水悉数被砸烂，部分瓦面受到破坏，墀头戗檐砖雕、通风孔花砖等装饰件所剩无几。府第建筑的瓦作部分受到一次空前的人为破坏，留下漏雨的后患。继而，屋顶长草，院落荒芜，住户们家家建小凉房、储煤池，处处是残砖烂瓦，垃圾遍地，狼藉不堪。学校复课时，校方无力整修，仅做权宜整治。

1987年，呼和浩特市人民政府公布公主府为呼和浩特市重点文物保护单位，筹备成立呼和浩特博物馆。1989年，师范学校分期分批向呼和浩特博物馆，移交公主府府第建筑。这座三百年前的古建筑终于由文博部门保护管理使用。

1990年，呼和浩特博物馆正式开馆。

1991年，国家文物局和呼和浩特市地方财政拨专款，对公主府进行抢救性维修。

1992年，国家计委、呼和浩特市地方财政拨款，在公主府原西跨院范围内，建文物库房和办公用房。

1996年5月，内蒙古自治区人民政府公布公主府为内蒙古自治区重点文物保护单位。

1999年，呼和浩特市地方财政拨款，安装防火和安全防护设备，硬化院落地面，拆迁民居、商店，恢复府门前广场。

2001年6月，国务院公布和硕恪靖公主府为全国重点文物保护单位。

2005～2009年，国家文物局下拨专款，对千疮百孔、面貌全非的和硕恪靖公主府府第建筑，自建造以来第一次进行全面的保护维修，并根据实物和历史信息对个别项目作尝试性的修复。已拆除部分没有进行复建，同时开辟“固伦恪靖公主府专题博物馆”。

撰文：德新　包小民

[1] 内蒙古社科院历史研究所《蒙古族通史》编写组《蒙古族通史》，民族出版社，1991年。

[2] 满昌主编《蒙古族通史》，辽宁民族出版社，2004年。

[3] 《蒙古族简史》编写组《蒙古族简史》，内蒙古人民出版社，1985年。

[4] 高文德、蔡志纯编著《蒙古世系》，中国社会科学出版社，1979年。

[5] 《卫拉特历史文献》，巴岱、金峰、额尔德尼整理注释，内蒙古文化出版社，1985年。

[6] 珠荣嘎译著《阿拉坦汗传》，内蒙古人民出版社，1990年。

[7] 绥远通志馆编纂《绥远通志稿》，内蒙古人民出版社，2007年。

[8] 绥远通志馆编纂《归绥识略》，内蒙古人民出版社，2007年。

[9] 白乐天主编《中国全史·通史》，光明日报出版社，2000年。

[10] 《温故集》，土默特人文丛书，远方出版社，2006年。

[11] 《呼和浩特召庙》，内蒙古人民出版社，1982年。

[12] 孙继新编著《康熙帝后妃子女传稿》，金峰整理注释，紫禁城出版社，2006年。

[13] 柏杨《中国帝王皇后亲王公主世系表》，中国友谊出版公司，1986年。

[14] 郭美兰《恪靖公主远嫁喀尔喀蒙古土谢图汗部述略》，《中国边疆史地研究》2009年第4期。

[15] [清] 张穆《蒙古游牧记》，山西人民出版社，1991年。

[16] [清] 钱良择《出塞纪略》，《内蒙古文史资料选编》，1985年，第3辑。

[17] 《呼和浩特师范学校简史》，呼和浩特师范学校校史编写组《呼和浩特史料》，1989年第八集。

[附　录]

一　皇清四公主德政碑

盖闻普天之下，莫非王土，率土之滨，莫非王臣。遐迩咸遵（尊）声教中外，共戴尧天。惟草地较远，悉难近天子之地，荒服非近，尤当沐圣人之祀。钦惟我公主四千岁，至德诚民，深仁育物，太和翔洽，兆人游熙，皋之天者，三十余年。自开垦以来，凡我农人，踊跃争趋者，纷纷然，不可胜数。亦之果（累）年丰收，万民乐业，共享升平。虽彼天之颖粟，实公主之盛德所感也。且我公主留心民膜（瘼），着意农桑。其立心也公，其立政也明，其立法也猛且宽。恩泽普及万姓，真乃尧天舜日。近光者共戴深仁，逖听者成（咸）仰厚泽，是（实）有利于社稷民生也。蚁忱之感佩，必真弥隆之大德难忘。区区蝌蚪，安能颂夫治平，渺渺片石，聊中（申）舆情于万一耳。故曰，莫为之颂，虽美弗彰，莫莫为之后，虽休弗果。于是传之父老，勒之箴石，庶几思（恩）与天地，而并久泽，共日月，以俱长矣。是为之记时。（此系迄今清水河地区发现六块碑之一的碑文）

二　固伦恪靖公主金册

维雍正元年，岁次癸卯，七月戊寅朔，越八日乙酉。

皇帝制曰，鸾书中，锡恩必厚于本支，象服增崇。谊每殷于同气载稽，令典用贲，殊荣咨尔。恪靖公主乃圣祖仁皇帝之第六女也。毓秀紫微，分辉银汉。承深宫之至训无怠，遵循缅女史之芳规宜怀。黾勉联缵，承大宝仰体。

鸿慈聿弘，锡类之仁。特沛丝纶之命，是用封尔为恪靖固伦公主，锡之金册。谦以持盈，弥励敬恭之节。贵而能俭，尚昭柔顺之风。克树令仪，永绥多福。钦哉。（金册文：满汉对照两种文字）

三　固伦恪靖公主墓碑

第一行：礼娴内明凤□彤管答谊笃宗亲□□用纶□直□□备举□范永昭尔恪靖固伦公主□□□沛辉分玉□

第二行：柔嘉成性□□□□□□□□□□□□

第三行：奉□苹藻以流□淑慎□躬协珩璜西著誉念沦徂之已人岁□□□□兴礼宜崇□□□□□□□□□□□□

第四行：□方戴汤即颖□品更教贞珉于戏马鬣山疑长抱□惟之衫□□□□

第五行：文日丽弥增□□之光尔子孙美承哉□□□□□□□□□□□□□□

第六行：乾隆五年十二月二十二日（碑文：满汉对照两种文字）

贰　公主府概述

呼和浩特和硕恪靖公主府，位于新城区公主府街西端路北，建于康熙四十四年（1705年），至今已有三百余年的历史。

康熙二十七年（1688年），在中国北方，漠西卫拉特蒙古准噶尔汗国噶尔丹博硕克图汗借故出兵占领漠北喀尔喀蒙古三部，并悍然越界进入漠南清朝内扎萨克地面，挑起战端，大有与清朝分庭抗礼之势。康熙帝御驾亲征，用了七年时间，经“乌尔会、乌兰布通、昭木多”三个战役的殊死搏斗打败噶尔丹博硕克图汗，夺回已归顺清朝的喀尔喀三部全部领地。为巩固北部边疆，维系喀尔喀蒙古稳定之大计，康熙帝将其第六女和硕恪靖公主，适喀尔喀蒙古枭雄土谢图汗部汗——察珲多

图22　公主府全景

尔济长孙多罗郡王敦多布多尔济，并谕旨内务府，在归化城北大青山前，为其建造闻名遐迩的公主府，以示恩宠和笼络。

时世变迁，公主府多次易主，原貌变化巨大。史料所记的府第东西跨院、后部马场和园囿已荡然无存，仅存府第内院核心部分。在南北长178、东西宽约64米范围内，目前仅存十九座单体古建筑和构筑物五十九间房。殿堂屋宇原状形制保存基本完好，院落格局看面墙、卡子墙和围墙尚属完整，整体规制、建筑风格、时代特点较明显。2001年6月，国务院公布公主府为全国第五批重点文物保护单位（图22）。

一　环境风貌与总体规模

公主府当初的自然地理、环境风貌、规模范围、总体布局，在多部地方志中都有记载。《朔平府志》记："额驸敦多布多尔济起先系漠北喀尔喀蒙古部，圣祖仁皇帝康熙年间来归，赐住归化城大青山前，建府尚四公主。"[1]清咸丰年间蒇事的呼和浩特地区第一部方志《古丰识略》的修订本《归绥识略》称："公主府在归化城北七里许，康熙中建。"[2]康熙中期，这里是土默特左翼旗大青山前，归化城北，土默川北部边缘未经开发的乌兰察布地（乌兰察布为蒙古语，汉意即红

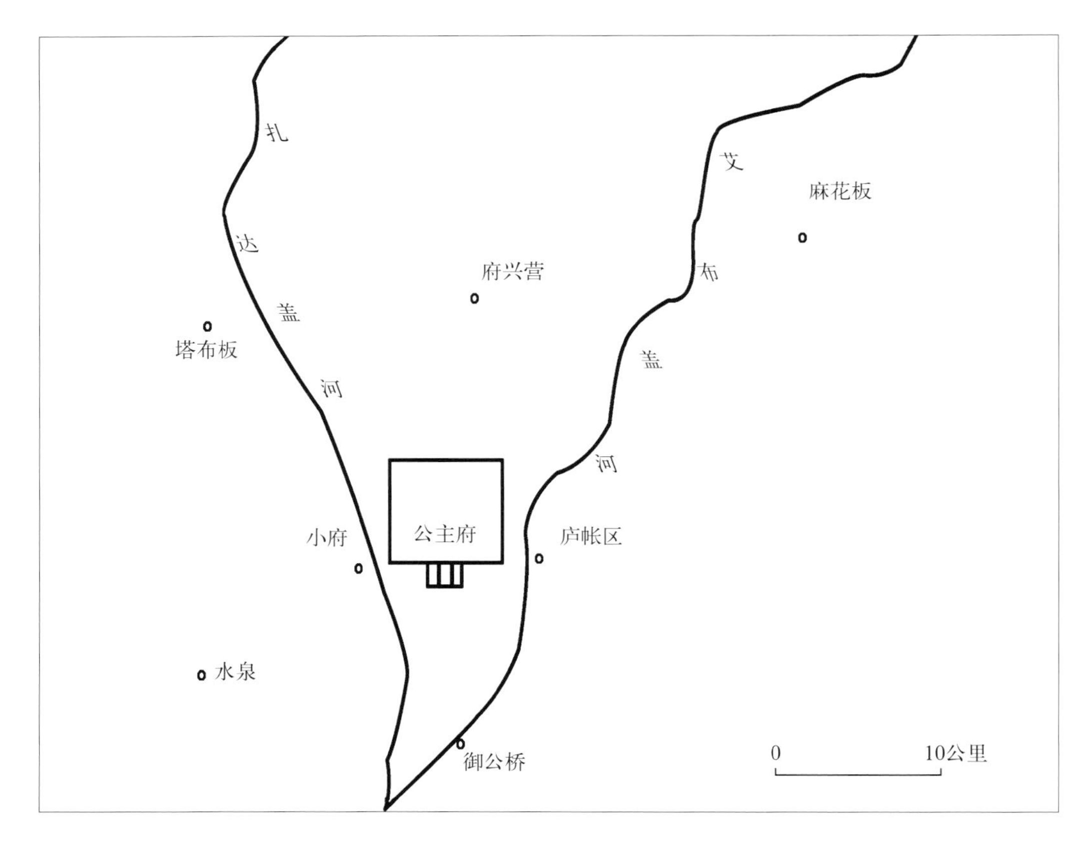

图23　公主府位置示意图

山谷），今人称红山口。在当时，是一片牧野，定居点、村落稀少。康熙三十六年（1697年）十一月，和硕恪靖公主下嫁。按清制，由宫廷内务府奉旨督办划界圈地，兴建府第事宜。内蒙古大学金启孮早年考证，“公主府四至：东自麻花板，西到水泉、塔布板，南起扎达盖河及东侧支流汇合处，北至扎达盖河上游拐弯东西一线”[3]。以水草丰美的扎达盖河及其支流艾布盖河上游为中心，东西宽约七里，南北纵深近六里半，圈占一万七千亩土地，作为皇家赐予公主兴建府第的领地。“土默特志称此为公主‘负郭地’”[4]。总体地势北高南低舒缓坦荡，芊芊四野，潺潺二水，氛围宁静，景色宜人。

根据清代盛行的堪舆地理理念审视，公主府北依大青山红色高峰，南瞰卧龙岗、老龙滩，在两河汇合处上部台地上相地选址建造公主府。若由府第南下归化城，须经府前扎达盖河东侧支流艾不盖河上的“御公桥”[5]，便可直达商贾辐辏的归化城北门。府第北距红山口十八里，皆为山麓空旷原野（图23）。

公主府大院由三部分组成，平面呈凸字形。居前凸出部分的中部为府第前政后寝核心宅院，绕以祟垣。两侧为并列的东西跨院，外筑重围高墙。其后部西北方乾位（天）是马厩马场；北、东北方坎位和艮位（山、水）是园囿、楼台、假山、池塘，引入艾布盖河的清泉溪流修造人文景观。府第总面积约六百亩。据史料称，“府凡五进，正寝、旁舍、园囿、楼台悉备。后枕青山，前临碧水，建筑与风景之佳，为一方冠”[6]（图24）。

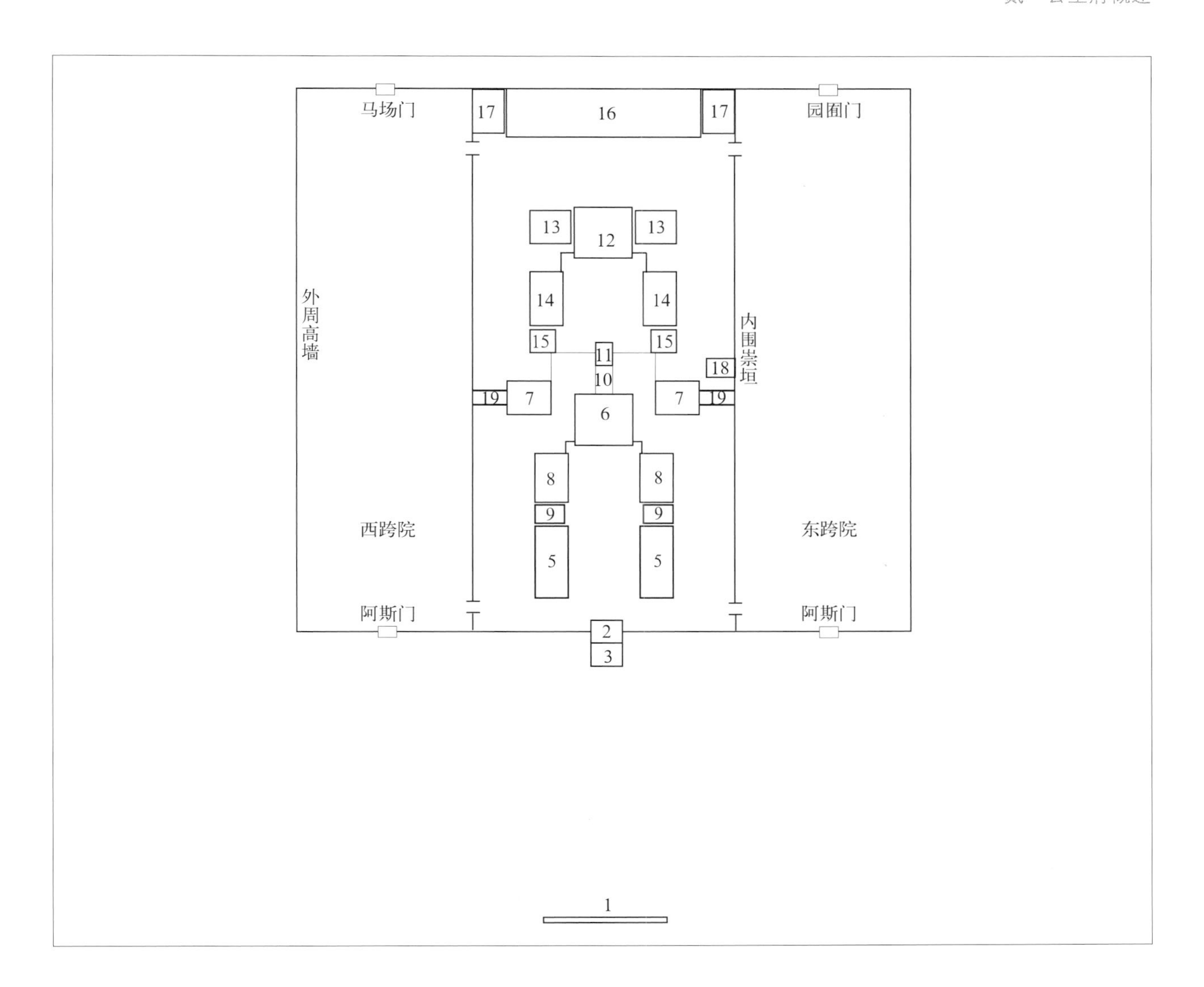

图24　公主府府第内院建筑分布平面示意图

1．照壁　2．府门　3．月台　4．仪门　5．翼房　6．静宜堂　7．朵殿　8．厢房　9．厢耳房　10．丹陛桥　11．垂花门　12．寝殿　13．耳房　14．厢房　15．厢耳房　16．后罩房　17．耳房　18．府溷　19．腰廊

由于公主府处在城外较远的郊区，必须统筹公主属下伺候、照应各级供职人员家眷和额驸侍从、随丁的居住安置问题。清制额定，公主属下人员有“内管领、长史、侍卫、执事、仪卫、奶妈、保姆、侍女、茶上人、饭上人、承应人、庖丁、库使、厩长、匠人户、陪嫁户等”[7]，尊卑男女老幼几十户人家百几十号人；“额驸侍从、随丁按规定郡王时为五十人，亲王时为六十人”[8]。为了安置这些人员，公主府必须另有一些附属建筑，于是又出现了三处聚落区。其一，府第院落外西侧扎达海河西岸，距府第不足一里之处，为公主属下较高品级官员的住宅区。按清早期旗人住房之规，品级不同的官员居住房屋间数不同的先例，量体打造设正门三间，内由二门二进院以上构成，具有九间（正六品）以上至二十余间等不同间数房屋的少数官员的独立宅院聚落区。这一处处门面显眼的院落，随着历史的变迁，逐步演变为今日所称之小府村。其二，公主府大院北偏东园囿区外，距府第三里许为公主

下属低级官员的数座独门独院住宅和侍应人员家眷及匠人户、陪嫁户等几十户人家居住的排子房形成的聚落区。此处逐步演变成后来的府兴营村。其三，府第东侧一里许，涌泉中游沿涓涓清水的艾布盖河两岸为庐帐区，不是常年居住的额驸侍从、随丁及临时往来的一般人员，相对散居于随时可搭可拆的蒙古包或帐篷内。

除府第大院外，上述三处聚落区在当时是公主府必须包含的组成部分。

公主府总体布局，既利用地面广阔、自然地理条件优越的便利，因人因地制宜，辐射状分别安置，又使其所属人员各得其所。既体现了他们身份礼数的差别，又方便了互不干扰各司其职的生活实际状况。

到了康熙末年，公主府奉朝廷之命逐步交割，起先在清水河地区主持经营耕种“汤沐地”的官员家眷等分批撤回公主府，公主府周边各聚落点的户家有所增加。他们发挥在清水河耕种“汤沐地”二十余年的经验，驾轻就熟地再度招民逐步兴修水渠，开发治理新划拨的“归化城东二百四十顷水地”[9]，由此形成美岱、新庄子、黑沙图、太平庄四村的雏形。

二　府第格局与建筑形制

清代的亲王、郡王、贝勒、贝子等的府第建筑，各有详细分明的等级定制。如若越制，轻则罚俸，重则治罪，营建府第须悉遵定制。勘察分析表明，公主府的府

图25　府门

图26　垂花门

第内院建筑部分，按《大清会典》的定制和《大清会典事例》的规则，呈中轴线南北贯通，两侧拱卫对称格局。中轴线上依次有府门（图25）、仪门、静宜堂、垂花门（图26）、寝殿、后罩房等，堂屋五重四进布局。拱卫两侧对称的是一进院仪门两厢原有东西翼房；二进院大堂的左右朵殿及其外侧腰廊，东西厢房和东西厢房的耳房；三进院寝殿的左右正耳房、东西厢房、东西厢房的耳房；四进院后罩房也曾有左右单间耳房。此外，从遗址情况看东边日门外，腰廊内靠东围墙有一个类似府溷的建筑基础，“共计24座单体建筑和构筑物72间房”[10]。这个数据与民国早期的相关记载完全吻合。建筑组群外，绕以内围崇垣。一进院仪门两侧一、二进院，以随墙门卡子墙分隔；为体现前政后寝制度，二、三进院以垂花门看面墙分隔；为给主体殿堂营造庄严宁静氛围，在静宜堂和东西厢房之间及寝殿和东西厢房之间，均以随墙便门拐角卡子墙分隔；二进院、三进院分别成为院中院，又在静宜堂左、右朵殿内侧山墙后至三进院东西厢房的耳房南山墙之间，以日、月门卡子墙分隔内外。

在中轴线上府门正前方约60米处为大式悬山青砖一字照壁。

《大清会典事例》规定，符合制度规定的标准王府还应有东西跨院。现已探明的清式三合土外围墙墙基遗址证实，公主府府第内院两侧确实有东西跨院，各宽约43、长约106米，与府第内院并齐。跨院中有多少祇候、执事房屋和仓廪贮物的房

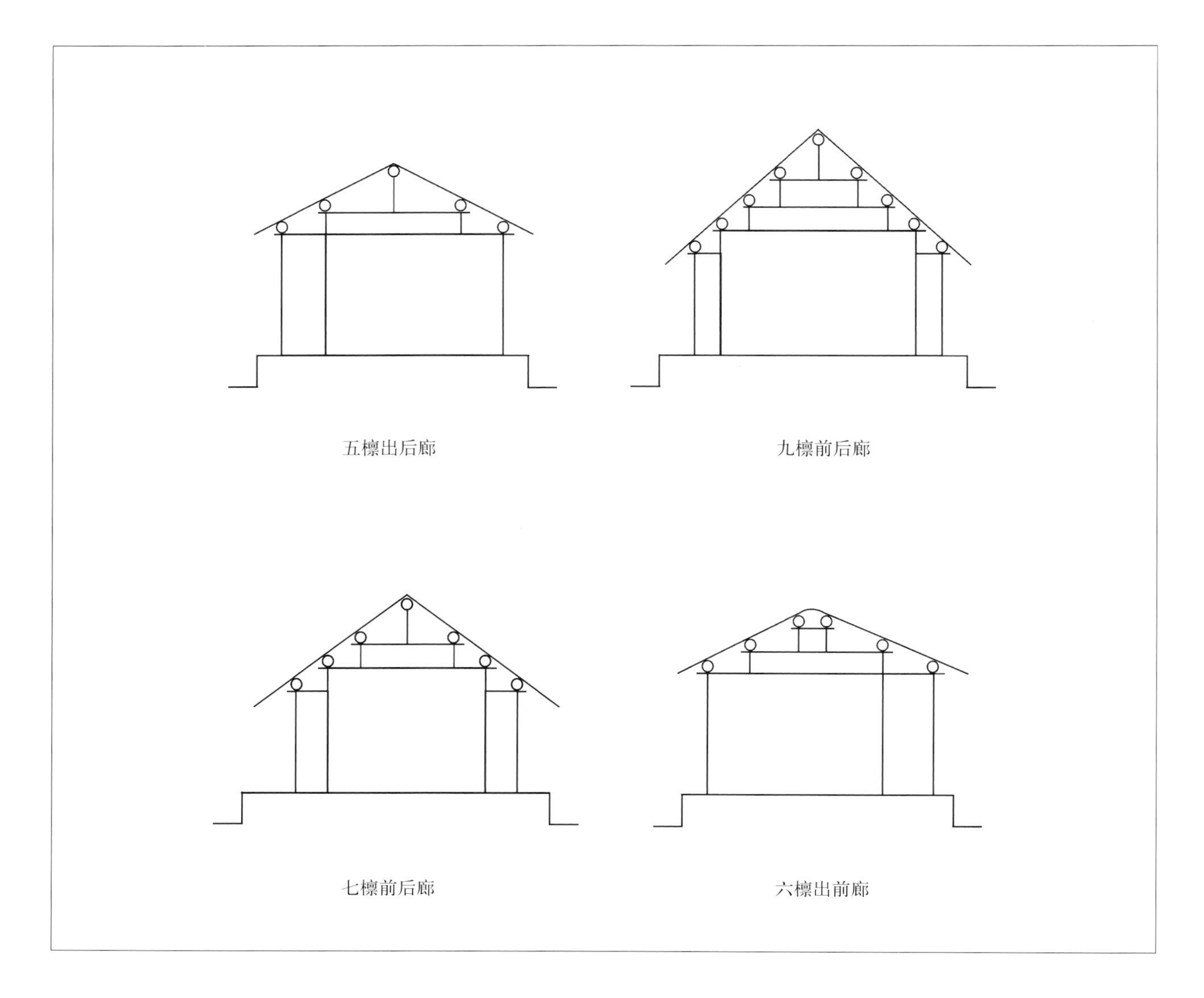

图27　公主府柱架侧样图

舍，未经勘探不知其详。

纵观府第全局，层次分明、坐落有序、建置规范、布局严谨。每进院落的布局看似相同却不尽相同。显然，这不仅是一处悉遵《大清会典》定制建造的府第，也是按《大清会典事例》“典不可变，例可通，辅以而行”的原则，营建的清早期郡王府级王府建筑的典型范例。大堂前设仪门是清早期王府制建筑的特点，大堂后不设后厢而置垂花门是公主府与王府的区别。

除此之外，还有一个容易被人们忽略的马背民族的特色生活设施。直至清代以马为主要交通工具的蒙古地区，置备羁马设备是必不可少的事。根据《大清会典·宗人府·仪制》规定，公主府在府门前广场上，按制度设置一定数量和规格的上马石、下马石、拴马桩等设施是毫无疑问的。它不仅在现实生活中具有不可或缺的使用价值，一经装点安置，门前便顿生情趣，是体现府第主人爵位等级和社会地位的鲜明标志。

研究表明，公主府建于清工部《工程做法则例》颁布前三十年，各匠作凭借康熙帝御览审定由内务府提供的图样和自己掌握的约定俗成的规矩、口诀，来建造公

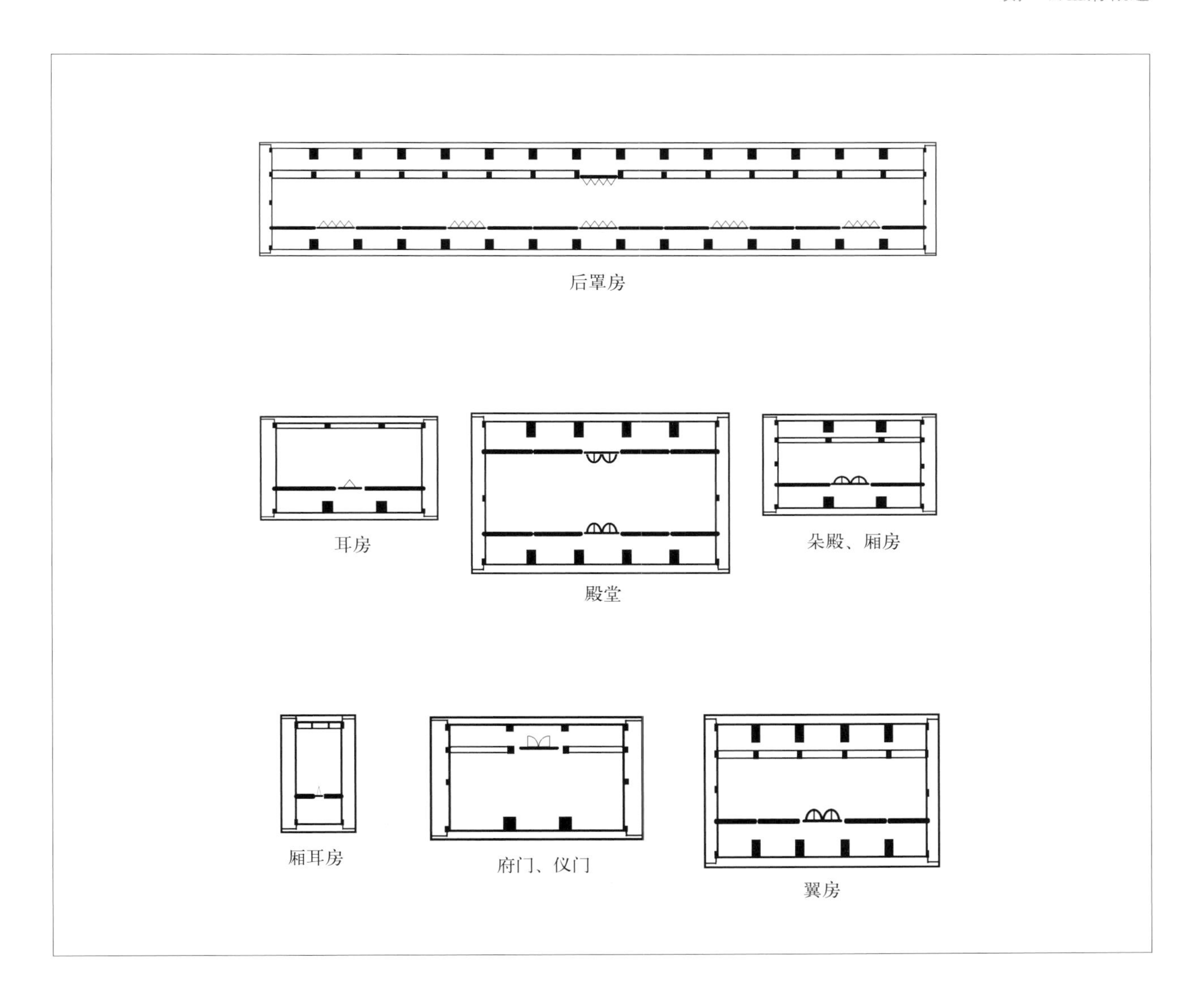

图28　公主府建筑形制种类图

主府第。从对实体建筑的勘测结果来看，各匠作所掌握的木、瓦、石等主要数据基本符合《工程做法则例》的规定。公主府的府第建筑属于清早期官式建筑的大式做法。从柱架侧样分析，九檩大木每缝四根柱前后出廊、七檩大木每缝四根柱前后出廊、六檩大木每缝三根柱前出廊、五檩大木每缝三根柱后出廊四种形式（图27）。

以建筑形制分类：硬山式建筑，面阔五间进深九架，宫殿抬梁式构架前后出廊（静宜堂、寝殿）；硬山式建筑，面阔三间进深七架，抬梁式构架前后出廊（厢房、朵殿）；硬山式建筑，面阔十五间进深七架，抬梁式构架前后出廊（后罩房）；硬山式建筑，面阔五间进深七架，抬梁式构造前后出廊（翼房）；硬山式建筑，面阔三间进深五架，插梁式构架出后廊（府门、仪门）；硬山式卷棚建筑，面阔三间进深六架，插梁式构架出前廊（耳房）；硬山式卷棚建筑，面阔一间进深六架，插梁式构架出前廊（厢耳房）七类，又因面宽、进深、结构模数有所不同尽显形制多样（图28）。

第一，公主府府第内院中轴线上的主体建筑静宜堂（图29）、寝殿二者形制相同，局部尺度有细微差别，均为硬山式，面阔五间进深九架，宫殿抬梁式构架跨

图29　静宜堂

空梁七架下施随梁。山面加山墙中柱施双步梁单步梁，前后出廊大式营造。建筑面积219.47平方米和221.80平方米。明间面宽3.55米，次、梢间面宽同明间，通面阔17.71米和17.75米，通进深均9.7米。檐柱径32厘米，径高比例1∶11，有侧脚和升起。大木梁架做法为无斗栱大式构制，每缝布四柱。七架梁、五架梁、三架梁的截面尺寸高、厚比例，厚度尺寸均略大于《工程做法则例》的规定。各部步架的檩皆为檩、垫板、随檩枋三件叠用，檩径同檐柱径。金、脊步步架相同，廊步大于金、脊步。廊步五举起步，上、下金步举架高属常规，脊步举架高略大于常规系数，屋脊稍显高峻。

上出檐与柱高比例为3.4∶10。檐椽、飞檐椽长度比例为7∶10。下出檐与上出檐的比例为7.7∶10，回水略小于常规。

小木作方面，从槛墙、窗榻板的高度痕迹分析，静宜堂外檐装修是隔扇门、槛窗。寝殿外檐装修是隔扇门、支摘窗。二者均正面满面装修，后檐只装修明、次三间，梢间砌砖封堵，再经内檐装修寝殿的梢间成为东西暖阁。

台明高度是区分王府品级建筑的重要标准之一。静宜堂、寝殿均为方直台明，阶条石山墙条石下四面包砌陡板石，高度83厘米（二尺五寸九分），符合典章定制郡王府后寝台明二尺五寸的规定。静宜堂的台明高度低于典章定制规定的尺度。殿堂山墙下碱花肩有腰线石，墀头下碱为压面石、角柱石。寝殿前后檐和静宜堂前檐各设大式五级垂带踏垛，大堂后檐有丹陛桥与垂花门相连，丹陛桥两侧设抄手垂带踏垛。

在瓦作中，槛墙、山墙和后檐廊内金里墙下碱均为干摆墙，上身丝缝墙着意耕缝。按典章规定，公主府正门、静宜堂、寝殿屋面本应该宂琉璃构件，不知是战争创伤带来的经济原因，还是由交通运输不便造成的原因，最后一律做了黑活。屋面的本色活做仿琉璃作的三砖五瓦脊，正脊安吻、铃铛排山垂脊置兽、压脊（走兽）五种，通宂2号削割瓦。檐口附件勾头、滴水的纹饰为琉璃构件式，留宽边剔底凸起荷花图案，纹理清晰。

第二，门第象征之府门，与有仪可象之仪门形制相同。硬山式建筑各三间，

图30　寝殿

启门各一。府门建筑面积78.41平方米，仪门建筑面积78.37平方米。明间面宽3.6米，次间面宽3.25米。通面宽10.1米，通进深5.27米。仪门进深略大于府门，其他尺度均小于府门。根据使用功能需求，大木梁架结构较特殊，均采取三步梁插后金柱，五檩前敞后出廊构架。三步插梁下施随梁，每缝布三柱，排山加山面中柱做双步梁和单步梁。府门柱径30厘米，径高比例1：9.8；仪门柱径28厘米，径高比例1：10.9。檐步举架五六举，脊步举架六七举，与常规举架比较屋面略显平缓。檩径同檐柱径，檩下都有垫板和檩枋。府门槛框、余塞板、走马板和实榻大门或攒边门，安装在明间后檐金柱间，次间砌墙封闭。

方直台明高度分别为70厘米（二尺一寸九分）和74厘米（二尺三寸一分），略低于典章规定的尺度。石作做法同静宜堂和寝殿，前后檐均设大式五级垂带踏跺。

墙体、屋面做法也如同静宜堂和寝殿，唯压脊变成三种，通宽2号削割瓦。

第三，中轴线上最后一个单体建筑——后罩房硬山式十五间，建筑面积439.41平方米。静宜堂、寝殿的东西厢房和静宜堂的左右朵殿等都是硬山式各三间，单体建筑面积分别为101.72、102.66、94平方米。以上七座建筑都是抬梁式构架，均为七檩前后出廊跨空梁五架大木构造。构架趋同，形状、体量分三类。后罩房明间宽3.55米等间制，通面阔53.25米，通进深6.48米。四座厢房明间面宽3.55米等间制，通面阔各10.65，通进深各7.20米。静宜堂朵殿明间宽3.23米等间制，通面宽9.69米，通进深7.14米。厢房和后罩房柱径30厘米，径高比例厢房1：10.5，后罩房1：9.8。朵殿柱径28厘米，径高比1：10.8。跨空五架梁厚度大于常规系数，下施随梁，每缝布四柱。檐步举架约五三举，金步举架约六二举，脊步举架约七八举。檐步举架大于常规系数，金步举架明显小于常规系数，脊步举架也小于常规系数，屋面举折现平缓。檩径同柱径，檩下叠用垫板和檩枋。椽、飞长度比例与常规系数相近，上出檐和下出檐比例近似常规系数。

静宜堂厢房、朵殿的外檐装修为隔扇门、槛窗，寝殿厢房和后罩房（图30、31）的外檐装修为隔扇门支摘窗。寝殿厢房的横披窗为不分扇，通樘一扇的做法。

后罩房的台明高度为59厘米（一尺八寸四分），高出规定14厘米。阶条石下台帮用二城砖丝缝砌筑散陡板。静宜堂、寝殿四座厢房的台明高度约73厘米，院中院分割卡子墙以里院落内侧阶条石下包砌陡板石，拐角卡子墙外侧和后檐台帮用大停泥砖丝缝砌筑散陡板。静宜堂朵殿台明高度也约73厘米，前后檐阶条石下台帮均以大停泥砖丝缝砌筑散陡板。

七座建筑的瓦作墙体同殿堂。屋面三砖五瓦脊，五脊六兽，厢房压脊五种，后罩房和朵殿压脊三种，通宽2号削割瓦。

第四，寝殿左右耳房各三间，静宜堂、寝殿东西厢房的小耳房各一间，单体建筑面积分别为99.76、33.4、33平方米。此六个单体都是硬山式卷棚建筑。形状体量分两类：寝殿左右耳房明间面宽3.55米等间制，通面宽各10.65米，通进深各7.07米；四个厢房的单间耳房各面宽3.55米，进深各6米。梁架构造均采用四步梁插前檐金柱，下施随梁，六檩前出廊构架，每缝布三柱。寝殿左右耳房檐柱径30厘米，径高比1：9.8。寝殿厢房的耳房檐柱径28厘米，径高比1：8.8。静宜堂厢房的耳房檐柱径28厘米，径高比1：9.8。寝殿左右耳房檐步五五举，金步六六举；寝殿厢房耳房檐步五二举，金步五七举；静宜堂厢房耳房檐步五七举，

图31　后罩房

金步六五举。它们的顶步宽又都超过1米，不符合常规处置方式。因此，过垄脊和屋面举折都显得平缓。

寝殿左右耳房的四步插梁截面尺度符合常规又下施随梁，故未发现挠曲。但是，其上部的四架梁截面尺寸过小（28厘米×28厘米），跨度4.87米，再加顶瓜柱下又未施连二角背，致使左右耳房东西一缝四根四架梁严重挠曲变形，屋面下陷，山墙歪闪。此种结构性病害，在全院建筑中这是殊例。厢耳房也有类似情况，但因四架梁跨度变小又是单间，梁下有砖砌体辅助没有造成不良后果。

寝殿左右耳房外装修，靠寝殿一侧次间做夹门支摘窗、风门，其他两间做支摘窗。厢耳房外檐装修为夹门支摘窗、风门。

寝殿左右耳房台明高67厘米，阶条石下台帮用大停泥砖丝缝包砌散陡板。厢耳房台明高64～68厘米，院内正面阶条石下以陡板石包砌，其他面台帮停泥砖丝缝砌散陡板。

墙体同其他建筑砌法。屋面为铃铛排山箍头脊不安兽，遍施3号削割瓦。

在上述各单体建筑中，需要注意的共同之处是地下取暖设施。除府门和厢耳房五座单体外，其他建筑的次间或梢间，后罩房每三间为一个组合的次间廊内槛墙下，均设砖石砌筑的地炉。炉口在廊内地下，作方形。操作用窨井平台，添加木炭等燃料。热气在室内墁地砖下专门设置的通道里扩散，然后再集中向后排放。不取暖的季节操作用窨井口，由特意制作的木盖封闭，形制做法很是巧妙。

在静宜堂、寝殿前，区隔前政后寝分界线上的垂花门，是功能独特的另一类标志性建筑。为了彰显公主的显赫身份和社会地位，特意选择最讲究的结构精巧、外观秀美的一殿一卷悬山式六檩四柱垂花门。为增强玲珑华丽的氛围，其前檐安装单拱交麻叶斗栱，因此成为全院唯一使用斗栱类构件的建筑，并在花板、雀替、驼峰、角背、耳牙子、垂柱头均施精雕细刻。前檐柱间安装槛框、余塞板、走马板、攒边门，后檐柱间安装槛框、门头板、屏门。屋面脊兽都很精美，均为10号削割瓦。

垂花门两侧看面墙，墙身做法类似照壁，丝缝撞头和方砖硬心，冰盘檐墙檐加砖椽飞，也宂10号削割瓦作墙帽。

公主府第古建筑组群，给人最深刻的印象是形制多样、古朴大方、主次分明、和谐有序。

三　建材质量与制作工艺

公主府是内蒙古中西部地区最早出现的清代官式建筑。“昔之览者，多谓府之规模，比之旧都宫禁盖具体而微云”[11]。它所使用的木材、砖、瓦、石材的讲究程度和各种匠人制作、安装的精湛技艺，在当时，确实做到“一方之冠”。

营造中国古代建筑的主要材料是木材、砖、瓦和石材。木材是制作梁架结构构件和装修用的材料，砖、瓦、石材是遮风避雨防暑御寒的实体封护材料，材质的

图32　戗檐砖雕（原件）
图33　角兽
图34　石狮（原件）

优劣直接关乎建筑的寿命。公主府所用木、瓦、石作等到各种材料都十分讲究（图32～34）。

公主府的各种柱、梁、枋、檩、垫板等梁架大木构件，全部采用油松（俗名红皮松）制作。这是一种材质较硬、纹理致密、不易虫蛀、耐腐性好、应力较强的材料。有人论证，这种材料在康乾年间“采伐自木纳山（今乌拉山），利用黄河排筏顺流而下至托克托地区的河口上岸积存，再用兽力车运到归化城”[12]。装修用的木材是红松，易干燥，不易开裂、变形、干缩，耐腐性中等，也是再理想不过的选择。“清廷档案证实，此材产自额滚岭（今大青山）”[13]。

当初营建府第使用的各种青砖，不论规格、型号、大小无不是地道的停泥砖。烧结成色因火候极佳而呈现豆青色，当地称豆青砖。屋面通常为与琉璃瓦搭配使用的削割瓦，此种瓦比普通布瓦致密性高、成形好、刚性强、结实耐用。勾头、滴水纹饰的做法也如同琉璃瓦勾头、滴水式样，设宽边剔底凸起荷花图案，纹理清晰与普通布瓦有明显的区别。所用的板瓦、滴水背面无论型号大小都具有清早期的瓦件特有的纹饰——三眯纹。据清廷档案和满文土默特文档零星记载："公主府使用的砖、瓦都在当地烧制，技术工人是官方从外地招募来的师傅，凡指引、运送及粗工之人夫，均为归化城人员。"

公主府使用的大量石材，如挑檐石、角柱石、压面石、腰线石、阶条石、柱顶石、山条石、陡板石、埋头角柱石、土衬石、垂带、踏跺、象眼、燕窝、如意、门鼓、门枕石等，清一色采用汉白玉系列的雪花白石料，就是府门前大小各一对貌似温和的石狮子也是雪花白石料雕琢。雪花白石材色调纯正洁白，装饰性强，衬托青砖提高明度，平整刷道或磨光后竟现片片雪花熠熠生辉，产生另一番情趣，是宫殿、府第建筑中使用的理想石材。呼和浩特地区有这种石料，有关史料记载出自本地，但并未发现有规模的开采地点。公主府使用的石材究竟采之何处，至今仍没有定论。

辅助性材料白灰、青灰、黏土、麻刀等质量均属上乘，并且配比恰当发挥效能良好，保证了瓦、石作工程的质量。这些材料都产自当地。

众所周知，材质的上佳只是保证工程质量的先决条件，没有各匠作的高超技能和工艺操作仍不会有圆满的结果。三百年来，人们不仅称道建造公主府所使用的各种材料的材质，更加赞许各匠作规范的制作安装技术、精湛的工艺技能和呈现出的上乘工程质量。

如前所述，公主府建于清工部《工程做法则例》颁布之前三十年，但各匠作们遵循的约定俗成的规矩基本符合《则例》的规定。往昔营造古建筑，木作头居匠作之首。公主府是无斗栱大式建筑，梁架大木的制作以檐柱直径做模数，经推算确定各部构件的高、宽、厚等具体尺寸，进行加工制作安装。以公主府的主体建筑殿堂为例，遵循当时郡王级府第殿堂定制，面阔五间进深九架，抬梁式构架前后出廊，大式无斗栱做法的前提下，木匠作头揆度诸因素，选择檐柱径为32厘米（一尺）作为模数，推定主体殿堂各类柱、梁、枋、垫板、檩椽等各部构件的规格尺寸。檐柱径高比1：11，符合《则例》规定：明间面宽同柱高。除七架梁外，五架梁、三架梁高似乎小于《则例》的规定约0.10D,宽往往大于《则例》规定约0.08D。其他构件的模数比例与《则例》规定基本相符，匠作们以精湛的技术制作出规模恢弘、做工精良、且又十分规矩的殿堂梁架，矗立在方直台明上。其他各单体建筑均以此种方式，按其等级档次不同，适当调整柱径模数。檐柱径分别改作28厘米和30厘米两种，径高比在近1：10～1：11规范范围内。三、五架梁和其他构件的尺寸，如同殿堂构件模数，确定各部构件的尺度，分别制安。因此，尽管建筑物的形制、体量、高度发生许多变化，由于比例恰当、制作规范、卯榫严实、工艺卓著，历经三百年，凡没有被人为损害结构稳定性和承载力的建筑，至今仍然保存完好。

公主府瓦作的周到精细也是罕见的。砌体所用大停泥砖，一律按规矩切割、砍磨加工，五扒皮干摆砖的包灰稍微大于《则例》规定。山墙、廊内后金墙或后檐墙下碱和槛墙一律砌干摆，上身砌丝缝组合。下碱高不到柱高的三分之一，砖层单数。下碱五扒皮干摆墙，层层放暗丁灌白灰浆。上身墙膀子面砖老浆灰丝缝砌筑后，再着意耕风雨缝。下碱干摆墙面如镜平整光洁，上身丝缝灰缝如线横平竖直，无可挑剔。次要建筑的台帮，以石材镶边包角后，用大停泥砖或二城砖加工的膀子面砖，老浆灰丝缝包砌，保持自然细缝。

墀头上身压面石以上的看面形式有两种做法，主要建筑的上身为“三破中”，次要建筑的上身为“狗子咬”。其上部梢子为雕砖荷叶墩，挑檐石头部做混、炉、枭，上面两层雕砖盘头，即非常规范的六层做法。最上层的戗檐砖上，还做出有寓意的精细雕刻。两层盘头和戗檐砖与山面的两层拔檐和博缝砖交圈十分规矩。次要建筑墀头的荷叶墩、盘头、戗檐砖均为素面不施砖雕。无论形制如何，廊内抱头梁、穿插枋之间都由带纹饰的穿插当和小脊子、卧八字、立八字、线枋子、方砖心、虎头找、搭脑、大叉组成十分规范的廊心墙。

公主府的屋面瓦作也和一般建筑不同。清初的典章中规定，郡王级府第的正门、静宜堂、寝殿的屋面应该使用绿色琉璃瓦，其他建筑的屋面做大式黑活。公主府的屋面实际一律变通为本色筒瓦、板瓦，做法也不是普通大式黑活。屋脊特意以青砖仿琉璃做法的“三砖五瓦脊”安装大吻，垂脊做铃铛排山脊置兽。中轴线上的五座建筑正脊安吻，垂脊置兽。厢房、朵殿正脊安望兽，垂脊置垂脊兽。静宜堂、寝殿和四座厢房有兽前压脊（小兽）五种，其他建筑有兽前压脊三种。卷棚式建筑为铃铛排山箍头脊，不置兽和压脊。中轴线上的建筑和四座厢房，通宽清代2号削割瓦（本色瓦），檐口用配套的勾头、滴水。其他建筑通宽清代3号削割瓦，配套使用勾头、滴水。具体操作以“稀瓦檐头密瓦脊”的要领，将底瓦压露比例从脊步的“三搭头”至檐步逐步调整到近“三顶头”。其上筒瓦作盖瓦，促节夹垄。屋面瓦作后因多次整修，瓦面、瓦垄、流水当、促节夹垄等不能反映原状外观质量。

府门前的大式青砖悬山一字照壁，高4.3、长24.24、厚1.64米。圭脚、须弥座占瓴甓高度约三分之一，须弥座上下枋、混枭等均为素面，束腰以竹节式雕砖分成多格类似壸门。壁身两端砌丝缝撞头，内侧砌玛瑙柱、马蹄磉，上端做正耳子、三岔头，上部有磨砖箍头枋。现实所见壁心是抹灰软心。其上冰盘檐砖椽飞，方砖挂博缝，顶部五脊六兽通宽筒板瓦。

垂花门两侧看面墙做法类似影壁，下部基座简化处理，方砖硬心，冰盘檐砖椽飞，瓦墙帽使用10号小瓦。

院墙、卡子墙均做下碱青砖砌淌白仿丝缝，软心、冰盘檐、3号瓦墙帽。

室内和廊下均以一尺二寸方砖五面加工细墁地面。大停泥砖褥子面纹砸散水，细加工水磨方砖十字缝冲甬路。府第内院范围内，从地表以下原土分层素夯30厘米深的情况看，全院落曾经海墁硬化处理。

公主府的石作也属浩繁复杂的工程项目。石作的传统工艺程序是在石材产地采石，打造成毛坯料，根据需求分门别类加工成半成品。运到工地后，再按所需形状、规格加工成构件。安装时进行少量的整合加工，安装后还要以剁斧、刷道等工艺进行细加工。公主府第建筑实用石材近200立方米，用途名号十余种。在同一名称用途中，因建筑的等级和位置的不同，派生出更多的尺寸规格，都需详实地定位打造，且精度要求严，工艺要求高。从各方面审视，公主府府第石作，石材色泽一致，纹理平顺，外观无缺陷；各部构件规格尺寸无误，加工制作合乎规范；组合安装平整牢固，勾缝严实，工艺处理美观大方。除踏跺外，非人为因素所致，至今鲜有松动、移位、残破状况，堪称质量上乘。

公主府府第建筑木、瓦、石作总体情况良好，与基础的稳定牢固不无关系。这方面没有作系统的探查工作，但从维修中零星接触到的情况看，地质条件和建筑基础做得都很好。因府第处于两河间的小台地上，已知所涉及范围的土质直至地下4米都是未经扰动的次生黄土。从后罩房、厢房、府门的基础得知，台明土衬石下约30～50厘米不同深度的埋头，其下有三步地道的三七灰土夯层，厚约60厘米，再下为素夯土。每层夯实板结度很强，夯筑效果非常好。几处遇到的原围墙和卡子墙基础情况也类似，基槽宽度约墙根厚的近两倍。

府第建筑的地仗、油饰、彩画原作已荡然无存，上下架地仗也早已不是传统材料和传统工艺做法，表面皆由普通醇酸调和漆覆盖。以前曾有意探寻原始做法，从边头旮旯发现几处彩画所用青绿色和局部“合操”层，据此推断当初有彩画。全面砍净挠白时也发现，个别下架上端不仅有深浅不同的红色、棕色油漆，其里也曾油饰黑色并施过桐油，由此表明府第主人的身份地位曾经发生变化。

四　保存现状与文物价值

岁月变迁，史料所记“府凡五进，正寝、旁舍、园囿、楼台悉备。后枕青山，前临碧水，建筑与风景之佳，为一方冠”，闻名塞外的恪靖公主府，随清王朝的衰亡日趋败落。辛亥革命后变为旗民公产的公主府，继而改作办学场所，在民国年间先后遭遇大小三次从面容肌肤到伤筋动骨的矫正手术。先是拆除内部隔断，进行使用功能的改造。继而拆改外围设施添建新的校舍，局部改变环境风貌。最后又横加干预截取多数建筑大木梁架辅助性构件变作他用，破坏结构的承载力和稳定性；取消前后廊内金里装修，外移改作檐部民国式小木作，改变整体外观面貌；大拆府第内院数座建筑和其他附属设施，拆除一进院翼房，扭正改建民国式房舍，破坏府第原有格局。

1949年后，在那场罕见的十年浩劫中，府第建筑本体的艺术性构件全被砸烂，屋面瓦作部分也遭到严重破坏。受到城市发展的冲击，府第后部马场、园囿和府第前广场、平滩，全部被各类学校、民居、工厂、企业占用。环境由原来安静悠然的郊野，变为四周楼房林立、街巷纵横的市区。公主府的附属建筑小府、府兴营和公主府花园等，只作为当地街巷名称得以留传下来，历史的环境风貌彻底改变。偌大府院仅存不足原面积二十分之一的府第内院的弹丸之地，文物古建筑本身也面目全非。

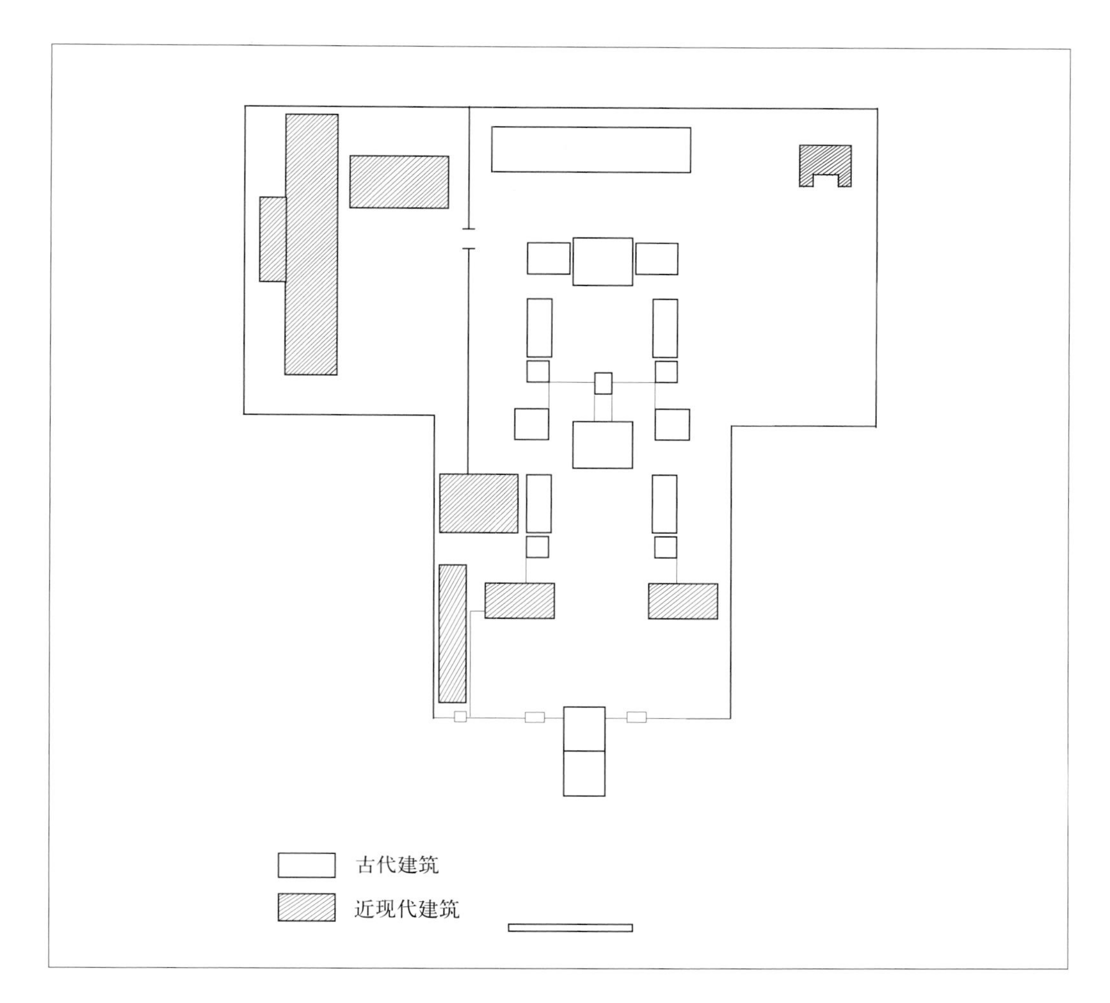

图35　公主府府第内院现状平面示意图

20世纪80年代末，呼和浩特市文博单位接收公主府府第内院时的状况是，中轴线上有照壁、府门、仪门、静宜堂、垂花门、寝殿、后罩房等五重四进建筑。拱卫两侧的对称建筑中，一进院原东西两厢翼房被拆除，扭正改建民国式东西正房，二进院静宜堂左右朵殿，东西厢房和东西厢房的耳房，三进院寝殿左右耳房，东西厢房和东西厢房的耳房等，计十九座单体建筑和构筑物五十九间房。古建筑面积2018.72平方米。另外，不计临时建筑，在府第一进院仪门两侧和原东西跨院部分范围内，还有六座民国年间和日伪统治时期添建、改建的现代建筑，总占地面积18318平方米（图35）。

建筑的安全性、稳定性如前所述，公主府府第建筑所处位置地质情况好，基础做得牢靠，木、瓦、石作材质好，加工制作安装规范。因此，尽管人为的扰动破坏很大，但绝大多数建筑的整体梁架结构仍维持着安全稳定的状态。只因院落内部和外部环境地面普遍提高，导致排水不畅影响到建筑物台明和柱根，少数单体建筑柱网根部存在不同程度糟朽，还有些许不均匀沉降和微倾情况。外檐小木作包括槛框、门窗和槛墙，后檐金里墙全部外移重装改砌，改变了原有装修规矩、工艺做法和外观风貌。又因人为破坏造成建筑外貌伤痕累累，尤其因屋面瓦作檐口附件的损坏而导致多处漏雨，波及部分建筑的木基层，造成多数建筑的连檐、瓦口糟朽变形檐口局部下沉。20世纪90年代初，对屋面瓦作曾进行抢救性维修，补配吻兽、檐口附件整治瓦垄等，屋面漏雨檐部渗水情况暂时得到遏制。但因木作方面的问题没有处理，补配的瓦件质量低劣，夹垄所用材料、工艺也不是传统材料和传统做法，仅十年便重蹈覆辙、问题频发、亟待修缮。除寝殿左右耳房因梁架变形，屋面下陷造成较大病害外，其他瓦石作的残损、风化、移位、磨损多为一般性损伤，情况也并不是很严重，石作构件缺失情况比较严重。府第格局，院落卡子墙、围墙等有较大变动，但能够清晰辨认。室内装修尽皆不存，顶棚、地面也都是后来以简易粗糙做法改制的。外檐地仗、油饰空鼓、龟裂、脱落和褪色情况不一而足，这里不再赘述。

总之，作为全国重点文物保护单位的公主府，多年来延宕累积下来的弊害不是一两个方面的事情。木、瓦、石、地仗、油饰、彩画和裱糊作及土方、排水、供电、三防等工程，样样都存在亟待解决的问题。营建三百年来的古建筑做一次全面整修势在必行。

承载着古代劳动人民智慧结晶的文物古建筑，作为国家、民族的文化遗产的物化成果，具有重要的历史、艺术、科研价值。总结历史的经验教训，做好文物古建筑的维修保护工作。为有效发挥其咨政育人、传承文明、普及知识、丰富生活的作用，现就公主府的重要价值进行一扼要评估。

1.历史价值

和硕恪靖公主府是17世纪末，清皇室公主适漠北喀尔喀蒙古部后兴建的府第，是清王朝在新的形势下继续奉行满蒙联姻政策，巩固民族团结，维护国家统一的历史见证，也展示了大漠南北蒙古各部血脉相连的历史渊源。恪靖公主府作为特殊历史背景的建筑载体，对于我们研究清朝满蒙联姻政策的产生、发展和归化城在清早期统一、稳定漠北蒙古进程中的历史作用，均具有非常重要的史料价值。正如一位名人所说："建筑同时还是世界的年检，当歌曲和传说已经缄默的时候，它还在说话。"

恪靖公主府作为清代早期王府制建筑组群，后民国时期改做校址沿用至20世纪90年代，对于研究本地区建筑史、民族史、文化史和教育史及呼和浩特城市发展史都具有重要的参考价值。

2.艺术价值

公主府建筑的空间格局、形制式样、制作工艺、装饰色彩都具有浓厚的时代、地区和民族特征，体现出独具特色的建筑艺术价值。总体布局的辐辏性，府第部分的中轴线贯通，两侧拱卫性核心格局，通过"以高为贵、以中为贵、以多为贵"来表现建筑形制等级的做法，木、瓦、石作的加工、制安、砌筑、雕琢的精湛工艺和明暗色彩反差、丹青装潢艺术等，对于研究蒙古地区清代早期王府建筑，具有很重要的实物考证价值。

3.科学价值

建筑是自然科学和社会科学发展的实物例证，反映一个时代的科学技术水平。府第建筑充分展示了清早期，木、瓦、石作等各匠人的技术技能、比例规范和建材质量和工艺特点。同时，鉴于呼和浩特地区气候较寒冷，冻融变化较大，相对风沙天较多，密闭性要求较高等特殊情况，府第建筑的基础深度、墙体厚度、形体择定、取暖设施等方面，都是根据当地自然地理气候条件，进行适度改进和加强。因此，府第建筑历经三百年，虽几次遭受严重人为的干扰和破坏，但其安全、稳定、健康和宜居程度仍让人们无需多虑，可以为今天的建筑科技和建材质量的研究提供重要借鉴。

4.文化价值

恪靖公主府的兴建，不仅为后人提供了一个了解我国封建社会府第制度、府第生活、府第历史文化的实物例证，更重要的是进一步促进了呼和浩特地区的社会安宁和经济发展，从而推动了各民族间的文化交流，增进了民族和谐，成为研究地方文化史、民族融合史不可或缺的实物载体。

5.其他价值

恪靖公主府府第建筑组群，具有难能可贵的使用价值。它既能物化体现呼和浩特市悠久的历史、深厚的文化底蕴，又能以其所陈列展示的内容满足人们的精神文化需求。其必将成为休闲、参观的好场所和呼和浩特市重要文化景观之一，吸引四方游客，为旅游事业的发展提供必要的物质基础。

撰文：德新

[1] 《绥远通志稿》卷十一，内蒙古人民出版社，2007年。
[2] 《归绥识略》卷六，内蒙古人民出版社，2007年。
[3] 《内蒙古历史文物简介》“公主府”，内蒙古自治区文化局编印，1964年。
[4] 《土默特志》上卷，内蒙古人民出版社，1997年。
[5] 《绥远通志稿》卷八十三，内蒙古人民出版社，2007年。
[6] 《绥远通志稿》卷十一，内蒙古人民出版社，2007年。
[7] 《恪靖公主远嫁喀尔喀蒙古土谢图汗部述略》，《中国边疆史地研究》2009年第4期。
[8] 《蒙古族通史》中，民族出版社，1991年。
[9] 《土默特志》上卷，内蒙古人民出版社，1997年。
[10] 《呼和浩特师范学校简史》，《呼和浩特史料》第八集，1989年。
[11] 《绥远通志稿》卷十一，内蒙古人民出版社，2007年。
[12] 《内蒙古文物考古》2007年第2期。
[13] 《恪靖公主远嫁喀尔喀蒙古土谢图汗部述略》，《中国边疆史地研究》2009年第4期。

叁　公主府的地炕

人类最早的用火遗迹，是在距今170万年前云南元谋人遗址中发现的。在距今70万年～1万年前的呼和浩特市保合少乡大窑村发现的大窑遗址中发现了用火的痕迹和烧骨，表明在这里的人类祖先已与同期的“北京人”一样用火烤食、取暖了。在新石器时代晚期，内蒙古凉城王墓山遗址就发现使用无炕灶和壁灶，灶分主灶与附灶，灶壁底层抹有3～5厘米的草拌泥。考古工作者还发掘出两个填满黑灰色土的长方形竖井式灰坑。清水河县岔河口遗址发现圆形坑灶及夹砂灰陶火种罐等。托克托县海生不浪遗址发现椭圆状瓢形灶。这些迹象都表明新石器时代家庭村落已经开始使用灶做饭取暖了。内蒙古中南部地区的战国墓中就有灰陶灶的出土，在汉墓

图36　寝殿

中更是经常出土灰陶、釉陶和青铜灶。2004年，内蒙古杭锦旗境内发现两座大型汉墓，出土了一件青铜灶明器。包头召湾汉墓出土过三眼铜灶，巴彦淖尔市磴口县大型汉墓群中也有灶的留存。从准格尔旗二里半遗址，直至呼和浩特大学路北魏鲜卑人墓葬遗址的发现都可以表明，这种取暖设施在这一地区古代民居中的盛行。南北朝时期我国北方已广泛地使用煤取暖烧饭了，而我国北方地区的一些少数民族还用干牛粪羊粪等做炭火盆的燃料。即使在今天的锡盟、阿盟草原上的牧人家里，我们仍然能够看到以梭梭草或牛粪为燃料的炭火盆。

在清代，有身份的宅地所用的“炕”更为保暖，即地灶和火道，设在主要的厅堂、厢房、配殿及寝殿下面，上面铺砖，在灶内燃火，也叫“火窖”，将添加燃料和清理灰烬的出口、引风助燃的风道均设在室外的其他地方。火通过火道加热，热力辐射弥漫至内室，既暖和又干净，但一个冬季消耗的燃料根本不是一般人家可以承受的。因而，地炕是当时富人才有的享受（图36）。

一　地炕的发现

2002年5月，呼和浩特博物馆在维修清和硕恪靖公主府室内地面时，发现了原建筑废弃地灶、灰坑及烟道等组成的地炕遗迹。2005年，经国家文物部门批准，拟对府内建筑进行抢救性维修，施工中，在室内的地面下，发现有被烟气熏黑的大型方砖，方砖下又是被熏黑的条条火道，布满了整个建筑。经现场勘查，此为清代所建、专供主人室内供暖所用的“地炕”。三百年前的地炕工程，让人们惊叹。掀开地炕的青砖，有一尺深的火道，残存的火灰和烧燎过的痕迹十分清楚。其构造奇特，设计精巧，独具匠心。清代皇宫内的暖阁采用的就是类似的结构，其性能和原理与当今的地暖设备相同，也可以说是现代地暖的雏形。

公主府为全国重点文物保护单位，始建于康熙四十二年（1703年），距今已有三百余年。其位于呼和浩特市西北隅，是清圣祖康熙皇帝的女儿和硕恪靖公主下嫁蒙古喀尔喀土谢图汗部察珲尔多尔济汗之孙敦多布多尔济后居住的府邸。这里北有大青山做屏，南为土默川平原，扎达盖河与艾不盖河交汇于府前，依山傍水，环境优美，府邸占地面积600余亩，为四进五重院落，中轴式对称的宫廷式建筑群，南有照壁，北有花园及马场。现存照壁、府门、仪门、静宜堂、寝殿、后罩房。1923年，由呼和浩特市师范学校使用，1990年辟为呼和浩特博物馆。此次地面维修将后铺的水泥地面及原建筑铺地砖一同清理下掘12厘米，暴露出地灶、灰坑及烟道等遗迹。为日后复原室内建筑结构，仅将静宜堂东、西厢房，寝殿及寝殿东耳房内被破坏的地炕进行了清理，并在寝殿东耳房内东侧进行了详细的钻探。

地层情况：第一层，现代水泥石子混合地面，厚6～8厘米；第二层，原建筑地面，厚6厘米，用边长为35厘米的方砖及长38、宽14厘米的长方形青灰色砖；第

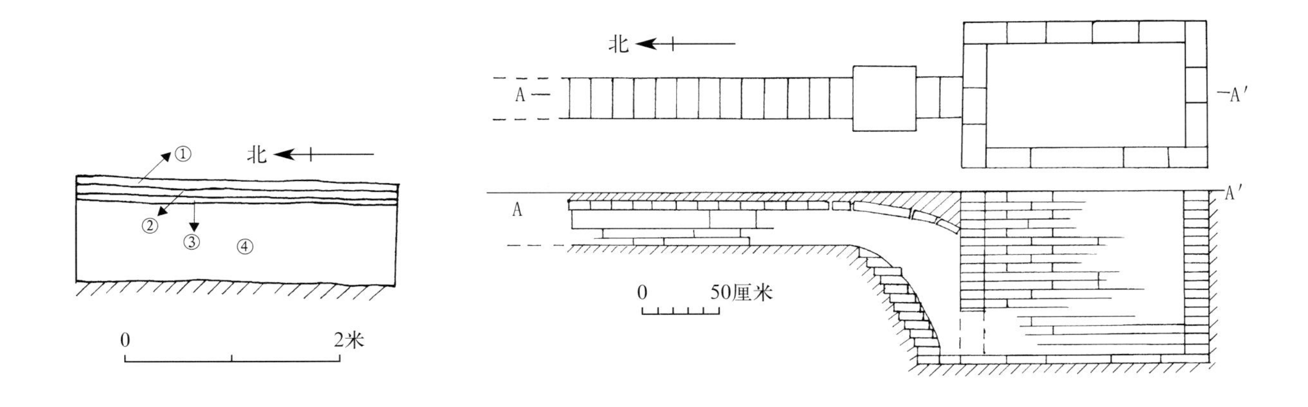

图37　寝殿东配房东侧地层图

图38　寝殿东侧地灶平、剖面图

三层，灰黄色砂性土，厚2～5厘米，土质松软，为地砖下垫土层；第四层，房内基心土，灰黄色，土质坚硬结构紧密，经过夯实，厚70～80厘米，内含基石碎渣、残砖、瓦砾及陶瓷器残片等（图37）。

二　地炕的形制与结构

公主府内各正殿、朵殿及厢房内均有地炕设施，有的分布两三个，最多者为五个。地灶及灰坑、烟道大多已遭破坏。灰坑开口于原地面，平面呈方形、长方形或凸字形。烟道分单烟道、双烟道或两灶共用烟道等。

（一）寝殿地炕

寝殿位于四进院正中，坐北朝南，基长18.93、宽11.6米。室内东西部对称分布各一个地炕，中央偏北处有一个，仅清理了东西两边南部的地炕。

位于东南部的地炕，由灰坑、火膛、烟道组成。灰坑呈长方形，置于南壁与廊间，距东壁160厘米。平底，直壁，内填浅黄色松软沙性土，长130、宽70、深110厘米。在灰坑北壁中部坑底有一出灰口，灰口高30、宽20、进深30厘米，与火膛相连。火膛呈圆形，高80、直径54厘米，与烟道相连，向北渐成坡形，用残半砖砌筑，外抹草拌泥，表面形成青灰色烧结面，烧结面厚2～5厘米。烟道为单烟道，残存长190、宽20、深30厘米，用长方形砖垒砌，从灰坑往北第三块砖是用方砖盖顶，方砖边长49厘米（图38）。

位于西南侧的地炕处于南壁与廊间，距西壁58厘米，与东南侧地炕对称布局，仅清理了灰坑。平面呈凸字形，南北长130、东西最宽处75、深110厘米，北部宽500厘米，平底直壁，内填浅黄色沙性松软土，土质较纯。坑北壁底部正中有一出

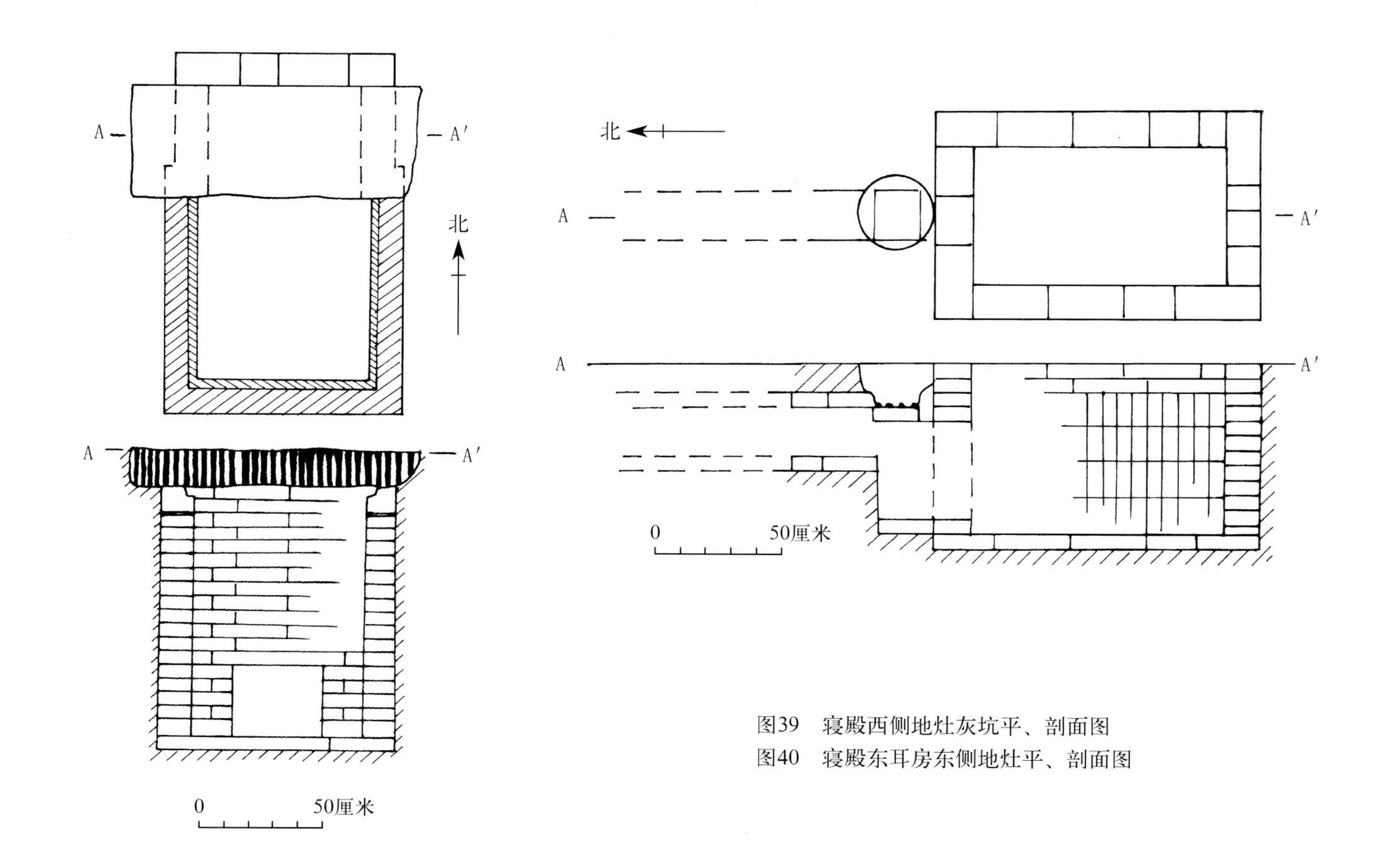

图39　寝殿西侧地灶灰坑平、剖面图
图40　寝殿东耳房东侧地灶平、剖面图

灰口，呈正方形，高32、宽40厘米，进深不清。灰坑口北部向南50厘米正好处于寝殿南墙基下，口部用长条形石盖顶，长条石长120、宽45、厚16厘米，以固南墙。灰坑顶部置一木框，长102、宽94厘米，木框用料厚18、宽14厘米，内边开一槽口，槽口深3、宽2.8厘米。由此推测，原来在灰坑口上面有盖板（图39）。

（二）寝殿东耳房地炕

寝殿东耳房内发现三个地炕，根据分布情况分析应有五个，仅清理了靠近东壁中部的一个，西南部及西壁中部的两个地炕已遭破坏。

位于室内东壁中部的地炕，距东壁55厘米，距北壁240厘米，由灰坑、灶坑、火膛及烟道组成。灰坑平面呈长方形，南北长100、东西宽56、深70厘米，平底，直壁，底铺砖，东西两臂用残半砖立砌四层，其上交错平铺三层，为后修补痕迹。坑内填土为灰黄色沙性土，土质松软，内含石块、砖瓦等遗物。在灰坑北壁中部高出坑底6厘米有一灰口，呈长方形，高40、宽17、进深36厘米，内有大量灰烬及未燃完的煤炭。灶坑位于灰坑的北部，距灰坑口北边15厘米，呈圆形，直径30厘米，灶口距灶底18厘米，斜直壁，下部缓收成圆筒形火膛。火膛直径16、深11厘米，底架长条形截面呈圆角的三角形炉箅，火膛及灶底表面形成青灰色坚硬烧结面，下有5～8厘米厚的红烧土。烟道与火膛相连，残长34、高20、宽20厘米，内有灰烬（图40）。

（三）静宜堂西厢房地炕

静宜堂西厢房内地炕分布于南、北及中部正对门处，共三个。仅清理了中部一个。距西壁190厘米，距北壁420厘米，由灰坑、灶坑及烟道组成。灰坑平面呈正方形，边长49、深46厘米，长方砖平错交叠垒砌，平底直壁，底铺砖，内填土灰黄色，质松软，内有灰烬。灰坑西壁中部有灰口，呈方形，高和宽26、进深24厘米。灶坑在灰坑西部相距15厘米，呈圆形，直径32厘米，弧形壁，表面形成青灰色烧结面，烧结面下红烧土厚5～8厘米，灶坑底部架铁炉箅，残存两根，十字垂直叠压。炉箅上面形成圆形敞口状火膛与烟道相连。烟道为单砖立砌，残长68、高32、宽20厘米（图41）。

（四）静宜堂东厢房地炕

静宜堂东厢房坐东朝西，在房内南部和北部各分布两个，中部正对门处有一个地灶，共五个。皆遭不同程度的破坏，仅清理了南部两个和中部一个，北部两个结构与南部相同，对称布局。

南部西南角之地炕，灰坑处于前廊间，平面呈长方形，东西长90、南北宽75、深160厘米，平底直壁，底未铺砖，内填灰黄色沙性土质，内含灰渣及红烧土。在灰坑南壁中部近底有一长方形灰口，宽24、高16、进深40厘米，灰口内存有大量的

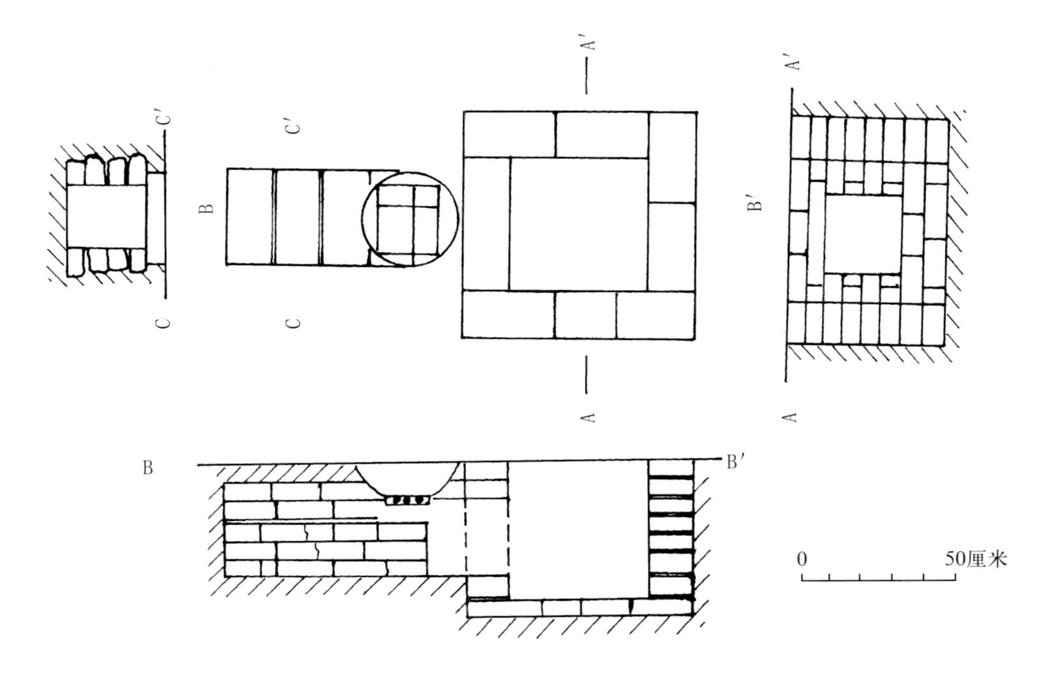

图41　静宜堂西厢房地灶平、剖面图

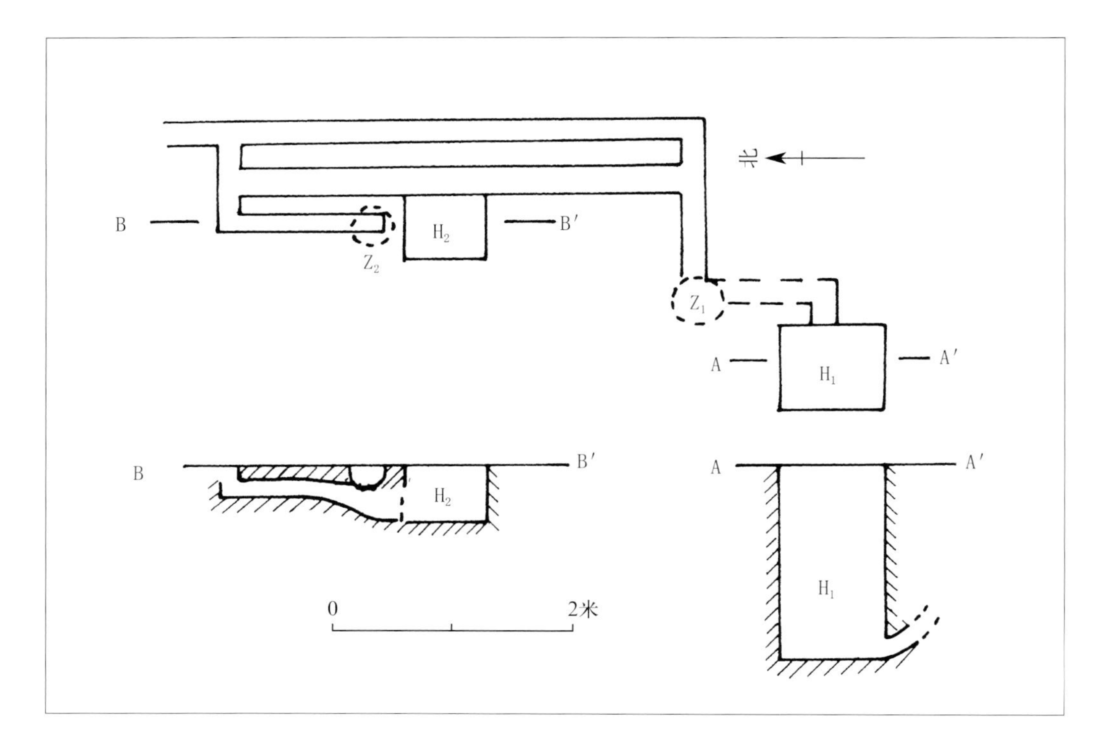

图42　静宜堂东厢房地灶平、剖面图

红烧土块及灰烬。灶坑及火膛已遭破坏，从室内大量红烧土块堆积分布情况看，此地灶的灰坑在室外廊间，灶坑在室内，与烟道相连。烟道为东西向平行双烟道，残长310厘米，宽和高为30厘米，在灶坑处有一段长150厘米南北向单烟道与双烟道相连。

南部处于南壁中部之地炕，与南壁相距135厘米，距东壁195厘米，处于东南角地灶烟道北侧的中部。灰坑平面呈长方形，东西长70、南北宽55、深49厘米，平底直壁，底铺长方形砖，内填灰土，含残砖块、碎玻璃、瓷片等。灰坑东壁中部有出灰口，高30、宽20、进深35厘米。灶坑及火膛已破坏，灶坑残存直径30厘米，斜直壁，周围红烧土厚3～8厘米。火膛呈圆筒形，残径20、深10厘米，下有炉箅两根，与烟道相连。烟道东西长120厘米，宽和高23厘米，出烟口与西南角地灶之烟道共用（图42）。中部地炕结构与静宜堂西厢房地灶结构相同，不再赘述。

三　出土遗物

此次清理出土遗物不多，主要出土于地灶、灰坑及房内基土中，另有少量为府内采集，有陶器、瓷器、铁器、骨器及建筑材料等。

1．陶器

主要是陶盆，皆为泥质灰陶，分三式。Ⅰ式：直口，沿外卷，截面呈三角形，

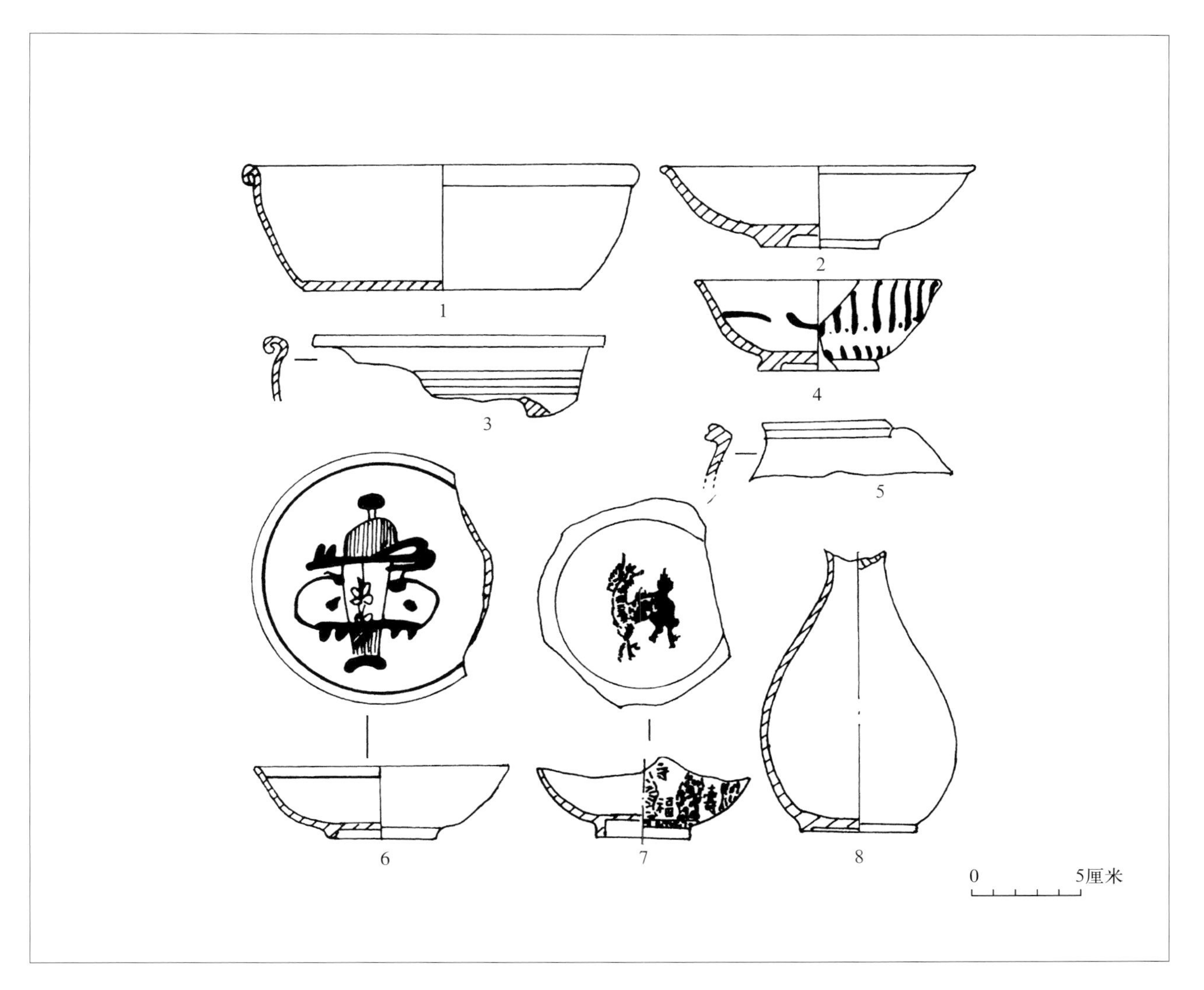

图43　出土陶、瓷器

1、3、5．陶盆　2、4、7．瓷碗　6．瓷碟　8．酒壶

斜直腹，平底。素面轮制，火候高。口径36、底径24、高12厘米（图43－1）。Ⅱ式：轮制，器表有剥落。敛口，尖圆唇，外折宽沿，沿面微鼓，弧腹，底残，施黑色陶衣，横向压光。残长14、残高4厘米（图43－3）。Ⅲ式：泥质浅灰胎，胎质细硬，轮制、敛口，宽折沿，尖圆双唇。残长9.4、残高2.6厘米（图43－5）。

2．瓷器

皆为生活用器，器形有坛、壶、盅、碟、碗，多为器物残片。

坛：静宜堂东厢房灰坑内出土，瓷胎粗糙，质地坚硬，灰褐色。直口，圆唇，短颈，溜肩，弧腹，最大腹径偏上，平底，上腹至肩部饰断续竖绳纹，绳纹下有三周凹弦纹，内为酱褐釉，外为茶绿釉。下腹涂白粉，有四组竖状长方形黑框，框内有墨书字迹，有三组已漫漶不清，另一组墨书“云·轩口”，似为酒家商标。口径8、底径16、高36厘米（图44－1）。

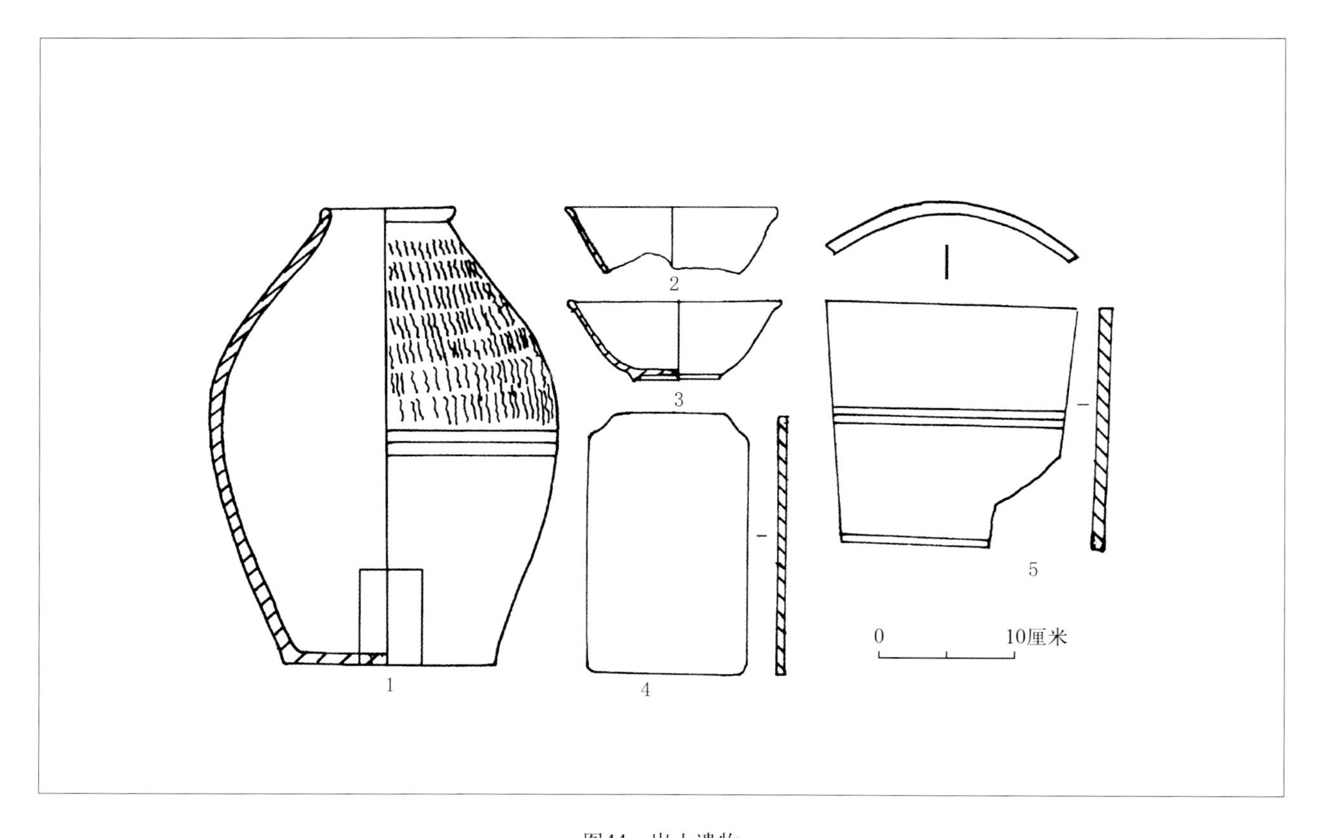

图44　出土遗物

1. 酒坛　2、3. 瓷碗　4. 铁插板　5. 板瓦

壶　浅灰色坚硬胎。短颈，斜肩，弧腹，矮圈足。施茶绿釉不到底，釉层较厚，腹部有脱釉，制作较粗糙。残高13.5、底径5.5厘米（图43－8）。

盅　灰白胎，质地坚硬。敞口，圆唇，浅腹，圈足。灰白釉。制作粗糙，口径3.5、底径1.5、高2厘米（图45－1）。

碟　均为采集，皆残，分三式。Ⅰ式：胎质细白坚硬，制作规整，敞口，圆唇，浅弧腹。外施白釉，内施豆青釉，釉面光润细腻，口部为酱黄釉，残片长5.6、残高1.5厘米（图45－3）。Ⅱ式：胎质细白坚硬。残足片，平底，圈足。外部通体施白釉，内腹部施豆青釉，内地白釉。内地心釉下青花绘云龙纹于双圈内，青花色泽艳丽。残片长5.6、宽2.4厘米（图45－4）。Ⅲ式：胎白质坚。敞口，尖圆唇，浅腹，平底，圈足。内口部有一周青花双圈内有“花篮”图案，白釉闪青，青花发色灰淡。口径11.8、高3.5厘米（图43－6）。

碗　多为敞口，圆唇，圈足，有青花及素面，可分为三式。Ⅰ式：坚硬白胎。口部残，腹部近底折收，圈足。通体施白釉，内地青花单圈内灰麒麟图案，外足墙有一周青花弦纹，腹底层为一周变形莲纹，莲纹上为葫芦形花草和蚕纹分组排列，每两组图案中间空白处写有“福、寿”字。青花用料发色鲜亮，图案繁密。残高4、底径4.2厘米（图43－7）。Ⅱ式：寝殿西耳房内出土，残，浅灰褐胎，质地一般。敞口，圆唇，浅腹，平底，圈足。内外壁施乳白釉，叠烧。口径15、足径6、

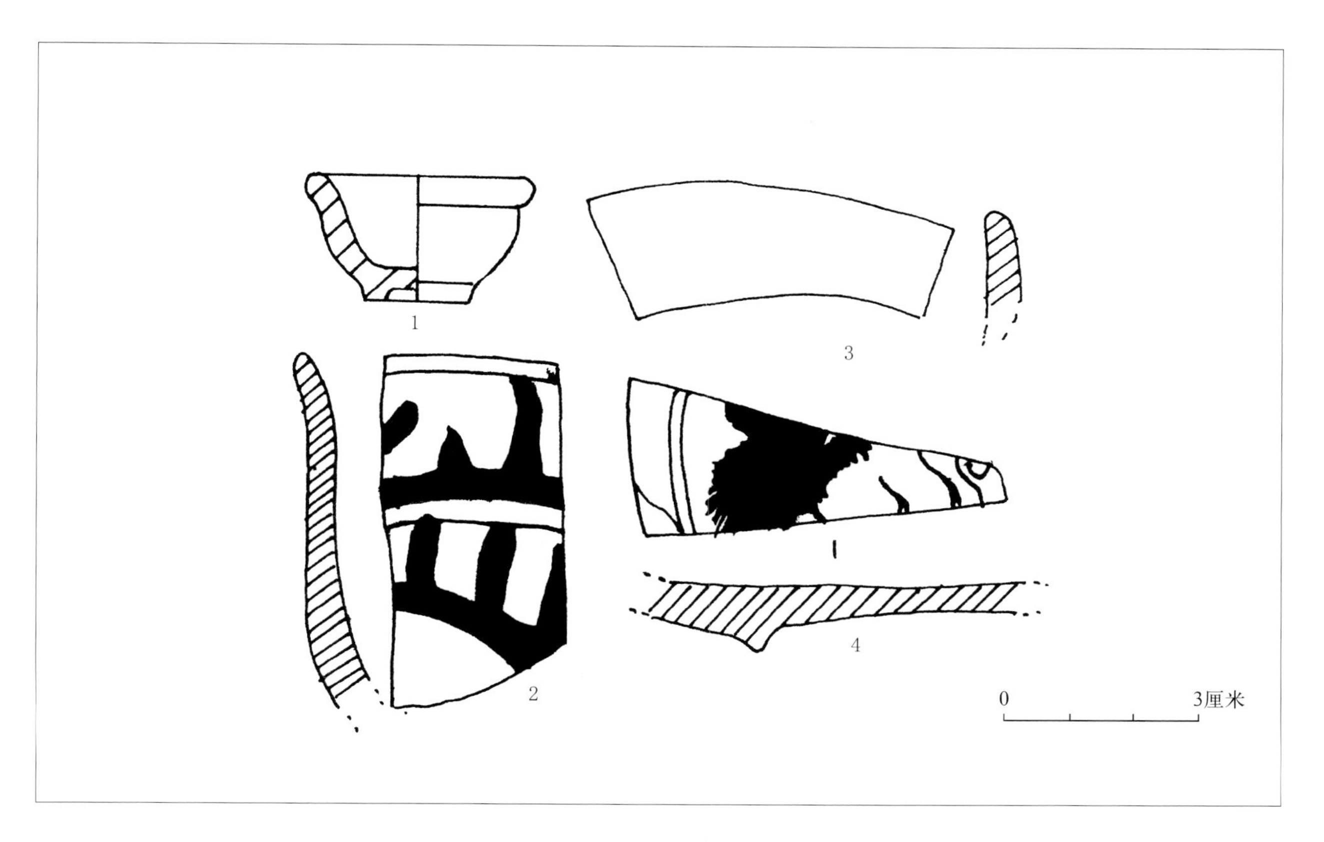

图45　出土遗物

1．盅　2．瓷碗　3、4．瓷碟

高4厘米（图44－3）。2002HG采：9，灰白胎，质地一般。内地有支钉痕，叠烧。敞口，圆唇，弧腹较深，近底缓收，圈足。内外壁施灰白釉。口径16、底径5.8、高7厘米（图43－2）。2002HG采：10，灰白胎，质地一般，下腹残。敞口，圆唇，斜腹较直。内外壁施青釉闪黄。口径16、残高4.8厘米（图44－2）。另有内壁为白釉外壁为黑釉者。Ⅲ式：寝殿西耳房内出土，残片，灰褐胎，质坚硬。敞口，圆唇，浅腹，近底缓收，平底，圈足。青灰釉，釉下青花，青料发色浅灰。内壁草叶纹，外壁两层竖线纹，笔画潦草。内地有支钉痕，叠烧。口径12、高4.3、底径4.6厘米（图43－4）。

2002HG采：11，灰白胎，质地一般。敞口，尖圆唇，弧腹，内外壁施青灰色釉，外壁釉下青花为两层草叶纹，青花发色不艳，有晕散，为国产青料。残片长5.6、高2.6厘米（图45－2）。

3．铁器

铁锹：长方形，弧背，直刃，锹身平直，背中部有圆形銎，两面用梯形铁片铆接以加固銎部，銎部有固柄之钉眼。残长19、宽24厘米（图46－4）。插板：寝殿东耳房内出土。长方形，一端呈碑首状。长23、宽12、厚0.5厘米（图44－4）。炉箅：铁铸，分三式。Ⅰ式：寝殿东耳房内出土。长条形，平底，圆面，横截面呈半

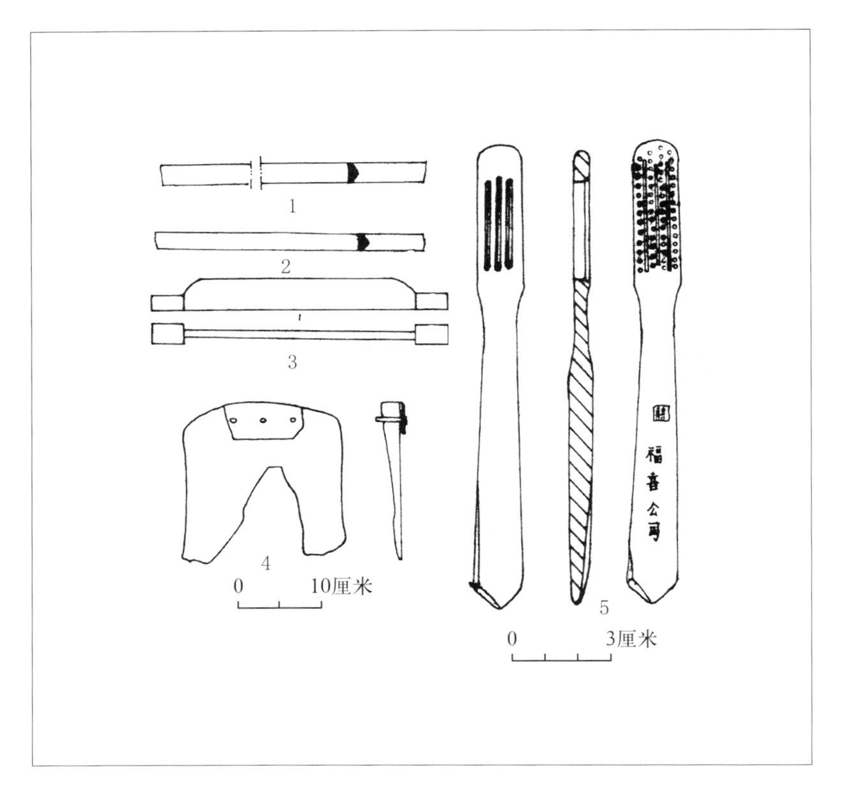

图46 出土铁、骨器

1、2、3．铁炉箅 4．铁锹 5．骨牙刷

圆形。长40、宽2.5、高1.8厘米（图46—1）；Ⅱ式：寝殿内出土。长条形，截面呈圆角三角形。长40、宽2、高1.8厘米（图46—2）；Ⅲ式：静宜堂东朵殿内出土，共五件。长方形，两边铸成方形榫头，榫头长4、宽3、高2.5厘米。总体长36、宽2、高4厘米（图46—3）。

4．骨器

牙刷：寝殿西耳房内出土，兽骨磨制。头部圆形，正面有四排毛孔，背面刻三排流水槽。柄尾三角形，正面柄部刻“囍”字和“福喜公司”字样。总长14.4、厚0.6厘米（图46—5）。

府内还出土较多的建筑材料，以砖、瓦为主，砖有长方形和方形两种，瓦有板瓦、筒瓦及兽面纹瓦当，另有鸱吻、脊兽等，均为泥质灰陶。此外，还发现兽骨及玻璃残片等遗物。

四 地炕的建与废

公主府地炕的建筑年代，史料没有确凿的记载。从台基陡板石上出烟口的设置，可知它是与府邸同时建造的，是在做基础时，根据房子的功能，已选定了出烟口的位置。公主府建于何年？据《清水河厅志》载：“圣祖皇帝康熙年间来归（归化城），赐住归化城大青山前建府邸尚。”虽未具体年代，但公主府建于康熙年间是肯定的。康熙三十六年（1697年）公主下嫁，即享有在额附领地专门建府居住的特殊待遇，但当时大漠南北尚不稳定，公主不得不暂住清水河厅九年，直到康熙四十二年（1703年）平叛噶尔丹胜利，大漠南北局势稳定后才有营建公主府的可能。从时间推断，公主府的建造年代在康熙四十二年到康熙四十四年间，地炕则与此同时。

公主于雍正十三年（1735年）三月去世，公主之子及其后裔仍在公主府承袭居住直至民国，现在公主府周边的小府村及府兴营是其后世支脉分户形成的。1923年，公主府改为绥远第一师范学校，长达六十六年，此期间为招生扩容，拆墙毁炕，公主府地炕彻底遭到破坏废弃。

从府内出土的遗物，也可得到印证。Ⅰ式、Ⅱ式碟及Ⅰ式碗，胎薄质细，工艺细致精巧，青料发色青翠欲滴，釉面能见橘皮纹，特别是Ⅰ式碗的麒麟图案，绘画技术流畅工细、图案繁密，深腹高圈足及Ⅰ式碟的口部等特征，都具有康熙晚期景德镇民窑青花之特点。另在一件采集的残足片外底心，有青花篆书六字三行款“大清乾隆年制”，字体不太规整，胎质坚致细密，釉色细白光洁，青料色泽不及Ⅱ式碗鲜艳，系景德镇官窑产品。而Ⅲ式碟、Ⅲ式碗虽为釉下青花，但青料灰淡，图案用笔潦草，制作粗糙；坛和酒壶质地粗而坚，皆为清末民国初年民窑瓷器。日用生活器皿的变化，也从一个侧面反映出公主府的兴衰历程。

五　地炕的取暖与防火

公主府是按《大清会典》有关皇室封赐爵位的府邸建筑等级制度设计和营造的，超过了同时代内蒙古地区所建不同等级蒙古王府的水平。《绥远通志稿》载：公主府的“建筑与风景之佳，为一方冠”。地炕是公主府古建筑中一个重要组成部分，在各正殿、厢房及配房内的位置与结构，以前一直不明，清《工部工程营造则例》中在起居住室如何取暖方面没有记述，也未见此方面的考古资料报道。遍查各屋顶及墙体，未发现任何烟筒或出烟孔，仅在静宜堂西厢房及东朵殿的台基陡板石上发现圆形和方形孔道，但其用途不明。此次虽未做全面的发掘，但从清理的几处地炕遗迹情况看，对其分布与结构有了大概了解，对公主府取暖与防火、地炕的始建与废弃有了初步的认识。

公主府邸的取暖设施主要是采用地炕形式来采暖。地炕由灶坑、灰坑、火膛及烟道等组成，依据各房屋面积的不同，地炕面积、数量也不相同。其建造是在建房基时，根据房屋的不同功能，已设定了出烟口，在铺地前，于选定的位置上先挖好灶坑、灰坑及烟道，然后单砖垒砌。灰坑及灶坑开口、烟道盖顶砖与地面在同一平面上，灶坑和火膛抹有较厚的草拌泥，灰坑口部有盖板。火膛与烟道相连且低于烟

图47　敬宜堂东厢房陡板石金钱形出烟口

图48　敬宜堂左朵殿陡板石方形出烟口

道，出灰口在火膛之下与灰坑相连，且高于或与灰坑底相平。出烟口设在房前或屋后基础陡板石上，于陡板石上凿圆形或方形出烟口（图47、48）。

府邸寝殿和静宜堂为五开间，厢房和朵殿为三开间。根据前后金柱开榫卯及寝殿东耳房内残存之砖墙基，可知各屋内原都有隔墙，形成一堂两屋式格局。正房内地炕分布为东西对称，厢房内地炕为南北对称。堂屋靠近后墙处一般设有一个比较小的地炕，在堂屋两侧的隔房内各设有两个较大地炕。一个设在房内中部；另一个设在房内的前部，灶坑在房内，灰坑处于金柱与前檐柱之间形成的廊内。

公主府地炕的设置，反映出当时工匠的精心设计，不仅解决了取暖问题，同时还达到了防火的目的。堂屋地炕小而烟道短，从出灰口内的细白灰烬看，燃料主要是木炭，考虑仅为白日取暖使用。而堂屋两侧内的地炕则比较大，灰坑也比较深，且多为两灶。从寝殿东耳房地炕结构可反映出，虽为单烟道，但烟道加长，灰坑增大，增加了取暖面积，出灰口内存有未燃尽的煤块，说明燃料以煤为主。这种地炕设置不仅增大存灰量，更重要的是加大地炕的通风量，使燃料尽可能地充分燃烧。同时在烟道上设置控制室温的铁插板，当室内温度高时，把铁插板插下一定的程度，控制烟火过多地穿过烟道；当室内温度低时，取掉插板，让火焰充足地通过烟道，提高室温，还可以防止倒烟和吸凉。而设在隔房前部的地炕，将灰坑置于金柱与前檐柱间，形成室内填煤室外取灰，这样既增大室内使用面积，又可防尘。为了加大通风量和存灰量，灰坑有的延伸到金柱墙基下，灰坑口部架石条，不影响墙体，盖上盖板，既不影响廊间行人走动，还可防止火星外窜，达到取暖与防火的目的，最大限度地发挥了热能。而静宜堂东厢房内堂屋两侧隔房内地炕为双烟道，同时出现了两灶共用烟道的情况，且灰坑深1.6米，从灰坑内存大量灰渣及红烧土块可知，此地炕的用火量较大，且基心土内出有较多的瓷器残片，可能与厨房有关。在静宜堂西厢房地灶烟道的设置上，采用了房前和房后基础出烟，北侧则为房前基础出烟，现存有被烟熏黑的圆形金钱状出烟口。因为其北侧为宽敞的院落，而南侧有耳房及院墙，形成死角，所以当时考虑到烟道的通风和防火，采用南边为房后出烟，北边为房前出烟。这样既通风又不易形成火患，公主府三百余年未遭火灾破坏，与地灶的合理设置不无关系。

地炕是北方居民中最为常见的取暖设施。从清代帝王的宫殿到北方乡村农家到处都有火炕的痕迹。其实，地炕就是用砖或土坯搭成内部有烟道纵横的火炕，天冷时生火取暖，热气可随烟道上行。内蒙古的辽上京城址、准格尔旗小庙金代遗址、宁城大明城金代遗存、科左中旗腰伯吐元代古城、清水河下城湾金代遗址中，都有“环屋为土床，炽火其下，而寝食起居其上”的痕迹。清代著名学者顾炎武的《日知录·土炕》中有“北人以土为床，而空其下以发火，谓之炕”。宋朝《三朝北盟会编》中有“女真，其俗依山谷而居环屋为床……以其取暖”。另有《金房节要》中也记载了金女真人建都后“金主所独享，惟一殿，各曰乾元殿，绕壁尽显大炕”。火炕是女真民居的建筑风俗，清代后开始在民间延续至今，但已从以往的地下设施上升到地面设施，其形制结构略有变化，不同地区、不同风俗习惯的各民族人民演变出了各自不同的风格形式。东北地区的汉族民居最喜见的是“对面炕”，即南北两铺大炕。朝鲜族民居中由于生活习俗的原因，一般是由薄石板铺成的平炕，或叫“一面炕”。内蒙古中西部地区是汉族、蒙古族、回族等多民族杂居地区，一般是曲尺形炕，或叫“拐把炕”，在炕前垒灶，俗称“锅连炕”；在东部区满族聚居地常见的是三面墙砌成的“弯子炕”，这是比较传统的地炕形式。有清人记载说“室必三面炕，南曰主，西曰客，北曰奴”，“屋内南、西、北接绕三炕”，可见其比较忠实地保持了女真建筑风格的本色。内蒙古东部的莫力达瓦达斡尔族自治旗是达翰尔族聚居的地区，这里的居民至今仍在居室中建有三面相连的大炕，当地称之为蔓子炕或万字炕。2003年发掘的尼尔基金代边堡遗址中就有万字炕遗存。

公主府“地炕”的科学发掘，为古代取暖文化的研究，提供了极其重要而又可贵的实物史料。

撰文：武成

肆　“白伞盖圣母护轮文密咒语”及对喀尔喀蒙古部族的影响

公主府位于呼和浩特市新城区通道北路62号，始建于清康熙年间，是康熙第六女和硕（满语：地方）恪靖公主与蒙古喀尔喀（分四部）之一的土谢图汗部敦多布多尔济和亲府邸。从2005年7月开始经过四年时间，终于在2009年修缮了固伦恪靖公主府邸。

2005年7月，公主府抽调了专家调研组成员，彻底清理了地下、地上文物遗迹。在以寝殿为中心的院落中的东厢房内，首次发现隐藏于北山墙山柱上的一幅“白伞盖圣母护轮文密咒语”，并抢救性揭取加以保护。根据遗物资料能够体现出反映康熙时期的证物，非常有保存价值。它是公主府落成的历史见证物，它见证着历史、宗教方面的内容，十分珍贵。笔者在内蒙古大学蒙古语学院贾拉森教授的帮助下，对此文物作了如下研究。

白伞盖圣母护轮文密咒语在康熙时期将院落建成后藏封于顶棚的山柱上（图49）。山柱黏合多层白纸包裹，上覆这件方形纸白伞盖圣母护轮文密咒语（黏合）。由于三百多年的延续时间，原白色纸质受到环境的影响（夏季干燥、冬季干冷的强烈交替），纸质出现枯黄、脆弱、开裂和碎裂。从纸质方面分析，纸质本身含纤维较短、韧性较差，所以导致了光滑纸质上出现的问题。这样就需要加以保护。白伞盖护轮为方形，长24.3、宽23厘米，外护轮直径19.5厘米，内脐护轮直径8.2厘米。

一　护轮及护轮文分析

护轮，依《藏汉佛学词典》上的相关解释，即“佛教密宗所说以药物、咒语、观想构成能防灾难的保护圈”，表明了这张护轮文是有咒语、祈祷词性质的。

护轮可分内外两个结构组成：外护轮可细分为四圈，相等结构的区圈为三圈，余外不相等区圈为一圈；内护轮区圈，外沿是一双环圈（体现脐眼），里绘三圈，其中两圈不相等，一圈与外护轮圈相等。这说明内护轮实际是佛教说的人体六脉轮中之一的脐轮，内护轮是人发“缘起心经”祈祷词的内容。

图49 白伞盖圣母护轮文密咒语

护轮文决定了护轮的空间问题，将护轮的形式表现于上述的空间，是载文字用的空间。护轮文是由外向内释读的，大部分为藏文，其余小部分为梵音元辅音及祈祷词。

外护轮文内容有三个层次：第一，可释读为缘起心经（波罗密多心经）；第二，是梵音元辅音的发音；第三，是白伞盖圣母密咒语（是带着藏语的祈祷词）。

内脐轮护轮也表现为三个层次内容：首先，从脐轮边（双环圈）四处弧线向内引空弧空白，空白处内填写了人类赖以生存的“地、火、空、风”四大种子字；其二，以四字间隔分出了四个段落，写了四段祈祷词；其三，以释迦牟尼为中心所念佛号。

护轮和护轮文的关系，从佛教用意看，外护轮表示白伞盖圣母密咒语消灾解难，内脐轮护轮的祈祷词表示免受灾难的愿望，而发起内心心咒。所以内外轮表现内容是一致的。又据《法轮心经百法》的内容分析，护轮与脐轮的结合也第一次证明护轮对脐轮具有护佑的功能，护轮从宗教理念上讲起到对脐轮的转化沟通给力功能。“脐轮有燃起乐暖之火意，使信仰者衣食、饮食、卧具随所得而喜足，不断修等总持四圣行”[1]。白伞盖是由神变而得名，是度母二十一相中的白度母。一种解释密咒是由一个梵音组成，据《藏汉佛学词典》解释是因观音牙齿中发出这一音而得名。又据《时轮经》载称密行故密咒，属三密中意密，说明家族一直修法信仰黄教。

白伞盖圣母是佛现女人身，是佛教密宗本尊相，“传说佛子观音化现成救苦救难的相之一，是二十一相白度母化身”。“表明缘起发心、脱离偏见”。宅主在东厢房山柱上贴白伞盖咒语，说明与其信仰有关，或许宅主也曾发过心愿。这种形式是与祈求庇护家族福星高照与治理部族的态度和愿望是一致的。

二 护轮文密咒语及作者

诵持密咒，一般出于寺庙的僧人圣师。据《藏汉佛学词典》解释：“是寺庙圣师能贯通明咒、总持咒、密咒等咒法的人担当。”就是说，“诵持密咒”要由藏传佛教或通晓藏语的圣师喇嘛完成，至少需由寺庙里咒师来承担；再有，这是要通过咒师诵咒法式活动来完成的。那么，在公主府内是否有这样专职人员，还有待考证。

在蒙古族、藏族信崇白伞盖圣母（是本尊）较早。

13世纪，蒙古族建立元朝前，就受到了西藏空氏家族萨迦派的强势影响。从窝阔台、阔端等始就几次召见了萨迦派的僧人。到元朝建立政权，元世祖忽必烈对黄教更加崇信，任命西藏萨迦派八思巴为国师。《续通鉴》记载，“元世祖忽必烈至元七年（1270年）采纳了八思巴的建议，在大鹏殿御座上安置一顶白伞盖”，用来护国安民。忽必烈倡导定于每年的二月十五日为白伞盖的供祈佛事活动日，俗称为“游皇城”。

到了清朝，藏传黄教在全国能广泛推广，与清政府继承元、明时期的宗教政策，特别是明代宗喀巴改革有关。清政府为了稳定政权，巩固边疆，在皇家驻地内都建有黄教寺庙，如北京皇城附近黄寺、雍和宫，承德的避暑山庄外八庙等，这种礼佛活动在清盛期成为了巩固政权的一项制度。

“白伞盖圣母护轮文密咒语”作者有可能是在清政府支持下，由喀尔喀土谢图汗家族担当的，也可能与哲布尊丹巴挂衔于额尔德尼呼图克图称号产生、转世有关，而成为家族信仰，以至影响到喀尔喀其他部落，所以它很可能是来源于漠北蒙古寺庙，是哲布尊丹巴一世时期的产物；或有可能是清宫安排西藏黄教寺庙专职咒师制成。从内容方面看，“白伞盖圣母护轮文密咒语”缘起心咒，也就成为了公主府中约束公主及家族的行为准则。

由此可见，有充分事实反映喀尔喀蒙古部族中崇拜黄教是由来已久的，雍正时期及乾隆以后都有资料显示。

喀尔喀蒙古土谢图汗王族在蒙古国的后人又有转世哲布尊丹巴二世的出现，与在蒙古国登上被称为呼图克图呼毕勒汗（大喇嘛）的佛教尊位相印证。现将雍正时期关于喀尔喀蒙古部族中送往布彦的大喇嘛的两份资料概述如下：一份是雍正四年六月二十七日的喀尔喀蒙古副将军策凌的上奏文，资料中有关于备选四人选送呼图克图呼毕勒汗一事和喀尔喀关于选送土谢图汗是哪一位的问题之文。文中说：现哲布尊丹巴已老，思退位上奏，由哲布尊丹巴的妹妹达希吹木皮尔掩音派王丹津多尔济的备选四人：土谢图汗旺扎多尔济生一子，王额驸敦多布多尔济生一子，贝勒车木楚克那木扎尔王生一子，还有达希吹木皮尔掩音的奶母之子车登生一子。从这份资料显示看，争执这一重大事情只有少数的车臣汗部和土谢图汗部的札萨克、台吉的选举，未成定音。这才有了雍正五年十二月二十五日，策凌又上奏文，是为了寻找呼图克图奏文，在王丹津多尔济未抵奏文前。雍正帝怕影响当前的战势，是为稳定四部族（赛音诺汗部、土谢图汗部、车臣汗部和札萨克图汗部）随俗方便。雍正帝就依据从西域达赖喇嘛、班禅或更为重要的人物吹钟那里通过的理藩院朱批：额驸敦多布多尔济之子是最具可能性的人选，其子是由敦多布多尔济的侧室漠北厄鲁特和特辉特部塔布囊之女所生，于雍正五年，确定了喀尔喀蒙古土谢图汗王额驸敦多布多尔济之子二世哲布尊丹巴在蒙古国的合理地位[2]。为什么哲布尊丹巴产生于土谢图汗，这大概与清宗史渊源有关吧。在我馆展陈方面，除了部分是依据展陈资料外，主要还是依据有始末的上述相关材料，比如寝殿为东阁暖、西阁佛的家俗佛教理念，也证明了喀尔喀蒙古土谢图汗部敦多布多尔济家中一直传承佛教规制和与后代相关的历史。这可作为最好的展陈定论及展现出来的展陈资料。

从信仰角度上说，喀尔喀蒙古最崇尚的是天宫中大梵天及以下的护法神。大梵天即帝释天，由梵文婆多贺摩音译而成，这可从藏传密教中所设计的护法神像里窥其斑迹。如在2011年7月13日《中国文物报》登载的白伞盖护法神（咒语），与观音、文殊及以下的诸神等一样，白伞盖圣母的作用主要以化身佛巫觋的诸神师来祈祷，使宅主发起自内心（脐轮）的呼应：释迦牟尼，释迦牟尼……求得福祉，都是佛陀为之所设的护法及其他神像（如大梵天惩恶扬善，也在护法佛用语清除五毒）。在释迦牟尼之母摩耶生他后，据佛教传说，佛陀升于天宫，由于右、左、上、下、中为佛祖及各位护法神的设置，这样的编纂应来源于民间。据记载有以下设计：由于佛陀上升三十三天的忉利天，是因为优填王思念佛陀，请见目健连，目健连虽后派工匠升三十三天（忉利天），仿佛陀制像，因无星光之夜无法看清体型特征，就按照河边的影线重复了三次，施用了现有的果谢喀旃檀选了一尊佛像，因袈裟带有水波纹，到佛陀回转在三世时期就变成了三架珍宝制成的梯子降落人间的情景。右为大梵天举着重柄白伞盖和色界天神在一起，左为帝释天举着宝柄拂尘与欲界天神在一起，上方为净居天众天子天女举起各种贡品，下方为四天王等天神举着妙香迎接，中间下梯的是经神变佛陀依梯降下。这样在民间开始了众比丘、国王、婆罗门等男女供奉及捧着贡品的气象。此时，佛陀用右手摸着旃檀头，旃檀仿佛也点了三次头，表问候佛陀一般，对优填王说：我示寂后过一千年去东方的汉地利乐教法于众生[3]。这一景象亦有可能被吸收为藏传佛教的来源，但喀尔喀蒙古最崇拜大梵天之传说的说法是有据可查的，确实可查找到藏传佛教及喀尔喀蒙古崇信的实质所在。

上述说明喀尔喀蒙古在崇拜大梵天及弥勒佛（位于大梵天宫）的天神。首先，及以下护法神从蒙古族建立元代至清代以后是信仰白伞盖来护法的做法与现实相一致，成吉思汗的父亲也速该曾经是由大梵天命名的化身法王；其次，雍正时期，由于喀尔喀车臣汗与准噶尔边界在定寿的前沿不断战争，全喀尔喀不稳定因素存在，所以产生了二世哲布尊丹巴寺庙的驻锡地导致不断迁移，经过了二十多年的战势影响，到乾隆五年，札萨克图汗辅国公敏珠尔才将二世哲布尊丹巴送往驻锡库伦，又诏丹敦多尔济驻守其地护视。因是土谢图汗牧场，到乾隆八年又诏车臣汗札萨克台吉贡楚克扎布用兵五百赴库伦护视哲布尊丹巴[4]，黄教才足以在喀尔喀蒙古随俗传教。其三，清代理藩院给喀尔喀蒙古立特大战绩的人下旨朱批“多罗王者”（梵语绿度母之意）[5]的冠名，是以代表清朝政府具有政教合一的行使权力。因多罗王产生于明末清初时期，是由西藏觉囊派多罗那它传黄教在蒙古国喀尔喀蒙古产生，所以表明具有了披上佛陀化身护法的旨意的内容。其四，上述说明白伞盖护轮是宅主一直按照喀尔喀蒙古土谢图汗信仰黄教并且显示具有教规的护法，所以在家族中反映出延续性，才有可能从汗王家族中出现“二世哲布尊丹巴”。他为稳定边疆、稳定部族起到了非常重要的作用，从而为清朝政府的治理提供了坚强的保障。

撰文：朝克

---

[1]　《蒙古秘史》，194页，383条。

[2]　《雍正朝满文朱批奏折全译》，中国第一历史档案馆。

[3]　《蒙古佛教》，127页。

[4]　《清朝藩部要略稿本》，包文汉整理，黑龙江教育出版社。

[5]　《蒙古佛教史》，天津古籍出版社，1990年。

伍　打造地方的文化品牌　推进专题博物馆发展

一

文物古迹是一个地区、一个城市最为深刻的历史记忆，每一次风起云涌的历史变迁，这些真真切切的文化遗存就是最为直接的见证。位于内蒙古呼和浩特市的固伦恪靖公主府，建于清康熙四十二年（1703年），是康熙皇帝的六女儿下嫁喀尔喀蒙古土谢图汗部敦多布多尔济郡王后赐建的府邸。公主府由皇家督造，依朝廷工部大式营建，建于大青山之南台地上，东西两侧是发源于大青山的河流扎达盖河与艾不盖河，两条河流呈环抱之势于府前交汇，流向黄河支流大黑河。府邸采用中国古代建筑体系中传统的中轴对称建筑格局，大面积夯筑地基，硬山式建筑特征，总占地原六百余亩，现存主体建筑近二十亩，府邸分四进五重院落，前有影壁御道，后有花园马场，府门、仪门、静宜堂、寝殿、配房、厢房、后罩房依例分布（图50）。时隔三百年，不仅建筑格局基本完整，其内外檐装修的精美，制作工艺的精湛仍清晰可见，是国内保存最为完整的公主府邸，也是清早期官式建筑的代表性作品；不仅是研究中国古代建筑发展、建筑艺术的重要实物载体，同时涵括了清代边疆政策、边疆民族关系、少数民族历史风俗、清代宫廷文化等重要内容，更是研究清代满蒙联姻国策的有力佐证。

自1989年起，公主府划归为呼和浩特博物馆馆址，纳入了文物保护机制。近年来，在国家对于建设特色博物馆的倡导下，各地博物馆以发展地方优势、地区优势为己任，将自身的发展与地方文化相结合。固伦恪靖公主府是宫廷文化与草原文化相融合的产物，是历史文化名城呼和浩特的重要文化组成部分，也是呼和浩特城市文化建设中不可或缺的一环，具有良好的发展前景，人文环境得天独厚。呼和浩特远古时期即为人类的生息繁衍之地，以“大窑文化”为代表的旧石器时代遗存，揭示了呼和浩特绵长的文化渊源，大窑文化以其时代之早、规模之大、沿用时间之长而享誉国际史学界，其学术地位是极高的。在黄河沿岸、大青山南麓坡地，新石器时代的遗存分布广泛，总数不下百余处；历代古城遗址，仅辽金元时期的古城

图50　府门

遗址、遗迹就有十七处之多；丰州古城、云中旧址，盛乐故都、归绥腹地等等，历代地方建置都证实了这一地区的特殊历史地位；大青山南麓，东起代郡（今河北蔚县），经阴山至高阙（今内蒙古巴彦淖尔盟狼山口）为塞，东西横亘着我国最古老的长城遗迹之一——赵长城。秦汉承袭旧制构筑长城，连绵的阴山上亦盘桓有秦长城及汉代烽燧、边壕。佛教传入蒙古地区后，呼和浩特迅速成为佛教传播中心，掀起了建庙高峰，明代的呼和浩特有“召城”之说，至今许多召庙仍完整地保留了下来，美岱召、大召、小召、席力图召久负盛名。呼和浩特地处边陲，是蒙古大漠与中原等地及西域之间的通衢，秦直道、白道岭、河口镇渡口都是重要的交通要道。优越的地理位置带来的是商贾云集、百业兴旺。明清时期的归化城已成为大漠南北商贸往来的物资集散地，同时也是地方政治、经济、文化的中心。在这片古老的土地上，经历了风云变化的历史演变，成就了少数民族生息繁衍的大舞台，匈奴、鲜卑、突厥、回纥、蒙古等各游牧民族相互融合、共同开发创立了丰富多彩的游牧文化，民族团结的佳话更是家喻户晓、源远流长。汉有昭君墓，青冢流芳；清有公主府，府苑生辉。浓郁深厚的文化底蕴决定了城市文化建设的方向，决定了地方文化品牌必将呈现百花齐放的局面，固伦恪靖公主府是呼和浩特清代的代表性遗迹，除自身具备的历史价值、科学研究价值外，作为清朝满蒙联姻国策的实物依托，更是民族团结的见证，具有显著的社会意义（图51）。而且作为地方文化旅游资源的利用，公主府地理位置优越，以公主府为中心，市内外景区以扇形分布，自东部为代表新、旧石器时期呼和浩特地区早期人类活动轨迹的大窑文化遗址、辽代丰州城遗

图51　德尔济库木都和洛会亲图

迹——万部华严经塔（白塔）、内蒙古博物院、清代将军衙署，偏西是较为集中的五塔寺、大召、席力图召宗教旅游景区，南部是民族友好的象征汉代昭君墓，北接希拉穆仁草原，公主府地处通衢，交通便利。加之目前我国的文化旅游业正面临着发展转型期，人民群众日益增长的文化需求促使环境文化建设必须坚持可持续发展之路，鲜明的民族地方文化特色、丰富的文化内涵是文化旅游走向成功的关键。因此，呼和浩特博物馆把公主府的建设提升到城市环境文化建设中来，决心全力打造固伦恪靖公主府特色博物馆。公主府博物馆的定位就是要打地方牌、民族牌、特色牌，让社会来共同关注公主府所体现出的历史地位、人文价值，真正做到合理保护和有效利用。

专题博物馆要走向社会，拿出的第一张名片就是专题陈列。但是陈列所依托的公主府，三百年来，由于历史上人为和自然的破坏，已经出现了许多病害，古建筑群墙体出现歪闪、房屋漏雨、梁柱糟朽、油饰彩绘脱落、人为的改扩建破坏了原有风貌，如果再不及时维修保护，这座全国唯一保存完整的清代公主府邸前景堪忧。作为文物遗迹，公主府本身就是一件珍贵的展品，为了保护公主府、体现国保单位的价值，首先是对公主府进行全面科学维修，再现原有风貌。公主府在营建时，集中了归化城当时具有高超技术的能工巧匠，使用了当时最好的建筑材料。建筑布局、形制式样、结构模数均以定制做规范，木作、瓦作、石作、油饰彩绘等无不体

现传统工艺流程，加之选材考究、做工精良，堪称典范，对于维修保护工程来讲，无疑提出了挑战性要求。2003年，公主府维修保护工程获得国家文物局批准立项，并列入内蒙古国保古建筑示范工程。2005年动工，工程历时四年。此次修缮是固伦恪靖公主府建成三百年来的第一次大规模维护，公主府固有的结构稳定、屋宇挺括、装修古朴、排水通畅的原貌得以重现，为专题陈列提供了有效的利用空间。

二

对于公主府专题陈列，当时存在两个方面的考虑：一是展什么，公主府有其自身的发展脉络，同时也折射出清代政治、经济、文化、人文等多方面的印迹，我们要把握什么主题才能更完整的揭示公主府深刻的历史内涵和不可替代的现实意义；其二，采取什么样的陈列形式，才能把公主府古建筑群与陈列完美结合、相得益彰。解决了这两个问题，我们的专题陈列才真正地符合了特色博物馆的要求。早在2001年，呼和浩特博物馆将公主研究专题列为一项重要的业务工作，组织专业人员赴蒙古国考察，调研喀尔喀蒙古故地及恪靖公主墓葬等相关情况并同蒙古国国家博物馆做了学术交流。2004年秋，组建公主府课题研究小组对内蒙古东部区、吉林、辽宁等地围绕“清代下嫁公主”这一主题进行调研，用二十七天的时间深入盟旗二十余个嘎查、苏木，行程一万六千余里，深感固伦恪靖公主府的唯一性和代表性使其具有不可替代的历史价值、社会价值。2006年年底，呼和浩特博物馆邀请中国第一历史档案馆、南开大学、故宫博物院清史专家来呼，就公主府专题陈列方案之可行性在实地调研的基础上进行了科学论证。固伦恪靖公主府专题陈列的主题就是通过珍贵的完整的公主府府邸原貌，结合史料信息、文物信息，立足于满蒙联姻的史实，揭示出公主府深刻的文化内涵（图52）。建筑本体既是展示空间，又是最形象的展品，内容设计上将古建筑群和陈列内容相呼应。2007年1月，公主府专题陈列内容设计讨论稿出炉，故宫博物院宫廷部派出以郭福祥研究员带队的六位专家对讨论稿进行了探讨，这六位专家分别在宫廷礼仪、武备、宫廷服饰、家具、陈列设计方面各有专长。他们首先肯定了陈列大纲的合理性和可行性，指出陈列要做精做好，绝不能搞花架子，本着这一理念和态度，六位专家根据自己的专长，结合大纲内容分别提出了具体意见和建议。故宫博物院专家们严肃认真的工作态度、严谨求实的工作风范对我们来讲无疑是一种鞭策。为了求证陈列涉及历史材料的准确性，补充陈列内容中文献档案的不足，博物馆组建课题调研组，在中国国家第一历史档案馆的帮助下，利用十四天的工作日查阅相关档案。其间走访了天津南开大学清史专家杜家骥教授，求教史料信息。清代文献档案的浩繁是相当惊人的。据中国第一历史档案馆邹爱莲馆长给我们介绍，清代文献档案的整理是一项长期的工程，不是三年五年可以完成的。档案馆现存一千多万件档案，仅有一万三千余件整理出目录，而且有相当部分是有大分类，无小分目，我们听了都感到确实有难度，而且难度还相当大。在翻阅原始文献中，我们才真正体会到邹馆长提醒的档案查阅的复杂性。“有时候提出十几包未必能找到一件你所需要的，何况每一包中尚有几十件甚至上百件的文本，而且还有不少似是而非的东西需要你去分辨，做出判断，花一

图52　博物馆陈列

图53　寝殿内景

个星期甚至更长时间找不到一件你要的东西是常有的事”。所幸的是功夫不负苦心人，还是有一定收获的。

2007年1月30日，专题陈列大纲论证会在北京召开，出席会议的有呼和浩特市人民政府副市长董恒宇，故宫博物院副院长肖燕翼，中国第一历史档案馆馆长邹爱莲，国家清史研究专家、南开大学博士生导师杜家骥教授，故宫博物院宫廷部主任陈丽华，故宫博物院宫廷部副主任赵扬，内蒙古自治区文物局处长王大方。各位专家就陈列举办的意义及陈列大纲的内容纷纷发表了自己的看法和建议。与会专家一致认为，举办公主府专题陈列是一件功在当代、利在千秋的好事，对于弘扬民族团结，宣传祖国统一有着不可低估的现实意义和社会价值。恪靖公主府专题陈列在全国具有首创性，完全可以打造成为呼和浩特的特色品牌。

陈列大纲内容设计是伴随着陈列筹备工作的不断深入而逐步完善的。一个内容用图或表格表达哪一个更合理，图用什么样的图，表格用什么样的表格都是必需要反复考虑的，但不论使用哪种方式，背后都需要再查阅大量资料，做到图或表格内容的准确性和完整性；内容与内容之间如何更好地衔接；穿插的图片用哪一个更能突出主题，用一个还是用两个；有了新发现如何做替换；用什么样的方式来剔除大纲中可能出现的不确定性并保证有据可靠、有史可依，类似这样的情况非常多，截

图54　公主、额驸进膳场景

至最后定稿，做了七次细致修订。

公主府专题陈列的筹备工作是紧张而艰巨的，面对社会各界的支持和期盼，我们深感肩上的分量竟是如此之重。除了史料上的欠缺，我们面临的最大的困难是文物的极度匮乏，那么大纲上所列文物就要在把握历史要求的基础上做设想，实际上也就是为文物征集提出征集范围和依据。而文物征集工作是一个耐心、艰苦、细致的过程，陈列涉及的范围很广，文物市场的调研尤为重要，为了充分利用有限的资金，购买的文物尽可能向精品上靠，博物馆成立了专门的文物征集专家组，两年里文物征集组数次对北京、内蒙古的文物市场做调研，在掌握大量信息的基础上，有的放矢。

2008年初，由呼市文化局牵头组建了“固伦恪靖公主府专题陈列领导小组”，对陈列工作统筹规划，聘请故宫博物院陈列设计专家徐乃湘先生担任总形式设计。2008年6月27日，呼和浩特博物馆召开了“公主府专题陈列设计研讨会”，内蒙古自治区文博部门、呼市政府、呼市文化局有关领导和专家共同听取了徐乃湘先生专题陈列形式设计报告。徐乃湘先生根据公主府的建筑特点及历史渊源，准确地诠释了主题陈列所要表述的内容：展柜、展板、展托的设计风格既与古建筑相协调，同时又与展陈内容相呼应，将宫廷风格与草原气息融合在一起；公主大婚出行、公主额驸进膳、康熙驻跸公主府以及府佣起居间等几个场景的设计更是画龙点睛之笔，用现代化的手段表现出历史记忆，将公主府更为形象地展示在人们面前，有时空交错之感（图53、54）；在其他辅助展品的设计以及灯光运用上徐先生提出了一套具体方案，同时对公主府作为特色博物馆开放后的服务设施，如3D影院、茶吧的功能使用也提出了设计方案。会议对徐乃湘的形式设计给予了高度评价。10月，通过招投标的方式确定陈列的制作方为北京清尚建筑装饰工程有限公司。

文物征集、文物复制及展陈制作紧张而有序地进行着，文物征集工作任务艰巨。值得一提的是中国第一历史档案馆提供了陈列所用的八件历史档案的无偿复制，同时在文物复制方面还得到了故宫博物院的大力支持，就陈列涉及的部分器物、织品给予授权；赤峰博物馆亦提供了织品复制帮助，这是对恪靖公主府发展所表示的莫大的支持和鼓励。

三

专题陈列形式设计要求在完整体现陈列主题的基础上，把握地域特征，文化特质，展柜与辅助展品的设计风格同古建筑群相得益彰，将现代元素与古典韵味完美结合。公主府展厅共计十四间，展出面积1500平方米，展线长600米。展出文物七十四件套，复制清代档案八件，家具复制二十八件套，复仿制文物一百二十七件套，电子沙盘一处，“童子夯”泥塑一组，“公主额驸进膳”人物场景一处，大型创作油画一幅。

陈列划分为三个板块：

第一为主题陈列，根据所要反映的内容和内容之间的逻辑关系析为“公主府概况”、“恪靖公主、额驸生平陈列”、“喀尔喀蒙古历史风俗陈列”三个分陈列。这三个分陈列构成专题陈列的主框架，相互关联，互为依托；

第二为原状陈列，位于公主府古建筑群中轴线上的静宜堂、寝宫是两处重要的建筑，静宜堂在用途上有着管理政务、接见来宾的功能，根据史料研究和参照北京、内蒙古地区的王府，对静宜堂进行了复原，并复原康熙御笔亲题“静宜堂”匾额；寝宫是公主和额驸生活起居之所，室内装修和陈设通过对原建筑榫口等痕迹的确定，参照相关资料再现原有风貌；

第三推出以公主大婚、省亲、康熙驻跸公主府等内容为主题的3D影院，同时在后罩房展出固伦恪靖公主府历时四年的文物保护维修工程，推出提供休憩娱乐的具有宫廷文化和草原文化气息的戏台、茶座作为文化服务项目。

主题陈列以仪门为序幕厅分东西两路递进，先西而东。

序幕厅为专题陈列总序，这里空间较小，面阔三间，在展览形式上采用玻璃感光技术，借用历史上留下的皇帝出行、大婚等素材，把公主出嫁，从繁华的京城来到草原这一感人的主题，进行分层次绘画创作。临窗部分复制两组公主仪仗，既烘托气氛，又不遮挡光线还可形成逆光的轮廓美，虚实结合，增强了感染力。

“公主府概况”陈列重点表现两个内容。

一是公主府的建筑背景。清代以屏藩思想代替了过去防御为主的筹边政策，推行了一系列恩威并施的边疆制度和民族政策，其中重要的一项就是将满蒙联姻奉为国策，构成了公主府得以兴建的社会背景。这里重点说明的一个问题就是“既然恪靖公主是远嫁漠北喀尔喀蒙古，为什么府邸会建在归化城”？

另一个表现内容就是公主府的建筑地位和它的唯一性。“公主府概况”陈列用五个单元具体反映。一单元分析了清初的北疆形势，说明北疆形势的稳定直接影响着清朝的边疆统治。二单元讲述清初的民族政策，清太祖努尔哈齐建立后金之初，对内巩固政权，对外争取联合蒙古，以稳定北方边陲，对蒙古采取怀柔为主的统治策略，因此历史上形成了较为亲密的满蒙关系，同时通过满蒙长期而有效的通婚维系了双方稳定的亲谊关系，固伦恪靖公主与漠北喀尔喀部的联姻即是满蒙联姻政策下的成功范例。三单元是和硕公主府的建立，清政府对于出嫁蒙古的公主、格格制定有相应的待遇政策，其中重要的一项就是由官方为其建置府第。恪靖公主下嫁，由朝廷选址绘样，督造公主府。公主府地基采用大面积开挖夯筑的方法，垫以三合土。经实际勘测，地表沉积极缓，这也是历经三百年公主府主体建筑完好，梁架没有大的歪闪的一个重要原因。这里采用一组活泼生动的“童子夯”泥塑增加了这一章节的趣味性。四单元介绍恪靖公主府的职能，恪靖公主是第一位与漠北蒙古联姻的公主，公主府的建立标志着清廷与喀尔喀部的关系更加亲密。公主在府内生活了三十余年，恪靖公主在此司管理之职，地方政府无权干涉，故民间有“海蚌公主之称”。随着时间的延续，时代的更迭，公主府发生了一系列的变化，所以在第五单元展示固伦恪靖公主府的变迁。

“公主府概况”陈列除展示相关文物外，用电子沙盘模型再现了三百年前公主府北依青山、碧水环抱的地理环境及六百亩总体占地全景展示，同时反映清代水草丰美、林木繁盛的大青山景象，从一个侧面证实大青山的林木足以提供营建公主府所用木材。

“恪靖公主、额驸生平陈列”分两个内容。

恪靖公主的生平介绍，包括六个单元，一单元以“康熙爱女和硕公主”为标题，介绍公主十八年的宫中生活。恪靖公主，康熙皇帝六女儿，生于康熙十八年（1679年）五月，不计殇者，排行四公主，母亲贵人郭络罗氏。幼时随宜妃（公主姨妈）一起生活。二单元是“下嫁蒙古、大漠屏藩”。在清朝满蒙联姻的大背景下，恪靖公主于康熙三十六年（1697年）十一月由皇帝指婚，以和硕公主身份下嫁漠北喀尔喀蒙古土谢图汗部札萨克郡王敦多布多尔济，成为清皇室第一位与漠北蒙古联姻的公主，婚后定居漠南，与额驸感情甚笃。三单元以“康熙北巡、驻公主府”为题，表现康熙皇帝对女儿的关爱及这段婚姻的重视。四单元介绍雍正元年（1723年），恪靖公主晋封恪靖固伦公主，赐以金册，享固伦公主待遇。五单元“情系草原、魂归大漠”，利用珍贵的文献和调研资料叙述恪靖公主在雍正十三年（1735年）三月去世，火化后归葬漠北，墓地在喀尔喀蒙古肯特山（今蒙古国乌兰巴托市中央省额尔德尼苏木境），这里也是历代土谢图汗长眠之所。六单元“姐妹姻亲、子孙袭爵”，通过讲述康熙帝的六个女儿与蒙古联姻的史实，以及公主的后世子孙，身兼要职，世代袭爵的情况，既反映出康熙年间满蒙联姻的特点，也揭示了在这一制度下所建立起稳定而长期的姻亲体系，是清朝边疆政策的一个缩影。

在这一序列中单独用一间展厅展示公主大婚喜轿，对公主婚仪做了初步介绍，以了解清朝皇家婚嫁的规模和气势。

“额驸生平”部分包括两个单元。一单元“公主额驸、多罗郡王”介绍额驸敦多布多尔济的族源、地位及与四公主成婚始末。二单元“静定长春、晋封亲王”展示额驸晋为亲王之后，享有清政府所规定的亲王级待遇，反映了康熙皇帝对于与喀尔喀蒙古联姻的重视和寄予的厚望。在此序列中，展示了一幅大型油画创作“康熙会亲图”，借鉴宫廷绘画的技巧、构图，采用国画的工笔描绘与西方油画的素描相结合的特点，以康熙四十六年（1707年），康熙皇帝巡行塞外至归化城探望女儿，公主与额驸赴德尔济库木都和洛恭迎为创作背景。油画长10.25米，高2.95米，涉及人物六百多人，马匹五十匹。

“喀尔喀蒙古历史风俗陈列”分两个部分介绍喀尔喀蒙古族历史以及清朝对漠北的边疆政策，同时展示喀尔喀蒙古独具特色的民族风情。

第一部分是喀尔喀蒙古历史。具体分五个单元，阐述清政府对喀尔喀蒙古的统治。

一单元“抵御侵略、统一漠北”，主要表现在康熙妥善安置喀尔喀蒙古部众，三次御驾亲征噶尔丹，取得了决定性胜利，稳定了北部边疆。

二单元“因俗而治、扶植黄教”，揭示清朝“从俗从宜、各安其习”的宗教政策，直接表现为封喀尔喀蒙古三部共同信奉的哲布尊丹巴为大喇嘛；雍正元年（1723年），定喀尔喀蒙古土谢图汗部和硕亲王敦多布多尔济幼子为转世灵童；雍正十年（1732年），在漠北建庆宁寺等。

三单元“缔结姻亲、防御朔方”，通过讲述康熙三十六年至光绪末年，清朝与漠北喀尔喀三十九次的联姻，体现了清廷与喀尔喀蒙古的关系。通过联姻纽带，双方关系更为亲密，在清朝统一边疆及抵御民族分裂的战争中，喀尔喀蒙古做出了积极的贡献。清朝统一漠北之后，在喀尔喀蒙古实行盟旗制度，对漠北的统治推行军事化政治管理。主要体现在扶持固伦额驸策凌家族，增设赛因诺颜部，设立军事管辖机构定边左副将军和库伦蒙古办事大臣。这一情况列入四单元。

五单元以“巩固边疆、屡建战功”为题，展示清廷边疆统辖与治理中，大漠南北的蒙古诸部，尤其是皇室姻亲，发挥了重要的军事作用。

第二部分是喀尔喀蒙古风情。喀尔喀蒙古族是一个马背上托起的民族，美丽的克鲁伦河畔是喀尔喀蒙古生息的家园，天高地阔，风吹草低。他们从祖先的手里接过了马鞭，放牧高歌，在长期的游牧生活中形成了独特的民族风情，具有鲜明的地域性。今天的喀尔喀蒙古故地仍保留着传统的民族习俗，深远的民族文化源远流长。这一部分用游牧生活、毡房炊烟和民族文化三个分内容予以诠释，在展板的设计上加入蓝天白云元素。

恪靖公主府专题陈列经过两年半的筹备，配合公主府古建筑维修工程的告竣，于2009年4月30日正式对外开放，标志着全国唯一的清代公主博物馆正式建立，成为内蒙古特色博物馆体系的重要组成部分服务于社会。它不仅是研究清代满蒙联姻制度、宫廷文化的延展以及少数民族历史风俗、中国古代传统建筑艺术的文化宝库，同时也是进行爱国主义教育、宣传民族团结的重要阵地。

撰文：卜英姿

陆　传统绝活让文物“起死回生”

全国重点文物保护单位——呼和浩特市清代和硕恪靖公主府，建于清康熙年间，距今已有三百余年的历史，是康熙皇帝的第六个女儿恪靖公主下嫁漠北喀尔喀部蒙古土谢图汗郡王敦多布多尔济后居住的府邸。

公主府在修建时，集中了当时具有高超技术的能工巧匠，使用了当时最好的建筑材料，精心施工，历时十年才落成。由于公主府建筑技术高超，规模宏大而被当时人称为“西出京城第一府”，目前是我国完整保存下来的清代公主府。

因历史上人为和自然的破坏，历经三百多年的公主府到20世纪中叶时，已经出现了许多“病害”，古建筑墙体歪斜、房屋漏雨、梁柱糟朽、壁画彩绘脱落、屋内和院内到处凹凸不平，如果再不及时维修保护，将会出现毁灭性的问题。

为了保护公主府，内蒙古文物局、呼和浩特市文化局、呼和浩特博物馆经过多年努力，终于在2003年使公主府保护工程获得国家文物局批准立项，决定由国家投资进行全面大修。这是公主府自建成三百年来的首次大修，受到国家、自治区、呼和浩特市领导和专家的关注，要求运用传统工艺和材料，把公主府这座优秀的古建

图55　后罩房

图56 屋檐角兽

筑修缮好（图55、56）。

（一）三百年前公主府修建中运用的传统工艺和传统材料

公主府的总体布局：公主府按照《大清会典》规定的王府品级府第官式建筑进行规划设计，总体布局南向，前部为府第建筑组群。后部为花园，西为马厩马场，占地面积六百亩。中轴线上依次有照壁、府门、仪门、静宜堂、垂花门、寝殿、后罩房。两侧左右对称的是静宜堂左右朵殿，东西厢殿、东西厢耳房和寝殿东西耳房、东西厢殿、东西厢耳房等共十九座建筑，占地面积约二十亩。除了照壁外，以四进院落连贯六重来布列，层次分明，坐落有序。其外围筑高墙尽显府第重地的显赫。公主府古建筑组群给人最深刻的印象是形制多样、风格典雅、主次分明、和谐有序。

公主府使用的各种木材，特别是柱、梁、枋、垫板和檩条等，全部采用红皮油松，以确保几百年不腐。

公主府原来用的砌墙青砖都是地道的大停泥砖，烧结成色为火候极佳而呈现的豆青色。墁地方砖质量比砌砖墙无论哪方面都毫不逊色。

公主府使用的大量石材，如垂带踏跺、象眼石、阶条石、陡板石、土衬石、埋头角柱石、角柱石、压面石、腰线石、挑檐石、柱顶石、门鼓石、门枕石等，清一色采用汉白玉系列的雪花白石料。就是府门前的大小各一对貌似温和的狮子，也是采用雪花白石料雕琢。

修缮公主府的工匠师傅们的技术和工艺水准堪称精湛。木匠为百匠之首，修建公主府的木匠师傅虽然没有留下姓名，但遗存至今的古建筑梁架大木，依然保存完好。公主府瓦匠精到也是一绝，不仅材料好，做得也好，所用大停泥青砖一律按规矩砍磨加工。墙面如镜平整光滑，砖缝如线横平竖直无可挑剔。

公主府实用石材上百方，用途名号十五种。每一种用途因建筑等级不同，派生出几种尺寸规格，且精确度要求严，工艺要求高。尤其是全凭人工打造，石材色泽均匀无缺陷，各部构件尺寸无误制作规范，工艺处理美观大方，安装平整、牢固、严实，勾缝灌浆饱满，总体石活质量上乘。

油饰彩画作是公主府的精细匠作。公主府是官式建筑，不难想象其地仗、油饰彩画也是官式的，并有时代、地区的特色及王府等级公主府第的特点。

总之，公主府在各方面堪称一流，是名副其实的"西出京城第一府"，《绥远通志稿》称道其为"建筑与风景之佳为一方冠"并不为过分。

（二）三百年后的今天如何妥善维修公主府

古建筑维修不同于其他建筑工程，为了努力达到样板工程的评定要求及文物维修原则，国家文物局、内蒙古自治区文物局聘请了三名国内第一流的古建筑专家，在公主府现场进行指导，制定了准确的施工方案和技术细节要求。

在三年多的施工中，严格按照传统工艺的要求施工。为了使工程使用的木材达到传统工艺的要求，从河北古建筑木料场选购了一批存放多年的红松木，与三百年前公主府建筑使用的优良木材材质相同，耐腐蚀性好，不易开裂、变形、干缩，不易虫蛀。这批木材运到公主府后，又经过特殊处理，才使用到维修古建筑的具体工程中。

维修工艺更是精益求精。如修公主府的屋面的筒瓦、板瓦、勾头、滴水无论型号大小都是削割瓦，这种瓦比普通布瓦成形好，结实耐久。屋面通宽削割瓦，瓦垄直顺，瓦面平整，处处体现了传统黑活儿的最高水平。

2005年7月开工的公主府文物保护维修工程已经基本完工，再现了康熙王朝建于内蒙古阴山下的公主府原来的面貌。有关古建筑专家认为，此项工程堪称"绝活绝艺续绝品的样板工程，公主府在今后五十年再不用投资维修"。

撰文：王大方

柒　公主府彩画复原辨析

中国古代建筑是中华民族珍贵的文化财富，具有悠久的历史。远自原始社会末期，我们的祖先就发现了用“筑土构木”建造房屋。几千年来，中国建筑大至宫殿庙宇、小到民居商店，一直沿着以木构架为主体的方向发展，这成为了中国古代建筑的主流，在世界建筑中独树一帜。随着建筑类型和施工方法的进一步充实、改善和提高，工艺质量日趋精湛，建筑体系日臻完善，并在传统建筑基础上形成了官式与民式之分。而彩画是官式建筑中的一枝奇葩，与古建筑完美结合，融入中国古代传统美学、宗教信仰、民风民俗等诸多方面的内容，同时彩画的不同表现形式也成为区分建筑等级的标志。

彩画只存在于等级较高的官式建筑中。最晚在汉代就有彩画出现，而建筑实物

图57　修缮工程实施前静宜堂原状

上的彩画最早发现在元代建筑上。历代彩画以明代时期彩画的特点更加鲜明，但现在存世不多，这给许多古建筑维修时的彩画复原带来了一定难度。

位于内蒙古呼和浩特的全国重点文物保护单位清和硕恪靖公主府（即固伦恪靖公主府）建成于康熙四十二年（1703年），是康熙帝六女儿（四公主）下嫁喀尔喀蒙古土谢图汗部札萨克多罗郡王敦多布多尔济后康熙皇帝赐建的府邸。建府之时公主品级为和硕，和硕与郡王同。

建筑等级应遵此例。公主府沿袭中国古代建筑中轴对称的建筑格局，大式硬山，小式大作，在现存的近二十亩占地（原六百余亩）中，古建筑群布局清晰，分四进五重。府前有影壁，中轴线上依次是府门、仪门、静宜堂、寝殿、后罩房，主殿两侧均有耳房或配房，二、三进院东西建有厢房，四进是十五间通透相连的后罩房，府的东北方现存花园部分遗迹。府内仪门两侧现留有两处民国建筑，风格与古建筑较协调，但工艺相差甚远。主体建筑沧桑三百年得以完好保存，是目前所发现的清代公主府中建筑信息保存最为完整的，清晰地展现了清代早期官式建筑的风貌。鉴于公主府所蕴含的文物价值、研究价值、社会价值，公主府的复原维修工程得到了社会各界的关注。2004年,公主府复原大修工程由国家文物局正式立项，并列入国保古建筑精品示范工程。

2005年7月20日工程启动，但公主府彩画问题悬而未决。公主府彩画如何复原一直在深入探讨中，经过多方考证，利用三年多的时间，在科学研究、实地调研的基础上最终形成了彩绘复原方案。

一　公主府彩画论是如何确立的

公主府大修工程想要以近乎完美的方式结束，解决好公主府彩画问题就成了非常重要的工作。公主府是否有彩画，什么时候有的彩画，经历了相当长时间的争论。公主府在没有进行大规模维修之前，在过去的调查中发现部分廊柱有黑油饰痕迹，对此有观点认为公主府早期并无彩画（图57）。《大清会典事例》载：“亲王正门广五间，启门三间……正门、殿、寝均用绿色琉璃瓦，公侯以下官民瓦屋……门黑饰。”清代笼统的称郡王以下的王公贵族为公侯。据此推理，公主府如门依制为黑油饰，那么房屋也应无彩画。如有彩画也应在雍正时期了，因为公主在雍正元年时晋封为固伦，郡王品级府邸（和硕公主府）不饰彩绘，亲王品级府邸（固伦公主府）才允许饰彩画。所以公主府是在公主晋升固伦公主后才有彩画的。在一份康熙年间（具体年代已失）都统官保奏报阿哥一行抵达固伦淑慧公主府情形奏折，固伦淑慧公主为清太宗女（1632～1700年），顺治五年下嫁巴林郡王色布腾，折中谈及处于竣工阶段的公主府。“……八月二十日，辞别御营。二十四日抵公主第。二十五日老公主宴请阿哥于伊第。二十六日歇宿。奴才等看得，为公主所修宅院，宽敞而壮观，居室五楹皆彩绘，地亦油漆，厢房、衙门、衙门前厢房及门外膳茶

图58　清理地仗后的原始痕迹

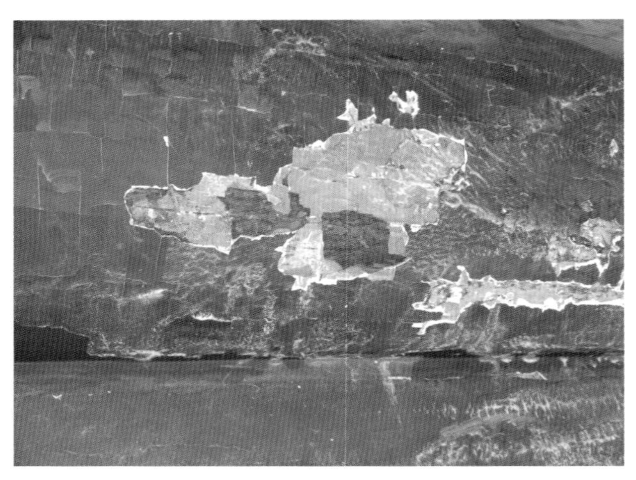
图59　清理地仗后的原始痕迹

图60　清理发现的静宜堂彩画痕迹

图61　清理发现的静宜堂彩画痕迹

房、大门，皆未及油绘。护送公主前来之人，见公主现在之起居，无不欢喜……”这从历史文献的角度证实，康熙年间公主府是施彩画的，也就是说公主府绝对有存在彩画的可能。时间在一天天过去，公主府彩画问题陷入僵局。土木石工程依然按部就班地进行着，施工中在掀开黑油漆后发现多处梁、枋等木构架上残存着蓝、绿相间的线状色彩，这为我们提供了公主府彩画的实物依据，证实了公主府确有彩画存在，而且不可能是在公主去世后才绘制的（图58～61）。公主去世后府第由长子根扎布多尔济及儿媳郡主格格居住，根扎布多尔济爵位为札萨克固山贝子，后世居公主府的后人再无高出此爵位的。所以，现存静宜堂原彩画痕迹表层的黑油饰就不难解释了，是因为公主后人爵位低，按制不能居住绘有彩画的府第而改用黑油饰。

那么公主府的彩画是在什么时候出现的呢？经过北京地区现存众多王府的实地调研，以及多次与专家交流探讨，认为公主府为和硕公主府时就存在彩画。北京现存的众多郡王府第都有彩画痕迹存在（图62），如北京地区最完整的郡王府建筑群——清克勤郡王府就有彩画，原彩画痕迹较为明显。克勤郡王府是第二代克勤郡

图62　多伦县汇宗寺现存彩绘

王，岳托长子罗洛浑府邸，始建于顺治年间。其府为郡王级府第，现府第建筑群除个别原单体建筑，均依据现存清代图样复原，建筑可参考性较强。

二　公主府彩画等级形制是如何确定的

静宜堂、寝殿的东耳房等建筑的檐、檩的黑油漆下，残存着多处模糊的彩画纹饰和散留的蓝、绿颜色，说明了公主府是施过彩画的。经过科学论证，确定公主府在和硕时期即施有彩画，这就决定了公主府彩画复原以“郡王级”为准。公主府彩画形制定位“旋子彩画”，只垂花门为“苏式彩画”。

旋子彩画的等级低于和玺彩画，在清代的官式建筑中使用相当广泛，在旋子彩画中也分出“浑金旋子彩画”、“金琢墨石碾玉旋子彩画”、“烟琢墨石碾玉旋子彩画”、“金线大点金旋子彩画”、“墨线大点金旋子画”、“雅五墨旋子彩画”、“雄黄玉旋子彩画”数个等级。公主府是哪种做法呢？康熙时期的旋子彩画是一个什么样

图63　大点金彩画真龙谱子
图64　大点金彩画凤鸟谱子
图65　制作猪血去渣质现场
图66　梳麻制作现场

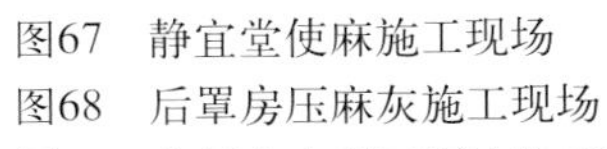

图67　静宜堂使麻施工现场
图68　后罩房压麻灰施工现场
图69　府门室内彩画沥粉施工现场
图70　后罩房彩画排谱子现场
图71　府门室内彩画施工现场
图72　后罩房彩画沥粉现场
图73　静宜堂绦环线、云盘线贴金施工现场

图74　修缮保护工程完工后垂花门现状

的风格呢？没有实物依据，只能在相近年代、相近等级的故宫次要建筑、王府、公主府，包括同时期的内蒙古地区寺院寻找借鉴。依据建筑形制推理，恪靖公主府虽然是清康熙年代按照官式法则惯例建造的，但和雍正颁布《清式营造则例》后，按官式法则建造的王府品级的府邸基本一致。而恪靖公主府康熙四十二年建成，至雍正元年晋封固伦，之间不足二十年，彩画形制不可能发生变化。因此，公主府彩画复原将是一个移植现存为数不多的、清早中期遵循营造法则而产生的、官式彩画形

图75　垂花门内檐抱头梁、驼峰、雀替彩画
图76　后罩房前檐彩画

制的过程。原则是不移植现存清中期后的彩画。这样，更接近于历史真实。因此公主府彩画设计上采取了主要主体重要建筑大多采用故宫可见式样，次要建筑依一般王府、公主府实例，后添民国建筑区别于原有建筑的原则。

清早期特别是康熙时代，内蒙古地区重要建筑的彩画状况是公主府彩画复原形制确定的重要依据，公主府建在内蒙古地区，是满蒙联姻的产物，势必具有一定程度的民族性和地域性。故重点借鉴了锡林郭勒盟多伦县汇宗寺及锡林浩特市贝子庙官式彩画的特征。多伦县汇宗寺建于康熙三十年（1691年），由皇家御赐营建。彩画康熙四十年始作，“四月初十日开始油饰彩画，到六月时，前面大殿、后殿以及大门均已油饰彩画过半”，工程于六月二十四日完工。时间上与公主府的兴建相近，可参考性较强。贝子庙建于乾隆八年（1743年），是内蒙古阿巴哈纳尔左翼旗扎萨克固山贝子班珠尔多尔济时所建旗庙，北京的公主府则重点圈定乾隆时期和敬公主府、和孝公主府。北京的王府主要参考了建于乾隆后期的恭亲王府，此府前期由西路的和珅府与东路的和孝公主府组成，清末整合改造为恭亲王奕䜣的府第，在整体维修时发现了明显的乾隆时期的彩画痕迹。

综合调研分析，制定具体实施方案如下：

1．彩画式样选定

彩画复原的范围，除府门、仪门、静宜堂、垂花门四座建筑为内外檐重做彩画外，其余所有建筑只是外檐和室外廊部重做彩画。室内一律不绘彩画，无重要依据处按一般规律做。

静宜堂施“片金宋锦方心、片金凤黑叶花盒子墨线大点金彩画”，依据是故宫寿康宫的次要建筑均绘此种彩画，同时考虑到乾隆女儿的和孝公主府的前殿和寝宫内檐皆绘凤和金，故静宜堂绘此种彩画。静宜堂厢房施“金凤宋锦方心栀花盒子墨线大点金”，依据故宫寿康宫的次要建筑皆绘此种彩画，故比静宜堂彩画降低一等。府门施“龙锦方心异兽盒子墨线大点金”依据是清代早中期王府、特别是郡王府府门一般均施绘这种彩画。仪门施“夔龙西番莲方心片金夔龙西番莲盒子墨线大点金彩画”依据是现存王府、公主府此种建筑施绘这种彩画。寝殿明间檐部施“凤锦方心凤西番莲盒子墨线大点金”依据故宫寿康宫、多伦县汇宗寺、恭王府嘉乐堂此种做法。静宜堂东、西朵殿施“花锦方心、栀花盒子小点金彩画”，和敬公主府多绘此种彩画。民国建筑绘黄线掐箍头。垂花门是唯一一座采用苏式彩画的建筑，苏式彩画源于江南，传入北方后成为官式彩画中的一个重要品种，多见于皇家园林的楼阁亭榭和游廊。垂花门在公主府内静宜堂和寝殿之间，起内外相隔的作用，饰以“海屋添筹”苏式彩画，清雅活泼，有浓郁的生活气息，依据是北京乾隆时期和敬公主府后半部分原迹复原垂花门图。雀替、花板、角背侧面均为青绿纤粉，上青下绿；垂柱为紫地折三兰桃花，上青下绿，垂柱头绿色搜退。内外檐均施彩画的如府门为“龙锦片金西番莲异兽盒子墨线大点金彩画”，只外檐施彩画的如静宜堂厢房为“金凤宋锦方新栀花盒子墨线大点金彩画”。

2．油漆、彩画施工尊重传统工艺要求

复原分油漆作和彩画作。油漆工序分选料、配制，发血料属该工艺；木基层处理，俗称“砍净挠白”；地仗，也叫“一麻五灰”；油漆，也叫“三道油”；扫青、扫绿、扫蒙金石；贴金、扫金。彩画工序分丈量起谱子；磨生油、过水布、分中、打谱子；沥大小粉；刷色；包黄胶；拉晕色、拉大粉；压老；打点找补。每一步骤要求井然有序，在把握传统工艺特点的基础上科学施工，杜绝臆造。

施工前选用题材、纹饰造型均具有清早、中期特色。施工中彩画风格、工艺手法均全力模仿清早、中期绘画特征，严禁现代画法。匠人严格按工序施工，依照传统彩画工艺，尽力模仿清早、中期彩画技法，绝不允许随意“创作”，要求符合当时时代技术水平和古代审美观。贴金工艺是彩画中的特殊技艺，在官式彩画中彩画匠人工作中占有重要的地位。公主府所贴箔分库金金箔和赤金金箔两种，只有比例很小的隐蔽部位贴了七四赤金金箔，其他均贴九八库金金箔。贴金匠人要金到哪儿，手指到哪儿，对缝严，贴金省料又美观。材料尽量选用传统工艺生产的产品或以传统工艺自制。颜料选用桐油、樟丹、石黄、巴黎绿等矿物质颜料及藤黄、墨等植物颜料，此类颜料可保证彩绘颜色在北方气候多变的自然环境中达到三十年不脱落。猪血腻子则是工人师傅们完全采用传统工艺自制，细腻子配方，血料、水、土粉子以3：1：6比例调制，血料由猪血、石灰以100：4比例发制而成。

彩画整体颜色以青绿为主色调，设色清晰明快，庄重古朴，大气浑成，加之“点金”之笔，华丽辉煌，极尽皇家风范（图63～76）。

彩画得以复原，呼和浩特的公主府维修保护工程宣告结束。公主府以独特的建筑风格充分展示中国古代的建筑艺术、建筑科学以及历史价值，为历史文化名城呼和浩特谱写新篇章。

撰文：邢瑞明

[1]　《清式营造则例》，清华大学出版社。
[2]　中国文物保护科研所主编《中国古建筑修缮技术》，中国建筑工业出版社。
[3]　何俊寿、王仲杰主编《中国建筑彩画图录》，天津大学出版社。
[4]　杜家骥著《清朝满蒙联姻研究》，人民出版社。
[5]　黄雨三主编《古建筑修缮·维护·营造新技术与古建筑图集》，安徽文化音像出版社。
[6]　《故宫博物院》，紫禁城出版社。
[7]　朱家溍编著《明清室内陈设》，紫禁城出版社。
[8]　马炳坚著《中国古建筑木作营造技术》，科学出版社。
[9]　刘大可编著《中国古建筑瓦石营法》，中国建筑工业出版社。
[10]　陈志华著《外国建筑史》，中国建筑工业出版社。
[11]　文化部恭王府管理中心编《老照片中的大清王府》，文化艺术出版社。
[12]　《康熙朝满文朱批奏折全译》，1669页，4155折。
[13]　清内务府满文奏销档，117，中国国家第一历史档案馆。

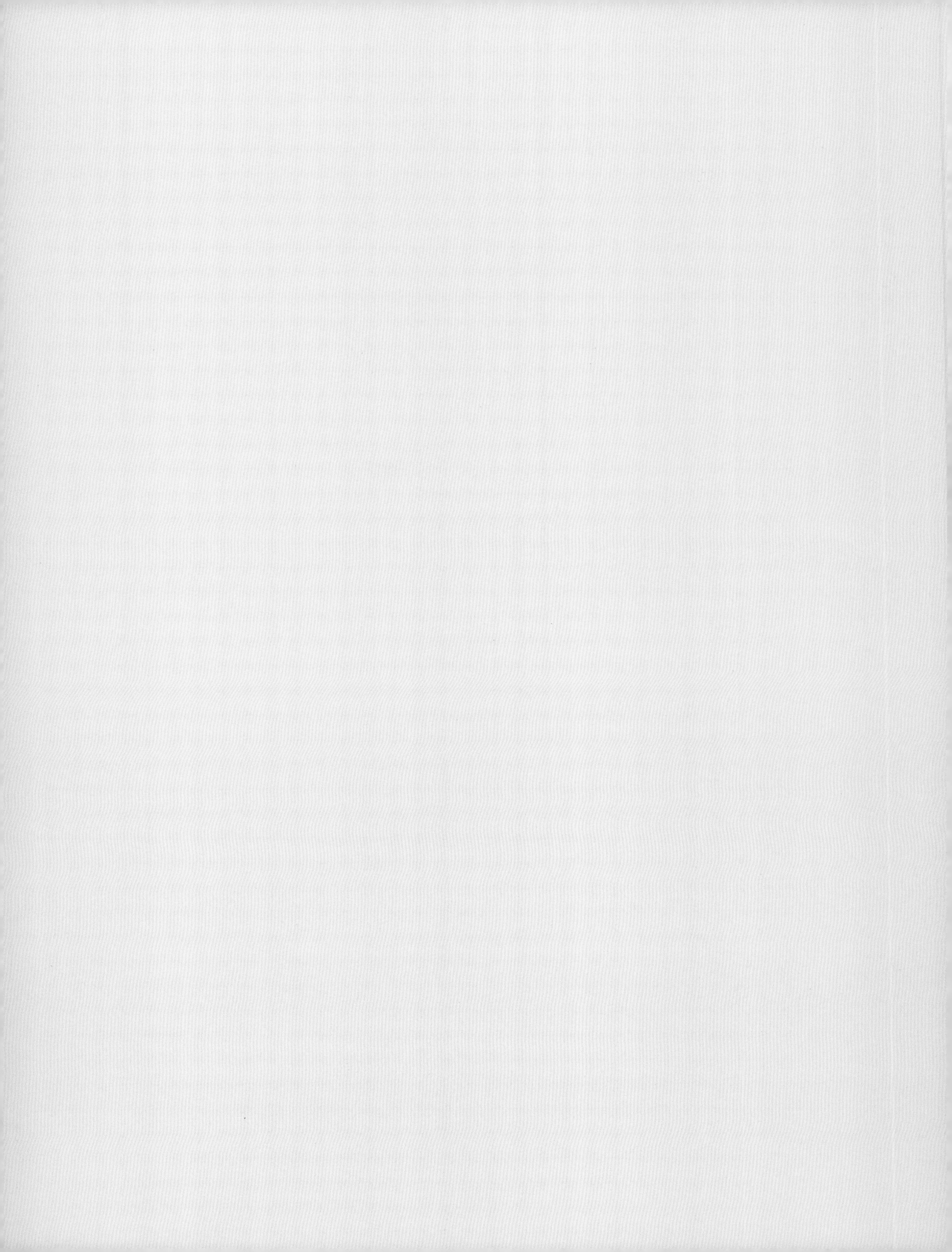

修缮保护

Remedy and Protect

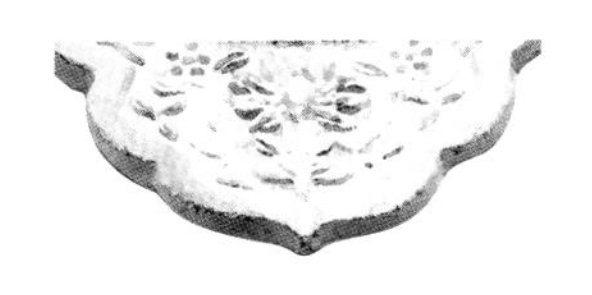

捌　公主府修缮保护工程勘察报告

呼和浩特市恪靖公主府的修缮设计勘察工作，起始于2003年3月。当时公主府作为呼和浩特博物馆陈列馆舍使用，大部分建筑室内装修封闭，梁架结构形制、现状情况无法查看，在只勘测后罩房、府门、寝殿耳房梁架的基础上，参照馆内存档历史照片、勘测图纸和相关资料，对照《清式营造则例》（下简称《则例》）进行校正，断定其他建筑梁架形制，完成勘察报告和建筑设计图纸。2006年8月，对公主府进行全面补充勘察测绘，将前方案补充修正后提出较完整的维修施工图设计，并针对公主府院落地面提升、自然排水受阻、油饰彩画修复、建筑内装修恢复等进行考察论证，完成了包括内装修、油饰彩画、院落排水在内的二期维修方案设计。

一　历史概况

和硕恪靖公主府，是清康熙皇帝六女儿恪靖公主和额附敦多布多尔济在领地建造的府第。按《大清会典事例》规定，和硕恪靖公主府（公主由妃嫔出）品级与郡王府同。公主府虽处于塞外漠南，完全按清工部大式营造，是一座典型的清代早期王府建筑。

公主生于康熙十八年（1679年）五月，于康熙三十六年（1697年）下嫁时，初封为“和硕恪靖公主”（和硕，满语“一方”，后引申为部落之意；恪靖，满语“柔德”、“安众”之意，在此又有“绥靖藩服”使命的内涵）。于雍正元年（1723年），晋封为“恪靖固伦公主”（固伦，满语“天下、国”之意），并赐金册。

康熙三十六年（1697年）十一月，和硕恪靖公主遵旨下嫁喀尔喀蒙古土谢图汗察珲多尔济之孙敦多布多尔济。公主下嫁时，因准噶尔汗国和清朝的战争刚刚平息，漠北局势尚不稳定，公主暂居京城过渡之所。朝廷赐耕的清水河“汤沐地”，逐渐发展到四万八千三百七十亩，开边招民耕种。整治农田，兴修水利，开凿“青龙渠”，政治上力行仁治，关注百姓疾苦。清水河县遗存有数块四公主德政碑。后公主自京城移居归化城北新建的府第。雍正十三年（1735年）三月，公主卒于归化城府第，死后葬于库伦（今蒙古国乌兰巴托）之东，汗山（即今肯特山脉）阳面的公主陵寝（今蒙古国中央省额尔德尼苏木）。恪靖公主是康熙帝八位公主中享寿最长、也是最有作为的一位。

满蒙联姻是清朝政府对蒙古各部采取的政治策略的一个重要组成部分。公主下嫁漠北喀尔喀土谢图汗部敦多布多尔济这一政治联姻，且公主府营建于漠南归化城（今呼和浩特），是康熙帝基于战胜噶尔丹后的大漠南北政治、军事形势和对北疆地区长久稳定而作出的决策。自公主府营建之后，充作外联漠北、内接京师（今北京）的北疆特殊政治枢纽。公主的下嫁及其个人的使命，对团结蒙古各部（特别是漠北诸部）共同维护国家统一，稳定北部边疆局势，起到了很重要的纽带作用。

据《清水河厅志》载：喀尔喀蒙古三部“圣祖皇帝康熙年间来归，赐住归化城大青山前建府第尚四公主”。依照清王朝皇室惯例，公主下嫁指婚之日起，即享有在领地专门建府居住的特殊待遇。据文档记载，公主府营建于康熙四十二年（1703年）秋。

恪靖公主去世之后北归，葬于漠北，公主子孙及其后裔仍在公主府承袭居住，直至清王朝的灭亡。又因下属官员和陪嫁户等居住，在公主府西和北逐渐形成小府、府兴营两个村落。

1923年公主府成为绥远第一师范学校校址。至1949年前，公主府原有风貌“渐异旧观”，为使用方便拆除内装修，改制外装修，紧挨府第添建新校舍。

1949年后，师范学校逐渐将原建花园、马场改建为农场、果园等，为办学发展需要府第周围不断进行扩建，对公主府花园进行重大改建，导致原状花园各种设施失存。1966年之后的“文革”期间，公主府受到严重破坏，屋顶吻兽、勾、滴、戗檐砖雕饰被砸毁。马场、花园先后被师范学校、蒙文专科学校、教育学院占用，建造起教学楼和各类校舍设施。府第西北角原有一座覆钵式喇嘛塔，因学校建体操房而被拆毁，公主府原平面格局和历史环境风貌发生彻底改变。

1987年，呼和浩特市人民政府公布公主府为呼和浩特市重点文物保护单位。1989年，公主府分期分批由师范学校向呼和浩特博物馆筹备室进行移交。1990年，公主府辟为呼和浩特博物馆，由呼和浩特博物馆负责保护管理使用。

2001年，国务院公布公主府为第五批全国重点文物保护单位。

二 建筑形制分析

（一）平面布局

公主府府第营造之初，北以大青山为屏，东西扎达盖河与艾不盖河二河环抱，位于两河交汇北侧台地上，呼和浩特市旧城（原归化城）北郊。公主府包括府第建筑群组、府门前广场、后花园、马场和附属聚落点等部分组成，其中建筑群组以居中的门、殿、寝、后楼连贯出轴心，配殿、旁庑拱卫于两侧的王府核心格局布列。公主府现存占地面积约1.8万平方米，而原公主府面积据当地原老住户说占地达600亩之多，建筑院落面积仅占公主府总面积的二十分之一。

府门前庭（广场）南端耸立大影壁一座，府门月台前左右各一石狮，门之两翼围墙，辟以旁门各一（系后期师范学校所开）。

自影壁、府门起，沿中轴线依次布列仪门、静宜堂（亦称大堂）、垂花门、寝殿和后罩房等建筑，组成五重四进院落。

静宜堂与寝殿两院东西对称设置朵殿、耳房、厢房、厢耳房，院落用隔墙围合，以日、月门互通内外及左右。两院成一日字形平面布局，居府内中心。一进、四进院与二进、三进的院外东西两侧联通，并以围墙为界，总体布列又成一个回字形总平面的布局。按平面布局分析，静宜堂居建筑群组之中心位置。

仪门两侧原状有无建筑无考，现存两座东西正房，为绥远第一师范学校校舍时增建建筑，形制与其他各建筑差别较大。

亦府亦园是清代王府建筑的一大特色，公主府亦不例外。寝殿东侧原为花园，可由院内东北隅日门与之相通，从后罩房明间穿堂门可通北侧的马场（现为呼和浩特市师范学院所在）。马场、花园面积远远超出主体建筑的面积，是公主府平面布局的一大特征。

（二）　建筑分部特征

1. 台基、踏步

明清两代王府都把主要建筑的台基高度作为王府最重要的制度之一。高大雄伟的台基加上月台、丹陛桥，充分体现出王公之尊。公主府府门、静宜堂、寝殿、后罩房台基高度依次为69厘米（二尺一寸）、84厘米（二尺六寸）、84厘米（二尺六寸）、32厘米（一尺），除寝殿外，均低于《大清会典事例》所定郡王府正门二尺五寸、正殿三尺五寸、后寝二尺五寸、后楼一尺四寸的制度。

台基类型分石作台基、砖石作台基、砖作台基三种。主要建筑（府门、仪门、静宜堂、垂花门、寝殿）台明包砌陡板石、埋头角柱石；厢房、厢房耳房的正立面和院落内侧前部侧立面砌筑陡板石、埋头角柱石，背立面和后部侧立面为砖砌散陡板台明；后罩房、静宜堂左右朵殿等其他建筑前檐阶条石砌埋头角柱散陡板，后檐砌埋头角柱、虎头砖和散陡板。

公主府各建筑台阶分垂带踏跺、礓磋两种，均为石材砌筑。中轴线建筑及厢、静宜堂左右朵殿台阶，皆以明间檐柱柱中线定中，垂带取中放置，内侧摆砌踏跺或礓磋石，寝殿耳房分别置于靠近寝殿一侧次间，厢耳房、垂花门台阶较小，以装修门定宽；台阶象眼则随台基，院落露明正立面用象眼石，其他则为砖砌象眼。

原室内地面为方砖铺墁，方砖分30厘米×30厘米、40厘米×40厘米两种，均为细墁地面，十字缝形式。

静宜堂西厢台基陡板上，发现一金钱眼状的通风孔，静宜堂左朵殿发现两个方形通风孔，寝殿左耳房局部维修中发现前廊地面有地灶及出灰坑。由此推断，公主府原建时的取暖措施为地灶取暖。

2．墙体

下碱墙为一顺一丁干摆精砌，台明至腰线石下，统为单数砖层（13、15层不等），下碱墙与前后台基间小台多为26厘米左右，山墙与左右台基间金边为5厘米，边缝柱线位置，预留柱门（通风孔）。有的室内下碱墙还留有至顶棚内的通风孔（如寝殿、厢房等）。

山墙墙身砌筑为青砖磨砖丝缝砌法，砖缝4毫米左右，砌法以十字缝为律。山墙花碱为1.5厘米左右。室内山墙墙身用砖糙砌后抹灰。

墀头墙正看面大都采用“三破中”形式，仅有寝殿厢耳房、耳房用“狗子咬”形式。墀头的盘头为六层做法，即荷叶墩、混砖、炉口、枭砖、头层盘头、二层盘头，其中混砖、炉口与枭砖用挑檐石刻饰所代，为一整体挑出，盘头上承戗檐砖。荷叶墩、盘头（两层）与戗檐砖作镂刻纹饰，其中戗檐砖为双层插砖雕饰贴附结构。戗檐用于等级较高的建筑，在寝殿耳房、厢耳房的戗檐中，则是素平无饰做法。博风砖以第二层盘头线砖承挑，上皮挂砌于墙身。

廊心墙花碱1.5厘米，周施立八字，转角用拐子砖，内砌线枋砖，池心分中砌方砖心，上下各两个“虎头找”。穿插枋下置小脊子，两端刻饰象鼻子，穿插挡内有线刻纹饰。

3．大木构架

（1）面阔开间

公主府各建筑面阔基本属于等间制，明、次间开间尺寸基本相同，仅府门、仪门明间较次间略大。中轴线各建筑及朵殿厢房、厢耳房明间面阔基本均为3.55米，使寝殿、静宜堂檐柱高等于面阔，视觉上感觉檐口略偏高，出檐显小，与《则例》略有区别。

（2）木构架

柱网定位与分布，依大木构架而定，公主府内建筑可分为以下几种：

①后出廊式：每缝梁架布三柱（府门、仪门），边缝加中柱。

②前后廊式：每缝梁架布四柱（静宜堂、寝殿、静宜堂厢配房、寝殿厢房、后罩房），边缝加中柱。

③前出廊（卷棚）式：每缝梁架布三柱（寝殿耳房、厢耳房、静宜堂厢耳房），边缝不加中柱。

梁柱用材规格比例如下：建筑的用材制度，基本一致。大木梁架的做法，皆为无斗栱大式构制做法为主。梁的断面高、宽（厚）比例，多接近方形。檐柱径最大值32厘米，最小值25厘米。

大梁最大跨为七架，下施随梁枋（静宜堂、寝殿），一般建筑大梁跨五架，也施随梁。凡各梁架所承檩条，皆用檩、垫板、枋三件。府内各个建筑举架规律，檐步以5举起、花架以上用6或6.5至7或7.5举，九檩的脊举可达9至10举（静宜堂、寝殿）。

椽距各建筑基本相同，均为17～18厘米，每间布椽20根（次梢间19～20根），椽径8～10厘米不等。

上檐出尺寸多在10：3.33左右，其中以静宜堂、寝殿为最，檐出为柱高的3.4：10。椽、飞檐出比例中，椽出占檐出6.3：10～7：10，下檐出与上檐出比为7.8：10，与《则例》略有区别。

4．木装修

（1）外檐装修

外檐装修因外移更新，原装修大多失存，寝殿东厢尚存明间横披窗，可确定外装修槛框厚度为10～11厘米，看面宽17厘米，横披窗棂为正搭正交形式，外装修中槛下皮多与穿插枋下皮齐，高度大体在25～30厘米之间。

（2）内装修

各建筑中的内装修全部失存，从室内柱身榫卯分布应为隔扇装修，抱框厚应在9～10厘米之间。静宜堂明间有两根辅加柱，应为放置屏风及公主正座之处。

（3）天花

现存室内天棚仅寝殿保存较为齐全，包括天花框边线、楞木和井字框架，为海墁天花。根据满蒙民族习俗，原状天花应为软海墁，裱纸为麻纸、腊花纸或绫子作为面层。

5．油饰

据20世纪80年代勘察资料得知，公主府寝殿东厢房保留有以前刷饰遗迹：金柱油漆面层为黑色，柱头自金枋下皮以上刷铁红色，金枋、金檩面层为黑色，金垫板面层为铁红色，其余建筑油饰均为近期维修所做。推测大木构架只做油饰，应不是公主府始建时的状态。由于公主府从康熙四十二年（1703年）修建后，主人多次变换，建筑彩画应按规制多次更改，始建时按郡王府规制大木构架应该做旋子彩画，不会只做油饰。

6．屋面瓦作

公主府屋面特征之一是采用削割瓦的特制构件，勾、滴纹饰刻深明显，图案清晰。瓦作分垄以滴水座中为律，瓦面均为筒瓦屋面。重要建筑用吻、兽，小式建筑为过垄脊，压脊（小兽）按琉璃压脊的形式和数目布置，除后罩房为龙、凤、狮三个小兽外，其余建筑小兽均为龙、凤、狮、天马、海马五个。屋脊为清早期四层瓦条做法。

三 保存现状

（一）周边环境现状

公主府府邸营造之初，以大青山为屏，东西扎达盖河与艾不盖河二河环抱，排水就北高南低自然地形，设计为自然排水，向南排入扎达盖河。现在公主府建筑群组之外的大范围的功能改变和地平抬高，使公主府总体处于洼地状态，公主府院落内地平也抬高10～80厘米不等，民国时期添建东西正房正处于东西两厢排水路线出口位置，排水路线受阻，排水不畅。

公主府院落于1998年进行过局部维修，仪门、静宜堂、寝殿院落重新铺墁条石甬路及水泥砖地面，但当时维修没有把外地平降低到原地平，致使仪门、静宜堂、寝殿院落建筑台基部分埋入地平下，且院落地面坡度找坡不准确，局部存水。公主府一期工程维修完工后，后罩房院落地平降低50厘米左右，后罩房北侧、西侧后期砌筑公主府围墙基础外露，失去稳定性，必须进行拆除。

（二）建筑保存现状

1．台基

石作台基：阶条、陡板石有程度不一的向外倾闪、空鼓、局部破损，其中寝殿、静宜堂最严重，总体后檐台基比前檐严重。土衬石由于后铺院落地面抬高，基本埋入地下。

砖石作台基、砖作台基：砖砌台帮均有程度不同的酥碱、剥蚀、风化，其中静宜堂东西厢房背立面、东西厢耳房山面，寝殿左右耳房山面、东西厢房背立面损坏严重，寝殿东西厢耳房背立面、山面水泥补抹较厚，酥碱、剥蚀相对较轻。后罩房由于外地面抬高，砖砌台帮基本埋入地下，酥碱严重。静宜堂左右朵殿、寝殿左右耳房后檐阶条石大部分缺失，改为机砖立砌，水泥抹面。静宜堂、寝殿东西厢耳房、后罩房山面替代条石的虎头砖压檐酥碱较严重。

踏步：静宜堂左右朵殿、寝殿左右厢耳房、后罩房踏步失存。现存的踏步府门、月台、仪门、垂花门为后做礓磋踏步，部分前移。其余踏步均存在踏跺、垂带断裂、沉降、外闪，象眼石外闪。

室内地面：2001年呼和浩特博物馆更换陈列内容，扩大陈列面积时，将部分地面以仿古青砖细墁处理。未翻修部分或条砖糙墁或杂砖补墁，有的改做水泥抹面，原始状况基本不存。

2．墙体

山墙：公主府各建筑山墙仍为原构，基本保存完好，腰线石以下干摆墙面后期维修时抹了水泥浆，破坏了原干摆墙面。所有柱脚通风孔的封口镂空雕砖失存，后维修时补做部分，通风孔边缘墙体部分被砸。现状仅存三件完整的戗檐雕饰（寝殿后檐东山墙、仪门前檐西山墙），其余两层插接的雕饰砖全部缺失。寝殿左右耳房的东西山墙外倾严重，倾闪量在5～10厘米，后台基西北角柱处明显下沉，墙体由于基础下沉而开裂，形成通缝，角柱石外闪。仪门西山墙也存在由于西北角基础下沉，墙体开裂，挑檐石劈裂。

槛墙：除府门、仪门后檐檐墙、静宜堂、寝殿左右厢房、厢耳房后檐檐墙未移位，其余建筑均存在槛墙外移檐柱，变干摆为糙砌墙面。保留后墙的静宜堂、寝殿东西厢房，原状明间的穿堂门被堵砌。

廊心墙：装修外移后，后期为使用方便，廊心墙统一刷白灰浆，廊心墙池心和两侧八字抹角用灰抹平，部分小脊、线枋子被破坏。

3．大木构架

公主府各建筑大木构架保存均基本完好，后罩房、寝殿、寝殿耳房、静宜堂墙内柱糟朽较严重。其余建筑部分墙内柱糟朽。

构件失存状况：寝殿厢房、寝殿耳房、静宜堂厢房、静宜堂朵殿、后罩房80%脊檩下垫板、枋失存。垂花门垂柱间下枋、蜀柱、雕饰花板、匾额失存。檐柱所有雀替全部失存。

4．木装修

公主府建筑外装修因槛墙、装修外移全部失存。被封堵的静宜堂、寝殿厢房明间后檐穿堂门，只保留槛框，隔扇门缺失。寝殿东厢房保留西立面明间横批窗。

府门、仪门装修为近期维修时新做，府门大门金钉49个，不符合《大清会典事例》郡王府金钉最多45个的规定。仪门南立面隔扇门、槛窗与仪门后出廊、后金步明间开门、次间封护檐墙布局矛盾。

天花：室内天棚原为海墁天花，除寝殿保留部分外，其余各建筑小部分保留原楞木和贴梁的天棚框线残件，大部分缺失。

内装修：公主府建筑原内装修已全部缺失，内装修卯口存在。一期工程维修过程中发现，由于建筑内装修缺失，进深跨度较大梁架（静宜堂、寝殿）有些许变形。后罩房十五间由于建筑面阔过大，梁架变形较明显，不均匀前（南）倾1～2.5厘米。

5．油饰

公主府油饰为1998年维修时所做，所有建筑上下架大木、装修均统一刷铁红色油漆，与公主府形制极不相符，现外檐油漆大面积出现空鼓、脱皮、龟裂、脱落等病害。2006年勘察时，在静宜堂、寝殿、寝殿左耳房外檐檩、枋油漆底层均发现大色痕迹，与原推测公主府应该有彩画吻合，现状是后期历次维修时刷油漆简单化处理造成的。

6．屋面瓦作、脊饰

瓦顶多为后期维修更换瓦件，保留小部分原瓦件，静宜堂东西厢房、厢耳房后檐保留原瓦件较多，正吻、兽（望兽、垂兽）、压脊多为后补修更换，形制与原状有别。

7．院落地面、排水

公主府院落总体北高南低，府邸原为顺地势自北向南自然排水，1989年铺墁院落地面没有设计排水路线，院落地面普遍高于建筑台基土衬石上皮，造成雨水倒灌，建筑台基处于浸泡状态，静宜堂东西厢、厢耳房东西两侧各封闭一院落，隔断公主府院落东西两侧排水路线。院落地面后改为水泥砖铺墁，局部有积水。

四　评估

（一）价值评估

第一，公主府是内蒙古地区保存最完整的一处清代早期王府建筑群，其以居中的门、殿、寝、后楼连贯出轴心，配殿、旁庑拱卫于两侧的王府核心格局，“以高为贵、以多为贵”来表现严格的建筑等级的做法，以及精美的砖雕、干摆、丝缝墙面工程手法等，对于研究清代早期王府建筑具有很重要的实物考证价值。

第二，公主府是清王朝对蒙地奉行满蒙联姻政策，巩固民族团结，维护国家统一的历史见证。公主府作为这一特殊历史背景的建筑载体，对于研究清王朝满蒙联姻政策，归化城在清早期统一蒙古的地理历史地位，都具有非常重要的历史参考价值。

第三，公主府、蒙古国的公主陵寝作为历史物证，展现了大漠南北两地的血脉相连与历史渊源。对公主府与公主陵进行相关联的、统一的保护展示，成为中蒙双方的共同愿望，这对于促进中蒙两国承沿历史传统脉络，加强历史文化交流与友好往来，将发挥更重要作用。

第四，公主府地处呼和浩特市区，其典型的北京四合院建筑特色，同呼和浩特市内绥远将军衙署、席力图康熙平叛记功碑等，共同展示了蒙古民族同清政府的历史往来。

（二）　管理条件评估

第一，呼和浩特市政府及其市文化局很重视公主府的保护和利用工作，目前全市的文物保护工作由呼和浩特市文化局统一管理。

第二，公主府自1989年起分期分部由师范学校，向呼和浩特博物馆筹备室进行移交。1990年，呼和浩特市人民政府决定，将公主府辟为呼和浩特博物馆馆址。

第三，呼和浩特博物馆建立公主府“国保四有档案”比较完善，关于恪靖公主及公主府方面的研究开展得也较好。但古建筑保护专业人才较缺乏，需进一步加大这方面人才的培养。

（三）现状评估

第一，随着呼和浩特市城市发展，公主府已处于市区，周边环境改变较大，街巷邻里地平总体抬高，公主府府第部分成为一片洼地，府第院落排水受阻。公主府古建筑群组及其院落内部小环境基本保存原状，具备整体保护和展示的基本条件。

第二，公主府各单体建筑大木构架保存较完好，仅寝殿左右耳房梁架变形较大，屋面下陷，山墙开裂变形。所有建筑木装修，因后期为了扩大室内使用面积由金里改为檐里，且装修样式不合理，槛墙、后檐墙改为糙砌，对文物建筑历史风貌造成破坏。建筑台基、踏步腐蚀风化，下沉变形较大。建筑瓦顶、地面因20世纪80年代和90年代不合理修缮，导致现状问题较多。但总体建筑消防、安防均达标，文物建筑安全基本能有效保证。

第三，公主府所见院落地面、油饰、内装修均为后期不合理使用和维修后现状，与建筑形制不符，院落排水不畅，积水严重。

综观公主府建筑或存或不存的破败残损情况分析，已往人为造成的损坏因素远大于自然因素。修缮工作延宕已久，但其文物价值依然存在，实施一次科学保护及全面维修工作非常必要。

玖　公主府修缮保护工程设计报告

公主府的修缮设计分两期，一期方案设计主要针对建筑本体装修移位样式更改，台明、墙体外闪酥碱，梁架变形、构件缺失，瓦顶局部塌陷、漏雨等病害，完成修缮方案设计。二期方案是在一期工程基本完成后，从环境整治、院落排水、保护管理、文物展示利用等方面考虑，对文物建筑群组长期性、趋势性破坏做工程控制，完成保护方案设计。

一　修缮方案指导思想

公主府是内蒙古地区迄今保存最完整的一处清代王府建筑。其平面布局、建筑形制、细部装饰等包含了丰富的历史文化内涵。公主府近两年刚完成周边环境整治及整个院落安防、地面、排水、绿化、建筑本体局部加固维修等，建筑除装修改变、移位，台基、墙体局部破损外，安全隐患不太突出，方案针对这一特征，计划分期实施公主府保护工程，先加固维修中轴线六座建筑及寝殿左右耳房，装修复原归位，拆除后砌墙体，修补瓦顶，更换、补配吻、兽、小兽、勾滴、筒板瓦等瓦件，重新整治院落墙体、旁门、地面，设计排水路线；再加固维修两侧朵殿、厢、耳、厢耳房十二座建筑，拟拆除后建东西正房，恢复原平面布局。

二　一期维修方案

公主府各建筑形式基本相同，病害类型也类似，因此建筑维修方式以建筑分部叙述。

（一）　台基

府门、仪门、静宜堂、静宜堂朵殿、寝殿、寝殿耳房、寝殿厢房、寝殿厢耳房，降低外地面高度，露出土衬石。静宜堂东西厢房、厢耳房和后罩房维修，更换酥碱严重土衬石。仪门、静宜堂、寝殿维修重砌外鼓陡板石。府门、静宜堂、寝殿及其厢房、厢耳房局部加固陡板、埋头角柱石。

静宜堂东西厢房、厢耳房后檐、寝殿左右耳房、后罩房剔补破损砖头，补砌砖砌台基。寝殿东西厢房、厢耳房清除后抹水泥砂浆面，修补台明。静宜堂、寝殿、寝殿东厢房重砌踏步，黏合崩裂石材，更换破损严重踏跺。静宜堂、静宜堂左右朵殿前后檐、寝殿东西厢房后檐、寝殿左右耳房前檐、后罩房补做缺失踏步。静宜堂、寝殿东西厢房、厢耳房前檐扶正外闪垂带，抄平重砌沉降踏跺。仪门后檐、静宜堂、寝殿、静宜堂及寝殿东西厢房前檐局部抄平重砌，加固黏合崩裂阶条石。静宜堂、寝殿东西厢房、厢耳房后檐、后罩房前檐重砌阶条石，剔除后换宽度不同石材。静宜堂左右朵殿、寝殿左右耳房后檐、后罩房后檐补做缺失阶条石。

府门、静宜堂朵殿、寝殿耳房清理地面，剔除酥裂的方砖、条砖和其他建筑，拆除水泥地面，修整地面恢复原方砖地面。寝殿左右耳房拆除重砌已沉降地基和墙体，重做散水。静宜堂和寝殿东西厢房、厢耳房后檐、后罩房清除地基周围杂物，重做散水。

（二） 墙体

静宜堂左右朵殿外山墙、静宜堂厢房北山墙、后罩房东山墙，清除后抹水泥面、黑板等，清理墙体涂料，补做柱脚通风砖。后罩房西山墙灌浆加固墙基，添补裂缝，剔补破损严重墙砖。寝殿左右耳房拆除重砌外闪、沉降严重墙体，加固地基。全部建筑清除后粉刷涂料，粘接断裂石材。静宜堂、寝殿、静宜堂寝殿厢房恢复被破坏墀头雕饰，寝殿西耳房纠偏、部分重砌墀头墙。

静宜堂、寝殿、后罩房前后檐、静宜堂朵殿、厢、厢耳房、寝殿耳、厢、厢耳房前檐拆除檐步后砌槛墙，恢复金步干摆槛墙。府门、仪门、静宜堂东西厢房、寝殿东西耳房后檐清理后抹水泥浆，露出原干摆墙面。静宜堂、寝殿、静宜堂寝殿东西厢房后檐明间拆除后砌墙体，明间恢复装修，次、梢间恢复槛窗、槛墙。寝殿东西耳房重砌后檐墙。

垂花门两侧看面墙、连接静宜堂朵殿与寝殿厢耳房卡子墙加固墙体，重砌墙帽，清理下肩墙后抹水泥砂浆，拆除静宜堂两山墙北侧后加圆光门、卡子墙，恢复院落布局。重砌连接静宜堂耳房与仪门的卡子墙。公主府院落外围南墙凿砌排水口，剔补酥碱下碱墙砖，公主府院落外围西墙保持现状。

（三） 装修

静宜堂、寝殿正立面拆除后做装修，恢复金步正搭正交隔扇门、槛窗。背立面拆除后檐墙，恢复明间正搭正交隔扇门和梢间廊里金内墙。静宜堂、寝殿东西厢房、朵殿、厢耳房、后罩房正立面拆除后做装修，恢复金步正搭正交方格和步步锦隔扇门、槛窗或支摘窗。背立面明间拆除后封堵墙，恢复步步锦隔扇门。静宜堂、寝殿东西厢房后檐次梢间保留原墙体。府门、仪门拆除后做装修，恢复后檐金步实榻大门，实榻门为横六纵七42个门钉。全部建筑补做雀替，样式参考北京顺承郡王府。府门、仪门恢复原海墁天花。其他建筑拆除后吊顶，恢复原海墁天花。

（四）　大木构架

更换寝殿左耳房东山柱、后罩房西山柱等糟朽严重柱子。墩接静宜堂、寝殿西山柱，寝殿东西厢房与厢耳房连接山面柱等根部糟朽柱子。检查静宜堂东西厢房、朵殿后金柱、寝殿左右耳房后檐柱、后罩房等墙内柱，刷防腐涂料。清除所有建筑的内檐柱油漆，确定榫卯位置、尺寸，为装修提供依据。

补齐静宜堂、寝殿东西厢房、朵殿、耳房、厢耳房后罩房等建筑缺失的随梁和檩垫板、枋子。修补、更换后罩房部分糟朽严重檩。检查静宜堂、寝殿大梁，测量挠度，局部加铁箍加固。更换静宜堂东西厢、厢耳房后坡、后罩房后坡等建筑糟朽严重的椽、飞、望板。其他建筑拆除顶棚后检查望板，查找漏雨处。

（五）　屋面瓦作

府门补配缺失、破损严重的小兽，静宜堂、寝殿、寝殿静宜堂东西厢房后罩房修补加固松动、歪闪吻兽，静宜堂东西厢耳房后坡、后罩房后坡重瓦檐口，配齐缺失、破损严重的勾头、滴水。府门、静宜堂左朵殿、补配勾头、滴水，局部重瓦檐口。其他建筑检查檐口，更换破损瓦件。静宜堂东西厢、厢耳房后坡、后罩房后坡局部屋面重新宦瓦，更换破损严重瓦件。其他建筑检修屋面，修补局部漏雨屋面瓦，所有建筑检查更换破损严重博风砖，清除后刷涂料。后罩房重新调脊，补配瓦件，其他建筑检修屋脊，更换破损瓦件。

三　一期方案施工设计及设计变更

公主府的方案设计因建筑残损大多存在共性，故没有对单体建筑分别叙述，而是以建筑各分部、分项作为描述单元，总体叙述残存状况及保护措施；维修方案批复后施工图设计阶段勘测条件相比方案设计阶段没多少改变，临建及后期添加大部分还没有拆除，通过现场进一步勘察，与管理单位协商讨论及对公主府相关资料的进一步搜集整理，完成施工图设计。

施工图设计与方案设计比较，主要变化为对每一座单体建筑分别叙述保护措施；对一些施工构造做法、构件做法、构件更换比例等做细化、量化设计，以便于工程造价控制；外装修做较大变更，寝殿、后罩房外装修隔扇芯屉变更，仪门前檐增加外装修，静宜堂左右朵殿后檐明间木装修改为金里后墙，静宜堂、寝殿后檐装修变更；东西正房（民国时期建筑）改为保留；寝殿耳房踏步位置改为次间；建筑雀替样式变更。

（一） 施工图

设计做法总体控制说明

1. 材料规定

压面石、踏步石等所用石材采用与现存石构件颜色、材质一致的雪花白。墙体剔补采用小停泥砖，尺寸同现存墙体砖，为29.5厘米×15厘米×7.5厘米。室内地面采用尺二方砖，廊步内采用30厘米×30厘米方砖，强度级别大于10级，色泽为青砖。装修用木材采用一等红松，梁架用木材采用落叶松，木材要求含水率小于15%。

2. 施工统一做法

（1）地面为细墁地面，垫层为三七灰土两步，2厘米厚1：3白灰砂浆打底，1：1油灰勾缝。石料加工禁用电锯切割，要求“三遍斧”，打细道做法，刷道为直刷，道子密度为1.5厘米。石料安装采用“打石山”找平、垫稳，灌浆采用生石灰浆，踏跺胆采用丁砖砌筑，灌足灰浆，踏跺基础为级配沙石地基和浆砌毛石基础。砖砌台明采取剔补严重酥裂砖。补做散水，样式为褥子面，2%泛水，垫层为三七灰土两步，2厘米厚1：3白灰砂浆打底，白灰勾缝。

（2）槛墙为干摆细砌做法。山墙墙体采取剔补酥碱碎裂严重砖，基础下沉墙体重做基础，拆砌处理。后檐墙改为金步砌筑，丝缝耕缝墙同山墙形式。

（3）装修均恢复为金里装修，明间为隔扇门装修，寝殿院落五个单体次梢间为槛墙、支摘窗装修，静宜堂院落次、梢间为槛窗装修。

（4）梁架以缺失、弯垂变形、歪闪、糟朽为主，加固脱榫、歪闪梁架采取大木归安，再以铁件加固。墙内柱仅表皮糟朽柱心完整，采用剔补加固，周圈剔补加铁箍一两道；严重糟朽不大于1/4柱高时，采用巴掌榫墩接，搭接长度大于40厘米，外加铁箍两道；严重糟朽大于1/4柱高时，更换柱子。补配缺失随梁和禀垫板、檩枋。

（5）椽望：更换望板同原样为横铺，厚为2.5厘米，一面刨光。连檐糟朽不严重，更换椽子拆卸连檐时注意不要造成施工破坏，连檐尽量保留使用。

（6）瓦顶：揭取瓦顶重瓦时先做护板灰2厘米厚，重量配比为白灰：青灰：麻刀=100：8：3，再做12厘米厚灰泥背，体积配比为白灰：黄土=1：3，再做2厘米青灰背，宽瓦灰泥采用重量配比为白灰：黄土=1：2的灰泥。补配瓦件采用灰瓦，吻饰样式参照现存吻兽。

3．单体建筑维修方式

（1）　后罩房

台基、地面：降低外地平，找出原土衬石，补配阶条石，保证前后檐阶条石宽度、厚度、材质一致。人工剔除台明后抹水泥砂浆，剔补加固酥碱深度大于3厘米及酥裂台明砖。补配前后檐垂带踏步。清理地面，重铺细墁方砖地面。补做散水，褥子面样式。

墙体：拆除改砌檐部后墙，金部恢复补砌后墙，上身丝缝耕缝墙，下碱为干摆砌筑。剔补下碱酥碱深度大于3厘米及酥裂墙砖。拆除改砌前檐部槛墙，金部恢复槛墙，干摆砌筑。

装修：恢复金部装修，明间为隔扇门，次间为槛墙支摘窗。每三间为一个单元恢复明间金部隔扇门装修。恢复后檐金部明间隔扇门装修。

梁架：检查、墩接部分糟朽墙内柱，剔补加固表皮糟朽檐柱。更换部分糟朽脊檩，补配缺失随梁、垫板、枋木。更换望板、连檐及部分前后檐椽、飞。

瓦顶：重做护板灰、泥背、青灰背。筒瓦屋面揭顶、重新找坡，重瓦屋面。重新调正脊、垂脊、铃铛排山脊。重瓦檐口勾头、滴水。

（2）寝殿

台基、地面：降低外地平，露出土衬石，重砌归位加固阶条石、陡板石。补配后檐垂带踏步，拆砌加固前檐垂带踏步。清理地面，重铺细墁方砖地面。补做散水，褥子面样式。

墙体：拆除改砌檐部后墙，恢复廊内后金墙，上身丝缝耕缝墙，下碱为干摆砌筑。拆除后砌前檐部槛墙，恢复金部槛墙，干摆砌筑。

装修：恢复前檐金部装修，明间为隔扇门，次、梢间为槛墙支摘窗；恢复后檐金部明间隔扇门、次间槛墙支摘窗装修。

梁架：检查、墩接部分糟朽墙内柱，剔补加固表皮糟朽檐柱；补配缺失垫板、枋木。

瓦顶：屋面查漏补缺；铃铛排山脊补配破损勾头、滴水；补配前后檐破损勾头、滴水。

（3）寝殿左耳房

台基、地面：降低外地平，露出土衬石，补配后檐阶条石，保证前后檐阶条石宽度、厚度、材质一致。人工剔除台明后抹水泥砂浆，剔补加固酥碱深度大于3厘米及酥裂台明砖。西次间重做踏步基础，复原前檐垂带踏步。清理地面，重铺细墁方砖地面。补做散水，褥子面样式。

墙体：重砌后檐墙，丝缝耕缝墙，下碱为干摆砌筑。剔补下碱酥碱深度大于3厘米及酥裂墙砖。拆除后砌前檐部槛墙，金部补砌槛墙，干摆砌筑。

装修：恢复金部装修，西次间为隔扇门，明间、东次间为槛墙支摘窗。

梁架：检查、墩接部分糟朽墙内柱。补配缺失随梁、垫板、枋木。更换望板、连檐及部分前后檐椽、飞。

瓦顶：揭顶重瓦屋面；重调铃铛排山箍头脊；重瓦檐头勾头、滴水。

（4）寝殿右耳房

台基、地面：降低外地平，露出土衬石，补配后檐阶条石，保证前后檐阶条石宽度、厚度、材质一致。人工剔除台明后抹水泥砂浆，剔补加固酥碱深度大于3厘米及酥裂台明砖；东次间重做踏步基础，复原前檐垂带踏步；清理地面，重铺细墁方砖地面；补做散水，褥子面样式。

墙体：重砌后檐封护墙，丝缝耕缝墙，下碱为干摆砌筑；加固山墙墙体基础，拆砌加固西山墙；拆除后砌前檐部槛墙，金部补砌槛墙，干摆砌筑。

装修：恢复前檐金部装修，东次间为隔扇门，明间、西次间为槛墙支摘窗。

梁架：检查、墩接部分糟朽墙内柱；补配缺失随梁、垫板、枋木；更换望板、连檐及部分前后檐椽。

瓦顶：揭顶重瓦屋面；重调铃铛排山箍头脊；重瓦檐头勾头、滴水。

（5）寝殿东厢房

台基、地面：降低外地平，露出土衬石，拆砌加固前、后檐阶条石，前檐陡板石部分拆砌归位；重做踏步基础，复原后檐垂带踏步，拆砌归安、加固前檐踏跺；清理水泥地面，重铺细墁方砖地面；补做散水，褥子面样式。

墙体：拆除后砌明间后金墙，清理打点次间后金墙下碱部分，剔除下碱墙外抹水泥砂浆；剔补山墙下碱酥碱深度大于3厘米及酥裂墙；拆除后砌前檐部槛墙，恢复金部槛墙，干摆砌筑。

装修：恢复前檐金部装修，明间为隔扇门，次间为槛墙支摘窗；恢复后檐明间金部隔扇门装修。

梁架：检查、墩接部分糟朽墙内柱，剔补加固表皮糟朽前檐柱；补配缺失随梁、垫板、枋木；更换前后檐部分望板、连檐瓦口。

瓦顶：检修前、后檐瓦面；检修正脊、后檐垂脊、铃铛排山脊；部分更换檐头勾头、滴水。

（6）寝殿东厢耳房

台基、地面：降低外地平，露出土衬石，拆砌归安前、后檐阶条石，前檐陡板石部分拆砌归位；重做踏步基础，拆砌、归安加固前檐垂带踏步；清理地面，重铺细墁方砖地面；补做散水，褥子面样式。

墙体：拆砌后檐墙，恢复丝缝耕缝墙下碱为干摆砌筑；剔补下碱酥碱深度大于3厘米及酥裂墙砖；拆除后砌前檐部槛墙，恢复金部槛墙，干摆砌筑。

装修：恢复前檐金部风门、支摘窗装修。

梁架：检查、墩接糟朽墙内柱，剔补加固表皮糟朽前檐柱；补配缺失垫板、枋木；更换前后檐部分望板、连檐瓦口。

瓦顶：检修前、后檐瓦面；检修正脊、后檐垂脊、铃铛排山脊；部分更换檐头勾头、滴水。

（7）寝殿西厢房

台基、地面：降低外地平，露出土衬石，拆砌加固前、后檐阶条石，前檐陡板石部分拆砌归位；重做踏步基础，复原后檐垂带踏步，拆砌归安、加固前檐踏跺；清理水泥地面，重铺细墁方砖地面；补做散水，褥子面样式。

墙体：拆除后砌明间后金墙，清理打点次间后金墙；剔补山墙下碱酥碱深度大于3厘米及酥裂墙砖；拆除后砌前檐部槛墙，恢复金部槛墙，干摆砌筑。

装修：恢复前檐金部装修，明间为隔扇门，次间为槛墙支摘窗；恢复后檐明间金部隔扇门装修。

梁架：检查、墩接部分糟朽墙内柱；更换部分糟朽檩，补配缺失随梁、垫板、枋木；更换北坡望板、部分后檐椽及前后檐连檐、瓦口。

瓦顶：重做西坡护板灰、泥背、青灰背；揭顶重瓦后（西）坡屋面，检修前檐瓦面；正脊、后檐垂脊、铃铛排山脊重新调脊；重瓦檐头勾头、滴水。

（8）寝殿西厢耳房

台基、地面：降低外地平，露出土衬石，拆砌加固前、后檐阶条石，前檐陡板石部分拆砌归位；补配前后檐垂带踏步；清理地面，重铺细墁方砖地面；补做散水，褥子面样式。

墙体：拆砌后檐墙，恢复丝缝耕缝墙下碱为干摆砌筑；剔补山墙下碱酥碱深度大于3厘米及酥裂墙砖；拆除后砌前檐部槛墙，金部补砌槛墙，干摆砌筑。

装修：恢复前檐金部风门、支摘窗装修。

梁架：检查、墩接部分糟朽墙内柱，剔补加固表皮糟朽前檐柱；补配缺失垫板、枋木；更换前后檐部分望板、连檐瓦口。

瓦顶：检修前、后檐瓦面；检修正脊、后檐垂脊、铃铛排山脊；部分更换檐头勾头、滴水。

（9）垂花门

台基、地面：降低外地平，露出土衬石，拆砌加固阶条石，陡板石部分拆砌归位；重做踏步、礓磋基础，拆砌归安、加固两侧踏跺，重做屏门前台阶，改为踏跺；检修方砖地面。

装修：重做前檐攒边门，恢复滚墩石，加大槛框尺寸；重做后檐屏门，增加鹅项、碰铁等铁件。

梁架：铁活加固梁架；更换望板、连檐及部分前后檐椽。

瓦顶：重做护板灰、泥背、青灰背；揭顶重瓦屋面；正脊、垂脊、铃铛排山脊重新调脊；重瓦檐头勾头、滴水。

（10）垂花门两侧看面墙

墙基、散水：降低外地平，露出原墙体基础，剔补基础酥碱深度大于3厘米及酥裂墙砖。拆除两侧看面墙与静宜堂山墙间加砌墙体；补做散水，褥子面样式。

墙体：清除下碱墙后抹水泥砂浆，剔补加固酥碱深度大于3厘米及酥裂墙；剔补下碱酥碱深度大于3厘米及酥裂墙砖。

出檐：修补冰盘檐、砖椽。

墙帽：恢复瓦顶墙帽，用皮条脊。

（11）日门、月门

墙基、散水：降低外地平，露出原墙体基础，剔补基础酥碱深度大于3厘米及酥裂墙砖。补做散水，褥子面样式。

墙体：清除下碱墙后抹水泥砂浆，剔补加固酥碱深度大于3厘米及酥裂墙砖；重砌墙体，恢复淌白缝子砌筑，仿丝缝做法。

出檐：重砌冰盘檐。

墙帽：恢复瓦顶墙帽，用皮条脊。

装修：恢复门枕石、板门装修。

（12）静宜堂

台基、丹陛桥、地面：降低外地平，露出土衬石，拆砌归安前、后檐阶条石，前、后檐陡板石部分拆砌归位；重做前檐垂带踏步、丹陛桥两侧抄手踏步基础，拆砌、归安加固垂带踏步；清理地面，重铺细墁方砖地面；补做散水，褥子面样式。

墙体：拆除改砌后檐墙，恢复梢间廊内后金墙，上身丝缝耕缝墙下碱为干摆砌筑，清理山墙下碱墙后抹灰，恢复干摆下碱墙；拆除后砌前檐部槛墙，前檐次、梢间及后檐次间金部补砌槛墙，干摆砌筑。

装修：恢复前檐金部装修，明间为隔扇门，次梢间为槛窗；恢复后檐明间金部隔扇门，次间槛窗装修。

梁架：检查、墩接部分糟朽墙内柱，剔补加固表皮糟朽前后檐柱；铁件加固梁架，补配缺失垫枋；更换前后檐连檐、瓦口。

瓦顶：检修屋面，更换破损瓦件；检修正脊、垂脊、铃铛排山脊；重瓦檐头勾头、滴水。

（13）静宜堂左朵殿

台基、地面：降低外地平，露出土衬石，补配后檐阶条石，保证前后檐阶条石宽度、厚度、材质一致。拆砌归安前檐阶条石，前檐陡板石部分拆砌归位；重做踏步基础，补配前、后檐明间垂带踏步；清理地面，重铺细墁方砖地面；补做散水，褥子面样式。

墙体：拆除后砌檐部墙，次间金部补砌檐墙，丝缝耕缝墙下碱为干摆砌筑清理山墙下碱墙后抹灰，恢复干摆下碱墙；拆除后砌前檐部槛墙，金部补砌槛墙，干摆砌筑。

装修：恢复前檐金部装修，明间为隔扇门，次间为槛窗；恢复后檐明间金部过门装修。

梁架：检查、墩接部分糟朽墙内柱，剔补加固表皮糟朽前后檐柱；铁件加固梁架，补配缺失垫枋；更换前后檐连檐、瓦口。

瓦顶：检修屋面，更换破损瓦件；检修正脊、垂脊、铃铛排山脊；重瓦檐头勾头、滴水。

（14）静宜堂右朵殿

台基、地面：降低外地平，露出土衬石，补配后檐阶条石，保证前后檐阶条石宽度、厚度、材质一致。拆砌归安前檐阶条石，前檐陡板石部分拆砌归位；重做踏步基础，补配前、后檐明间垂带踏步；清理地面，重铺细墁方砖地面；补做散水，褥子面样式。

墙体：拆除后砌檐部墙，次间金部补砌槛墙，丝缝耕缝墙，下碱为干摆砌筑；清理山墙下碱墙后抹灰，恢复干摆下碱墙；拆除后砌前檐部槛墙，金部补砌槛墙，干摆砌筑。

装修：恢复前檐金部装修，明间为隔扇门，次间为槛窗；恢复后檐明间金部过门装修。

梁架：检查、墩接部分糟朽墙内柱，剔补加固表皮糟朽前后檐柱；铁件加固梁架，补配缺失垫枋；更换前后檐连檐、瓦口。

瓦顶：检修屋面，更换破损瓦件；检修正脊、垂脊、铃铛排山脊；重瓦檐头勾头、滴水。

（15）静宜堂东厢房

台基、地面：降低外地平，露出土衬石，拆砌归安前、后檐阶条石，前檐陡板石部分拆砌归位。剔补加固后檐酥碱深度大于3厘米及酥裂台明砖；重做前后檐踏步基础，拆砌、归安加固前檐垂带踏步，恢复后檐踏步；清理地面，重铺细墁方砖地面；补做散水，褥子面样式。

墙体：拆除后砌金部明间后金墙，清理次间下碱墙抹灰，恢复干摆砌筑风格；清理山墙下碱墙后抹灰，恢复干摆下碱墙；除后砌前檐部槛墙，前檐次间金部补砌槛墙，干摆砌筑。

装修：恢复前檐金部装修，明间为隔扇门，次间为槛窗；恢复后檐明间金部隔扇门。

梁架：检查、墩接部分糟朽墙内柱，剔补加固表皮糟朽前后檐；铁件加固梁架，补配缺失垫枋；更换前后檐连檐、瓦口。

瓦顶：重做东坡护板灰、泥背、青灰背；揭顶、重新找坡，重瓦东坡屋面，检修西坡屋面；重新调正脊、东坡垂脊、东坡铃铛排山脊；重瓦檐头勾头、滴水。

（16）静宜堂东厢耳房

台基、地面：降低外地平，露出土衬石，拆砌归安前、后檐阶条石，前檐陡板石部分拆砌归位。剔补加固后檐酥碱深度大于3厘米及酥裂台明砖；重做前檐踏步基础，拆砌、归安加固前檐垂带踏步；清理地面，重铺细墁方砖地面；补做散水，褥子面样式。

墙体：拆砌后檐墙，恢复丝缝耕缝墙下碱为干摆砌筑；剔补山墙下碱酥碱深度大于3厘米及酥裂墙砖；拆除后砌前檐部槛墙，金部补砌槛墙，干摆砌筑。

装修：恢复前檐金部风门、支摘窗装修。

梁架：检查、墩接部分糟朽墙内柱，剔补加固表皮糟朽前檐柱；铁件加固梁架，补配缺失垫枋；更换望板、部分前后檐椽及前后檐连檐、瓦口。

瓦顶：重做护板灰、泥背、青灰背；揭顶、重新找坡，重瓦屋面；重调垂脊、铃铛排山脊；重瓦檐头勾头、滴水。

（17）静宜堂西厢房

台基、地面：降低外地平，露出土衬石，拆砌归安前、后檐阶条石，前檐陡板石部分拆砌归位。剔补加固后檐酥碱深度大于3厘米及酥裂台明砖；拆砌、归安加固前檐垂带踏步；清理地面，重铺细墁方砖地面；补做散水，褥子面样式。

墙体：拆砌明间后金墙，清理次间下碱墙抹灰，恢复干摆砌筑风格；清理山墙下碱墙后抹灰，恢复干摆下碱墙；拆除后砌前檐部槛墙，前檐次间金部补砌槛墙，干摆砌筑。

装修：恢复前檐金部装修，明间为隔扇门，次间为槛窗。

梁架：检查、墩接部分糟朽墙内柱，剔补加固表皮糟朽前后檐柱；铁件加固梁架，补配缺失垫枋；更换前后檐连檐、瓦口。

瓦顶：重做西坡护板灰、泥背、青灰背；揭顶、重新找坡，重瓦西坡屋面，检修东坡屋面；重新调正脊、西坡垂脊、西坡铃铛排山脊；重瓦檐头勾头、滴水。

（18）静宜堂西厢耳房

台基、地面：降低外地平，露出土衬石，拆砌归安前、后檐阶条石，前檐陡板石部分拆砌归位。剔补加固后檐酥碱深度大于3厘米及酥裂台明砖；重做前檐踏步基础，拆砌、归安加固前檐垂带踏步；清理地面，重铺细墁方砖地面；补做散水，褥子面样式。

墙体：拆砌后檐墙，恢复丝缝耕缝墙下碱为干摆砌筑；剔补山墙下碱酥碱深度大于3厘米及酥裂墙砖；拆除后砌前檐部槛墙，金部补砌槛墙，干摆砌筑。

装修：恢复前檐金部风门、支摘窗装修。

梁架：检查、墩接部分糟朽墙内柱，剔补加固表皮糟朽前檐柱；铁件加固梁架，补配缺失垫枋；更换望板、部分前后檐椽及前后檐连檐、瓦口。

瓦顶：重做护板灰、泥背、青灰背；揭顶、重新找坡，重瓦屋面；重调垂脊、铃铛排山脊。

（19） 仪门

台基：降低外地平，露出土衬石，重砌归位加固阶条石、陡板石；重做前后檐礓礤基础，重做前檐台阶，改为踏跺。拆砌加固后檐礓礤石、垂带；清理地面，重铺细墁方砖地面；补做散水，褥子面样式。

墙体：清理后檐墙体抹灰，恢复原墙体丝缝耕缝砌筑，下碱干摆墙做法；清理山墙墙体抹灰，恢复廊心墙小脊子、线枋子、方砖心形制。

装修：拆除前檐后期维修添加不合规矩装修，考虑到展示管理需要，前檐明间作隔扇门装修，次间重做槛窗装修；重做后檐金部明间实榻门，恢复门鼓石，门钉为纵七横六，实榻门为穿明带做法。

梁架：检查、墩接部分糟朽墙内柱。前后檐柱补配雀替；铁件加固脊瓜柱与三架梁及柁墩与四架梁；更换前后檐连檐、瓦口。

瓦顶：检修筒瓦屋面；检修正脊、垂脊、铃铛排山脊；重瓦檐头勾头、滴水。

（20）府门

台基、地面：降低外地平，露出土衬石，重砌归位加固阶条石、陡板石；重做踏步、礓礤基础，重做前檐台阶，改为中间做御路石，两侧做踏跺。重做后檐礓礤石、垂带；检修细墁方砖地面；补做散水，褥子面样式。

墙体：清理后檐墙体抹灰，恢复原墙体丝缝耕缝砌筑，下碱为干摆墙；清理山墙墙体抹灰，恢复廊心墙小脊子、线枋子、方砖心形制。

装修：重做后檐明间实榻门装修，恢复门鼓石，门钉为纵七横六，实榻门为穿明带做法。

梁架：检查、墩接部分糟朽墙内柱。前后檐柱补配雀替；铁件加固脊瓜柱与三架梁及柁墩与四架梁；更换前后檐部望板、连檐、瓦口。

瓦顶：重瓦筒瓦屋面；重调正脊、垂脊、铃铛排山脊；重瓦檐头勾头、滴水。

4．其他补充说明

（1）建筑梁架状况均以揭开瓦顶、吊顶后情况为准，据实做加固、更换、补充构件处理。如有重要发现和需做特别变更须按程序上报主管部门。

（2）墙体以清理室内抹灰后状况为准，再确定加固做法及墙内柱处理方式。

（二）设计变更

公主府修缮过程中，随着施工的进行，设计单位做了不定期的设计服务。因前期勘察无法观察到内里导致判断结果不准确，所以施工阶段的设计服务非常重要。在后期改制的墙体、装修拆除后，经过补充勘察，根据历史信息和实物现状施工、监理、管理使用单位三方讨论，并及时告知设计方，做了寝殿左右耳房明间东西一缝四架梁由加固改为更换；后罩房明柱、暗柱墩接数量增加；后罩房屋面木基层更换数量大幅增加；静宜堂左右朵殿后檐明间木装修变更为后金墙体及去掉后檐踏步；府门门鼓石样式变更；静宜堂前檐踏跺更换等设计变更。

公主府施工过程中的文物信息交流原则一直贯穿始终。施工、管理、设计、监理四方的及时沟通，交流信息，使公主府拆除清理、维修阶段的详细情况，施工过程中的新发现都能被设计单位及时掌握，设计的微调、变更一直贯穿于施工全过程，使公主府设计一步步臻于完善。

四　二期维修方案

（一）维修原则

第一，院落排水、院落整治按制度基本恢复原公主府历史风貌。院落排水除恢复地表排水外增设管网系统，采用管道排水与自然排水结合处理。

第二，内装修为防止大木结构趋势性变形，为合理的文物利用展示创造条件，按制度部分复原。

第三，为防止木结构木质干裂、糟朽，阻止外界空气和水分的侵蚀，对木构架作防腐、防碳化处理，油饰彩画按制度全面恢复，保护大木构架，完整展示公主府历史风貌。

（二）维修指导思想

按制度恢复公主府原历史风貌，控制公主府趋势性破坏，为公主府合理展示、利用提供有效载体。

（三）设计方案

1．院落排水

（1）考虑到公主府现院落地平低于周围地平近80厘米，已不具备自然排水条件，设计采取管道排水为主，结合院落小范围自然排水的方案。院落内按地势、位置设雨水收集口，通过连接管接院落雨水管，外接入市政管网。由于民国时期建筑正处于西线主管道线路中间，主管道采取拐弯处理，接头部位加检查井。

（2）雨水口为铸铁平箅式单箅雨水口，连接管直径为20厘米，坡度为2%，雨水管直径为40厘米，坡度为5%，院内检查井为直径70厘米直筒式排水检查井，院外为直径100厘米收口式排水检查井。

（3）管道为PVC－U圆管，管道基础为C15混凝土基础。

2．院落整治

（1）围墙

后罩房北侧、西侧围墙为20世纪80年代添加，无修缮加固必要，方案设计为拆除，从公主府管理考虑，重新砌筑院落西墙、北墙，长度为175米，样式参照府门两侧原公主府院落南墙，红砖背里，下碱为丝缝墙面，墙身抹灰，刷掺铁红灰浆，红砖条形基础，三七灰土垫层一步，基础埋深84厘米。

（2）甬路、地面

降低院落地平至原地平，使建筑台基完全外露，恢复院落甬路、墁砖地面。仪门、静宜堂、寝殿、后罩房四组院落铺墁地面砖，三七灰土垫层一步，条砖坐浆错缝铺墁；甬路宽度按现存甬路宽度355厘米，两侧为12厘米宽条石路牙子，甬路纵向为九列条石，坐浆错缝铺墁，三七灰土垫层两步。

（3）绿化

寝殿院落甬路两侧适当种植灌木、花草，静宜堂院落不做绿化，保留静宜堂作为公主议事、处理政务的静宜堂历史风貌。

3．内装修复原

（1）依据建筑原内装修卯口尺寸，按照制度复原寝殿、静宜堂、后罩房、寝殿、静宜堂厢房内装修，增加梁架稳定性，控制梁架变形。

（2）内装修按照清代王府建筑内装修传统样式，复原寝殿明次间、次梢间，静宜堂次梢间，寝殿、静宜堂东西厢房明次间内装修隔断，后罩房以三间为一单元，复原每一单元内明次间内装修隔断，静宜堂明间后檐中金步复原屏门。

（3）寝殿明、次间隔断为无迎风板栏杆花罩，横披为灯笼锦芯屉；次、梢间为碧纱橱，灯笼锦芯屉，加帘架。

静宜堂次、梢间隔断为栏杆花罩，明间屏门为固定隔扇门。

后罩房隔断为八方罩，冰裂纹芯屉。

寝殿、静宜堂厢房明、次间隔断为落地花罩，加须弥座，万字芯屉。

（4）内装修用材为一等红松。

4．木结构封护

（1）外檐木构防腐、防碳化

从铲除地仗层后露出的木构件状况看，局部表面发黑，木材中有机酸、酯、木质素等氧化、分解反应导致碳化明显。方案设计对外檐大木构架进行清理，剔除构件表面污迹。清除污迹以物理手段为主，必要时用少量有机溶剂如乙醇、丙酮等，加快污物溶解，但必须试验，确定效果后再使用。

木材防腐剂使用CCA，化学成分为铬化砷酸铜，水溶性复合防腐剂，延长木材使用寿命10倍以上。

封护木构件使用3%的Paraloid B-72丙酮溶液，丙烯酸类二元共聚物，易溶于丙酮、甲苯和二甲苯等有机溶剂，涂刷在构件表面形成的膜无光泽和眩光现象。

防腐、防碳化加固处理采用涂刷方式，涂刷三遍，涂刷一遍后应等待木材防腐剂基本干燥后，再涂刷第二遍。

（2）油饰彩画

公主府作为清早中期王府建筑，始建时彩画样式无准确的历史记载，此次方案参考北京顺承郡王府、和敬公主府、克勤郡王府等王府彩画式样，确定按清式旋子彩画复原，按等级制度分别为金线大点金龙锦枋心、墨线大点金夔龙西番莲枋心、墨线小点金夔龙花卉枋心、雅五墨一字枋心彩画。

地仗：连檐瓦口椽头为四道灰，椽望、外装修、内装修为三道灰，上下架大木、博风板为一麻五灰。

油漆：连檐瓦口刷朱红漆油漆，椽望刷红帮绿底双色油漆，下架大木刷铁红油漆。

建筑内外装修油饰、彩画样式：后罩房外装修槛框刷铁红色，芯屉绿色油漆。内装修为栗色仿硬木油漆。檐部、金部彩绘为墨线小点金夔龙花卉枋心。寝殿外装修槛框铁红色，芯屉绿色油漆。内装修为栗色仿硬木油漆。檐部、金部彩绘为金线大点金龙锦枋心。寝殿耳房外装修槛框刷铁红色，芯屉绿色油漆。内装修为栗色仿硬木油漆。檐部、金部彩绘为墨线小点金夔龙花卉枋心。寝殿厢房外装修槛框铁红色，芯屉绿色油漆。内装修为栗色仿硬木油漆。檐部、金部彩绘为墨线小点金夔龙花卉枋心。寝殿厢耳房外装修槛框铁红色，心屉绿色油漆。檐部、金部彩绘为雅五墨一字枋心。垂花门内、外装修均为铁红色油漆。檐部、金部彩绘为墨线大点金夔龙西番莲。

静宜堂内、外装修均为铁红色油漆。檐部、金部彩绘为金线大点金龙锦枋心。静宜堂朵殿内、外装修均为铁红色油漆。檐部、金部彩绘为墨线小点金夔龙花卉枋心。静宜堂厢房内、外装修均为铁红色油漆。檐部、金部彩绘为墨线小点金夔龙花卉枋心。静宜堂厢耳房外装修为铁红色油漆。檐部、金部彩绘为雅五墨一字枋心。

仪门外装修均为铁红色油漆，檐部、金部、脊部彩绘为墨线大点金夔龙西番莲。府门外装修均为铁红色油漆，檐部、金部、脊部彩绘为墨线大点金夔龙西番莲。

材料要求。油饰全部使用颜料光油，禁止用调和漆、醇酸磁漆等现代油漆替代。彩画使用颜料均为矿物颜料，绿色必须为进口巴黎绿，不可用国产沙绿替代。

彩画小样说明：府门、仪门、静宜堂、垂花门、寝殿檐椽头为金虎眼，退三道晕，飞椽头金万字。厢房、朵殿、耳房、厢耳房、后罩房檐椽头为黑虎眼，退三道晕，飞椽头黑万字。

静宜堂、寝殿为金线大点金龙锦枋心旋子彩画。彩画各纹饰线路均退晕色，然后拉大粉行小粉，枋心线、皮条线内外套晕，其他纹饰内套晕，行小粉。

府门、仪门、垂花门为墨线大点金夔龙西番莲枋心旋子彩画。彩画各纹饰线路不退晕色，皆为墨线，边线一侧描白色粉线，旋眼、菱角地、栀花心、枋心内夔龙、西番莲纹沥粉贴金，盒子绘夔龙、西番莲纹。

静宜堂厢房、朵殿、寝殿厢房、耳房、后罩房为墨线小点金夔龙花卉枋心旋子彩画。彩画各纹饰线路不退晕色，皆为墨线，边线一侧描白色粉线，贴金仅限于旋眼、栀花心，盒子为死盒子。

静宜堂、寝殿厢耳房为雅五墨一字枋心旋子彩画。纹饰同小点金，区别为均不贴金。

五 二期方案细化设计

文物修缮设计以往着重于建筑本体结构加固设计，对内装修、彩画油饰未做过修缮方案设计，公主府内装修、彩画设计是第一次尝试针对内装修、彩绘做的专项复原设计。

方案审批后，管理单位呼和浩特博物馆与设计单位河北省古代建筑保护研究所又做了大量调研工作，在调查内蒙古锡林浩特贝子庙、多伦汇宗寺、北京故宫、和敬公主府等建筑基础上，咨询故宫博物院专家王仲杰及中国文化遗产研究院专家，做了较大设计变更，主要在内装修样式及数量进行了较大调整。彩绘样式细化设计由王仲杰指导完成。

（一）内装修方案细化设计

1．后罩房内装修

考虑到后罩房管理使用要求，舍弃后罩房八方罩内装修，保留后罩房室内通畅空间。

2．静宜堂内装修

参照其他王府大堂规制，保留大堂作为议事、接见官员办公场所的特征，在依据不充分的情况下，暂不复原内装修。

3．寝殿内装修

寝殿明次间内装修改为碧纱橱，用十组隔扇，灯笼框芯屉，加帘架。东次梢间内装修为中间用落地花罩，两侧为镶板；东梢间后部增加炕罩，灯笼锦芯屉，前部窗下设条炕。西次梢间以板壁隔断前部设门。

4．寝殿厢房内装修

寝殿两厢房南缝内装修为中间用八方罩，两侧为碧纱橱，用两组隔扇，灯笼锦芯屉。北缝梁架下内装修为碧纱橱，用八扇隔扇，灯笼锦芯屉，加帘架。

5．静宜堂厢房内装修

静宜堂厢房内装修为落地罩，两侧各用一组隔扇，灯笼锦芯屉。

6．内装修用材

为防止装修变形，内装修用木材改用老料，寝殿用金丝楠木，寝殿厢房和静宜堂厢房用一等红松，仿楠木效果。

（二） 油饰彩画方案细化设计

1．彩画等级类型

公主府的主体建筑静宜堂、寝殿定为金凤锦纹枋心活盒子墨线大点金彩画，静宜堂内檐海墁顶棚以下梁枋施花锦枋心雅五墨彩画。朵殿定为栀花盒子凤锦枋心墨线大点金彩画，垂花门定为墨线枋心苏画，府门、仪门定为龙锦枋心夔龙西番莲枋心墨线大点金彩画。后期添加的两组民国建筑东西正房定为掐箍头做法，以区别于原有清代建筑。

除府门、仪门、垂花门、静宜堂四座建筑为内外檐重做彩画外，其余所有建筑皆是外檐及廊间重做彩画，室内一律不绘彩画。

2．彩画特征

（1）府门内外檐彩画均以檩枋长度分三停绘制；仪门以檩枋箍头内侧线距离分三停，其余各单体建筑均以檩枋箍头外线长度分三停；以示其时代特征。

（2）旋子中喜相逢头路瓣开头处做清早期彩画常见的如意状，旋花二路瓣均绘叠压式，旋眼内下部绘圆形或椭圆形。

（3）枋心端头线为近似花瓣形线，岔口线、皮条中线均随枋心头框架线形状绘制，活盒子的框架线为每边三段外弧内扣四边线，形成近似对角放置的正方形框。

（4）宋锦枋心中间的白菊花八个花瓣，稍加扩大菊花外圈蛤蟆骨朵八个黑点，其他色带、花心、轱辘心均照常规不变。龙、凤、夔龙、夔凤均仿内蒙古地方同时代建筑的风格特点（按汇宗寺现状绘制）。

（5）墨线大点金彩画的各单体建筑的雀替做金边攒退，墨线小点金彩画的雀替为金边纠粉做法。

（6）大小点金彩画的建筑飞头为片金万字，檐头为龙眼宝珠，施雅五墨彩画的建筑飞头为黄万字，椽头为青绿相间烟琢墨栀花，后罩房飞头为片金万字，椽头青绿相间金心烟琢墨栀花做法，民国添建建筑飞头黄万字，椽头黄边红寿字。

3．油饰特征

（1）各单体建筑的连檐、瓦口一律刷两道朱红色颜料光油，罩光油一道。

（2）望板为土红色，椽飞红帮绿底做法，比例为：檐椽留两根椽径，绿肚为椽周长的五分之二，飞椽留根半椽径，绿肚为飞高的二分之一。

（3）下架均刷饰二道二朱色颜料光油，罩光油一道。垂花门柱二道绿色颜料光油，罩光油一道。第三、四进院支摘窗芯屉、横披窗的窗棂二道绿色颜料光油，罩光油一道。府门、垂花门为二朱红，其他板门为土红色。府门、仪门、静宜堂内檐下架刷饰二朱红，内檐上身墙刷包金土拉大边。

（4）饰大、小点金彩画的各单体建筑的装修框线、云盘线、绦环线及菱花钉扣均贴金，府门门簪头青地金边雕花贴金；饰雅五墨掐箍头彩画建筑上述线纹刷黄色。

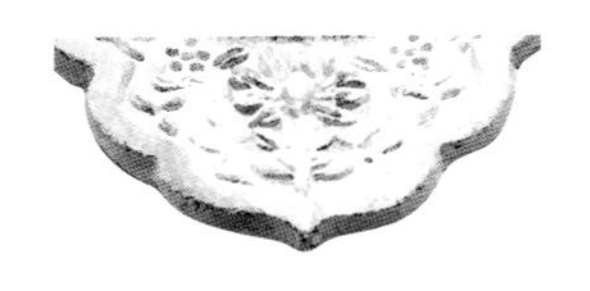

拾　公主府修缮保护工程竣工报告

一　工程概述

公主府保护维修工程，从2005年7月开始至2007年10月，文物建筑本体维修加固一期工程基本完成。主要对垂花门以北各单体建筑进行了木构架、木基层构件替换、加固、补配；屋面瓦作检修、整修部分重瓦；脊饰整治、重砌；墙体剔补、软活修补、拆砌、重砌；台明修补、重砌；石作构件补配、归安；室内地面拆除重墁；散水铺墁等项目。2008年3月下旬开始，进行二期维修工程。修缮垂花门以南各单体建筑，包括外檐装修、府第院落大小各种门的制安，油饰彩画修复、内装修恢复，甬路和室外地面铺墁，院落排水、围墙整治及由专业施工队伍实施三防工程等， 至2009年7月20日维修工程全面竣工。

二　项目特征

本次修缮工程，是公主府建成三百年来的第一次大修。预估原状实物信息保存丰富，须按施工程序有步骤地对其建筑材料、工程做法、工艺特点、病状原因等进行考查、记录、分析研究，根据遗存信息实物构件确定维修项目和工程技术措施。施工组织设计并未搞全面开花，突击施工，采取由里向外推进的审慎做法。后罩房和寝殿左右耳房是木、瓦、石作存在问题较多的三个典型单体，此次修缮以后罩房维修工程为试验体先行实施，来取先了解实况积累经验，再分段向前推进，施行先附属后主体的施工模式。

勘察测绘时，公主府作为博物馆陈列馆舍仍在正常使用，因此，建筑残损状况未能充分调查。设计时的残破评估与现场实况难免有一些出入，在施工进程中未预料到的事例经常出现。业主单位、设计单位、监理单位和施工单位发现问题后及时沟通会商，尽快做出设计调整、补充、变更的决定。因此，对预定的计划进度、工期造价产生一些影响，但经验丰富的专业施工单位清楚，文物古建筑的修缮设计不可能事先一次性完成，这是文物建筑保护维修必然会有的特殊性。因此，调整部署从容应对，维修施工仍科学、合理、按程序进行。

施工维修中的某些项目具有探索性，考虑到文物建筑的安全、稳定和今后的管理使用功能，经上级主管部门批准，以传统做法及其时代特征修复了地仗油饰和彩画部分、恢复内装修和软硬内隔断等，这是内蒙古自治区文物建筑修缮的一次有益探索和实践。

公主府地处蒙古高原，有效施工期短，苫背宼瓦、墙体砌筑、油饰彩画等工作都受天气制约。因此，施工组织设计的安排为冬春两季备料，做木工活，异地加工石料，4～10月为施工季节，故施工年限相对延长。

三　项目实施

（一）修缮施工技术措施

公主府作为官式建筑，大木梁架用材规整，制安规范。因此，历经三百年绝大部分建筑大木构架，仍然处于安全、稳定的状态。只有少数几个单体建筑，多半因人为扰动使柱网有些许不均匀沉降，梁架微倾，从而导致某些构件的病害和趋势性损伤，进而引发局部和整体的危险性和破坏性。

鉴于公主府是组群建筑，木、瓦、石作受损程度各不相同，须根据不同情况采取针对性的工程技术措施，既要祛病除害，又要尽可能多地保存原状，使其文物价值得以有效延续。

1．木作构件的墩接、替换、补配

（1）柱网支顶墩接

由于院落地平提高，台明不同程度地被掩埋，山墙通风孔被遮挡或堵塞导致柱根受潮糟朽。经全面检查发现靠北部和西侧的柱根糟朽现象情况较严重，掩埋较深的后罩房墩接11根柱，剔凿包镶1根，寝殿右耳房西山墙和静宜堂右朵殿西山墙墩接7根柱，零星地对其他单体建筑的柱子进行墩接。

具体做法均按《中国古建筑修缮技术》所推荐的阴阳巴掌榫做法进行技术操作，墩接高度、搭接榫长均掌握在规范范围。为加强侧向的稳定性，榫端增加了燕尾榫卯，并在上下端头接合部位嵌入两道铁箍。

除此之外，还有一个值得说明的情况是，公主府外围没有封闭管理，在府门外未设下夜房前，顽童曾将府门东山墙排山中柱外的通风孔，当做灶口点火燃柴，使中柱燃烧至山墙双步梁下40厘米处。随后进行应急处置，在外侧包砌干摆下碱、腰线石和丝缝上身墙内，以没有可逆性的混凝土方形柱浇筑墩接后内侧抹面。因墩接

部位很高，如若拆除剔凿按传统做法更换处置，将要牵扯整个山墙和局部屋面的原始木、瓦、石作，为控制工程干预度此次维修未作变动，只根据方案要求做内侧抹灰面分别下碱、上身重新处理。

（2）替换大木构件

寝殿左右耳房各三间，明间东西一缝四根四架梁，不知什么原因，此处一改公主府其他建筑采用的比例模数，截面尺寸缩小为28厘米×28厘米。梁高跨比远大于常规比例，其上顶瓜柱下又没有连二角背等多种不合理因素综合造成四架梁严重挠曲下弯。这一先天性的缺憾导致屋面下陷、山墙外闪开裂。

为慎重起见，业主单位特意邀请了国家文物局专家组有关成员与设计、监理和施工单位技术人员现场进行考察，做出局部落架修缮的意见。卸荷落架四架梁以上部分的大木构件，编号码放待用，更换四架梁，并在顶瓜柱下补配规范的连二角背。公主府原作大木构件一律采用当地油松，现在市场上没有这个材种，故以东北一等落叶松代替，按公主府其他建筑采用的常规模数和原工艺制作安装四架梁。对其上各步构件归位重安加固。除大部连檐、瓦口、望板不能复用外，其他木基层构件基本上都得以回用。

被替换下来的四根四架梁，除当做标本留一节斜纹梁头入库外，其余作为原建材料用于墩接暗柱等。

（3）补配梁架构件

据文字资料记载，抗日战争后的1946年，在民国年间最后一次整治中，除公主府中轴线府门、仪门、静宜堂、垂花门、寝殿五座建筑外，后罩房和拱卫两侧的计十三个单体建筑四十三间房的全部随梁截取，金、脊檩的垫板和随檩枋改作他用。失去拉结性构件的这些建筑稳定性大受影响，加之将廊内老檐部的装修改为檐部，有的单体建筑开始出现整体性倾斜。如体量大又在上风头的后罩房十五间已整体向南倾斜2厘米左右。如若不尽快遏制这一趋势性病害，久而久之将会产生更加严重的后果。

为恢复古建筑整体的拉结关系，在此次维修中，上述大量缺失的近三百件大木梁架构件，均按原有槽口、卯口的高低、深浅、宽窄和乍溜的实际尺寸及原作工艺一一补配制作安装。再对室内硬隔断和外檐装修的回位，制止了倾斜的趋势。

（4）补配木基层构件

20世纪90年代初期，公主府曾对“文化大革命”中遭到严重破坏的吻兽、檐口附件和屋面瓦作等予以补配，并进行抢救性维修，但对部分糟朽严重的木基层构件，飞檐椽、檐椽、椽碗、闸挡板、连檐、瓦口和望板未予处理。檐口瓦件低头处，以在糟朽的连檐瓦口上衬垫瓦片的方法处理，不久后罩房等部分建筑的屋檐出现起伏状，屋面也重现多处漏雨。

后罩房是木基层构件出现问题最多的一个单体建筑。屋面揭瓦后发现，后坡苫背几乎处于全面松酥状态，而前坡80%面积的苫背，分层板结状况依然很好。为减少工程干预量，更多地保存历史的真实性和文物价值的有效延续性，为此，保留了前坡苫背的完好部分，只铲除损坏部分和后坡苫背。后坡松酥苫背下的望板腐朽殆尽，揭不下一块可回用的望板。檐头构件椽飞、连檐、瓦口等糟朽情况也非常严重。后坡飞椽椽尾腐烂近半，半数檐椽中后部糟朽有1～2厘米深，部分花架椽也有腐朽情况，椽碗、闸挡板、瓦口、大连檐尽数不能复用。前檐木基层构件部分相对损坏较少。寝殿左右耳房及其他建筑也有这种情况，但损坏程度各不相同。轻微者只涉及局部或个别构件。

维修中根据构件损坏程度仔细端量，能够保留或重复利用的老构件，均未轻易扰动或废弃。须替换的构件一律按原建筑的实际尺寸、工艺补配制安。因部分檐头略有下沉，为照顾出水坡度的舒缓自然，修补、替换大连檐时在规范允许情况下稍有加高。

2．屋面瓦作检修、整修与重瓦

公主府屋面瓦作，虽在20世纪90年代初进行过一次抢救性维修，但毕竟是权宜处理，做法不当，保存状况不能再持续。尤其后罩房、寝殿左右耳房、四个东西厢耳房和府门等的屋面或变形下陷、瓦件移位或材质低劣、残损漏雨或型号杂乱、瓦垄不匀，情况比较严重。此外，多数建筑普遍存在檐部不均匀轻微下沉渗水，屋面瓦件程度不同的残破，抢救维修补配的勾头、滴水、吻兽残损腐蚀风化，夹垄所用材料工艺不当，瓦垄出水不畅，夹垄灰龟裂脱落等状况。补配瓦件整治檐头和疏垄修补促节夹垄是本次屋面检修、整修的任务。

根据不改变文物原状的原则和形制、结构、材质、工艺四保持的做法，此次维修中补充的瓦件种类、规格，勾头、滴水，全部以采自公主府具有早期构件特征的实物为样板定做产品。如勾头、滴水的纹饰，均以原作削割瓦勾头、滴水实物为定做样板。

（1）屋面检修、整修

在屋面检修过程中，普查清除残缺开裂、型号悬殊的瓦件和龟裂张口、类八字形夹垄灰，整治檐口附件，清理屋面，补瓦，相应瓦件按规范重新捉节夹垄。对于屋面瓦作问题较多，瓦件残损量较大的寝殿、静宜堂和静宜堂东厢房等屋面进行整修。清除寝殿后坡的陈年苔藓和阻塞瓦垄的杂物，清除静宜堂后坡丛生杂草和碎砖瓦块，全面疏垄清扫，检查剔除残缺开裂、型号悬殊瓦件和龟裂张口、八字形水泥修补夹垄灰，用定做的相同规格的筒瓦、板瓦，补宽底瓦约10%，补宽盖瓦约30%，以传统材料传统工艺按规范重新捉节夹垄。

对下沉渗水的檐部屋面一律局部揭瓦，铲除松酥苫背，在更换糟朽的连檐、瓦口和望板的基础上，加施一层护板灰再按原作法分层顺槎做苫背，重新宽瓦置安檐口附件，并捉节夹垄。

20世纪90年代初，在抢救性维修时补配的筒瓦、板瓦、勾头、滴水和正吻、望兽、垂脊兽、小走兽，质量比较差，仅仅十年风化腐蚀非常明显。小走兽的外观都已无法分辨，尤其是勾头、滴水由于腐蚀风化加之冻融作用，纹饰面上都出现了直径1～2厘米的孔洞。这些质地深灰色，在干燥情况下异常坚硬、颗粒细密的瓦件显然未使用传统材料黏土，推断质地是铝矾土。鉴于实物现状，本次维修将这一批筒瓦、板瓦、勾头、滴水等全部剔除，换做定制的黏土材质瓦件。

对于大多数单体建筑的正脊和垂脊保持原状，残损缺失部位酌情修补。

（2）屋面揭瓦重宽

此次维修中，公主府体量大小不等，有八个单体建筑需进行屋面揭瓦重宽。其原因各不相同。后罩房是因屋面长期漏雨木基层严重腐朽所致，须揭瓦卸荷替换大量木基层构件。寝殿左右耳房是因更换严重挠曲下弯的四架梁，其上部分需局部落架。府门屋面揭瓦重宽是因瓦件型号纷杂，瓦垄宽窄不一，夹垄灰多成八字状且多有瓦件开裂松动。20世纪90年代抢救性维修时补配的深灰色勾头、滴水因冻融、腐蚀、风化出现孔洞。二、三进院四座东西厢耳房揭瓦重宽是因过垄脊罗锅瓦、折腰瓦不复存在，代之以不规矩的半截筒瓦、板瓦堆砌；又因与依靠的厢房间的缝隙长期渗水，其檐头雨水顺厢房山墙流泻等问题导致。

在屋面揭瓦拆除前和操作进程中，工作人员以文字和照片的形式对揭瓦拆除屋面的分中号垄、压露情况、屋脊做法进行实测记录。

拆除时用瓦刀、小铲和小撬棍从檐头开始，由一端开始一垄筒瓦、一垄板瓦的屋面瓦拆除，最后进行屋脊和兽件的局部或全部拆卸。拆除的瓦件用小铲清除其上的跟灰，并擦拭干净，按照规格分类整理，分别码放。凡已残损裂纹不能使用的旧瓦件，经甲方代表、监理工程师核验后待报废处理。对脊饰上的砖加工构件进行清理码放妥善保管。

公主府苫背层维修时未见护板灰、青灰背。望板以上只见掺灰麻刀泥背两层、宽瓦泥和瓦面。此次维修从保护望板增强防水性能的角度出发，增加2厘米厚的护板灰、并做青灰背。考虑到当地的寒冷气候，将掺灰泥背中的泼灰比例增加至7∶3（原掺灰泥背中泼灰含量较少），增强了掺灰泥背的强度。重做苫背的后罩房后坡和寝殿左右耳房等，望板上加施一层护板灰、再按原作法顺槎分施两层掺灰麻刀泥背、青灰背、宽瓦泥、瓦面的常规做法。

府门和四个厢耳房揭瓦后发现，原苫背保存情况基本完好，维修仅需揭瓦后铲除宽瓦泥，清扫洒水，顺槎苫青灰背轧干，重宽屋面。统一瓦件规格，旧瓦集中使用，替换腐蚀风化的深灰色勾头和滴水。

因寝殿左右耳房和二、三进院四个厢耳房与依靠的主建筑山墙间缝隙，造成漏雨的缺憾。后来屋面曾多次封堵处理，漏雨渗水和檐头雨水顺主建筑山墙流泻的问题一直未得到解决。在此次维修中，将箍头脊外排山部分的缝隙当成天沟处理，在青灰背上按设计要求铺三层聚氨酯防水布，抹两层防水灰，檐头置滴水，从而解决了漏雨渗水和檐头顺山墙流水问题。

屋面瓦作的施工程序和技术要求，参照揭瓦前的记录，基本按官式做法执行。拆除正脊的后罩房和六个卷棚耳房揭瓦重宽屋面有分中、号垄、板瓦坐中排瓦当等程序，均按原作瓦垄数官式黑活做法即恢复原状做法处置。底瓦的密度按“三搭头”即“压五露五”的要求实施，以“稀瓦檐头密瓦脊”原则对脊根和檐头搭接的疏密因举高的不同做适度调整。盖瓦为筒瓦，使用传统材料、传统工艺捉节夹垄时，将瓦头不齐的地方用灰补齐，务必使下脚直顺上口垂直。整修、检修、捉节夹垄屋面均以此要求实施。

公主府除垂花门和照壁外均为硬山式建筑，正脊、垂脊原作多为黑活中等级最高的仿琉璃作“三砖五瓦脊”铃铛排山，卷棚建筑为常规箍头脊铃铛排山，除后罩房外其他建筑，各种脊保存状况基本完好。此次维修无论拆除重砌，还是整修检修，都按原尺寸、层位、工艺进行修复。公主府建筑原始正吻、望兽、垂兽、小兽无一幸存，现在所见吻兽全部为20世纪90年代抢救性维修时的补配物。此次维修仅酌情替换了风化严重的小兽，为防止大宗艺术构件的进一步腐蚀风化，在对保留下的所有大型构件逐一去污清理后，均刷两遍桐油作抗腐蚀风化处理。

为保持文物古建筑古朴苍劲的自然风貌，免去了整个屋面最后统一刷浆提色的做法。

通过本次维修得知，公主府作为师范学校校舍多次整修屋面，瓦件大量替换。原屋面瓦作带正脊的建筑通用2号削割瓦，卷棚建筑均用3号削割瓦且发现不少板瓦的背面带有清早期的三眯纹特点，排山勾滴上仍存留一些原件削割瓦。据此分析，现在所见普通布瓦屋面是后期改换形成。

3．墙面整修和墙体拆砌、重砌

公主府作为官式建筑，墙体做法为下碱干摆、上身丝缝墙耕缝，台帮包砌为典型的丝缝砌体。砌筑所用材料和工艺都属于一流，工程质量远高于区域内同时期建筑的质量。经过三百年的风吹雨淋，公主府建筑原作墙体保存状况至今尚好，唯有卡子墙下碱和台帮包砌部分出现不同程度损坏。

公主府墙体、台帮的损坏主要有以下三种情况。一种是外在自然因素造成，由于院落地平提高散水被毁或掩埋，台帮和墙体下部因毛细水作用经常处于返潮干湿交替状态，再加上日夜温差较大，从晚秋至初春雨雪冻融变化急剧，促使台帮和墙体腐蚀风化。又因部分台帮和卡子墙下碱被后人抹的水泥面裂口含水，造成砌体更加迅速地腐蚀。另一种是内在结构因素造成。梁架变形等原因形成外向推力，造成建筑物墙体破坏，如寝殿左右耳房的外侧山墙断裂歪倾，引起墙体结构型整体破坏。还有一种是人为因素造成。不当添加隔墙使原墙体受到侧向推力，由此造成墙体倾斜开裂。对此按照设计要求，区别情况采取不同措施整修墙体，消除致害因素，对其进行保护。

根据不改变文物原状的原则，按“四保持”的要求，此次维修所使用的仿古青砖的种类、规格，如同瓦件均是严格以采自公主府的构件实物尺寸为依据定做的产品。

（1）墙面、台帮整修

墙面残损的主要原因是腐蚀风化。由于残损台帮和卡子墙下碱均为丝缝和淌白仿丝缝砌筑，为避免对硬山建筑山面台帮和卡子墙下碱墙面的过多干预，在维修施工中对腐蚀风化深度一般不超2厘米的残损砌体面采用了软活（抹青灰、压光、划缝）处理的方法，对个别腐蚀风化严重的砖构件进行剔补。对于前后檐台帮的腐蚀风化则根据程度不同酌情相应处理。

腐蚀风化深度大部分为1～2厘米，局部达3～5厘米，虽对建筑本体结构没有形成很大影响，但如若不及时遏止将会对整体结构的健康稳定产生严重影响，眼下也影响建筑的整体观感。为此，须采用修补墙面办法延缓腐蚀风化速度，同时达到与整体墙面协调一致的效果。为此，对1～2厘米表面风化部分采用上述做法：掺麻刀青灰（白灰、青灰、砖面、麻刀按一定比例拌和）进行抹面、压光，划出灰缝，既保护墙面又与墙的整体相协调。在抹灰处理前，须用钢刷类工具将墙面酥碱部分清除干净。对风化较深（3厘米以上）墙面的处理：清除墙面后在砖缝中钉入麻钉，增强麻刀灰与墙面结合力，所用青灰因里外硬软不同而分层处理，一般不能一次性完成。对墙面已抹水泥面的部分，首先铲除硬皮和残渣，清理残损面，然后再以上述做法分步处理。

对于腐蚀风化严重的砌体面（风化深度7厘米以上）采用剔补的方法进行维修。将需剔补的范围做标记，与监理工程师共同认定后再实施。施工时注意避免相邻砖的损伤，由外向里逐渐扩大，将酥碱部分的墙砖和灰层剔除干净。根据剔凿砖的规格进行砖加工，按原做法重新补砌，做到灰浆饱满、构件稳固、表面平整，使新剔补上的砖与相邻砖砌体表面平整一致，新旧衔接部分按上述两种方法过度协调处理。

后罩房和寝殿左右耳房的前后檐台帮，因整体腐蚀风化或沉降严重，采取了拆砌处理方法。按原规格材料、工艺进行砍磨加工，复原砌筑丝缝面。根据不改变原状的原则，后罩房全院唯一用二城砖加工件作台帮砌筑材料，左右耳房同其他建筑一样均用大停泥砖加工件做台帮砌筑材料。对二、三进院四座厢房和相依四个厢耳房和二进院两个朵殿后檐台帮的腐蚀风化，根据程度不同大部或局部拆砌，按原规格材料和原工艺复原砌筑丝缝面。其余保留面做灰缝勾抿处理。

（2）墙体拆砌

寝殿右耳房西山墙因墙体外倾断裂与基础下沉墙体下陷的后檐墙间的结合部也被拽开10厘米宽的通裂缝。寝殿左耳房东山墙的外倾和后檐墙的下沉情况也很明显。垂花门东侧看面墙中部，因与南面后加满月门隔墙，形成丁字形交结产生侧推力，使看面墙向北倾斜开裂，出现上大下小约30毫米宽的裂缝，影响到结构安全。此外三进院东西厢房南侧厢耳房后檐墙后改为浑水墙也需修复，上述七堵墙须拆除复砌。

按照维修设计要求，对寝殿左右耳房东西山墙和后檐墙全部进行拆砌。拆除前首先是测量原作墙体宽厚、各部高度尺寸砖层数量、排砖方式、前后墀头出檐尺度和工艺操作情况等一一记录、拍照，当做修复依据。然后进行分层拆除，对箍头脊构件、博缝砖、拔檐砖位置编号清理码放，可用的墙面砖、石构件及成形旧料照例刮去跟灰码放待用。土衬以下入地部分的拆除及其层位、尺寸、工艺亦做详细记录。复原砌筑前墙面各部的补充构件，一律以仿古青砖按原尺寸、原工艺切割、砍磨加工，以机制砖做背里砌体补充材料。在复原砌筑中，时时以原作依据为规范，进行检查、复核、矫正。在这两个单体建筑的后檐墙拆除时发现，基础下沉墙体下陷的原因是墙体坐落在墙基灰土层的边缘上。施工现场经三方商议及时沟通设计方，决定夯实底部以机制砖水泥砂浆砌筑加宽灰土层面，并找平沉降度，复原砌筑墙基埋头和地面仿古青砖墙体。

维修垂花门东侧看面墙，首先拆除后加不合理的南面满月门隔墙。为控制工程干预面，保留此墙两头未受影响的各一段墙体，以裂缝为中心V形大敞口，局部拆除向北倾斜的部分墙体。拆除时逐层进行，尤其是对冰盘檐、砖椽飞等旧构件的拆除倍加小心，防止拆除中对砖构件的破坏。将拆除的砖按墙面砖、构件砖和可用部分，清除跟灰分类码放，待重砌时按原状分类归位,尽可能地恢复原貌。对需要补充的砖按原尺寸、工艺进行砍磨加工补配，并按原状老浆灰复原砌筑丝缝墙，两端层层对槎，保持灰缝平直。

寝殿东西厢房相依的两个厢耳房的后檐墙，不知什么原因拆除原始墙体，用杂砖改砌为浑水墙麦秸泥抹面，因此成为全院最显眼的殊例。此次维修拆除浑水墙，仿静宜堂东西厢耳房后檐墙模样修复砌筑。

（3）墙体复原重砌

公主府被师范学校占用后，为增加室内使用面积增强采光，将原作前檐金步装修槛墙和后檐廊内后金墙全部拆除，装修外移至前檐部，在后檐步重新糙砌后檐墙。

按照修缮设计要求，尽行拆除后改制的前檐槛墙和后檐糙砌砖墙，复原清代府第装修模式，恢复前檐金步槛墙和后檐廊内后金墙。砌筑材料、尺寸、工艺完全按照原作遗留的痕迹结合官式做法进行。槛墙和下碱墙仿照山墙下碱作法干摆砌筑。干摆墙所用仿古青砖按照公主府惯用做法切割、砍磨、五面加工。里外两面卧砖砌筑层层错位置暗丁，背撒、填馅灌白灰浆。先灌半口稀浆，再行灌满稠浆，灌浆两次。在砌筑施工中严格按照传统工艺灌热灰浆，并三层一锁口、五层一顿，最后打点做墁水活。

后檐廊内后金墙上身则按公主府通用做法砌丝缝墙耕缝。丝缝砌筑墙面用仿古青砖也按上述方法进行五面加工。老浆灰砌面砖，灰缝保持均匀平直，不能“走缝游丁”。墙面砌好后，再行统一“耕缝”。机制砖水泥砂浆糙砌背里，面砖和背里结合部也有暗丁拉结。

4．石作构件补配、加固

按照设计要求，石作维修主要内容为拆除后改礓礤，复原垂带踏跺。归位安装空鼓外凸、移位变形的陡板石、阶条石和垂带踏跺。按原材质原规格补配缺失阶条石和垂带踏跺石。

公主府所用石材为汉白玉系列的雪花白，此种石材当地鲜见开采。施工单位与建设单位、监理工程师在附近石材市场寻找，未能选到合适材料。考虑到公主府作为官式建筑由内务府主持营建的特点和现在市场供应情况，我们将选材范围扩大到为皇家建筑提供汉白玉石料的北京房山和河北省曲阳等地，找到了与公主府所用同材质的石材，经综合比较，最终选定河北曲阳生产的雪花白作为公主府补配石材。

维修前多半阶条石、陡板石和垂带踏跺的空鼓外凸、移位变形与冻胀作用有很大关系。下出檐地面多次更换，阶条石缝隙未经妥善处理，各种水分长期渗入缝隙中，在冬季冻胀作用下造成石材鼓闪移位。为此，此次维修除对缺失构件进行补配，变形部分归位安装外，重点是用油灰等材料将缝隙勾抹严实，杜绝缝隙渗水。

公主府建筑除零散补配各种石构件外，静宜堂左右朵殿、寝殿左右耳房、后罩房等五座建筑后檐阶条石几乎全部缺失，代之以青砖甃砌。维修中拆除后砌不规则甃砖，补配、安装阶条石恢复原貌是大宗项目。

原作垂带踏跺破损、下沉、移位情况比较普遍。清理踏跺基础时发现不均匀下沉、移位与其基础做法不当有关。原垂带踏跺地基为两步共30厘米厚灰土，埋头深只有60厘米，其上直接稳踏跺土衬石。在当地冬季寒冷、地冻1.4米深的情况下，基础势必产生冻融变化，进而使得垂带踏跺产生沉降移位变化就不足为奇了。在施工中挖透冻土层重新做地基，底层级配沙石再用混合砂浆逐层砌筑砖基础，归位土衬石，按原制度砌筑踏跺、垂带及象眼。对风化裂痕较大的石构件，采用石粉加适量环氧树脂混合制成胶状物进行修补，待其达到一定强度后再进行剁斧加工。对缺失构件或整组踏跺按原制予以补配制安，恢复原有风貌。

5．木装修修复

公主府的外檐木装修，在学校占用期间全部被拆除，并移位改制。因此，复原外檐木装修是本次修缮最重要的内容之一。设计方只得从官式这一大概念出发，考察琢磨时代、地区、等级特点，权衡各单体各种式样、尺度、工艺和材质。在制定修复方案之际，十分幸运地在寝殿东厢房金步发现两扇残存正搭正方格横披窗及槛框，为设计方提供了难能可贵的原作实物信息。根据实物信息，各单体建筑使用功能、等级差别和装修规律，有关技术人员集思广益制定了各方认可的全面修复方案。此后，设计单位多次到现场进行勘查，并及时提出外檐装修补充施工方案。如后罩房和寝殿原设计为槛窗，根据使用功能和原槛墙遗迹，改为支摘窗；寝殿左右耳房的门原设计在明间，后也依据施工清理中发现的卯口信息等修改为靠近寝殿一侧的次间。类似沈阳故宫清早期某些建筑的装修，彰显出时代、地区的特点。

（1）外檐装修修复

根据前政后寝的常规布局，寝殿院各单体建筑和后罩房的外檐装修为隔扇门、支摘窗，前政静宜堂院各单体建筑的外檐装修为隔扇门、槛窗。遵循残存实物式样，寝殿东西厢房横披窗作通樘一扇。为保留历史信息，将残存横披窗检修复原重安。隔扇门上下部的比例按官式做法酌定，为实现各单体建筑装修风格的协调性，隔心以正搭正交方格为主旋律，根据建筑等级不同繁简有所演变，其各部尺度、制作安装工艺也以残存实物做法为依据仿照处理。槛框的看面宽和厚度以及窗榻板宽厚等，以实物信息为依据规范化的比例调正增减。

寝殿东厢房残存的装修材料材质为上等的细丝黄红松料，按照原材料原工艺修缮要求，应该用呼和浩特地区当地红松做装修材料，由于此种木材在市场上已经绝迹，经设计单位与建设单位、监理人员协商后，改用黑龙江伊春的一等红松制作木装修材料。

（2）内檐装修修复

公主府的内檐装修在民国早年学校迁入初期就已全部拆除，后将外檐装修也拆除外移，并将随梁、檩枋、垫板也截取挪作他用。整体构架失去大量直接和间接拉结性构件，对结构稳定性起辅助作用的软硬内隔断也早已不存的多数建筑，稳定性遭到严重破坏，导致柱网不均匀沉降、倾斜，梁架也逐渐出现变形状况。为遏制趋势性损伤，在修复其他方面原状结构的同时，对结构稳定起辅助作用的内檐装修与隔断也应予以恢复。经上报批准，按原有卯口高低、大小等历史信息修复内装修。

为保证内装修的时代特征、等级区别、材质工艺特点和工程质量，呼和浩特博物馆出面请熟知业务内涵、实践经验丰富的故宫博物院古建处外派专家指导制作安装这一项目。

按照设计要求，工人师傅们在古建部专家们的指导下，选材制作时处处注意技术规范问题，安装时也从实际出发尽可能做到圆满。鉴于寝殿进深跨空7米多的不寻常情况，在跨空中部两处将上、中槛暗里用金属构件与硕大随梁巧妙固定，防止出现日久挠曲下弯问题。在古建部专家们的监督指导下制安的内装修，不仅选材名优，制作精良且还以内宅殿堂装修中常见的做法，用一幅幅古诗、国画装潢格心和横披格心，再现了清代府第古朴典雅的文化氛围。

公主府软隔断、板壁和硬隔断的修复，不仅增强了结构的稳定性，对合理利用方面也提供了更加有利条件。

（3）木作吊顶复原

内檐装修中，除府门、仪门和后罩房是露明造外，全院其他各单体建筑都有顶棚。拆除清理时在静宜堂、寝殿和寝殿厢房的耳房内，零星发现了几扇很规整的原作白樘箅子木顶隔，确认原始做法为海墁天花。因此，这次维修除保留几扇原作实物外，拆除所有后人改制的部分。完全以原作木顶隔的贴梁、边抹、棂子甚至木吊挂的尺寸为依据，制作安装，恢复原状。由于各单体建筑的具体间面、进深不尽相同，根据实际情况在扇面的长宽上做适度调整复原。后罩房因使用功能的改变且木基层维修时补配的大量望板形成的新旧反差很大，增加了统一风格的木顶隔。

公主府建筑恢复金步外檐装修和内装修，虽还不能确切说复原，但却是按国家文物保护法律、法规、准则、细则和方针政策的规定，拆除改制变更装修，以其历史信息、实物依据、模数尺度和工艺风格为依据，恢复了府第建筑装修特有的风貌。

（4）设置安全通道

公主府各单体建筑的原作——海墁天花都是全封闭式，没有检查口等设施。现实使用中顶棚必须分别安置照明、监控等强弱电线路，尽管按规范做了封闭、隔绝处理，但也不能保一劳永逸或不作改动。因此，在本次修缮中，于每个单体建筑复原天花不显眼的适当位置各增设一个检查口。为操作时的安全和方便，在七架梁或五架梁通面固定搭设约60厘米宽的木板安全通道，每间跨空中部做两道稍长一些的兜底横带，加强木板的整合力，横带两端与脑椽脊檩吊挂增强通道的稳定性。

6．内墙抹灰

维修前所见公主府内墙抹面，几乎全部是近现代的材料和工艺做法。仔细辨认，在静宜堂东厢房南次间后墙发现较大面积的原始抹面，其做法为背里砖缝中钉麻揪，掺灰麦秸泥打底，麻刀白灰罩面。

此次维修，保留历史原作部分，铲除所有近现代材料的墙面，沿用传统的钉麻揪做法，鉴于市场上麦秸不常见的实际情况，改作现在常用的靠骨灰打底，掺麻刀白灰罩面恢复原状。府门和静宜堂内墙壁按府第常规做法，恢复包金土抹墙面，待彩画时隔色镶边。

7．地面拆墁、重墁

本次公主府建筑全面维修前，因不同年代改墁修补多次，不论室内、室外原作地面基本看不到。2001年更换陈列内容时，作为陈列室用的建筑的室内地面，曾经统一以仿古做法翻修。未涉及翻修的部分，仍处于大小规格青色条砖齐用，个别处补予红砖的杂乱无章状况。只在静宜堂西厢房后檐廊内僻静处，发现尺二方砖十字缝细墁的原始地面。

室外地面在地平提高的基础上，一、二进院中轴铺设人造花岗岩条石主甬路，院落地面一律用大号水泥方砖满铺硬化。

（1）室内地面拆墁

2001年，呼和浩特博物馆将公主府部分建筑改作陈列室用时，以仿古面砖仿金砖细墁的做法进行铺墁并泼墨处理。现存状况完好且外观与建筑整体风格也比较协调。经设计单位和业主单位协商，决定保留这部分室内地面。维修时，结合前檐金步槛墙和后金墙恢复砌筑统一考虑，为避免保留的地面砖边缘在拆除中遭到损坏，事先按照墙体宽度在地面上弹线，用机械沿内线进行切割，先揭起线外部分和廊步的面砖再剔除垫层，只拆除重墁槛墙、后金墙外的前后廊步地面和未经翻修的那一部分室内地面。然后，按发现的原作垫层做法及所用的尺二方砖一律按实物遗存为依据打垫层，将面砖加工成“盒子面”十字缝复原细墁。

在对廊内发现的原作地炉进行清理、测绘和记录后，少数当做实例按原状补配木盖板封口。其多数仿照北京故宫西六宫的做法，在原址与廊内地面找平，沿边用条砖割角复砌炉灶口，口内也以仿古条砖细墁，与廊内方砖地面以示区别。

（2）散水重墁

公主府各单体建筑的散水几乎全毁，只在静宜堂东厢耳房后檐僻静处地表下发现残存“五扒皮”砖褥子面纹细墁的原作散水。

复原重墁各单体建筑散水时，院落地平下降至露出土衬石的基础上，包括垫层按原作散水的工艺和做法加工操作，以褥子面纹为基本纹样复原细墁全部散水。由于各单体建筑的体量不同，上出檐远近不同，散水宽度也有所不同。最窄褥子面至最宽套褥子面纹样，分作三种规格的散水宽度。

（3）甬路重墁

公主府的原作甬路早年就全部被毁，维修前看到的是20世纪90年代初，在一、二进院铺设的园林和市政建设常用的长方形人造花岗岩石板两段主甬路。关于它的去留问题经反复商量，觉得一则与古建筑环境风貌不协调；再则只有主甬路还不贯通，没有支甬路也没有栽牙子，最后决定拆除石板甬路，按传统材料传统做法重墁方砖甬路。

甬路重墁在没有任何原作实物依据情况下，拆除后期硬化的石板甬路和水泥方砖及水泥砂浆和干沙垫层，结合整治院落起土回降院落地平，按设计尺寸抄平后，在原始素夯土基础上以3∶7灰土分层夯实两步垫层，完全按官式建筑的大式做法规范操作。路面用尺二方砖切割、砍磨五面加工形成“盒子面”，顺路转角栽牙子，主甬路支甬路十一、九趟交叉，十字缝坐浆细墁，用砖药打点、掩缝、研磨、冲水成活。

（4）院落海墁

公主府院维修前所见，上述提高了的院落地平上，满院铺设水泥大方砖硬化。从公主府府第内院原有人工硬化垫层情况判断，全院曾经硬化处理。

根据这个判断，将院落地面整体降低恢复到原地平，砸散水，冲甬路后，结合整治院落和排水工程，将府第内院范围全面硬化。其做法是按设计要求，原素夯土层面上做夯土、3∶7灰土垫层，地扒砖十字纹横向糙墁，灰口缝隙不超过1厘米。以混合灰反复扫缝，达到灰缝严实饱满为止。

其实甬路重墁、院落海墁不同部位的标高、坡度等直接与院落排水关联。因院落排水问题后边有详细记述，故这里不赘述。

（二）裱糊作修复

公主府各单体建筑的顶棚，维修前所见少数为一层报纸一层麻纸的两层做法纸面顶棚，多数为加一层苇箔或木灰条的抹掺麻刀白灰膏顶棚。

根据在拆除中发现的几扇白樘箅子木顶隔判断，原作应该是裱糊形海墁天花，实物遗存未见踪迹。裱糊顶棚乃至四壁，是因北方冬季天气寒冷，为防尘御寒而形成的既经济又简便的民间做法。到清代宫廷裱糊作逐渐发展成豪华、繁盛、做法细腻的又一匠作门类。“内工”海墁天花从高档到一般，档次多样，糊裱作用材料包括锦缎、纱绫、绢布、纸张等色彩各异，或素面或绘画不拘一格，工艺程序区别也很大。在朝廷颁布的“工程做法”中，既没有明确规定，又没有阐述具体做法，传留下来的只有匠作经验之谈，并且这种技艺几乎失传。因此，宫廷内务府督导营建的公主府海墁天花是何档次，用什么材料，如何做法都不得而知。在没有实物依据和历史信息，也没有官式做法明确规定的情况下，本次修缮只得按目前文博学术界认可的常规做法实施。

此次修复所使用的各种银花面纸，是故宫博物院从20世纪50年代库存的宫廷建筑维修用备品物资中找出，不吝援助的市场短缺物品。

1．天花裱糊

传统的海墁天花裱糊作材料工序名目繁多，直至现在人们还在探索研究中。此次维修按北京地区现行做法，聘请故宫博物院大修时参与裱糊作的技术工人进行操作。为增强海墁天花的牢固性和防火性能，首先在白樘箅子木顶隔下钉纸面石膏板一层；其螺钉帽涂防锈漆，骑石膏板缝糊白色的确良布条；其下包括内檐上架大木构件裱糊大张桑皮纸（俗称高丽纸）一层；遮盖桑皮纸再裱糊银花面层纸一层，计四道工序成活。

2．内壁贴纸

公主府建筑原作内壁是否贴壁纸无稽可考。但属于“内工”的由内务府督导营建的公主府，裱糊海墁天花的同时，有选择地做内壁贴纸应该是顺理成章的事。因此，在信息交流基础上，参照北京故宫、恭王府的维修模式，公主府内檐装修修复采取部分建筑内壁贴纸的做法。

不论裱糊海墁天花还是内壁贴纸，操作中所用粘贴糨糊，裱糊起始点，图样对应，阴角回折，都按规范要求实施。对于空鼓、起泡、出皱、翘边、搭接显缝等质量问题，更是严加防范。

根据公主府各单体建筑有等级区别的情况，对于故宫所援助裱糊面纸的具体分布是：静宜堂内檐海墁天花不包括上架大木下露部分，裱糊卍字银花底纹套印草绿色夔龙纹面纸，内壁上身包金土抹面隔色镶边。静宜堂东西厢房和左右朵殿、寝殿、寝殿东西厢房七座建筑，海墁天花及内壁上身裱糊卍字银花底纹套印草绿色夔龙纹面纸。寝殿左右耳房海墁天花和内壁上身，裱糊草绿色西番莲纹印花面纸。静宜堂东西厢耳房、寝殿东西厢耳房、后罩房和民国年间改建的东西正房七座建筑顶棚，裱糊“益寿延年”银花纹面纸，即四壁不贴面纸，即所谓“四白落地”做法。

（三）油饰彩画修复

随着历史沧桑巨变，公主府原貌几乎不复存在。自1924年起当做办学场所直至20世纪80年代末，学校只求朴素整洁，难以维护历史原貌，老化脱落的彩画不知何年始，被油漆涂刷覆盖，直至本次维修发现在上架大木陈年积厚的各色油漆近2毫米。经仔细探寻辨认，在阴角底部和边缘等处，发现多处原作彩画的遗迹。

国家文物局在批复公主府有关油饰彩画修复方案时指出，要“进一步研究公主府彩画特点和时代特征……”。根据这个批示精神，呼和浩特博物馆邀请文博界彩画专家进行反复探讨，在调查研究的基础上，做出修复彩画施工技术设计。

1．地仗

维修前所见公主府油饰彩画的地仗，既不是传统材料也不是传统工艺做法。空鼓、龟裂现象随处可见，维修施工须按设计要求进行。

（1）外檐大木作地仗

府门、静宜堂等二十座单体建筑外檐上下架大木一律为一麻五灰地仗。施工流程分砍净挠白、撕缝、下竹钉、操油、汁浆、捉缝灰、通灰、使麻、压麻灰、中灰、细灰、磨细钻生十二个步骤。

公主府历史上已多次进行地仗改造和修补，木构件上残存大量各时期油漆、地仗，施工中对木构件上的旧油漆、地仗清理非常重要。用各种工具对木构件逐件进行清理，直至见到木纹，剔补糟朽，表面有翘槎用钉子钉牢。对构件面上较深的裂缝顺缝隙两边剔成V字形，将缝里树脂、油迹、灰尘等垃圾清理干净。

对较宽的裂缝用同材质的木条代替竹钉，嵌入前用聚醋酸乙烯乳液刷在木条上，嵌入后以铁钉钉牢，对较窄缝隙仍以传统方法下竹钉。汁浆前对木构架先进行操油（生油3，汽油7），然后汁浆一道，油浆调制均匀，稠度适宜，满刷油浆，油膜厚薄均匀。木构件表层通过处理和汁浆干后，将表面清理干净，用油灰刀或钢皮刮子横掖竖抿将捉缝灰向木缝内嵌入，使缝内灰填实饱满，对缺棱少角或不平处应补平找圆，干后用粗金刚石砂纸打磨，对缺陷处用铲刀修整，并清理干净。

公主府地处塞外，昼夜温差大，空气相对干燥，地仗干燥时间短，容易产生裂缝。施工中增加油满的油水比为2（油）：1（水），防止出现龟裂纹。

通灰刮平刮直由三人操作，一人用皮子刮涂通灰，一人用板子将灰刮平、刮直、刮圆，一人用铁板打找捡灰，将表面、阴角、接头处找补顺平、修整好。待干后用粗金刚石砂纸打磨，磨去飞刺浮粒，打扫清理干净，并用水布弹净。

用糊刷蘸油满、血料浆涂刷于通灰上，厚度以能浸透麻丝为宜。刷完浆后立即将梳理好的麻丝粘贴上去，麻丝与木纹垂直，厚度均匀一致，用麻压子由阴角处着手逐次扎压三四遍，把油满、血料按1：1的比例混合均匀，用糊刷涂于已压实的麻上，厚度以不漏麻丝为宜，潲生水后进行整理，无鞅角崩起、棱线浮起、麻筋松动等缺陷。

待麻干燥后，用金刚石磨至麻绒浮起，清理后用皮子将压麻灰涂于麻上，先薄刮一遍，往复披刮压实，使灰与麻密实结合，然后再复灰一遍，做到平、直、圆，如有线脚，用扎子在灰上扎出线角，线条粗细均匀、平直。

压麻灰干后，面上精心细磨，用金刚石磨至平直圆滑，清扫后用铁板满刮中灰一遍，厚度掌握在2毫米以内，有线脚应以中灰扎线，进一步将线脚扎平、扎直。

中灰干后用同样的方法打磨、清理，再汁浆一遍，用铁板将秧角、边框线找齐。干燥后通刮细灰一遍，平面用铁板，大面用板子，圆面用皮子，厚度为2毫米，有线角者再以细灰扎线。

用细金刚石砂纸细磨，磨去细灰表面层，达到平面要平，交线为直线，圆面，然后用丝头沾生桐油随磨随钻，同时要修理线脚及找补生桐油。桐油必须钻透，使油渗透细灰层，不能出现有鸡爪纹、挂甲等缺陷。

（2）外檐木基层地仗

在砍净挠白的前提下，对外檐瓦口、连檐、飞椽头，用捉缝灰、通灰、中灰、细灰四道灰处理，将微损的飞檐椽头和缝隙缺口逐步补齐找平。对不直接受风吹雨淋的飞檐椽、檐椽、望板，包括廊步，用捉缝灰、中灰、细灰三道灰处理。必要时下竹钉，务必使鞅内油灰饱满。木基层地仗的最后一道工序，如同上述做法磨细钻生。

（3）外檐木装修地仗

外檐金步新做木装修槛框斩砍斧印后，槛框、大边做三道灰地仗，裙板、绦环板均使麻，门窗芯屉用中灰、细灰二道灰磨细钻生处理。

（4）内檐地仗

静宜堂内檐梁、枋、柱、窗榻板和宝座后屏门的地仗，施一麻五灰细磨钻生，装修做单皮灰地仗。府门、仪门和垂花门内檐上下架大木同外檐一样砍净挠白做一麻五灰地仗。其他建筑内檐地仗同外檐做法，凡裱糊部位都不做地仗，但须铲除清理旧腻皮、纸片，遇较大缝隙则楦缝。

2．油饰复原

本次维修前，多年来后期维修油饰一直用市场上的醇酸调和漆，质量优劣悬殊且不是原作使用的材料。根据不改变原状的原则，此次维修一律使用光油。油饰施工顺序为：木基层油饰、上架、下架及装修油饰贴金，由上而下依次进行。油饰部分在地仗上再刷一遍血料细腻子，细磨水布掸净后才能见油。

公主府古建筑连檐、瓦口统一刷两道朱红色颜料光油，罩光油一道。望板为土红色，椽飞为红帮绿底做法。各自的比例是檐椽根部留两个椽径的本色，绿肚为椽周长的五分之二；飞椽根部留半个椽径的本色，绿肚为飞高的二分之一。

下架大木和木装修的颜色暗示等级区别分三种，即府门、仪门、静宜堂、静宜堂东西厢房和寝殿、寝殿东西厢房均搓二道二朱红颜料光油，罩光油一道。二朱红就是过去所说丹雘色。静宜堂左右朵殿、后罩房和二、三进院六个卷棚耳房均搓二道比二朱红还要深一些色调的颜料光油，罩光油一道。其中三进院和后罩房门窗隔心为二道绿色颜料光油，罩光油一道。垂花门四颗方柱二道绿色颜料光油，罩光油一道。

决定保留的一进院民国年间改建的东西正房搓二道土红色颜料光油，罩光油一道。

府门、垂花门的实榻门扇和攒边门扇及其槛框为二道二朱红颜料光油，罩光油一道。其他板门皆为二道土红色颜料光油，罩光油一道。

油饰前将室内外地面和地仗打扫干净，防止灰尘污染油活，刮风天气不进行油活，二道油干后即可打金胶油贴金。

绘制大、小点金彩画的各单体建筑的装修框线、云盘线、绦环线及菱花钉扣均贴金，绘雅五墨、掐箍头彩画建筑的上述线纹刷黄色。

3. 彩画修复

如前述说，公主府原作彩画因风化脱落，早年已被油漆覆盖，画面情况无从可考。根据油漆层下发现的大色痕迹即合操层等几个方面信息决定恢复彩画。本次修复按有关专家绘制的施工技术设计图实施。

（1）彩画要领

施工前先对技术工人进行严格的技术交底，强调公主府彩画修复是同时代同类建筑彩画作品的移植，不是创造设计。要求工人在彩画绘制时要放弃自己的习惯风格，全力模仿。纹饰造型做法严禁套用清中晚期俗成做法。

清代早中期旋子彩画，分三停之说，但尚未形成规则。因此，公主府彩画可以按谱子的需要酌情处理。府门内外檐彩画均以檩枋长度分三停绘制；仪门以檩枋箍头内侧线距离分三停，其余各单体建筑均以檩枋箍头外线长度分三停；以示其时代特征。

清早期旋子彩画头路瓣开头处常见做如意状，旋花二路瓣均绘制叠压式，旋眼内下部绘椭圆形或枣核形。枋心端头线为两段略有外弧内扣近似花瓣形两条斜线，岔口线、皮条中线均随枋心端头框架线形状绘制。活盒子的框架线为每边三段外弧内扣四边线，笼阔形成近似对角放置的正方形边框线。半拉瓢掐池子四角往往绘四破旋花。绘宋锦枋心时，中间的白菊花八个花瓣，宜稍加扩大菊花外圈蛤蟆骨朵八个黑点。其他色带、花心、轱辘心基本照常规不变。枋心、盒子中规定绘制的十几种黑叶花果，也是清早中期彩画实例中的选品。不绘创作画，唯恐失去时代特征。

为体现地方特点金龙、金凤、夔龙、夔凤、锦纹等纹饰仿同时期内蒙古准官式彩画，移植锡林浩特市贝子庙和多伦汇宗寺纹饰。

（2）彩画程序

彩画操作程序启动前，在做好的地仗上，还须刷一遍胶矾水或加入适量深蓝色作合操面的步骤。然后，分起谱子、沥粉、刷色、包黄胶、贴金、拉晕色拉大粉、拘黑吃小晕、画黑叶花卉宋锦、压黑老、打点找补等多道工序。

① 起谱子

对施彩画构件的长宽做实际测量，按照勘测记录尺寸，用拉力较强的牛皮纸进行裁剪、拼贴起谱子纸，并标出建筑名称、构件尺寸，构件上同纹饰重复出现两次以上的都要起谱子。对构件分中，作为拍谱子的位置依据，按谱子的纹饰扎成2～3

毫米均匀小洞，通过拍谱子清晰显示出谱子纹饰。

② 沥粉

用彩画专用数字代号对彩画颜色做出具体的标识。对贴金部位进行沥粉，先沥大粉，后沥小粉，严格按照谱子粉迹的纹饰，做到气韵连贯一致，沥粉表面光滑圆润，凸起均匀饱满，干后坚固结实，无断条、无明显接头和错茬、无瘪粉、蜂窝麻面、飞刺等缺陷。线条清晰利落，准确体现出纹饰神韵。

③ 包黄胶

先包大粉，后包小粉，胶量要适当。

④ 贴金

贴金既需要光亮，要求小环境又必须遮风避雨。按部位分别使用两色贴金，中轴线建筑府门外檐、内檐、飞檐椽头，静宜堂外檐、廊内、飞檐椽头，寝殿外檐、廊内、飞檐椽头和其他建筑前檐外檐看面部位均贴库金。赤金则用于东西两厢建筑廊内、后檐等不太明显部位。如仪门内檐、静宜堂厢房雀替内侧、静宜堂厢耳房全部、静宜堂配房后檐及前檐内侧、寝殿厢房内侧及后檐装修、后罩房廊内及后檐装修贴金等部位和飞檐椽头贴赤金。

金胶油整齐、光亮、饱满，线路直顺，不流坠、起皱或漏打，金箔粘贴饱满、无遗漏、无鬈口，线路整齐洁净、色泽一致，赤金部位必须罩油。

⑤ 刷色

按标识数字代号刷色，先刷大色，后刷小色，先刷绿色，再刷青色，刷银朱樟丹垫底。刷色均匀平整，严实饱满，不透地虚花，无刷痕、颜色流坠痕、无漏刷，颜色干后手摸不落色粉，颜色干燥后在其上重叠刷其他色不混色，边缘直线直顺，曲线圆润，衔接处自然美观。

⑥ 拉大黑、晕色、大粉、形粉

凡直线都依直尺操作，禁止徒手画，直线不偏斜。

⑦ 拘黑、吃小晕

用毛笔画出细部旋花的黑色轮廓，顿笔起始线条宽度一致，直线平整，斜度一致，旋花瓣等纹饰、体量和弧度一致，纹饰工整对称，不落色。

用细毛笔在旋花瓣等纹饰的轮廓线里侧画出细白色线纹，使整体花纹产生醒目提神的作用，起到晕色作用。做到直线平直，曲线圆润自然，颜色洁白饱满，无明显接插、毛刺。

⑧ 画黑叶花卉、宋锦

黑叶花卉按选定的图样为标准绘出形象生动准确，勾线有力度，色彩渲染层次鲜明；宋锦枋心中间白菊花八个花瓣稍加扩大，菊花外圈绘蛤蟆骨朵八个黑点。其他色带、花心、轱辘心均照常规不变，线条均匀，层次鲜明。

⑨ 拉黑线、压黑老

压黑老居中、直顺、造型、力度及宽窄适度，颜色足实。在构件相交的鞅角处，自构件内侧箍头线中间拉黑绦，其主要目的是齐色、齐金，增加色彩表现层次，使彩画效果更加细腻、齐整、稳重、美观。拉黑线应做到上下对正，位置准确，笔道一致，不污染其他颜色。

⑩ 打点找补活

对所施彩画面进行全面检查，修补遗漏颜色，完成彩画工程。

（3）彩画修复效果

根据清早中期官式建筑彩画的配套协调布局和公主府建筑的特性，分主次，论等级考虑布置的结果是：

府门外檐内檐彩画绘金云龙、宋锦枋心，片金西番莲、异兽活盒子，墨线大点金旋子藻头。门簪头青地金边雕花贴金。

仪门内外檐彩画作片金夔龙、西番莲枋心，片金夔龙、西番莲活盒子，墨线大点金旋子藻头。

静宜堂、寝殿外檐彩画绘金云凤、宋锦枋心，片金凤、黑叶花活盒子，墨线大点金旋子藻头二者大同小异。静宜堂内檐七架梁及七架随梁做花、锦枋心，夔龙、异兽活盒子，雅五墨彩画。

静宜堂东西厢房彩画为金云凤、宋锦枋心，栀花硬盒子，墨线大点金旋子藻头。

静宜堂东西厢耳房彩画作夔龙、花卉枋心，栀花硬盒子，墨线小点金旋子藻头。

静宜堂东西朵殿彩画作花、锦枋心，栀花硬盒子、墨线小点金旋子藻头。

垂花门彩画作墨线苏式海屋添筹、轱辘卷草枋心，香色软硬卡子藻头。飞头为绿地十字别黑线，椽头为黑边青地柿子花。

寝殿东西厢房彩画为金云凤、宋锦枋心，栀花硬盒子，墨线大点金旋子藻头。

寝殿东西厢耳房彩画作花、锦枋心，雅五墨藻头腰断红。

寝殿左右耳房彩画作黑叶花、宋锦枋心，栀花硬盒子，雅五墨藻头腰断红彩画。

后罩房彩画作花、锦枋心，栀花硬盒子，墨线小点金藻头，腰断红彩画。

民国年间改建一进院左右正房彩画作黄线掐箍头彩画。

在实践中旋子彩画藻头部分，有一整二破到一整二破架一路、一整二破加金道冠、加二路、勾丝咬、喜相逢等许多变化。这是彩画构件的高度与有限长度的比例倍数决定，不是人为有意强加，不存在等级区别。明间、次间和露明造步架间青绿色调换而画面跟随变换，是按清代彩画规则实施。有关梁头、垫板、枋下皮、抱头梁、穿插枋等部位的彩画情况，都有其呼应规律，无需再赘述。

关于雀替、檐椽头、飞檐椽头的彩画，也是按早期做法协调配套有规律地搭配。凡施墨线大点金彩画，各单体建筑的雀替为金边攒退做法，施墨线小点金彩画的雀替为金边纠粉做法，雅五墨彩画的黄边做法。凡施大小点金彩画的建筑飞檐椽头为片金卍字，檐椽头为龙眼宝珠。不施点金装潢的雅五墨彩画的建筑飞檐椽头为黄卍字，檐椽头为青绿相间烟琢墨栀花或黑虎眼。

民国年间改建建筑飞檐椽头黄卍字，檐椽头黄边红寿字。

（四）其他

金属附属构件的补配情况。本次维修前，因公主府建筑所有原作门窗或改制或拆除，原有金属附件无一幸存。在清理廊内地灶坑时，距隔离一、二进院卡子墙仪门西侧随墙门很近的静宜堂西厢房地炉坑内，发现一件随墙板门的铁制门钹。式样纯属官式做法，据此配套复制了应有的金属构件。

按官式常规做法，府门实榻门扇和垂花门攒边门扇复制安装铁制寿山福海和护口，铜制包叶、门钉、铺首和门钹。屏门复制安装，铁制屈戌海窝、鹅项和碰铁。随墙撒带板门复制安装铁制门钹。

主体建筑静宜堂、寝殿两个单体的外装修隔扇门，也因又高又宽面积较大，故复制安装铜制双人字叶、双拐角叶、单拐角叶和看叶等加固构件。

（五） 院落排水及围墙整治工程

公主府建筑本次修缮，文物建筑本体维修后期工程与排水、给水、消防、安防、强弱供电和防雷等工程同步进行。为科学合理降低施工成本，又为日常的检修保养提供更加便利的条件，在业主方提议下，管道、线路设计方面尽可能统筹安排在同一槽沟内分层立体敷设，设置各自专业检查井合理有序处理。鉴于“三防”工程等的专业施工部门，有各自的总结报告，这里只述及院落排水、整治围墙等相关工程。

1. 院落排水

公主府的院落排水工程，按设计要求采取两套措施双管齐下。

（1）地面自然排水

在府第内院范围内大量起土外运，使院落地平回降至与各单体建筑土衬石持平的原始室外地平高度，并按设计要求砸散水、冲甬路、海墁院落地面。北高南低抄平恢复约3%的原始地面坡度，以主甬路做分水线，考虑拱卫两侧建筑间的汇水流水走向，找准标高、坡度全面硬化处理。利用两侧原有看面墙、卡子墙和围墙上的石作出水口等设施，将院落范围内的雨水由北向南地表集中排水，恢复自然排水的原有风貌。

（2）集中管网排水

为防止暴雨成灾，作为辅助措施，院落内铺设地下管网集中排水与城市管道连接。根据建筑布局结合自然排水设施，中轴线两翼合理设置收集雨水口，用以减少自然排水的流量。雨水口为平箅式单箅雨水口，采用45厘米×75厘米铸铁箅。支管DN20厘米，主管DN31.5厘米，坡度为4%；雨水总管直径为40厘米，坡度为5%。

雨水井直径70～100厘米，根据地形各有差异。沉泥井直径100厘米，管下返60厘米为沉泥区。

主管沟开挖宽1.2米，深1.5～2.4米，排水管道安装5%放坡。铺管前铺10厘米粗沙垫层，后回填沙高出管道20厘米。消防检查井为直筒式，直径120厘米，上盖10厘米厚C30钢筋砼，直径14@10厘米双向。消防管沟开挖，深度为-1.8米，槽底宽约1米，铺管前铺沙垫层10厘米厚，铺管后填砂高出管20厘米。消防井盖用铸铁消防井盖。

2012年，呼和浩特地区遭遇近百年不遇的大降雨，市内稍低洼地方多处被淹。公主府院落虽然地势低洼，但其排水系统经受住了考验，全院无积水。

2．围墙整治

（1）南围墙拆砌

公主府府门两侧南围墙上，后期东西各增辟一座便门，处于府门和府门两侧稍远于原有石作排水口之间。经抄平后发现西便门门槛下地平比府门土衬石上表低13厘米，比原有西边石作排水口底皮低8厘米；东便门门槛下地平比府门土衬石上表低12厘米，比原有东边石作排水口底皮低7厘米。府门两侧便门地平成为公主府一进院最低洼处，使一进院的墁地排水工程无法将雨水汇集之排水口处。在周例行会议上经工程有关方商议决定：拆除后辟东西便门，补砌接通南围墙恢复原状。

后辟东西便门拆除后，现场勘查发现府门两侧四段围墙均不在一条线上，府门东侧东段后砌围墙比西段原始围墙靠里（北）29厘米，府门西侧东段围墙比西段围墙靠里12厘米，不能像预期那样补砌连接恢复原状。根据情况最后商定拆除东侧东段围墙、西侧东段围墙，将东西两侧四段围墙调整在同一条直线上，找准原作墙基按各部原尺寸原工艺做法拆除重砌两段围墙，与保留部分对槎衔接。双面丝缝下碱墙，糙砌上身墙外抹红麻刀灰墙面，冰盘檐墙檐，筒瓦为盖瓦的瓦墙帽。

（2）西围墙拆砌

西围墙不是公主府院落原作围墙，而是民国年间在公主府西跨院范围内，开辟独立小院时形成的由七层砖打底，上砌土坯墙抹麦秸泥墙面，砖墙帽围墙。十几年前又在基础外帮贴砌卵石加固，土坯上身墙抹灰刷红，改作瓦墙帽。现成为沿街西围墙，其南端与南围墙碰头。本次维修前，此墙基础不均匀沉降，墙皮空鼓，墙体歪闪成为危墙。根据已成为沿街外围墙的现实，为公主府保护管理的安全考虑，决定拆除并原址重砌。

墙体拆除直至基础，整治补砌部分基础，地上部分完全按南围墙的尺寸、工艺做法重新砌筑，并与南围墙交接处理。下碱双面丝缝墙，墙心背里浇注白灰浆，上身为杂砖糙砌，大麻刀砂灰打底，外抹红麻刀灰墙面，待干后再刷两遍铁锈红浆。冰盘檐墙檐，筒瓦作盖瓦墙帽，砌筑皮条脊。

（3）护基墙砌筑

后罩房后边的北围墙是20世纪90年代初成立呼和浩特博物馆后，为与师范学校隔离而新建的围墙，墙体的安全稳定状况没有什么问题。但因本次维修公主府院落使地面降低至原地平，其基础外露对围墙稳定性造成影响，须砌筑护基墙进行加固。具体做法为：以3：7灰土夯实基础两步，以机制条砖混合砂浆砌筑护基墙基础。其上以仿古青砖叠涩砌筑护基墙，高约60厘米，顶部以里高外低斜坡墁砖封顶处理。

（4）拦土墙砌筑

公主府府第核心内院院落地面下降后，东侧原东跨院部分的现东花园地面，总体高出核心院落地面约40厘米。为防止雨季东花园自然土层上的雨水冲入核心院落，经有关方洽商，在东花园地面西侧边缘砌筑一道拦土墙，以阻止雨水自然流入核心内院。具体做法为以3：7灰土夯实基础两步。以机制砖、混合砂浆砌筑拦土墙基础，以仿古青砖丝缝砌筑拦土墙面机砖背里。为防止冻胀推挤在拦土墙的东侧花园地面浇筑一道约50厘米宽的水泥砂浆防渗水带，以保证拦土墙的稳定性。

四　施工组织与管理

公主府保护维修工程作为内蒙古自治区文物局提出的内蒙古文物建筑修缮示范工程的标准，得到了文博系统和社会各界的极大关注。工程业主方呼和浩特博物馆聘请实践经验丰富的内蒙古自治区古建筑高级工程师为业务技术代表，经上级文物主管部门批准主导监理业务。

由于工程的重要性和综合性，河北木石古建园林工程有限公司为保证工程顺利进行，使文物保护的原则和理念落实到每一个施工程序中，精心组织队伍，强化管理措施，争创自治区国保单位文物古建筑维修优质工程。

（一）施工组织

公主府古建筑群占地面积1.8万平方米，建筑面积2160平方米。根据文物古建筑维修的常规要求，工程未采取全面开花、突击施工的做法，而是采取先小范围试验，总结经验再分段推进的模式。先行派出精干的小分队边施工边摸底排查项目内容、工程做法、工种需求和工程量。同时，逐步完善施工组织机构，扩大施工队伍，做出公主府修缮施工包括文物建筑本体维修加固，修复外檐装修与油饰彩画、恢复内装修和院落排水、围墙整治等分三个阶段进行的综合性保护维修工程施工组织总设计。

1．项目组织机构

公主府的修缮施工项目，在施工启动之初，由业主方、设计方、监理方、施工方四个方面的有关责任人组成工程指挥部挂牌办公，业主方每周一召集例行会议，协调、决策工程中的各相关事宜直至竣工。

根据工程的综合性特点，项目施工方分设了工程技术组、材料后勤组、安全保卫组三个职能运行机构。其具体分工情况为：

工程技术组由项目经理、技术人员、施工工长组成。负责施工中的工程技术问题，施工技术交底、工程质量自检和各项施工技术记录。必要时根据原状或修缮方案设计，绘制施工技术设计详图指导施工。下设五个作业班组：木作施工组，负责大、小木作构件加工制作、安装和加固事宜；瓦作施工组，负责屋面苫背、宼瓦，墙体整治、拆砌、重砌和地面铺墁工程；石作施工组，负责石构件加工、制作、安装和加固；油饰彩画作施工组，负责地仗、油饰、彩画工程；裱糊作施工组，负责裱糊海墁天花、包括室内上架大木露明部分和内壁贴纸工程。

材料后勤组由专职人员组成，负责各种建筑材料的采购供应和后勤供应管理。对材料的品种质量、定做采购、运输供应、建筑垃圾外运和后勤采购供应管理工作负责。

安全保卫组由专职人员组成，负责工地供水、供电、安全、防火和材料保管及施工三大工具的保管等工作。工程后期与穿插进行的消防、安防、防雷、供电和给排水工程专业施工队伍的协调配合，也由安全保卫组负责。

2．施工管理

为使工程有条不紊地顺利进行，各司其职，各负其责，施工方的项目经理、施工工长、技术员、材料员、安全员和施工监督管理方的监理员，各自划定职权范围、职务责任，制定详细条款张榜公示，以便相互监督，尽职尽责。

在工程指挥部召集的每周例行会议上，由项目经理、施工工长和监理工程师，向业主方汇报一周工程进度和施工中的其他相关问题，及时会商决断，以保证工程进度。

（二）工程质量保证措施

第一，为强化工人的文物保护意识和质量意识，在工程开工前和施工过程中，对每个新增工人均进行文物保护教育和工程质量培训。要求对各项工程进行文字技术交底，明确质量要求。

第二，为强化施工材料的管理，对木材、砖瓦、石材、白灰等传统材料进行产地、厂家筛选，索取检验报告等资料，桐油、颜料等工业产品，必须有合格证、说明书。对进场的每批次材料进行验收，确保不合格的材料、产品不卸货、不使用。

第三，施工操作严格按所发现的原作实物信息、古建筑传统工艺流程和修缮施工设计要求进行。各匠作无一例外，如若出现工艺错误、程序简化等违反规矩的现象，必须及时纠正，已成活的拆除重来进行返工，确保不改变文物古建筑的原状、原貌。

第四，在隐蔽工程施工过程中，做质量跟踪监督。做完封闭前按质检评定标准和技术规范自行检验质量，做好质检记录，并交付监理验收。对于常规工程项目，监理员、业主方代表伙同施工方工长、技术员不定期抽检或联合全面检验，填写质检报告单。

（三）工程经费控制措施

公主府维修工程设计概算是在2002年编制的，施工从2005年6月开始。考虑到材料、人工价格上涨因素和维修方案的概括性，施工单位进场后，立即组织预算员到现场充分踏勘，勘查清理相关部位，准确核实工程量。结合实际分析对造价影响较大的工程项目，确定施工重点，与业主方、设计方和监理方沟通，确定工程内容。

测算后，尽早预定工程用木材、砖瓦、石材等大宗主要材料，避免因工程工期相对较长造成价格波动，对工程造价产生较大影响。

（四）安全生产、文明施工保障措施

第一，施工现场封闭管理。施工场区按有关规定，设置明显的警示标志和安全标志牌。进入现场的施工人员必须佩戴工作卡和安全帽，非施工人员进入施工现场，必须由工程管理人员带领。

第二，安全第一，预防为主，对全体施工人员进行上岗安全施工培训，安全员进行施工全过程的安全巡查，提高安全生产意识。

第三，木材烘干窑距离文物建筑50米外且深入地表下4米处，并有专人24小时值守，发现险情及时封闭或上报。

第四，加强施工用电管理，电线、电缆定期检查，外电防护按安全距离完善防护措施，按规定确保施工现场用电的保护接地、接零系统，配电箱按一机、一闸、一漏、一箱设置。施工机具做好接零及漏电保护，手持电动工具人员按规定穿戴绝缘用品。

第五，施工现场一律禁止烟火，严禁携带火种进入施工现场，施工现场按规定配备消防器材，并且加强外围火源管理。

第六，脚手架严格按施工方案进行规范搭设，保证立杆基础平实稳固，下有垫木。设置通长扫地杆，满铺脚手板并绑扎牢固，外侧设密目式安全网，安全员认真做好脚手架日常检查，发现隐患及时解决。

第七，施工现场废弃物定点堆放，定时清理，保证施工现场整洁。刨花、油漆等易燃物每天随施工人员离场，禁止在施工现场停放过夜。

（五）进度保障措施

第一，制定科学合理的施工进度计划，制定符合现场实际的施工方案，总进度

计划已充分考虑到文物维修工程的特征，在施工过程中轻易不做调整。

第二，在施工进程中遇到不可预见的个例，及时与业主单位、设计单位、监理单位沟通尽速作出决定。根据设计中的调整、补充、变更情况，及时调整阶段性施工部署，加强人员、工种、机械等方面积极配合，确保工程总进度计划尽可能不受影响。

第三，2007年，庆祝内蒙古自治区成立六十年大庆时，在业主单位呼和浩特博物馆的全力沟通协调下，免除突击施工和接待参观访问等临时任务。没有更改总体进度计划，保证公主府维修工程按文物修缮规律正常进行，保证修缮工程质量。

五　施工记事

文物建筑修缮施工过程，是对文物本体进行深入了解考证的过程。只有对文物建筑现存实体和历史、实物信息进行全面的分析研究，客观地掌握其各方面的特征并付诸施工实践，才能达到按其历史原貌保质保量圆满完成维修施工的目的。本工程施工现场自始至终十分重视文物建筑各种信息的收集，以促成公主府建筑历史特征更多地保存或记载。

将施工中零星发现的可能有收藏价值的文物类物品及时交给博物馆处理。对修缮施工具有记事意义的材料、标本和新旧典型构件等交博物馆作为公主府维修专题陈列用。

（一）寝殿左右耳房、后罩房的特殊性

寝殿左右耳房、后罩房在工程做法上，明显与公主府其他建筑不同。寝殿左右耳房后檐墙基础灰土没有“压槽”。台明下只在四角埋头角柱下置土衬石，通面都以砌砖代替。后罩房台帮包砌全院唯一用二城砖。木作方面，寝殿左右耳房四根四架梁截面尺寸远小于模数尺度，制作也不规范，导致四架梁严重挠曲变形。上述三个单体建筑在檐椽间采用闸挡板做法，与其他建筑一律用里口木的形制大相径庭。与公主府其他建筑用材讲究、做法规矩的特征形成明显差异。

基于此判断，寝殿左右耳房和后罩房，可能与公主府其他建筑是不同时期或不同匠作人员所建。

（二）静宜堂、寝殿院落的封闭特征

静宜堂左右朵殿山墙外前檐金步位置和东西厢房北山墙外前檐金步位置，均有高、宽形式一致的拐弯卡子墙痕迹。寝殿左右耳房和东西厢房之间山墙上也都有与静宜堂完全相同的拐弯卡子墙痕迹，并且地表下都有三合土墙基。由此可以准确地

判断出，静宜堂和寝殿院落，当初都是双重封闭性院中院。鉴于作为公共场所开放的需要，本次修缮也未恢复原状。

静宜堂左右朵殿外侧山墙上，可以清晰看到腰廊的痕迹。在院落糙墁施工清理中发现腰廊位置地表下有清代三合土基础，证实此处曾有腰廊。鉴于上述同样的原因，本次维修也未恢复原状。

静宜堂东西厢房后檐廊内，后金墙明间未开门，施工清理中后檐外也未发现踏步基础，证明静宜堂厢房是后封闭式。

仪门两侧至静宜堂东西厢耳房南山墙之间，发现清代三合土基础和砖砌埋头墙基，因为这是一、二进院的隔离墙，故恢复卡子墙和随墙门。

（三）踏步形制的还原

施工过程中，通过对台帮的维修和踏步基础的清理，府门、仪门前后及垂花门北侧踏步基础原作为不规则青砖砌筑踏跺，维修前的礓礤石为后期维修更换，本次维修还原为垂带踏步。寝殿左右耳房踏步也通过对基础的清理确认，由明间还原至寝殿一侧次间小式垂带踏跺设置。

六　施工实践总结

呼和浩特和硕恪靖公主府的保护维修，遵照国家文物保护相关法律、法规、准则、细则和方针政策的规定，自2005年7月～2009年7月，历时四年整，有效施工30个月，工程全部告竣。使用木材338立方米，使用各种规格的仿古青砖262144块，使用2、3、10号瓦件约195540块。使用石材约60立方米，桐油6646公斤，金箔45220张，血料28341公斤，高丽纸34200张，玻璃378平方米。计用人工约45000工日。

鉴于文物保护维修工程的特殊性，施工期间曾多次发生对原维修施工设计进行补充、变更等事宜。作为业主方、设计方、监理方和施工方工程四方，本着对文化遗产保护高度负责的精神，相互密切配合及时沟通情况尽快协商决策，并履行相关手续，既不违原则规定，又不误工时进度，使工程顺利进行。

通过科学合理的工程技术手段，去病除害，遏制趋势性损伤，使文物建筑恢复到安全、稳定的状态，保存其历史的真实性和文物价值。

（一） 文物保护原则和理念的体现

1．坚持原则

“不改变文物原状”的原则，是文物古建筑保护维修的核心理念。尽管公主府是清早期官式建筑的典型事例，但是不免有其时代、地区和民族的特征。维修中不仅要注意王府制建筑的官式做法，更注重探查收集文物建筑本身特征和原作实物依据。公主府木、瓦、石作维修的替换、构件补充，基本以其本身的遗存实物为依据制作安装。这些构件的形状、结构、材质、工艺、尺度和做法往往有其自身的特点，与常规官式做法相近却不相同。

只可惜公主府原作梁架结构木材为当地产油松，现在市场上已没有这种材料，承重构件只好以东北落叶松代替，其他辅助性构件以樟松代替。

2．控制干预

在不影响文物建筑结构安全、稳定的情况下，梁架尽量不动，屋面瓦作和苫背也须酌情干预。采取工程干预措施是不得已而为之的事情，针对文物建筑具体残损部位采取恰如其分的工程技术措施，既要去病除害又要控制工程干预面，防止文物古建筑因随意性干预逐渐变为复制品。

文物保护工程以使文物建筑延年益寿为目的，不应该片面追求完美，一定要恢复到始建时的状况。如静宜堂地面柱顶石有轻微不均匀沉降现象，高低相差10～25毫米，但梁架结构仍处于安全、稳定的原始状态。如若打牮调正势必影响整个屋面瓦作和苫背甚至望板，故未支顶调整。又如寝殿左右耳房为替换四架梁，只落架其上部分；后罩房为替换后坡木基层构件，仅铲除后坡苫背等。这使尽可能多地保留历史的真实性和保存其文物价值的愿望落到实处。

3．恢复原貌

本次维修工程后期，在彻底铲除清理油饰、地仗和腻皮时，发现多处外檐彩画痕迹和内檐装修卯口及软硬隔断依据，可知早年学校占用期间曾遭改制。经请示、批复，以区内外、同时代、同类建筑实例为蓝本，结合公主府的建筑实况，用传统材料传统工艺以移植的方法修复公主府外檐彩画、内檐装修和其他软硬隔断，并用传统材料传统工艺复原地仗、油饰，这不仅恢复了公主府昔日风貌，对梁架结构的稳定性也起到良好的辅助作用。

维修后的公主府将要作为“固伦恪靖公主专题博物馆”对外开放，部分建筑作故居式陈列。外檐彩画、内檐装修和软硬隔断的修复，对今后的合理利用，发挥其社会效益创造了更加有利的条件。

4．消除隐患

20世纪90年代初，为了绿化庭院，在公主府各单体建筑台明外不远处，移植许多乔木和灌木，仅十多年这些树木已对建筑基础和屋檐构成不利影响。为消除隐患本次维修将这些树木全部移出，恢复庭院原来的规制。

5．保存档案

本次维修公主府积累了较为完整的科学记录档案，对其修前的状况、病害程度、产生原因、维修措施、工艺做法和尺度规矩等，均以文字、图纸、表格、照片、录像等多种形式作了完整的记录，以备后人查阅借鉴。同时，呼和浩特博物馆借机对公主府的历史背景、人物行径、府第原貌、沿革变化等做了多方面的考察论证工作，弥补了历史资料的缺憾，并拟出版相关专著。

上述科学记录档案，对公主府的研究、保护、管理和使用是不可或缺的，与文物本体保护同样重要，都须妥善整理归档，永久保存。

6．一点意外

2008年秋，在院落海墁排水项目完成后收工。第二年4月开工时发现约有10%的院落海墁的砖面起皮，主要出现在背阴部位。原因比较明显，这是秋末初春时小雨雪交加，海墁砖里干表湿，冻融变化中里外收缩膨胀系数不同所致。公主府所用仿古青砖都曾在北京相关质检部门做过鉴定，有正式的质检报告书。其中多项指数合格，有的指数标为优，作为砌体材料完全没有问题。问题在于这些常规用途的条砖不是以传统方法手工制作，都曾经机械加压而成，因此，密实度高，抗压性强，透水性低，浸透速度慢。在特殊地理气候条件下的海墁使用中，优点却变成了缺点。

最后的处理方法是，全部剔除起皮砖重新坐浆补墁，并将海墁地面统一做防水处理。起皮现象虽被遏止，但问题没有得到根治。

（二）维修施工后的体会

不可否认，公主府建筑当初选址兴建、用材做工总体来说不能不说是一流，反因后期使用管理不当造成建筑物的损伤。无意或是无力使不良趋向任意发展，不仅推迟延宕采取修缮措施，反而几次人为有意破坏促成更加严峻的惨状。由此可见，使用不当和管理不善所造成的严重破坏性。

根据国家现行法律、法规、准则、细则和方针政策的规定，对人类文明物化成果——文物保护单位的利用、管理有一套严格的制度。对于文物保存状况要有常规的观测记录，要及时排除一切不利因素，防微杜渐。要适时进行科学保养，加强管理措施，上至空中，下至地下以及四周要有明确的保护范围和建设控制地带。总之，管理是须臾不可忽略的日常责任。

公主府修缮保护工程大事记

2002年7月始

呼和浩特博物馆逐级向呼和浩特市文化局、内蒙古自治区文化厅、国家文物局呈报《内蒙古呼和浩特和硕恪靖公主府保护维修工程方案》。

2003年3月

确认呼和浩特和硕恪靖公主府维修保护工程的勘察设计方为河北省古代建筑保护研究所，施工方为河北古建园林工程有限公司，并聘请自治区内外有关专家参与该项工程。内蒙古自治区文化厅同意聘请内蒙古地区古建筑专家德新任监理工程师。

2003年3月至6月

河北省古代建筑保护研究所受呼和浩特博物馆委托，完成了《关于呼和浩特和硕恪靖公主府维修保护工程方案》设计，报告分“设计说明”和“投资”两部分，预算投资3123281.43元。

2003年12月16日

国家文物局批准《内蒙古呼和浩特和硕恪靖公主府保护维修工程方案》。

2005年7月19日

河北省古代建筑保护研究所和河北省古建园林工程有限公司第一批工作人员进驻公主府施工现场。内蒙古呼和浩特和硕恪靖公主府维修保护工程正式启动。

2005年7月20日

内蒙古呼和浩特和硕恪靖公主府修缮一期一阶段工程正式开工。

2007年1月15日

呼和浩特和硕恪靖公主府维修一期一阶段工程结束。

2007年1月16日

成立呼和浩特和硕恪靖公主府维修一期二阶段工程项目部。

2007年1月17日

次立新借调到河北省文物局工作，刘清波开始主持内蒙古呼和浩特和硕恪靖公主府维修一期二阶段工程全面工作。

2007年2月3日

呼和浩特和硕恪靖公主府一期二阶段工程项目部人员正式入驻施工现场。

2007年2月3日

呼和浩特和硕恪靖公主府维修一期二阶段工程开始。

2007年下半年

河北省古代建筑保护研究所受呼和浩特博

物馆委托，完成了《关于呼和浩特和硕恪靖公主府维修保护工程方案（二期）》设计，报告分“设计说明”和“投资”两部分，预算投资3062734.74元。

2007年12月1日

国家文物局批准《内蒙古呼和浩特和硕恪靖公主府二期保护维修工程方案》。

2008年1月9日

呼和浩特和硕恪靖公主府修缮一期二阶段工程结束。

2008年1月10日

呼和浩特和硕恪靖公主府维修二期工程开始。

2008年11月8日

内蒙古自治区文化厅组织专家对呼和浩特和硕恪靖公主府维修工程进行初步验收，评价为内蒙古地区国保单位维修示范工程。

2009年4月30日

呼和浩特和硕恪靖公主府维修工程全部竣工。

工 程 图

Construction Engineering Drawings

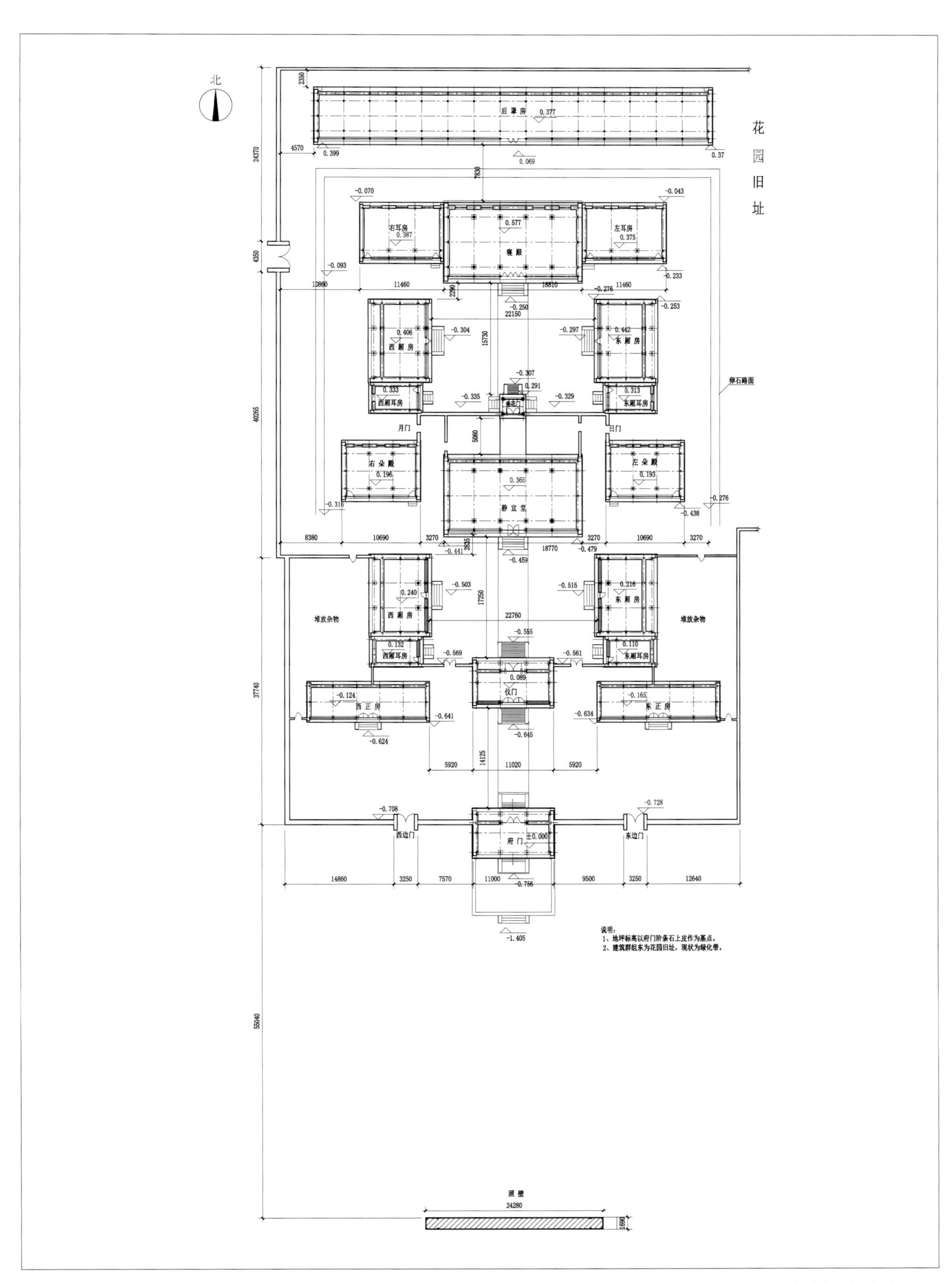
北
后罩房
花园旧址
右耳房
寝殿
左耳房
西厢房
东厢房
西厢耳房
东厢耳房
垂花门
月门
右朵殿
静宜堂
左朵殿
堆放杂物
仪门
西正房
东正房
西边门
府门
东边门
卵石路面
照壁
说明：
1、地坪标高以府门阶条石上皮作为基点。
2、建筑群组东为花园旧址，现状为绿化带。

一　公主府实测总平面图

二　照壁平、正立面图
三　照壁侧立面图

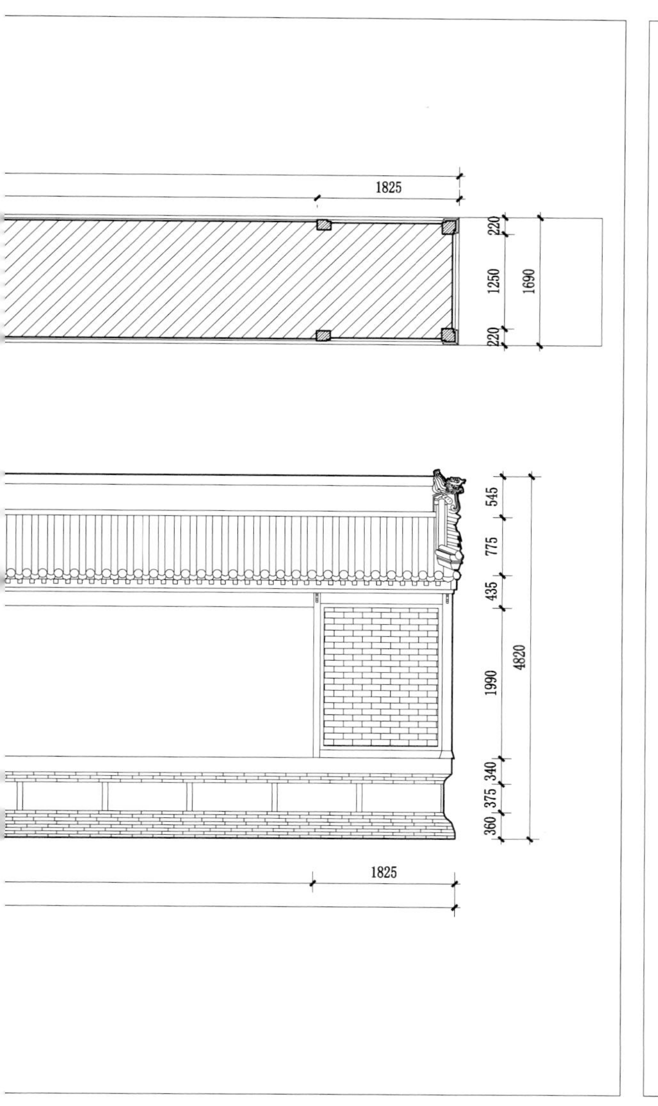
1825
220
1250
1690
220
545
775
435
1990
4820
340
375
360
1825

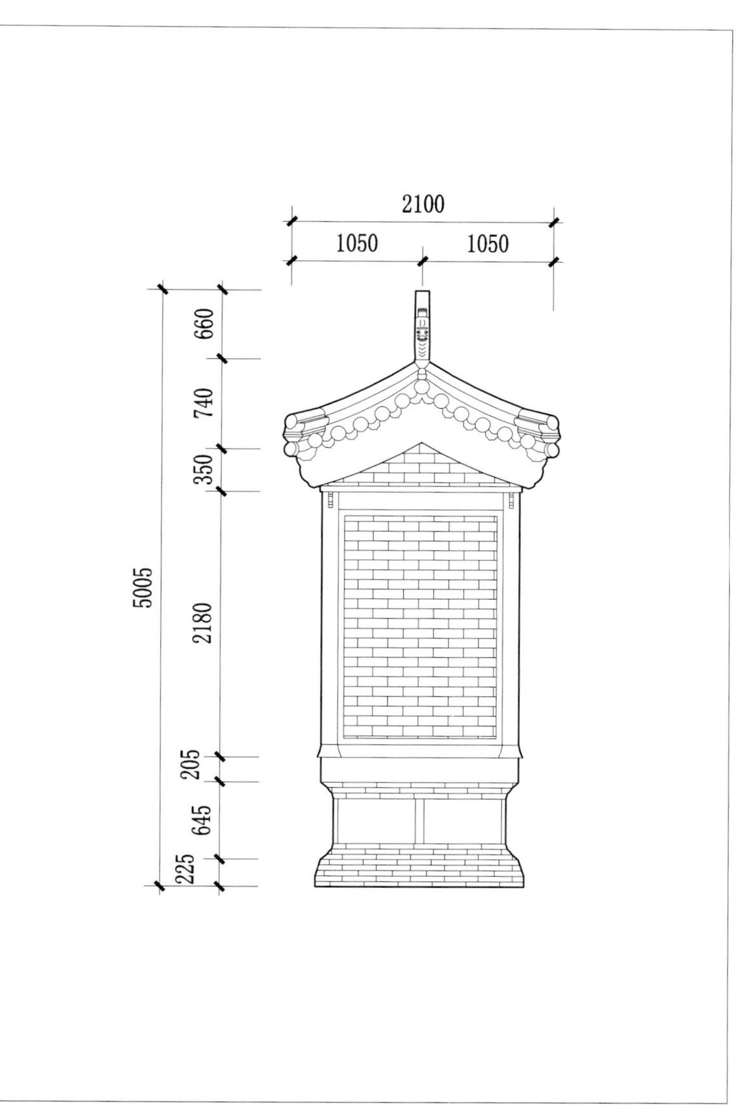
2100
1050
1050
5005
660
740
350
2180
205
645
225

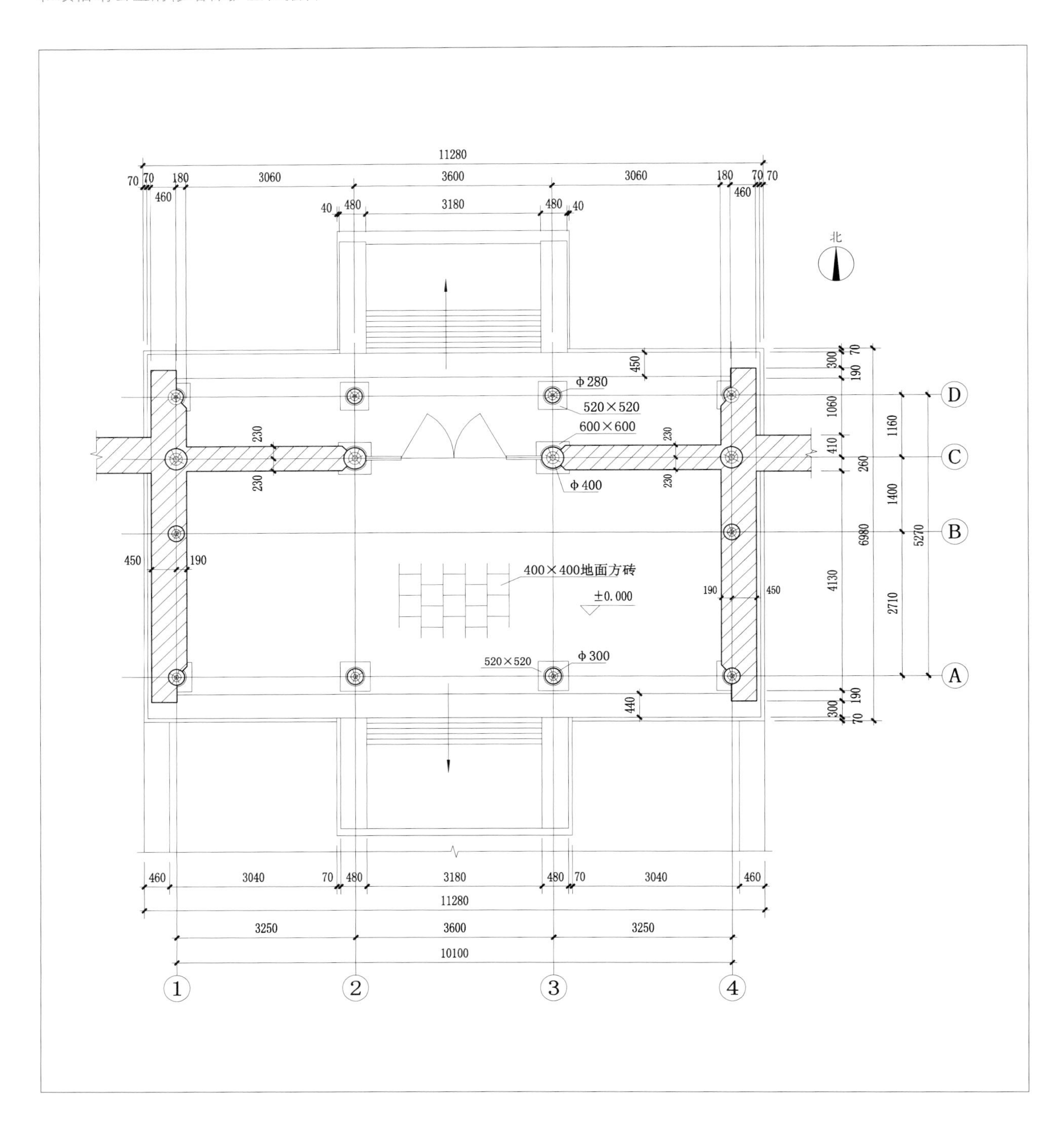
11280
70
70
180
3060
3600
3060
180
70
70
460
460
40
480
3180
480
40
北
450
300
70
190
Φ280
520×520
600×600
1060
1160
D
230
230
410
C
260
230
230
Φ400
1400
B
6980
5270
450
190
400×400地面方砖
±0.000
190
450
4130
2710
520×520
Φ300
A
440
300
190
70
460
3040
70
480
3180
480
70
3040
460
11280
3250
3600
3250
10100
1
2
3
4

四　府门平面图

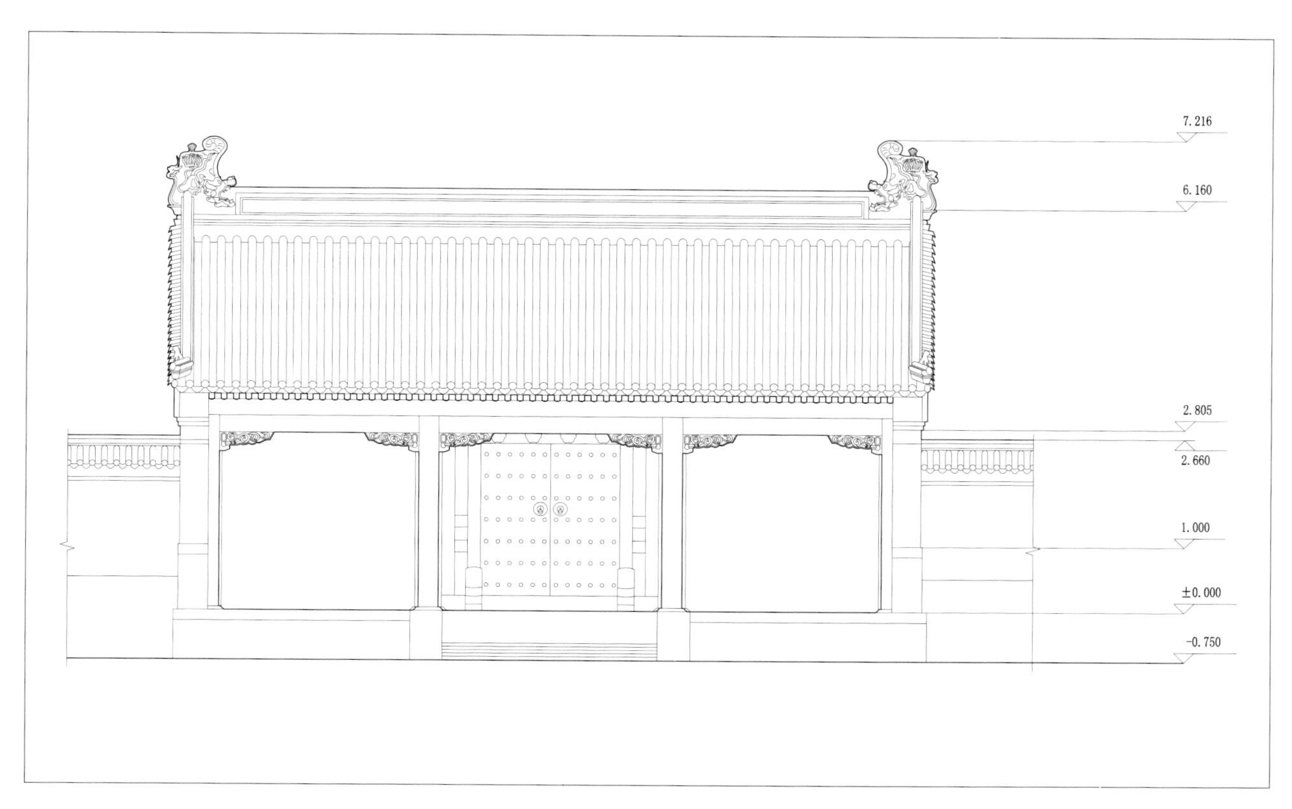

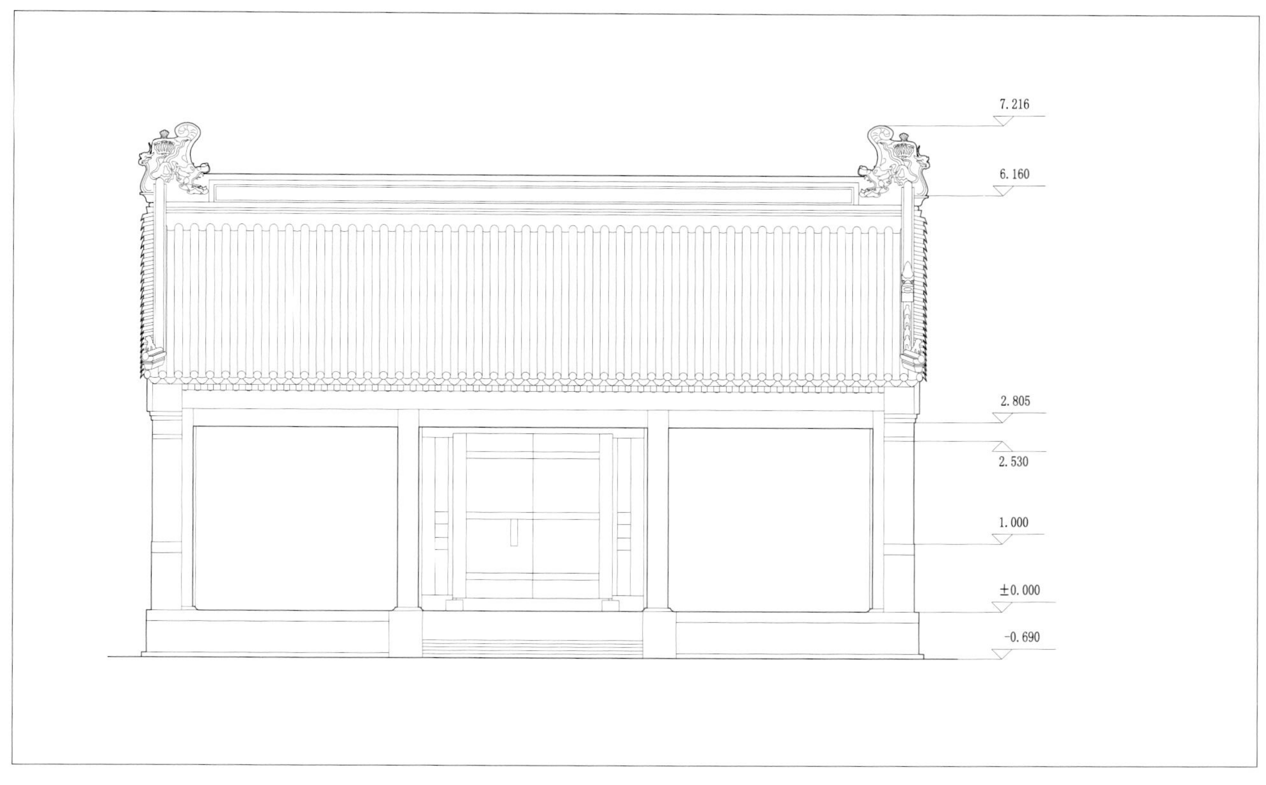

五　府门正立面图
六　府门背立面图

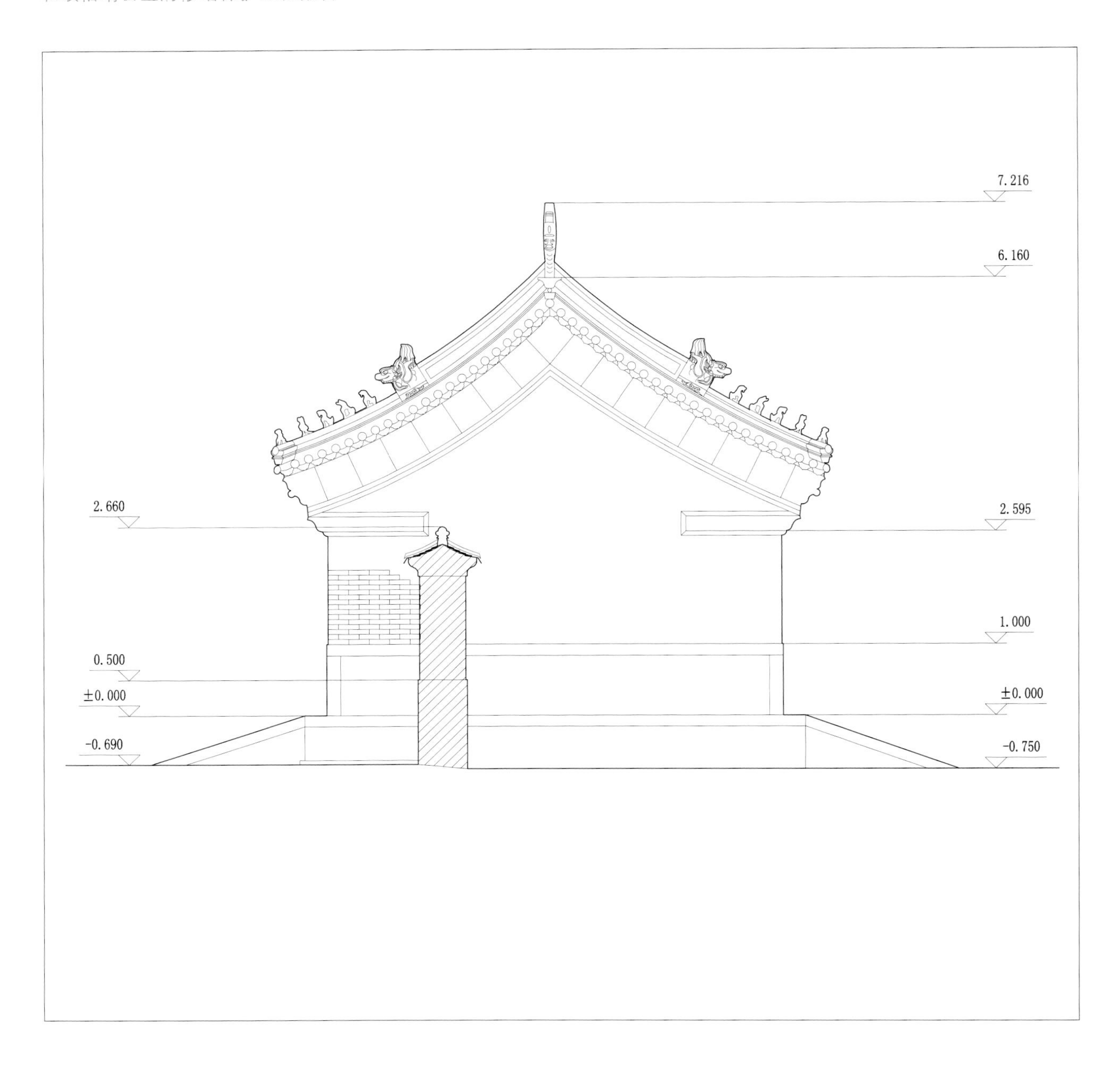

七　府门侧立面图

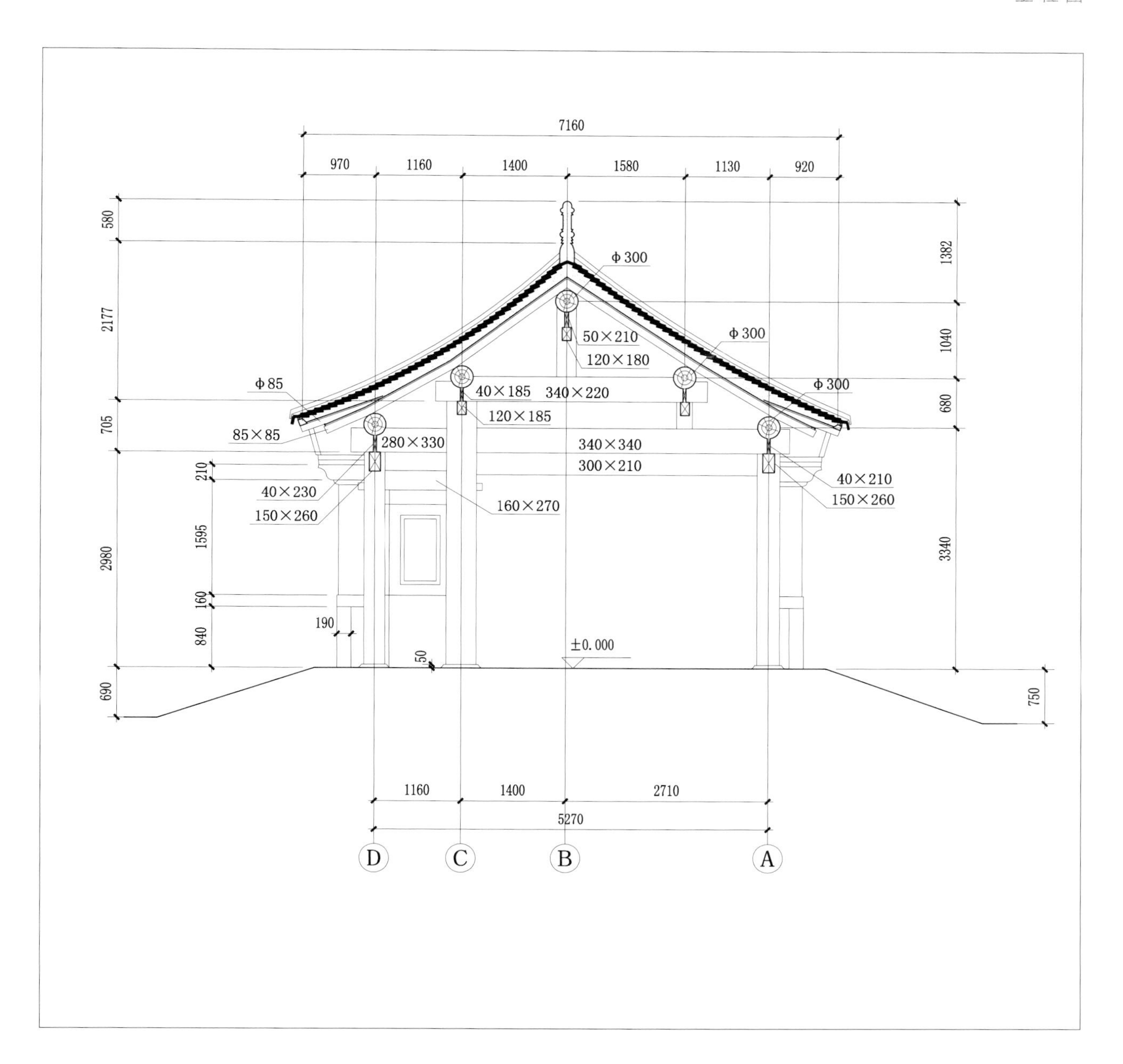
7160
970
1160
1400
1580
1130
920
580
2177
705
210
1595
2980
160
840
190
690
1382
1040
680
3340
750
50
φ300
50×210
120×180
φ300
φ85
40×185
340×220
φ300
120×185
85×85
280×330
340×340
300×210
40×210
40×230
150×260
150×260
160×270
±0.000
1160
1400
2710
5270
D
C
B
A

八　府门剖面图

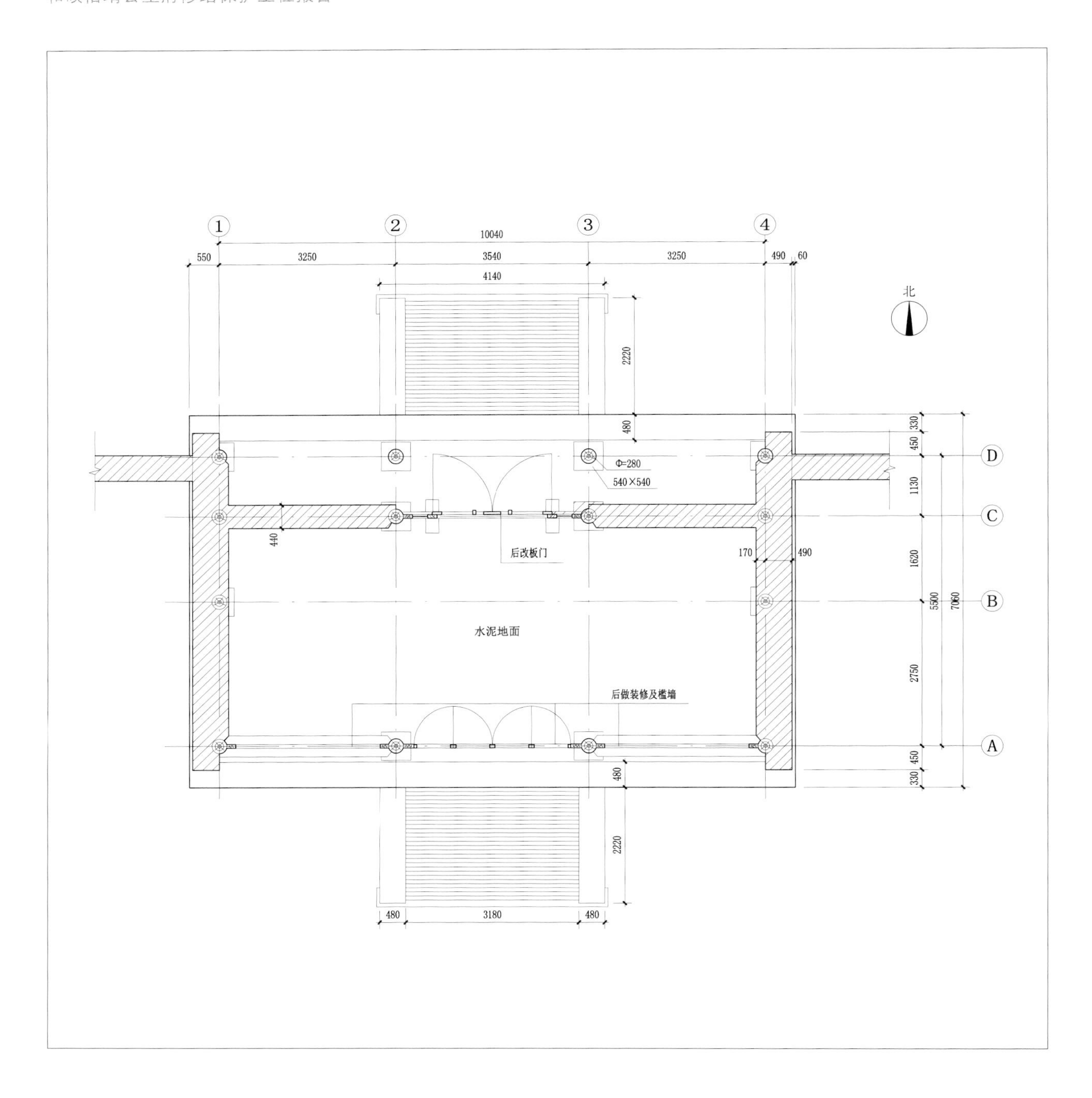

九　仪门平面图

一〇　仪门正立面图

一一　仪门背立面图

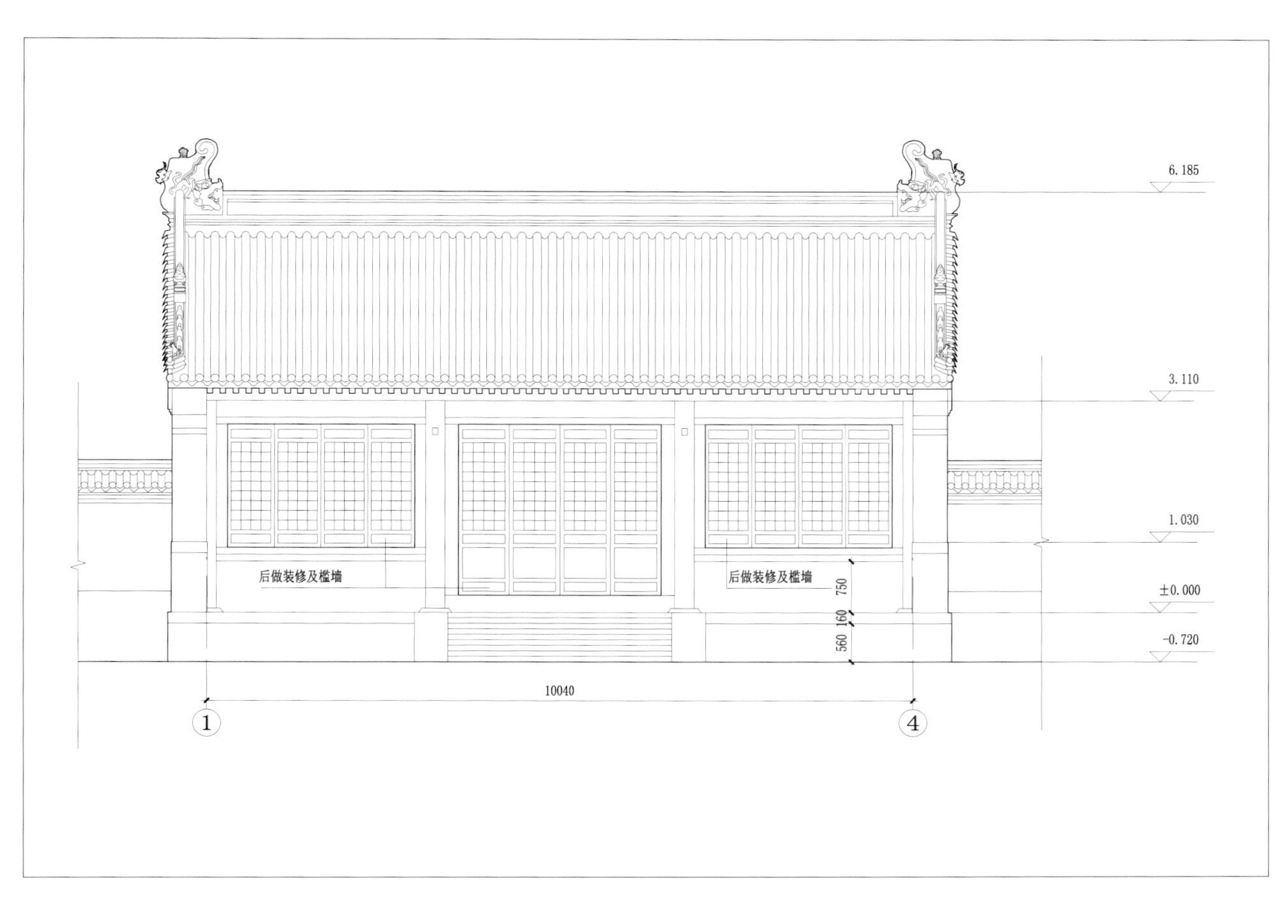
6.185
3.110
1.030
后做装修及槛墙
后做装修及槛墙
750
160
560
±0.000
-0.720
10040
1
4

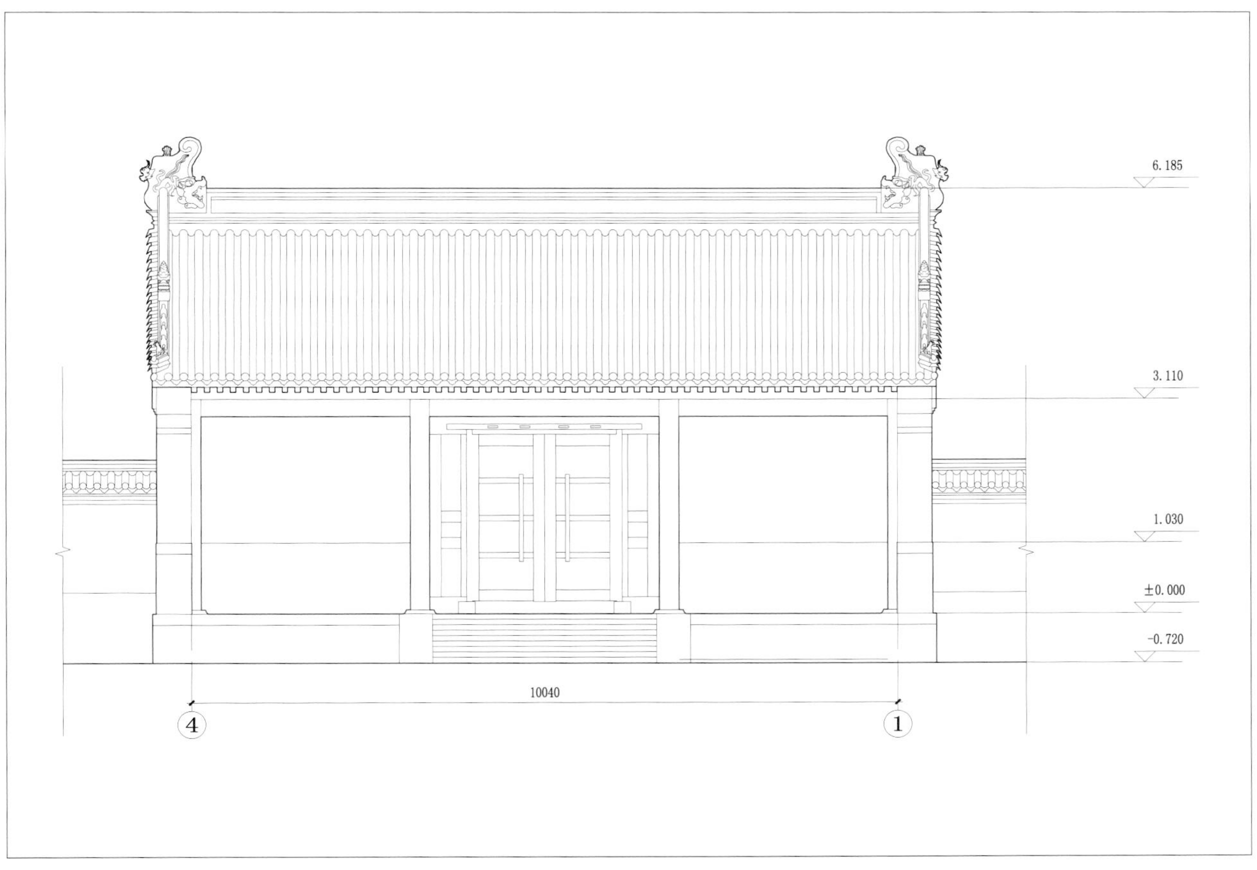
6.185
3.110
1.030
±0.000
-0.720
10040
4
1

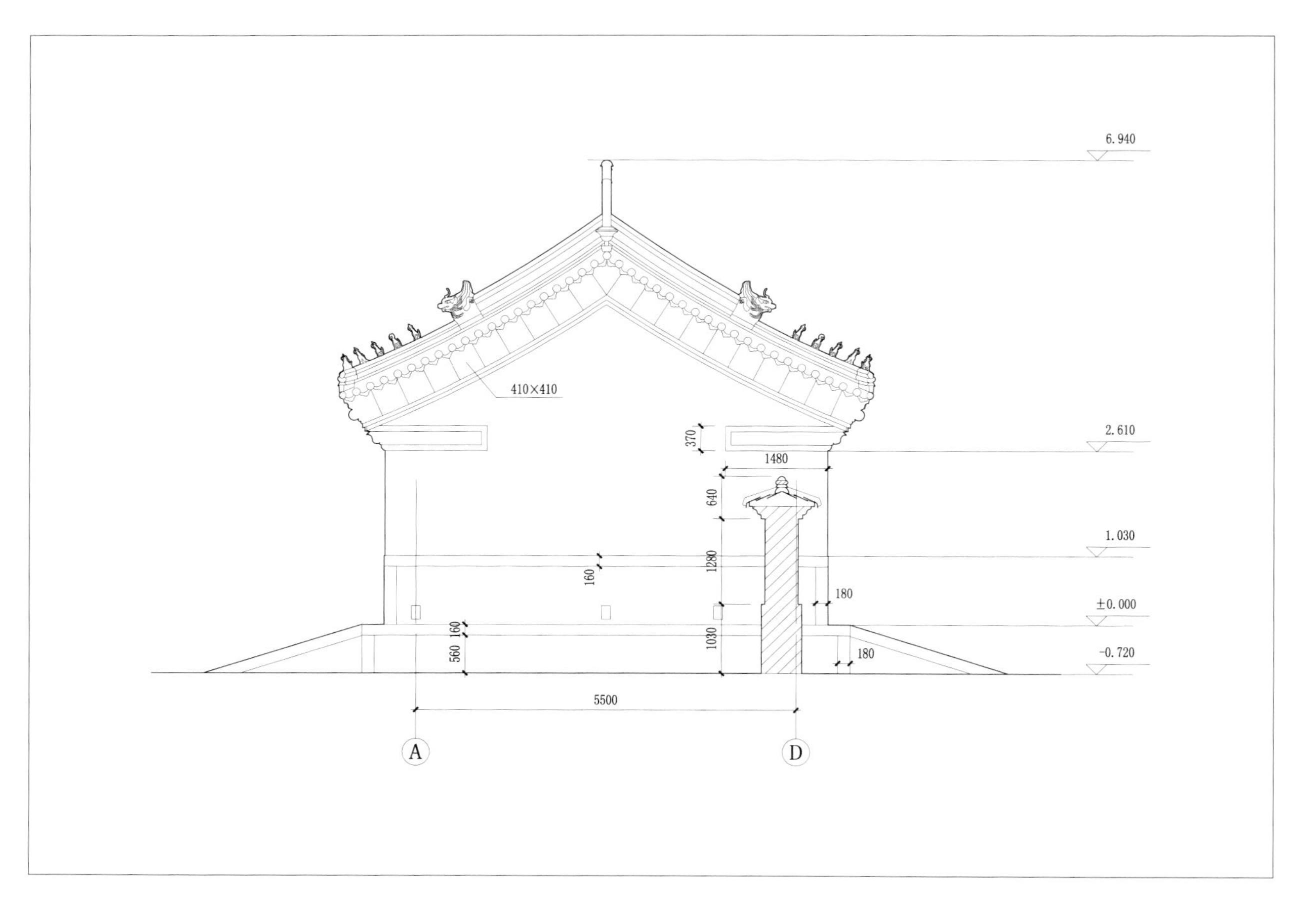
6.940
410×410
370
2.610
1480
640
1.030
1280
160
180
±0.000
160
560
1030
180
-0.720
5500
A
D

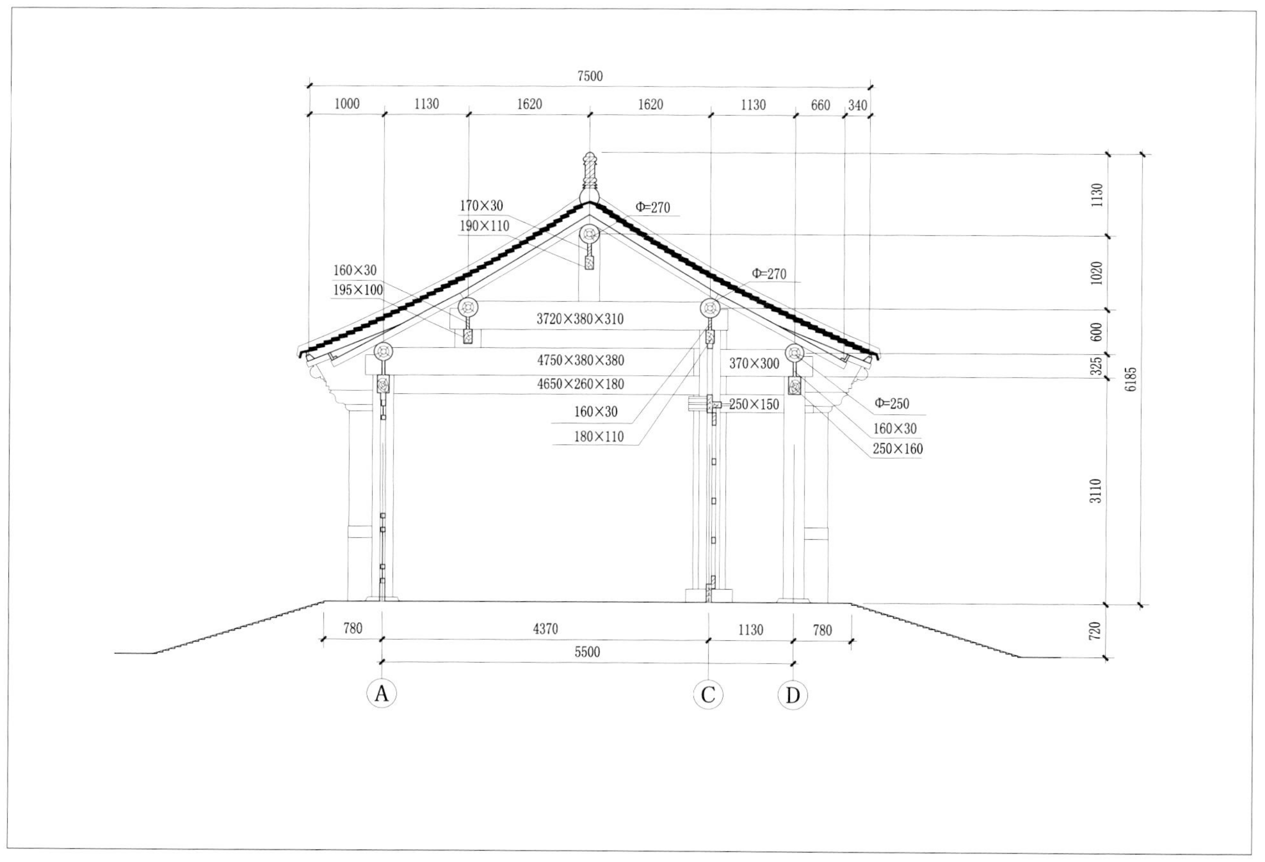
7500
1000
1130
1620
1620
1130
660
340
170×30
190×110
Φ=270
160×30
195×100
Φ=270
3720×380×310
4750×380×380
370×300
4650×260×180
250×150
160×30
180×110
Φ=250
160×30
250×160
1130
1020
600
325
6185
3110
720
780
4370
1130
780
5500
A
C
D

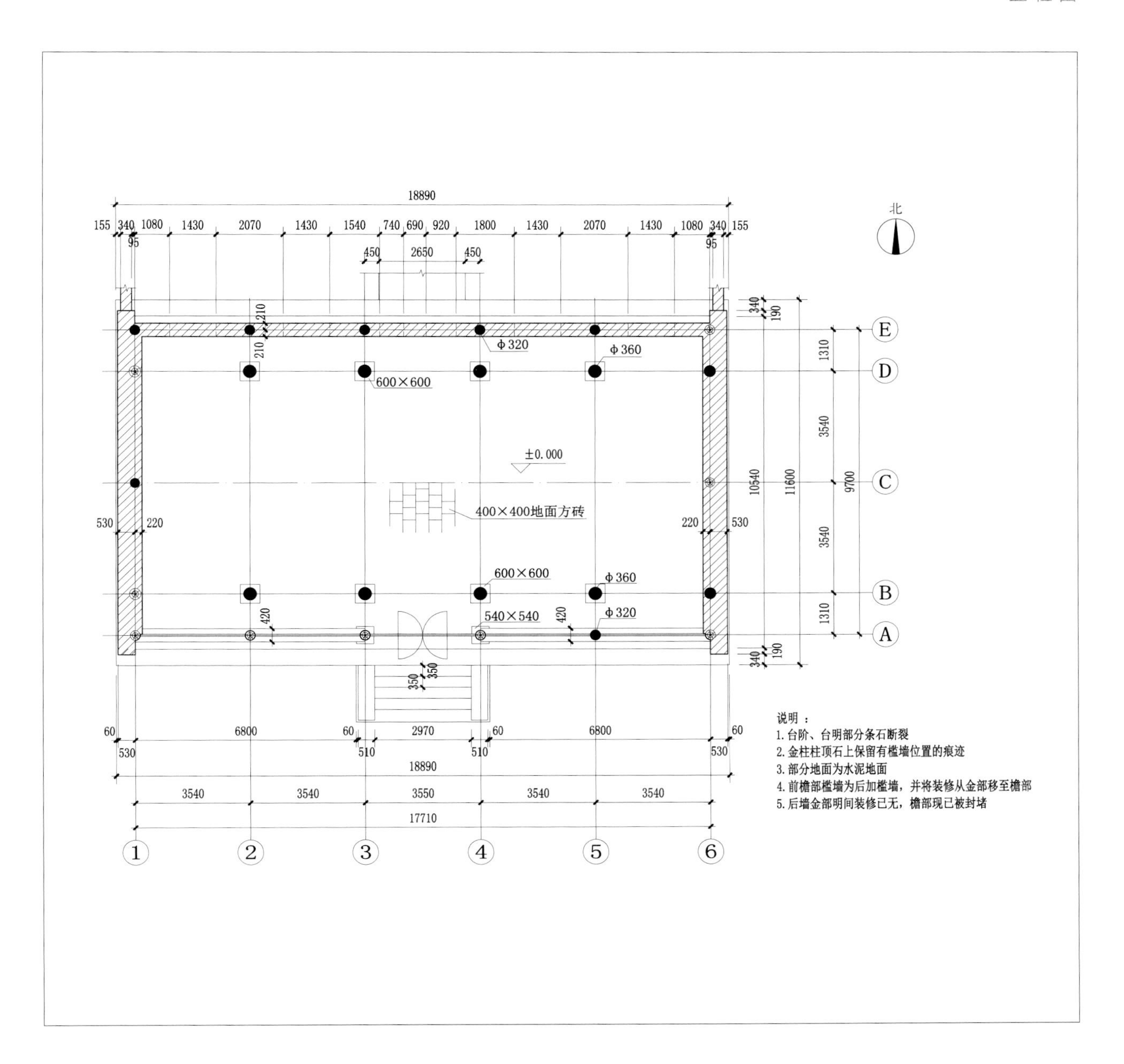

一二　仪门侧立面图
一三　仪门剖面图
一四　静宜堂平面图

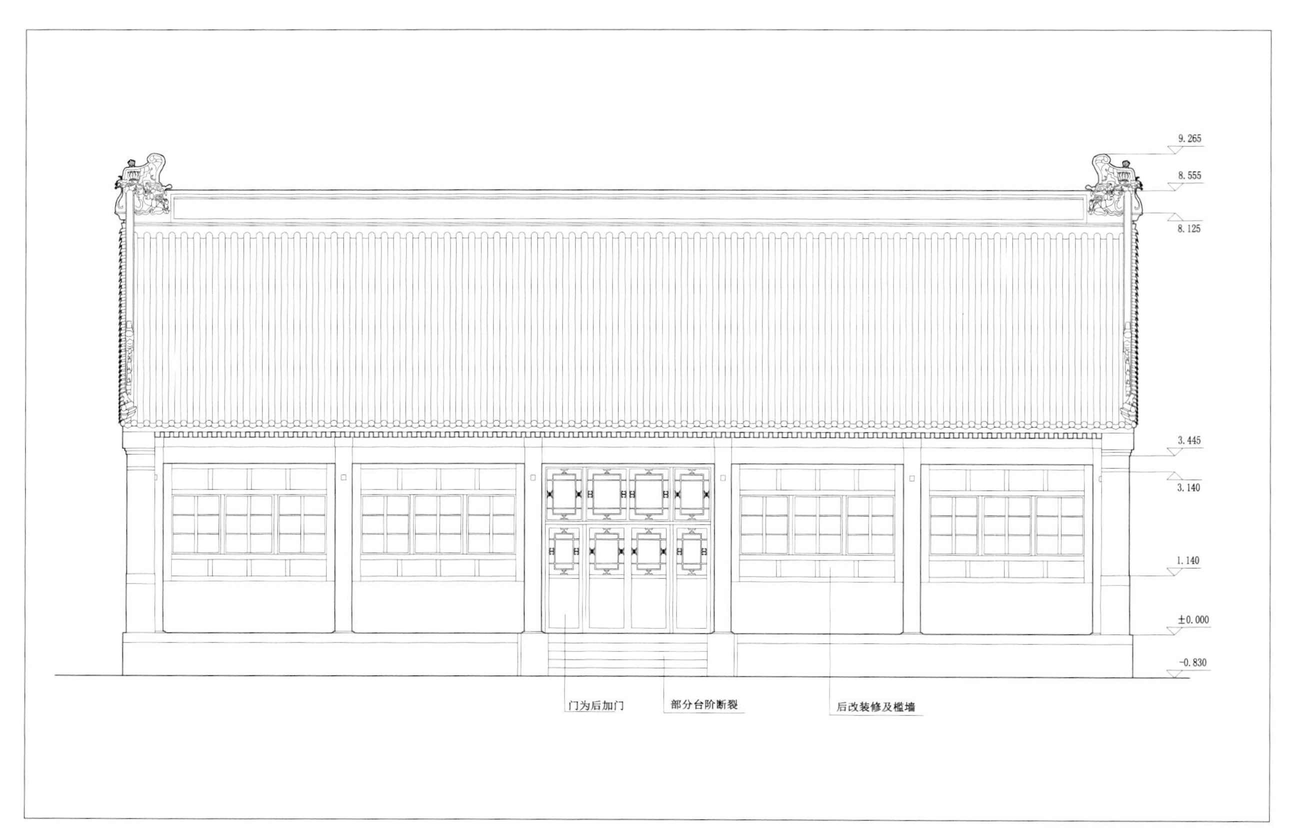

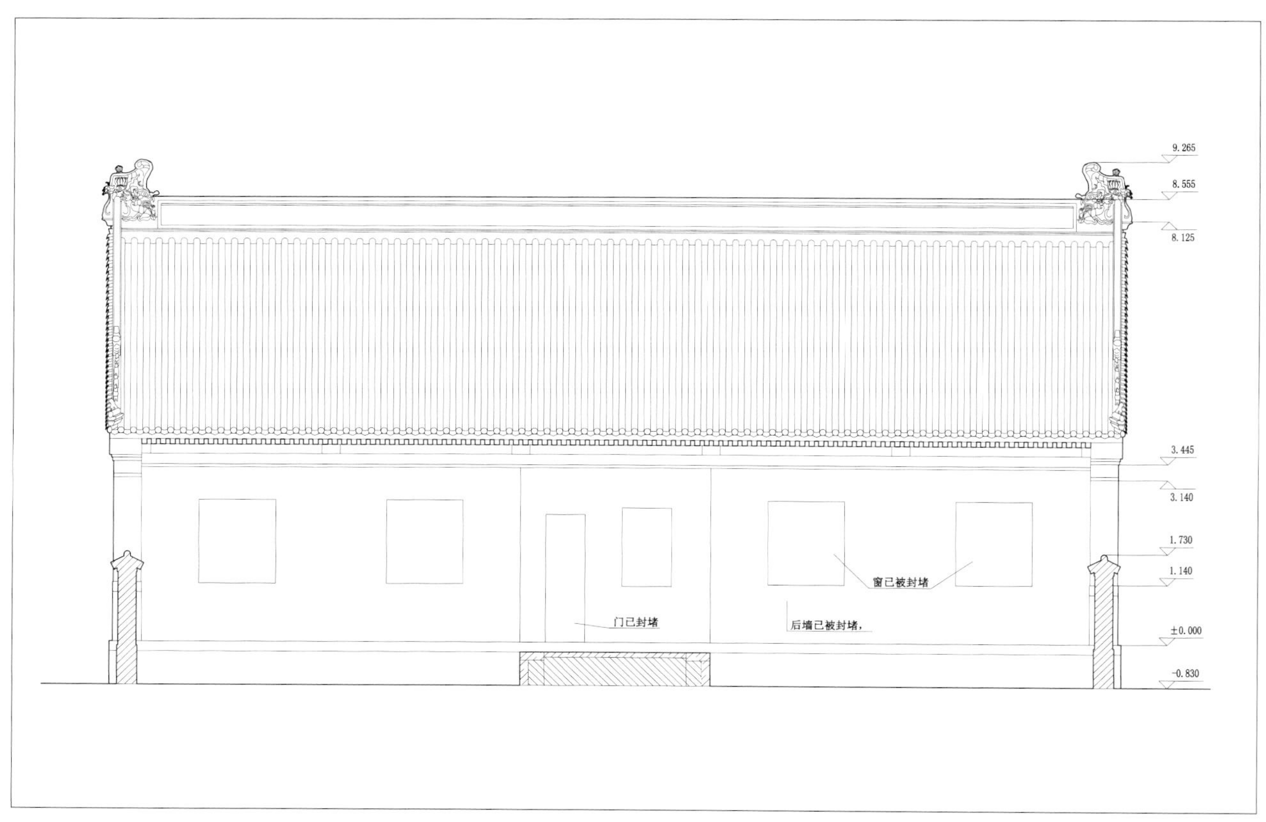

一五　静宜堂正立面图
一六　静宜堂背立面图

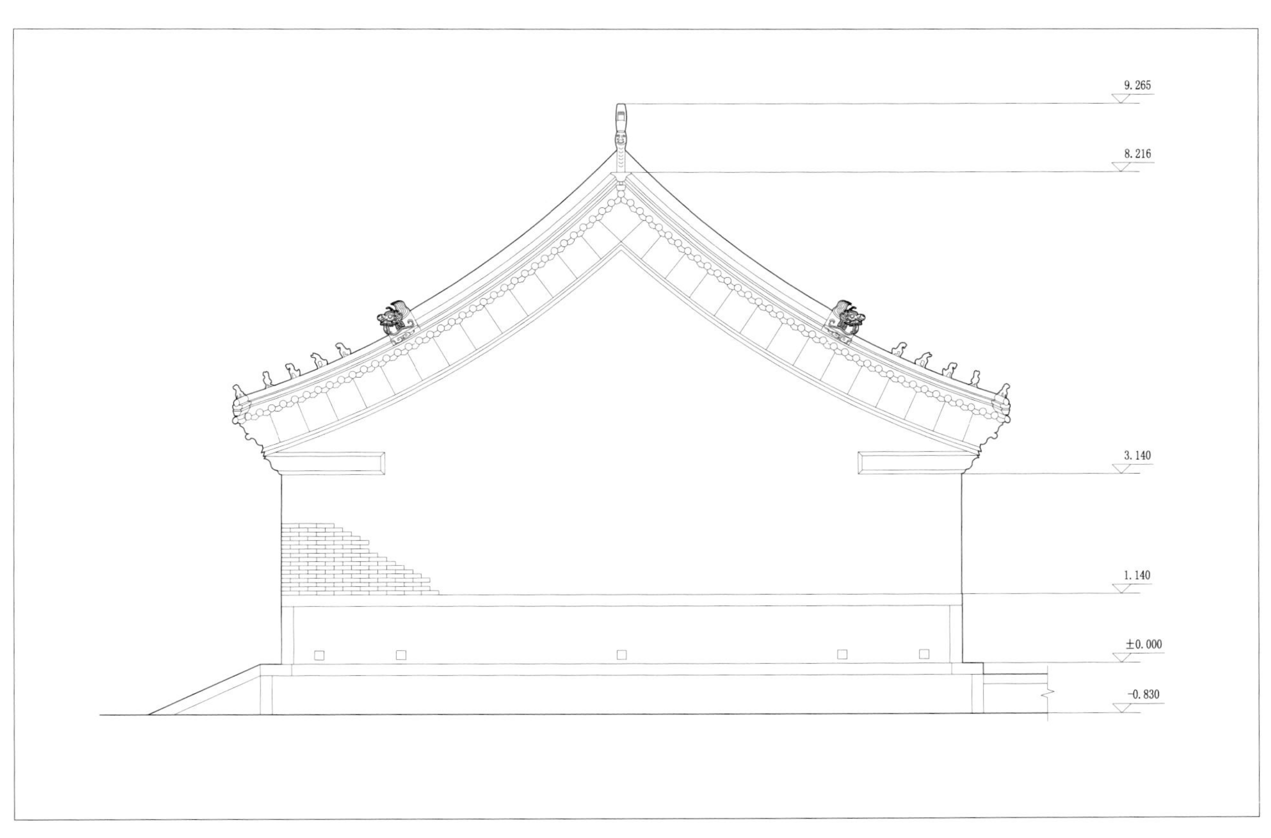

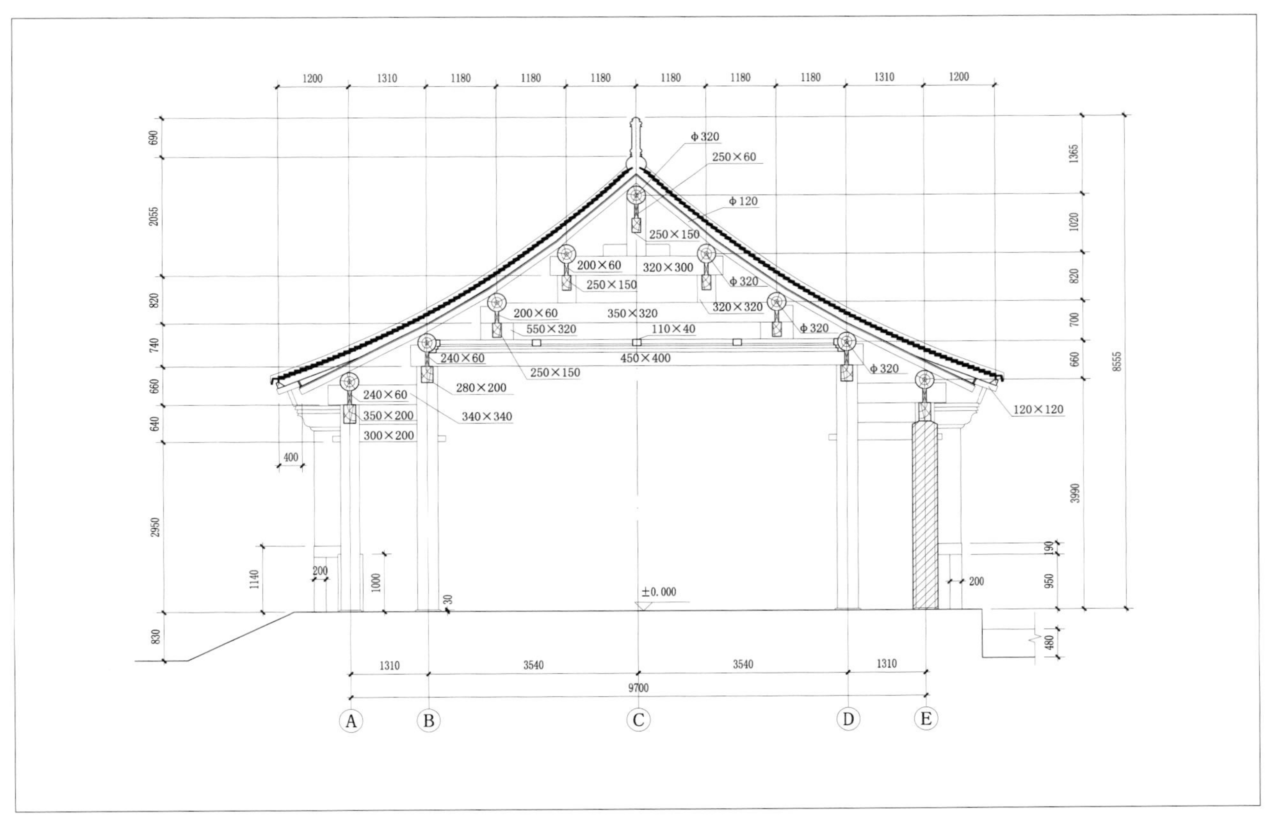

一七　静宜堂侧立面图
一八　静宜堂剖面图

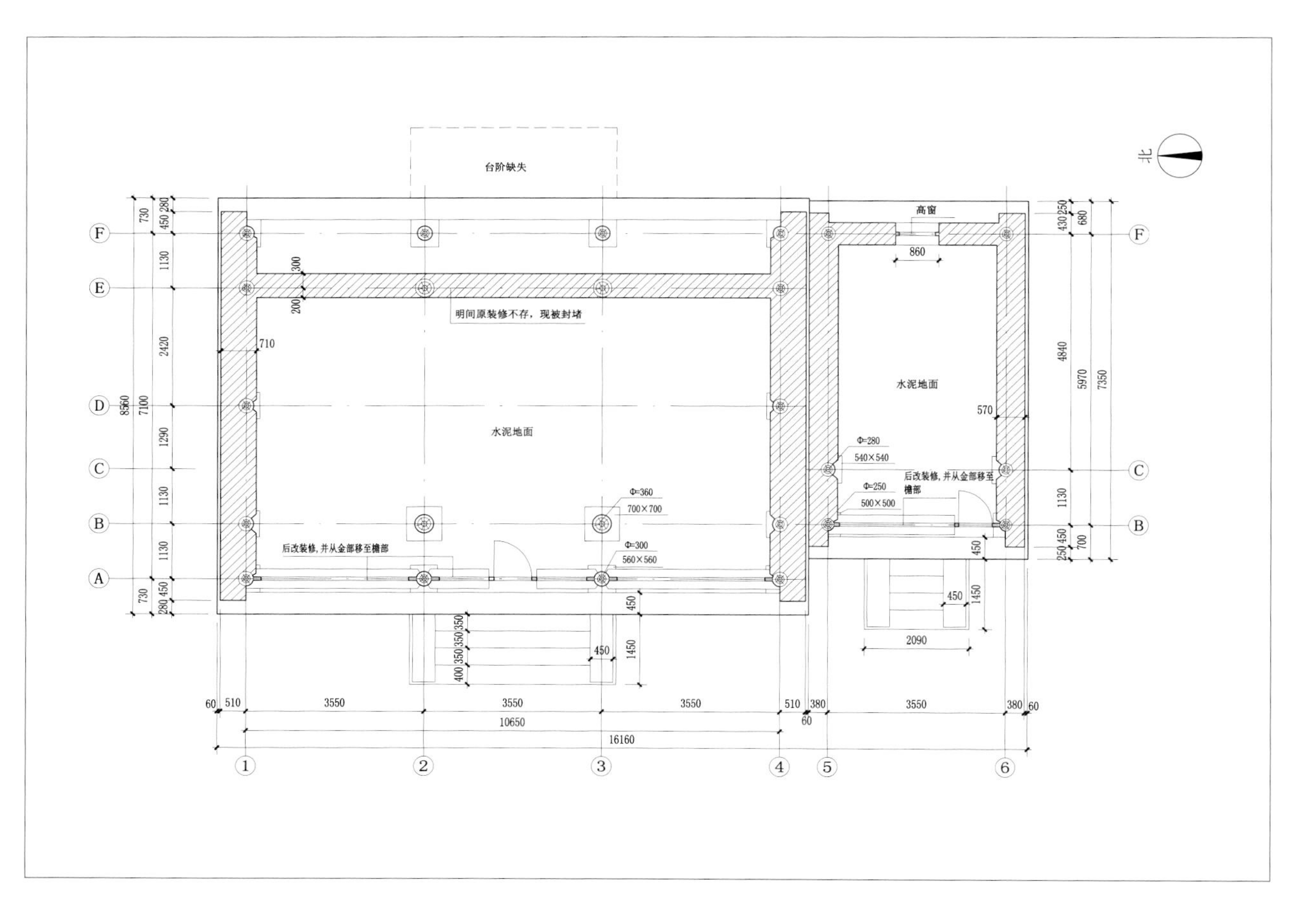
台阶缺失
北
高窗
明间原装修不存，现被封堵
水泥地面
水泥地面
后改装修，并从金部移至檐部
后改装修，并从金部移至檐部

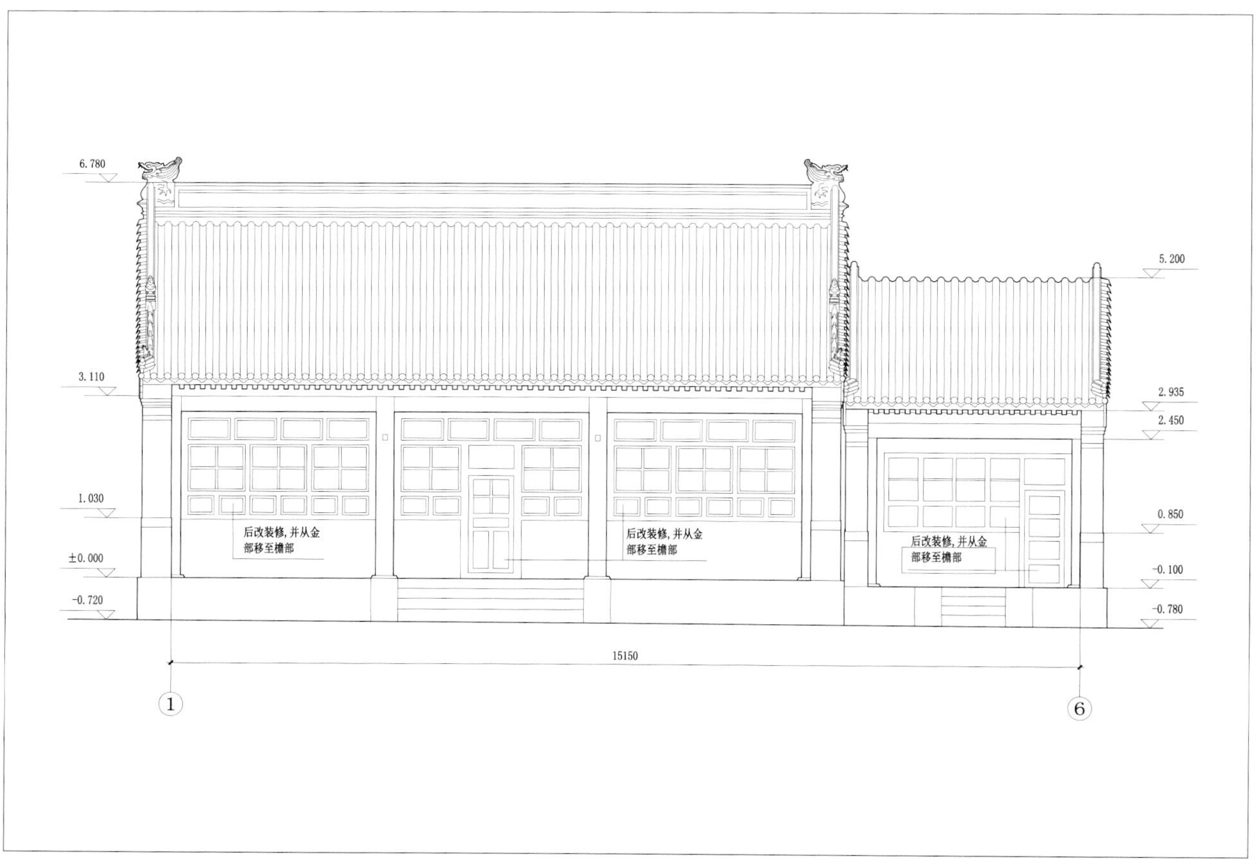
后改装修，并从金部移至檐部
后改装修，并从金部移至檐部
后改装修，并从金部移至檐部

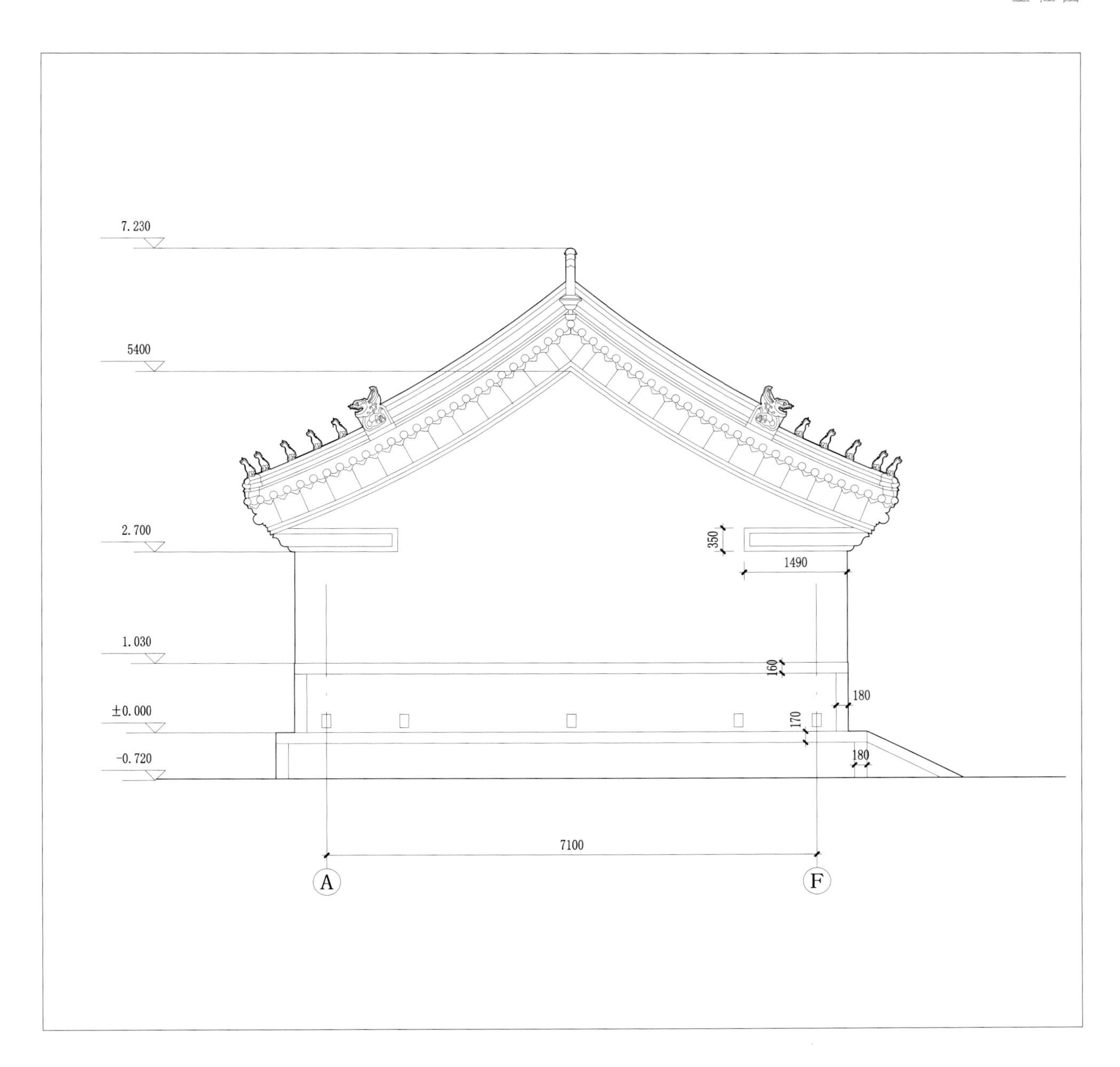

一九　静宜堂东、西厢房及耳房平面图
二〇　静宜堂东、西厢房及耳房正立面图
二一　静宜堂东、西厢房侧立面图

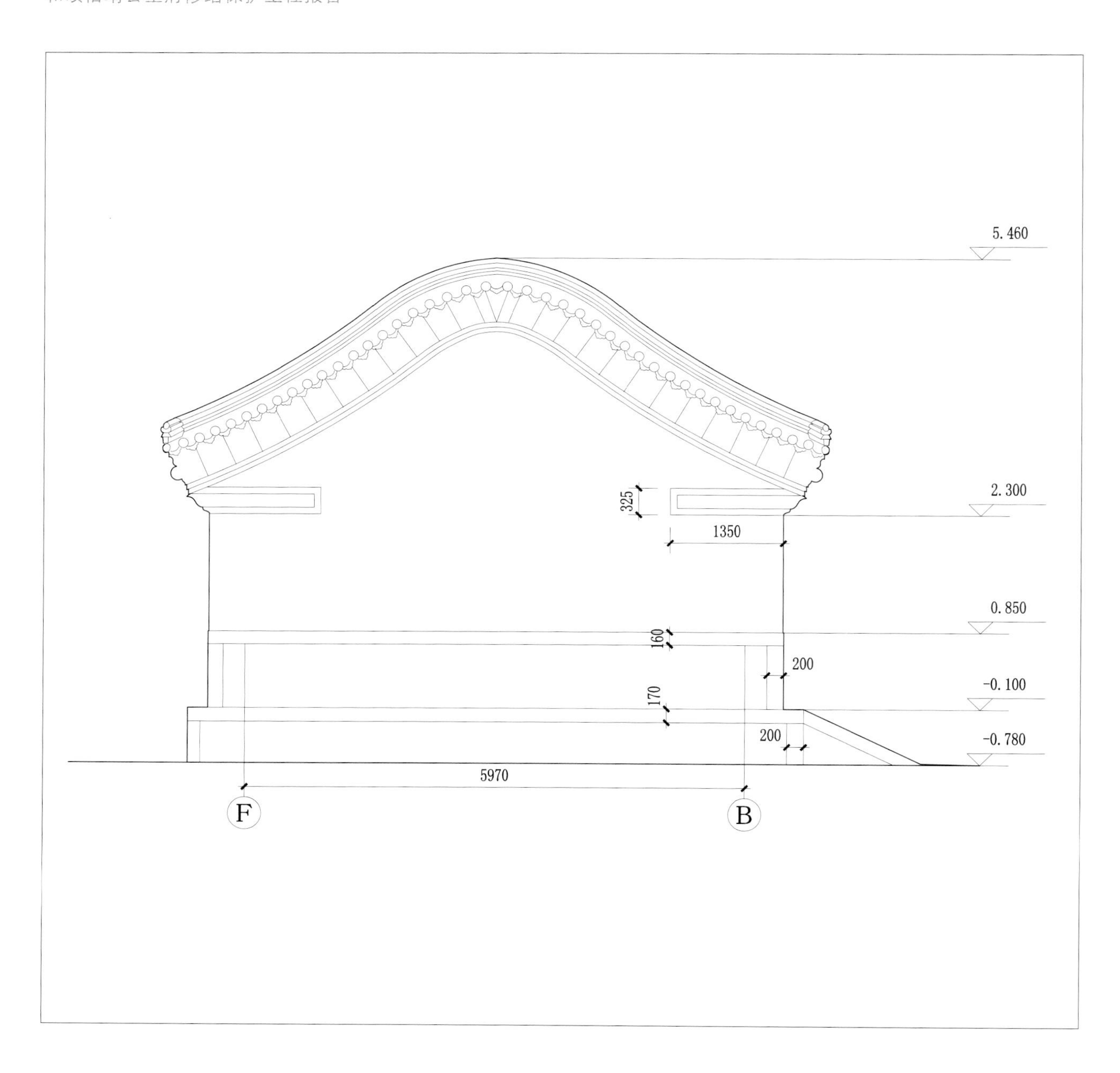

二二　静宜堂耳房侧立面图

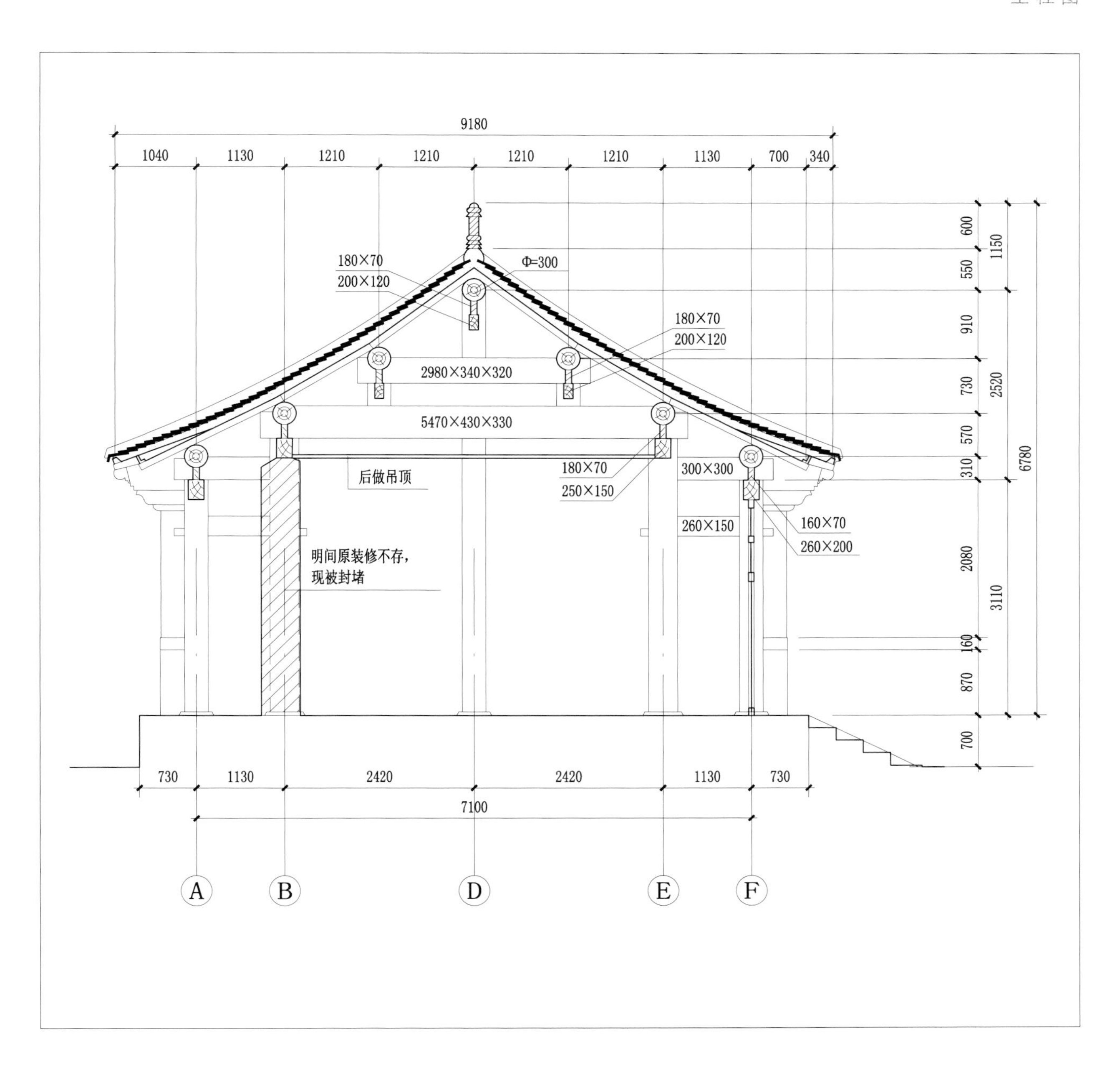

二三　静宜堂东、西厢房剖面图

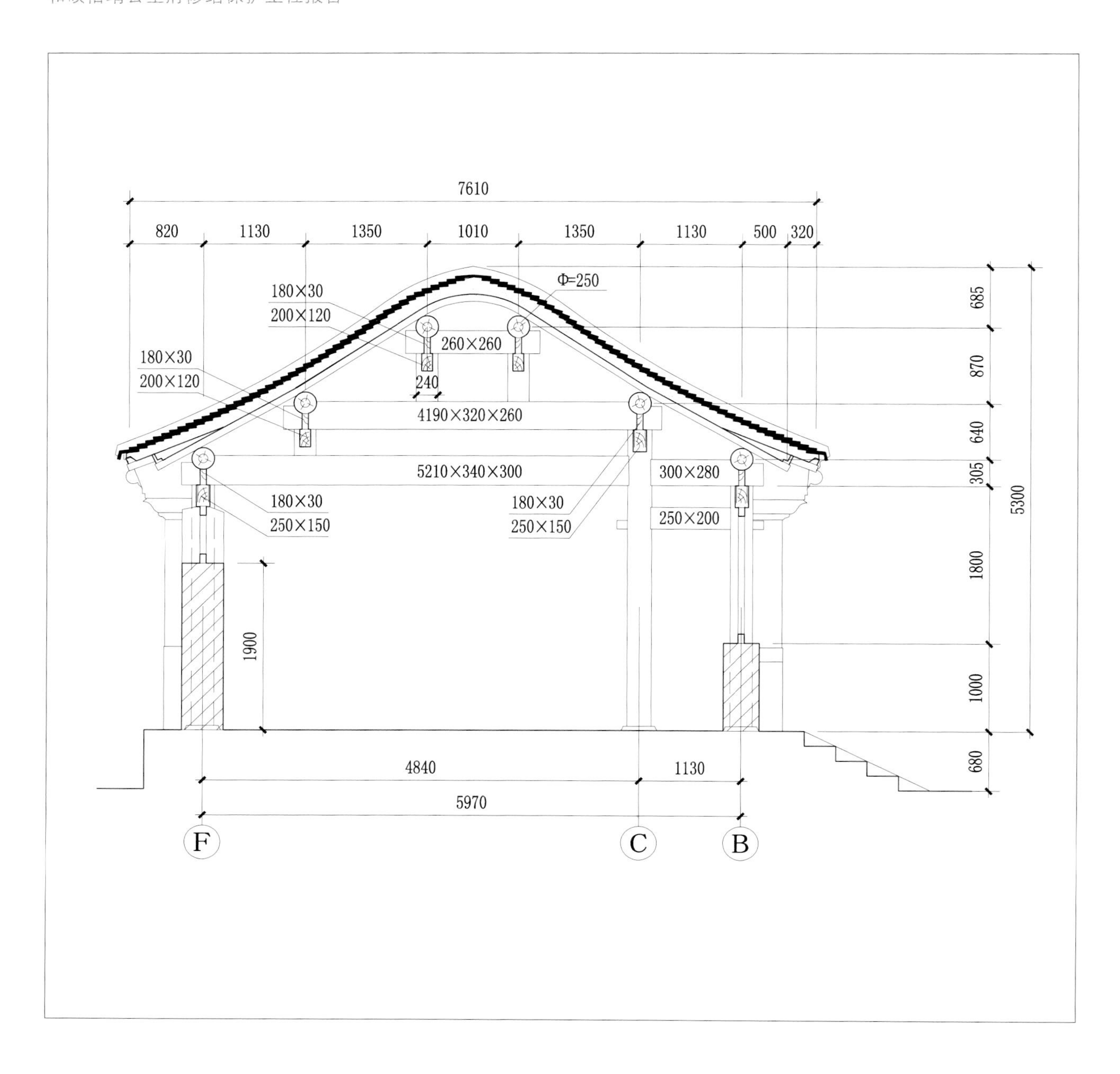
7610
820
1130
1350
1010
1350
1130
500
320
Φ=250
180×30
200×120
260×260
240
180×30
200×120
4190×320×260
5210×340×300
300×280
180×30
250×150
180×30
250×150
250×200
685
870
640
305
5300
1800
1900
1000
680
4840
1130
5970
F
C
B

二四　静宜堂耳房剖面图

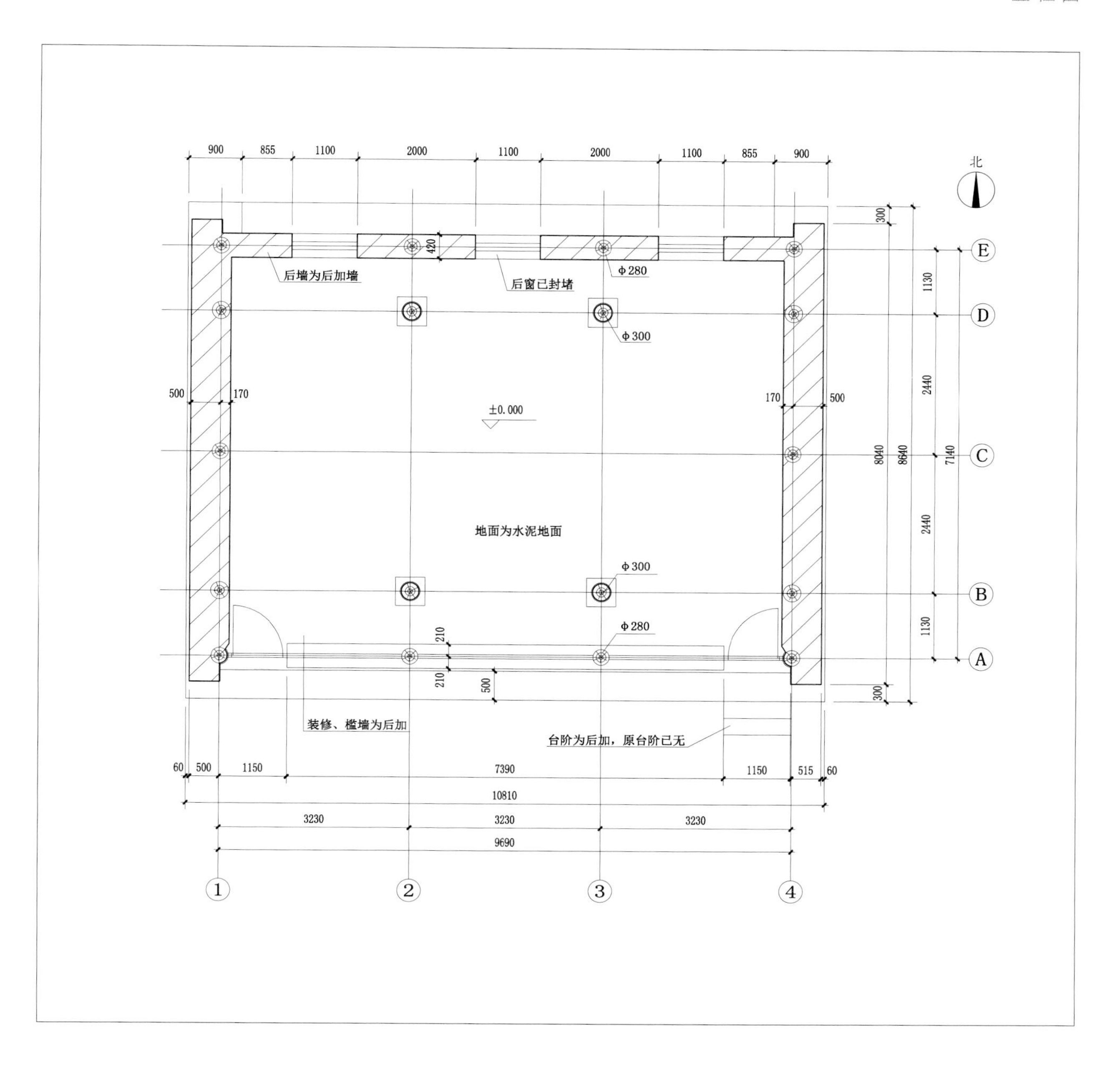

二五　静宜堂左、右朵殿平面图

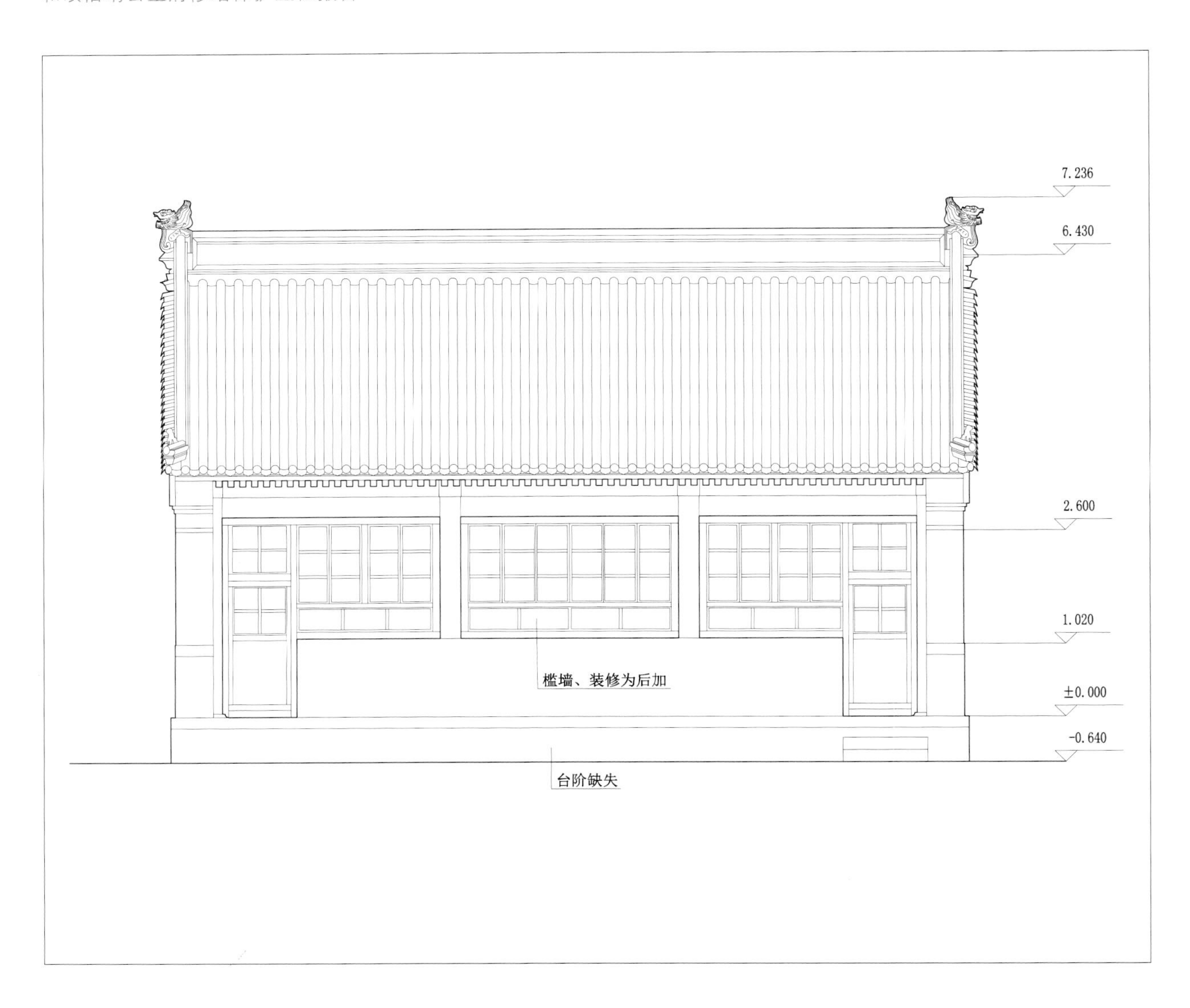

二六　静宜堂左、右朵殿正立面图

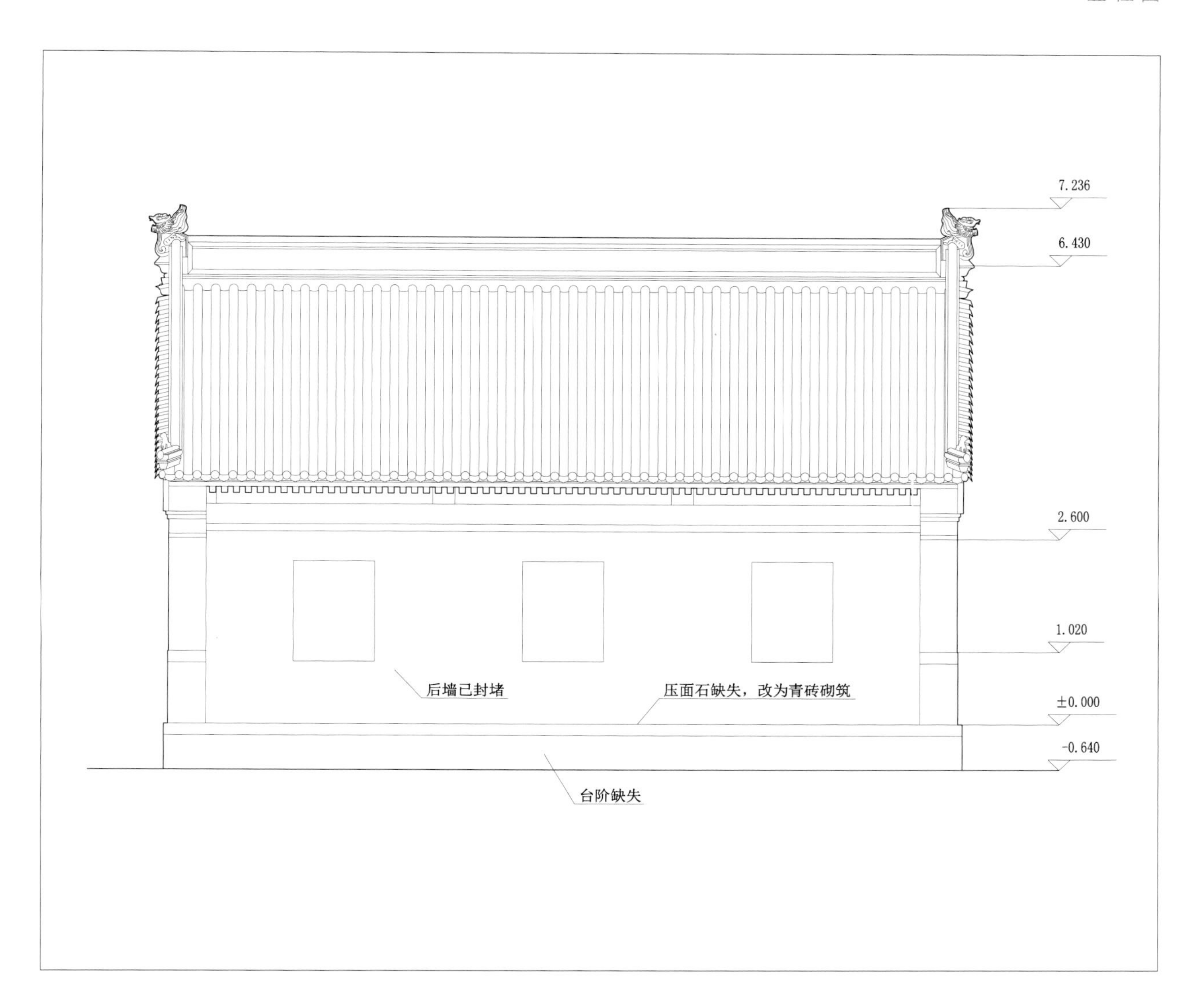

二七　静宜堂左、右朵殿背立面图

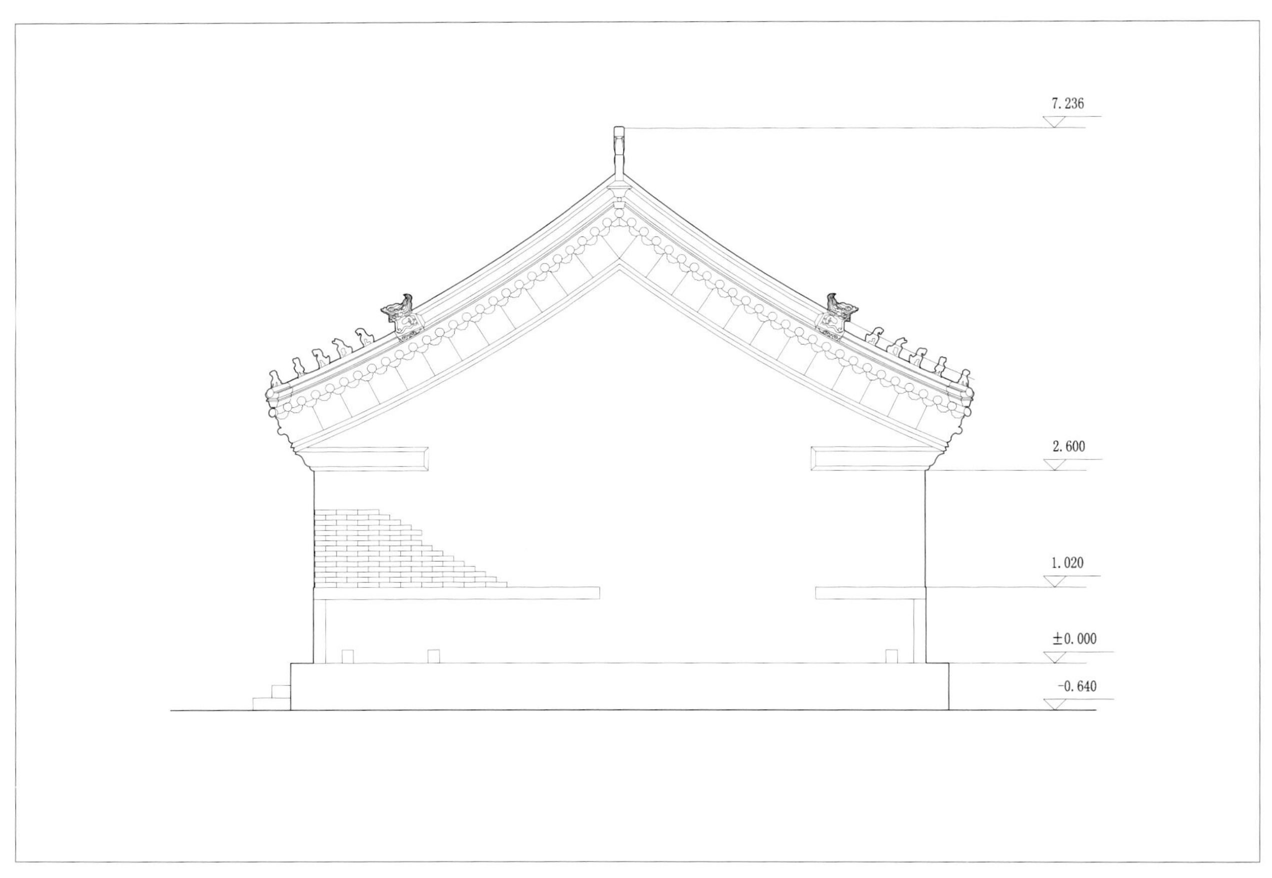
7.236
2.600
1.020
±0.000
-0.640

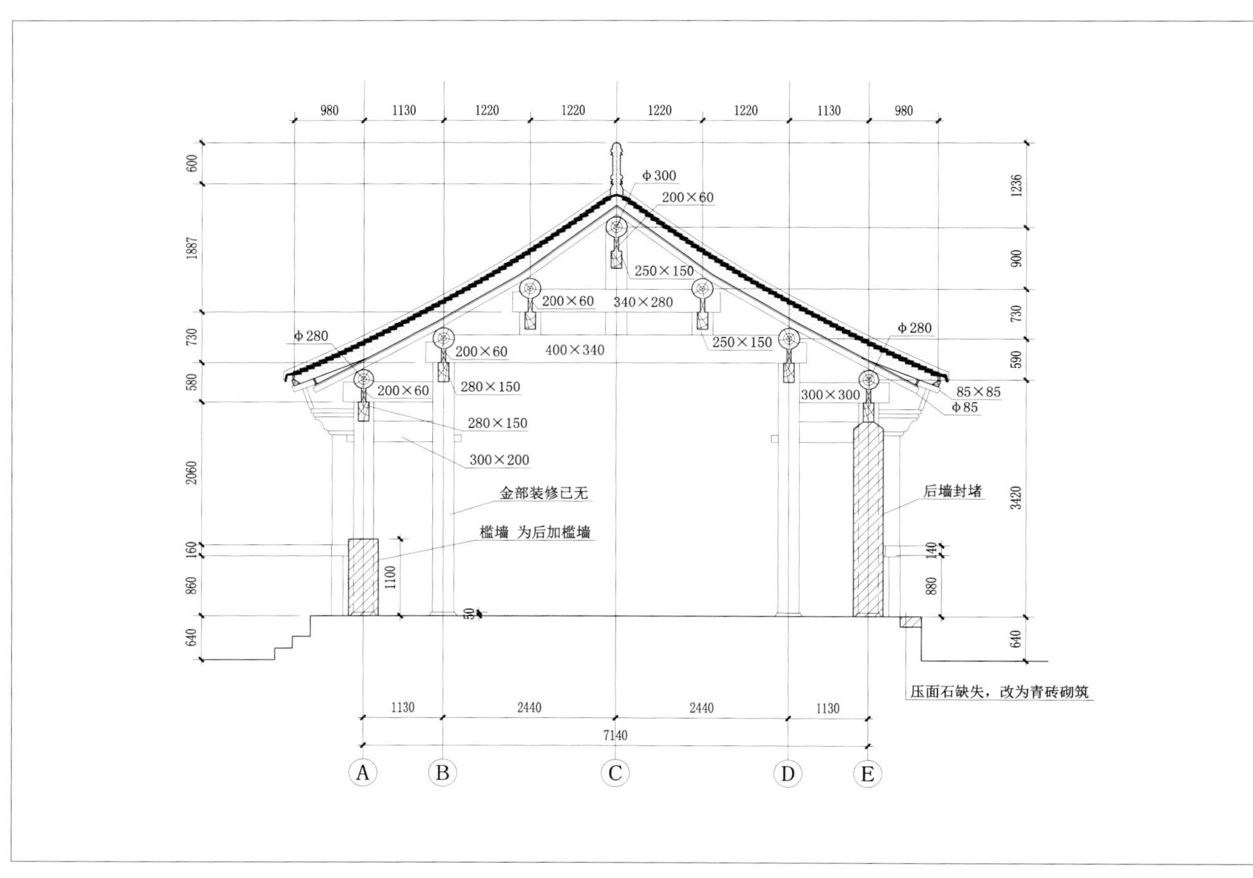
980
1130
1220
1220
1220
1220
1130
980
600
1887
730
580
2060
160
860
640
1236
900
730
590
3420
140
880
640
φ300
200×60
250×150
200×60
340×280
φ280
200×60
400×340
250×150
φ280
200×60
280×150
300×300
85×85
φ85
280×150
300×200
金部装修已无
后墙封堵
槛墙 为后加槛墙
1100
50
压面石缺失，改为青砖砌筑
1130
2440
2440
1130
7140
A
B
C
D
E

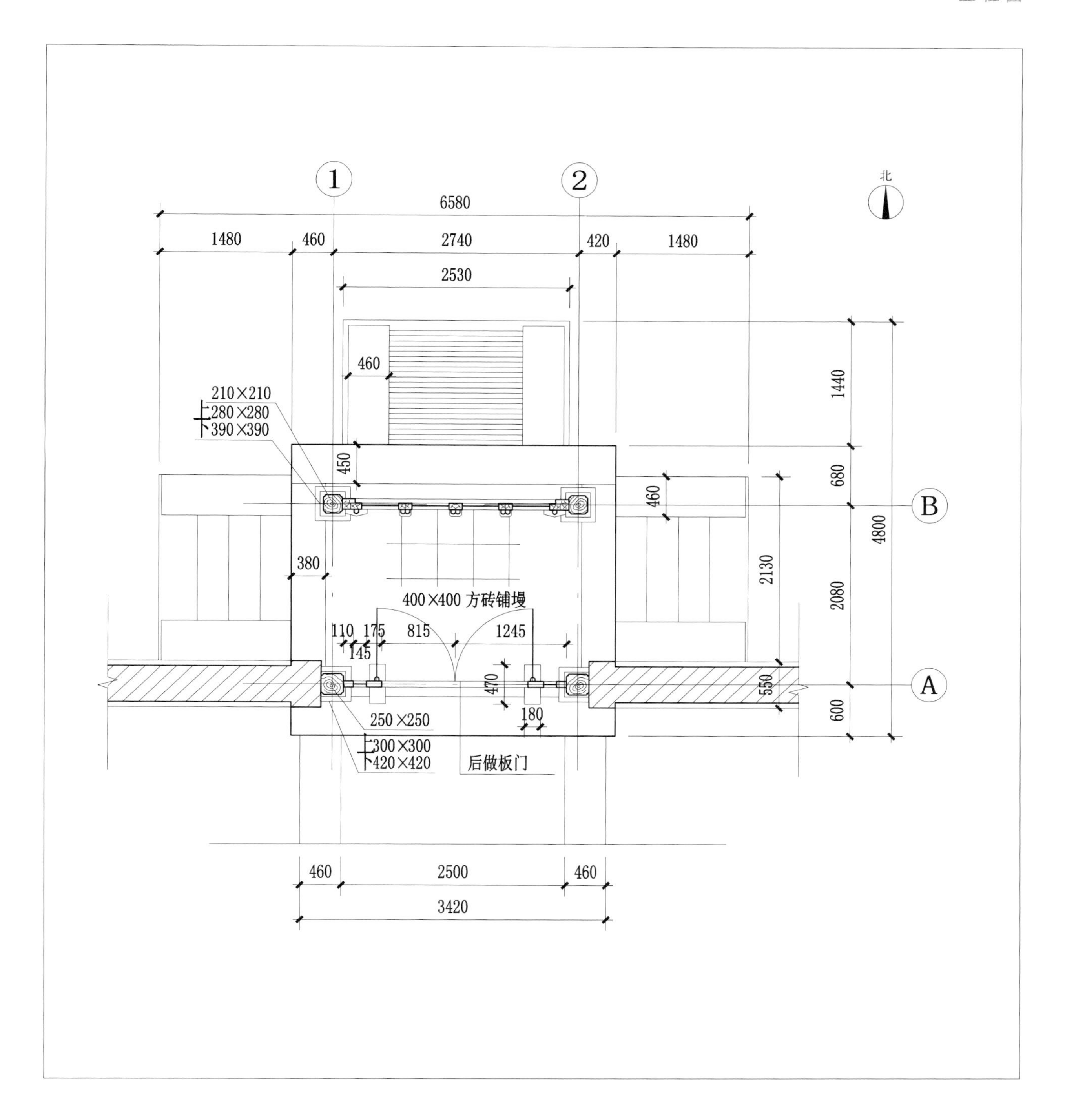

二八　静宜堂左、右朵殿侧殿侧立面图
二九　静宜堂左、右朵殿剖面图
三〇　垂花门平面图

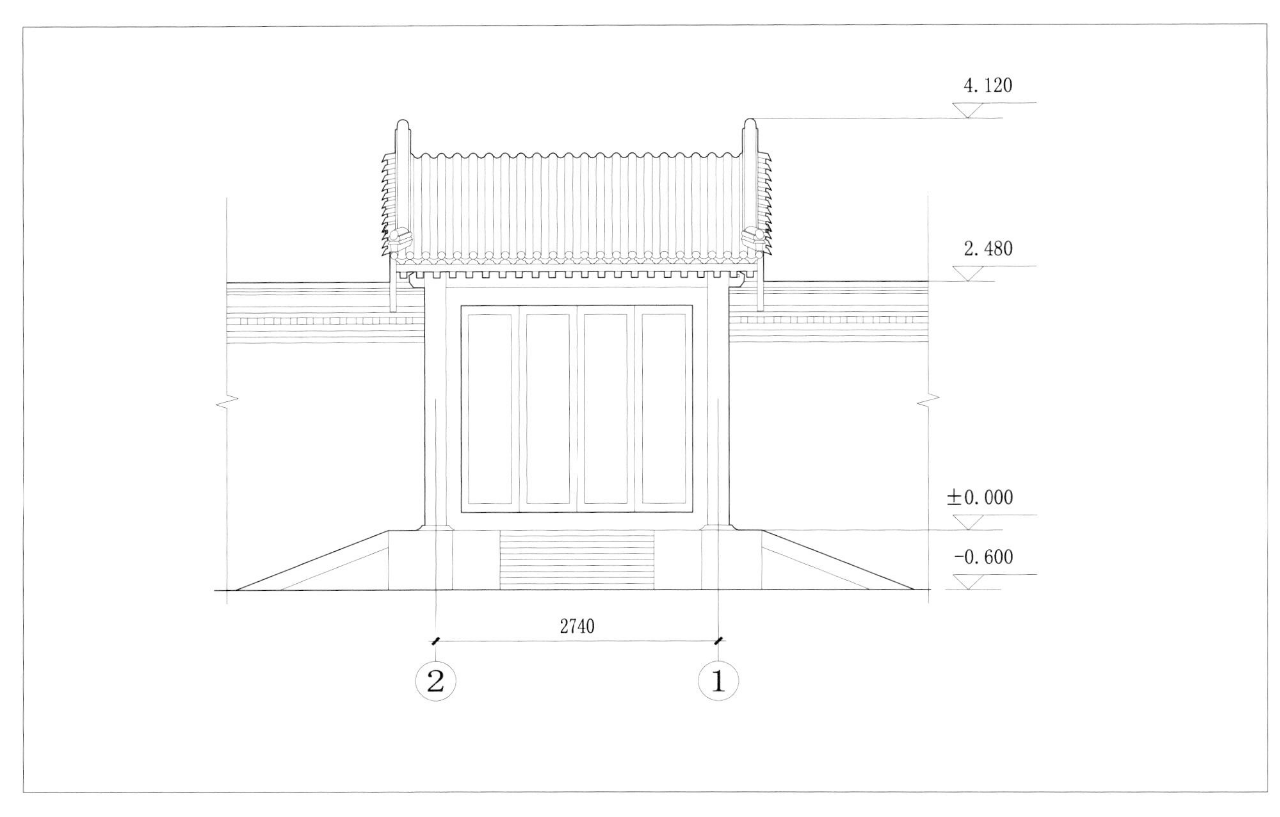
4.120
2.480
±0.000
-0.600
2740
2
1

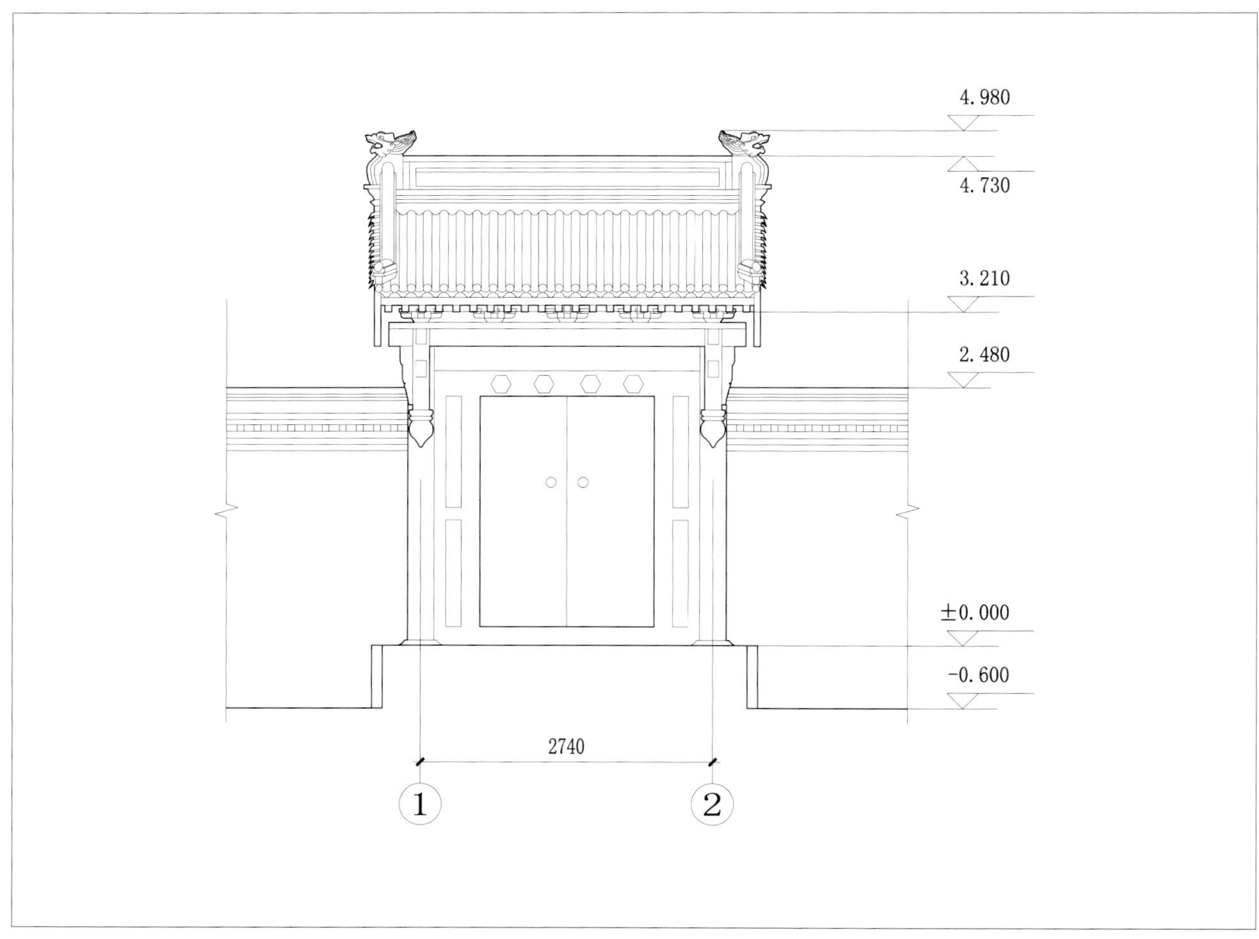
4.980
4.730
3.210
2.480
±0.000
-0.600
2740
1
2

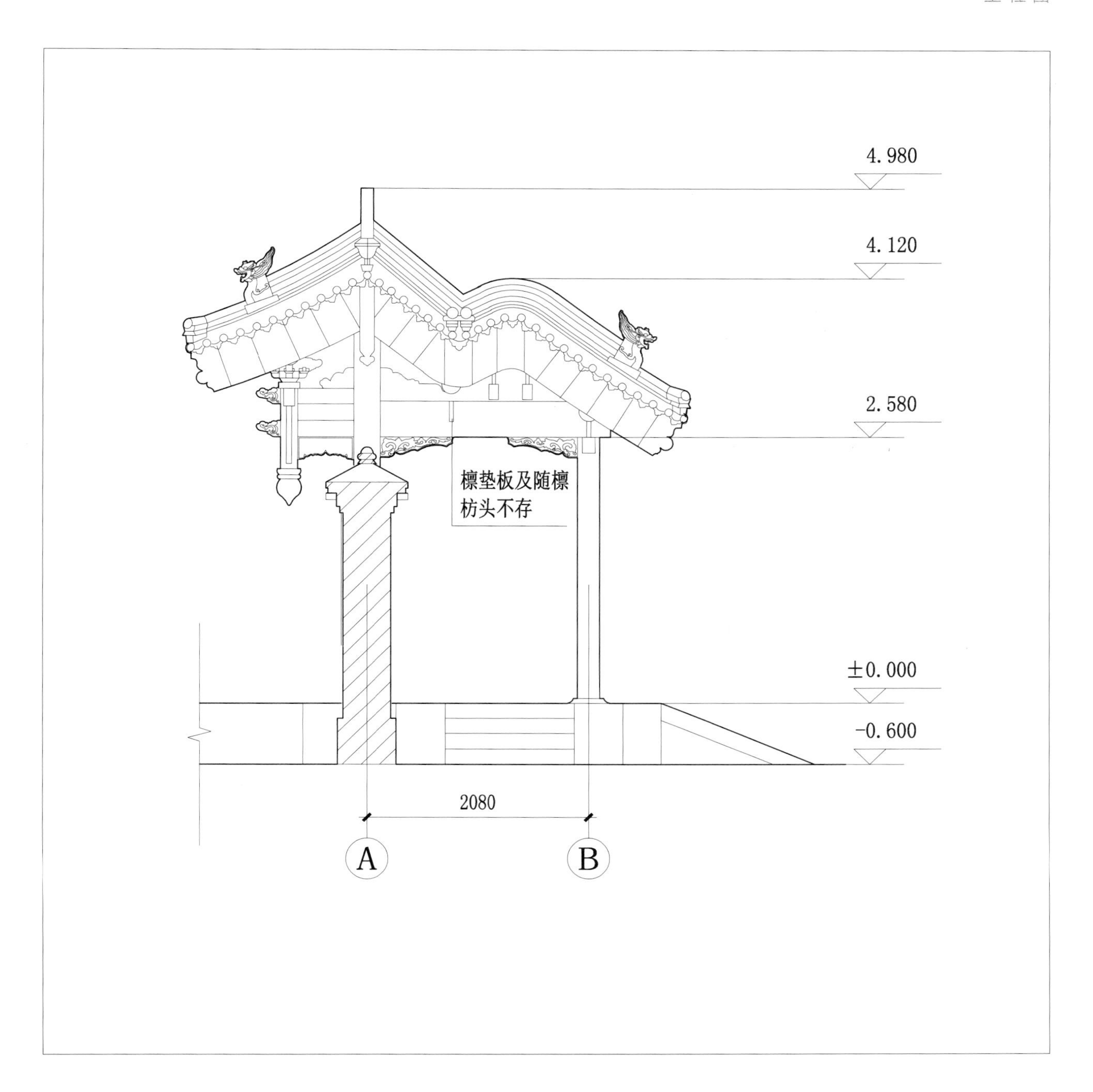

三一　垂花门正立面图
三二　垂花门背立面图
三三　垂花门侧立面图

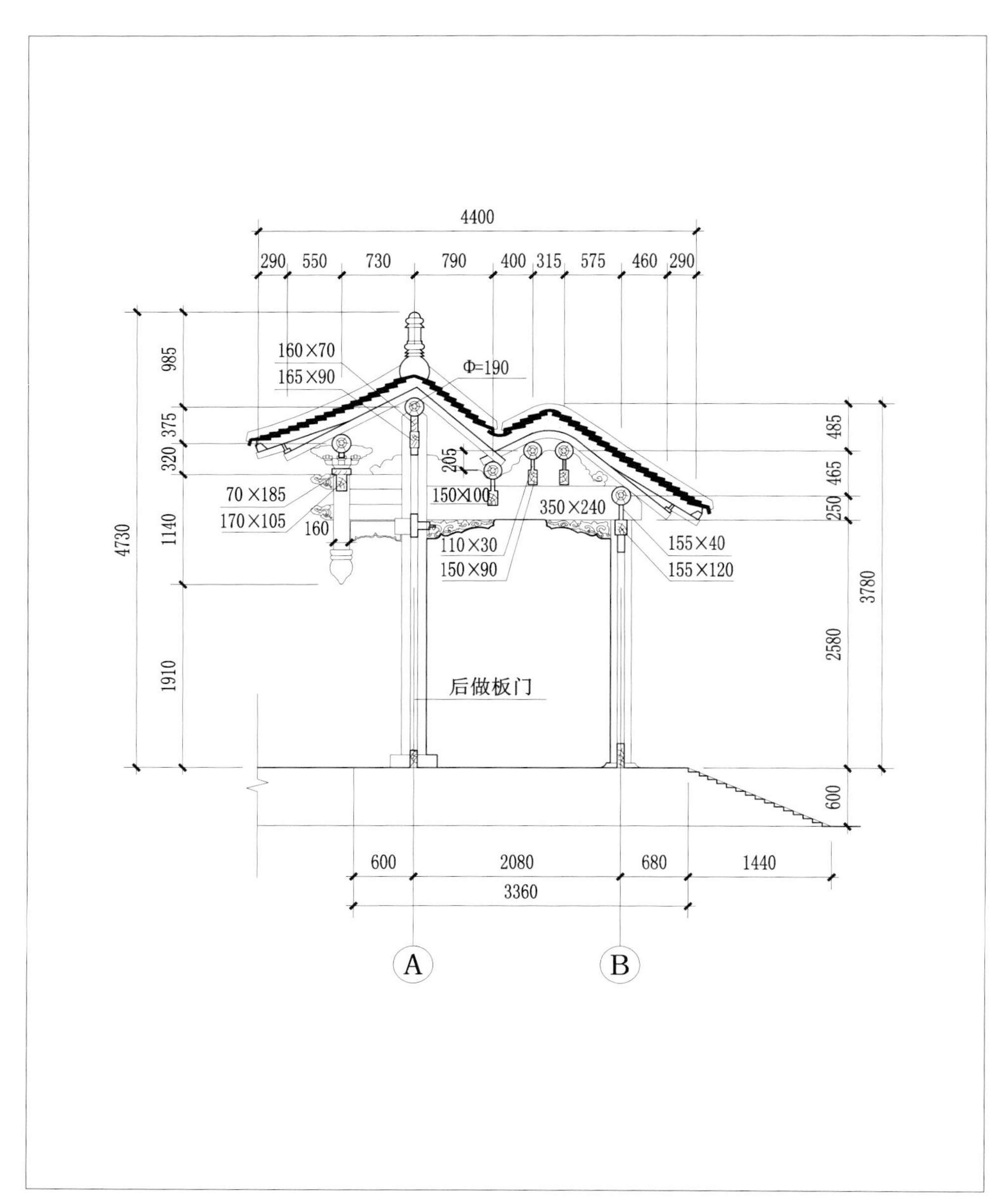
4400
290 550 730 790 400 315 575 460 290
160×70
165×90
Φ=190
985
375
320
1140
1910
4730
70×185
170×105
160
205
150×100
350×240
110×30
150×90
155×40
155×120
485
465
250
2580
3780
600
后做板门
600 2080 680 1440
3360
A
B

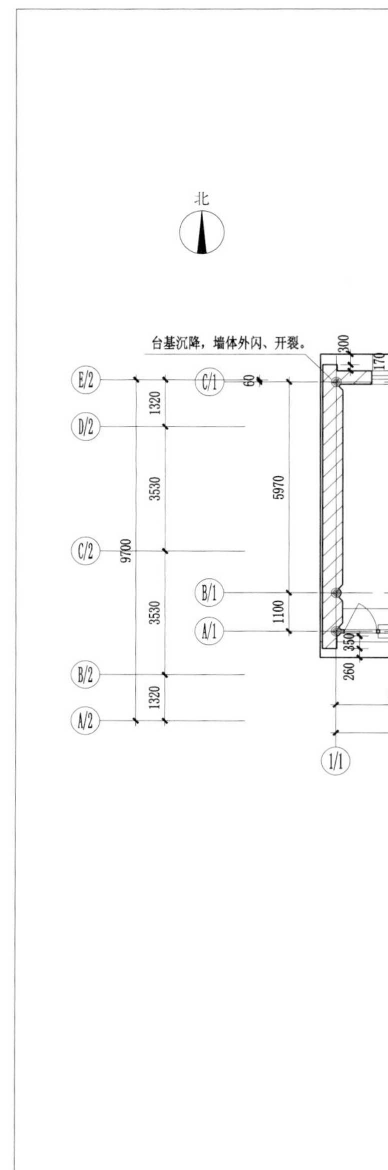
北
台基沉降，墙体外闪、开裂。
E/2
D/2
C/2
B/2
A/2
C/1
B/1
A/1
1/1
1320
3530
3530
1320
9700
5970
1100
60
300
260

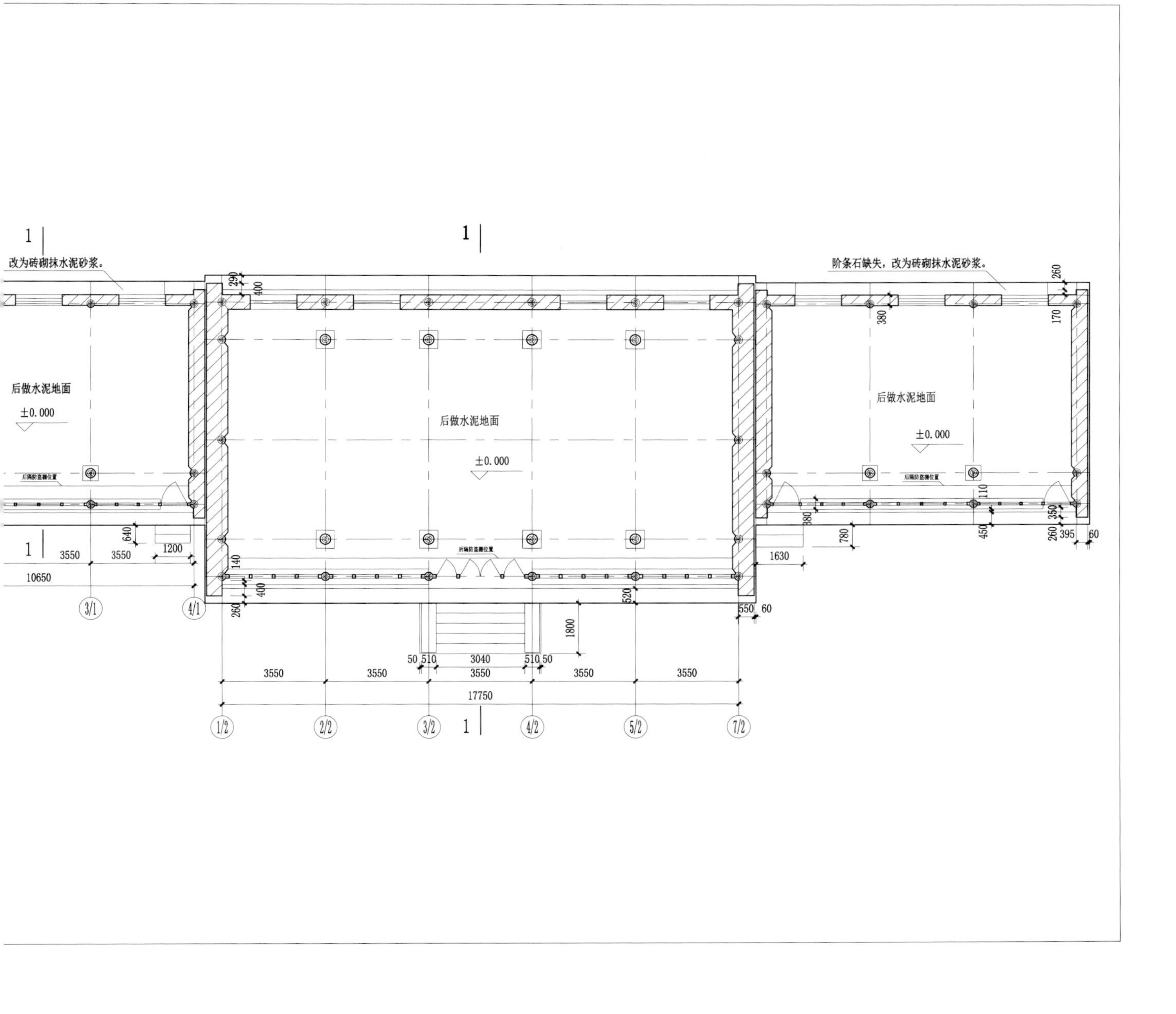

三四　垂花门剖面图
三五　寝殿及左、右耳房平面图

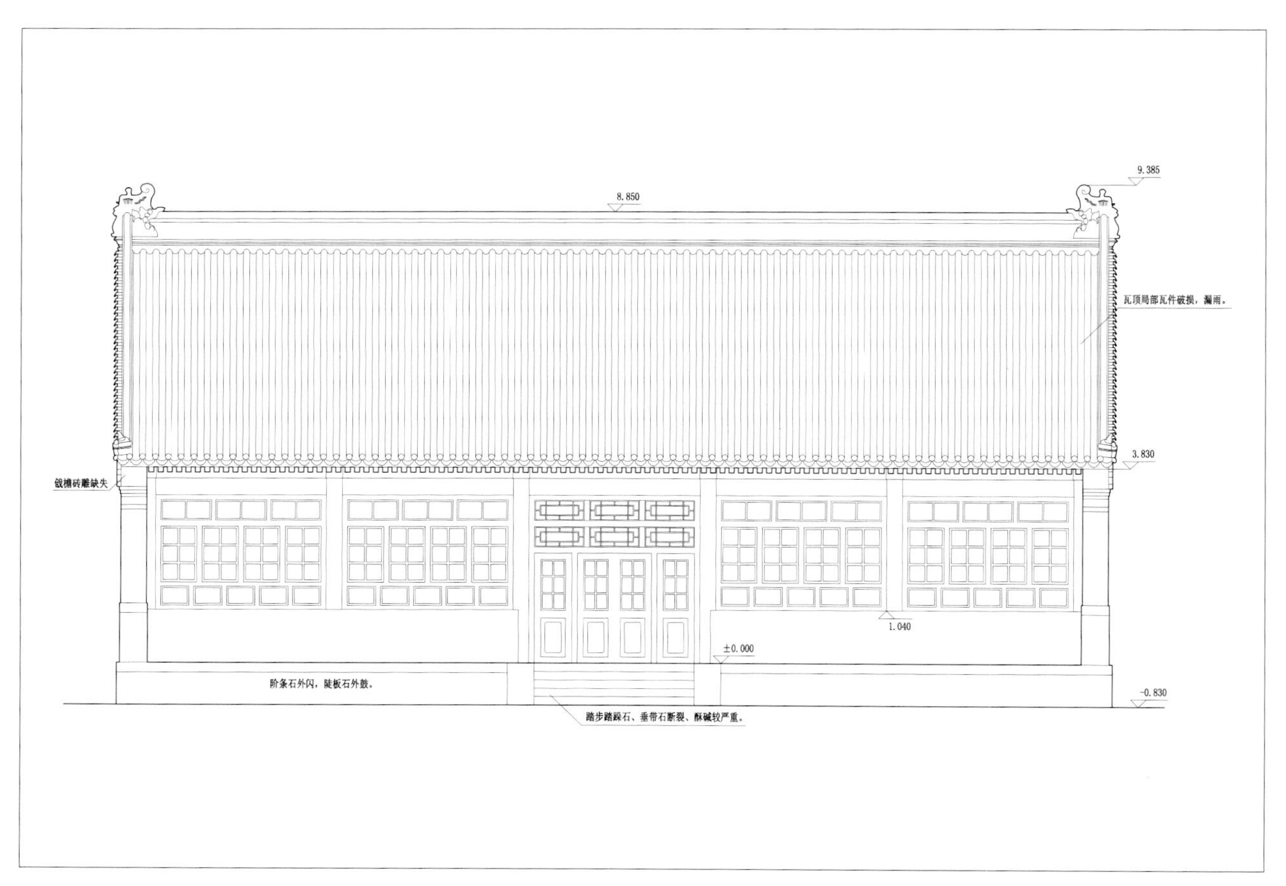
9.385
8.850
瓦顶局部瓦件破损，漏雨。
3.830
戗檐砖雕缺失
1.040
±0.000
阶条石外闪，陡板石外鼓。
-0.830
踏步踏跺石、垂带石断裂、酥碱较严重。

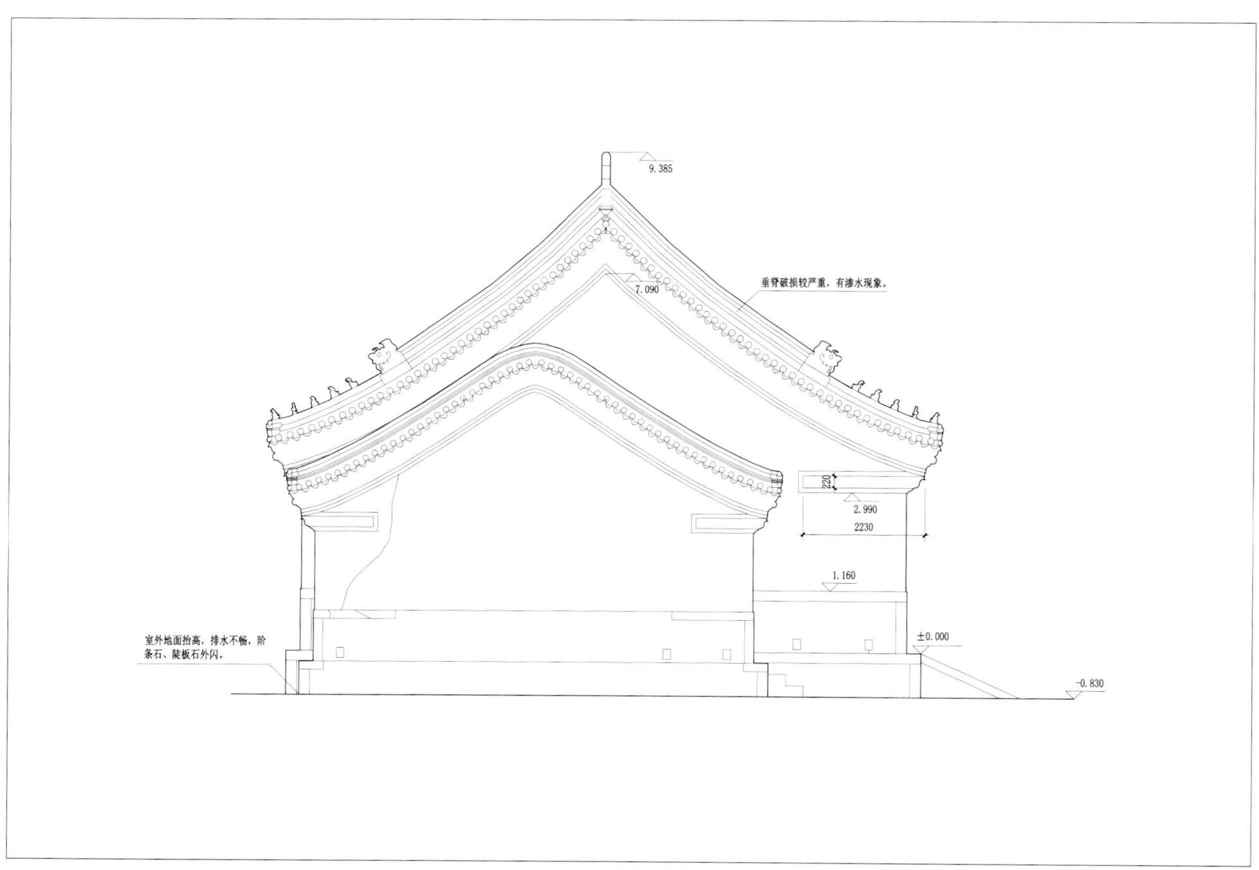
9.385
7.090
垂脊破损较严重，有渗水现象。
220
2.990
2230
1.160
±0.000
室外地面抬高，排水不畅，阶
条石、陡板石外闪。
-0.830

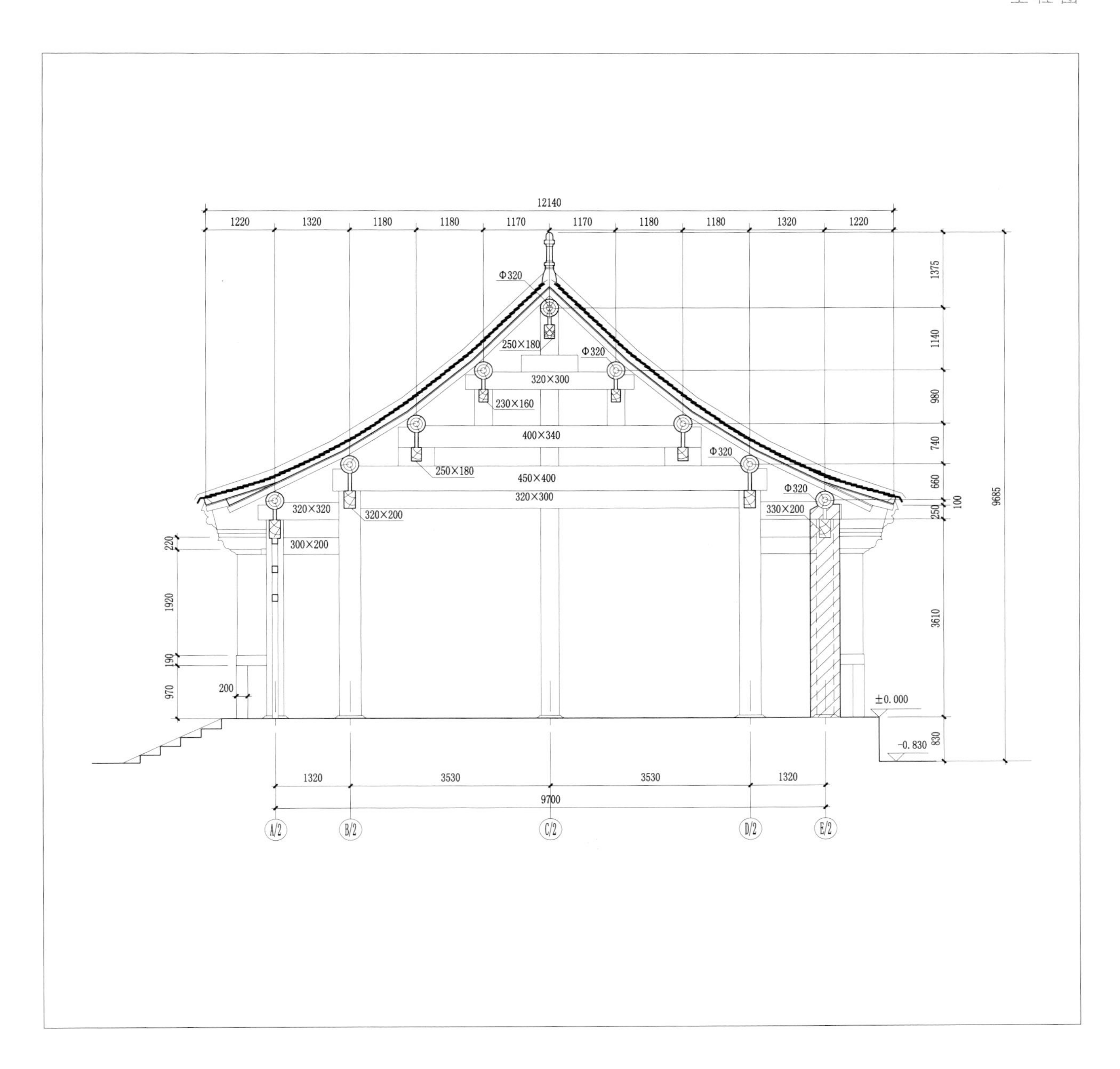

三六　寝殿正立面图
三七　寝殿及右耳房侧立面图
三八　寝殿剖面图

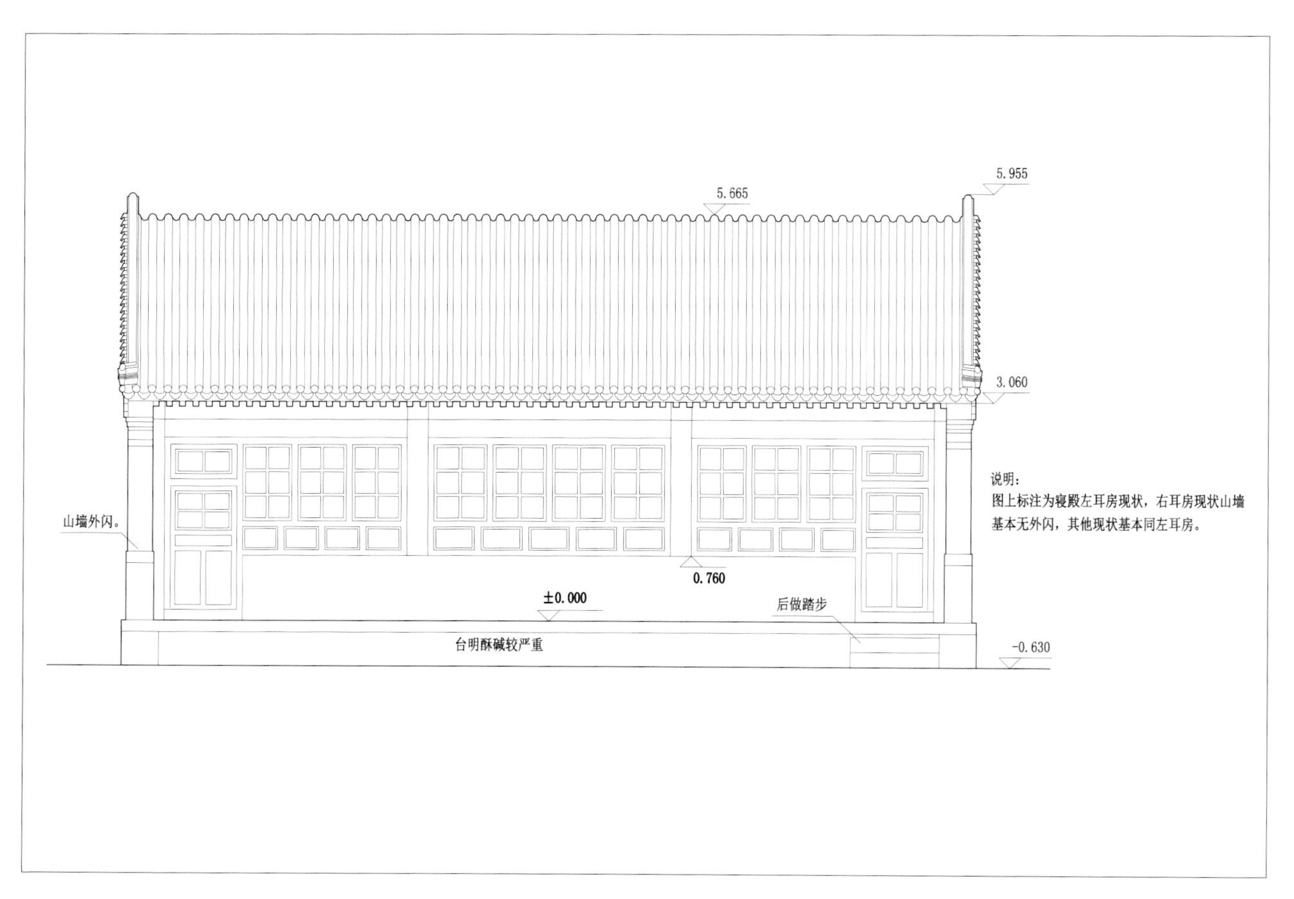
5.955
5.665
3.060
山墙外闪。
说明：
图上标注为寝殿左耳房现状，右耳房现状山墙基本无外闪，其他现状基本同左耳房。
0.760
±0.000
后做踏步
台明酥碱较严重
-0.630

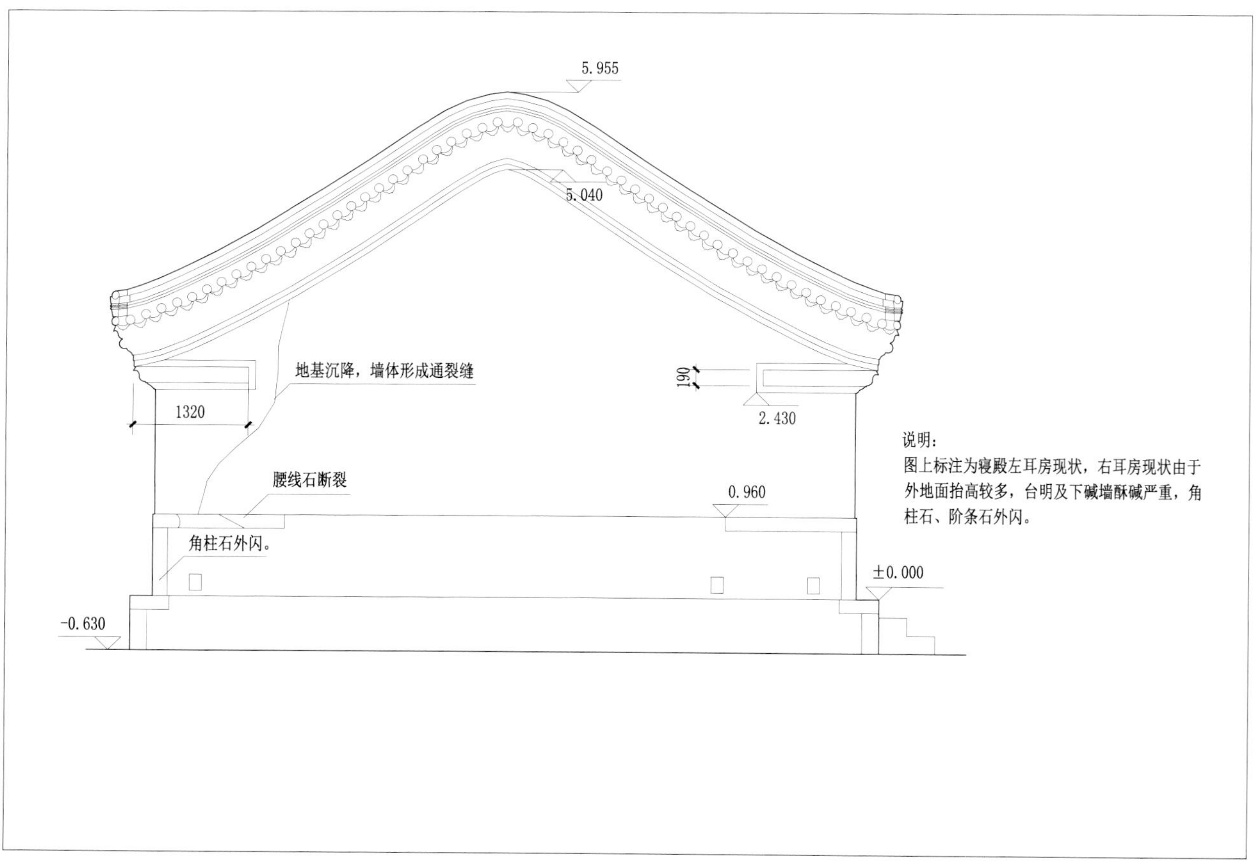
5.955
5.040
地基沉降，墙体形成通裂缝
1320
190
2.430
说明：
图上标注为寝殿左耳房现状，右耳房现状由于外地面抬高较多，台明及下碱墙酥碱严重，角柱石、阶条石外闪。
腰线石断裂
0.960
角柱石外闪。
±0.000
-0.630

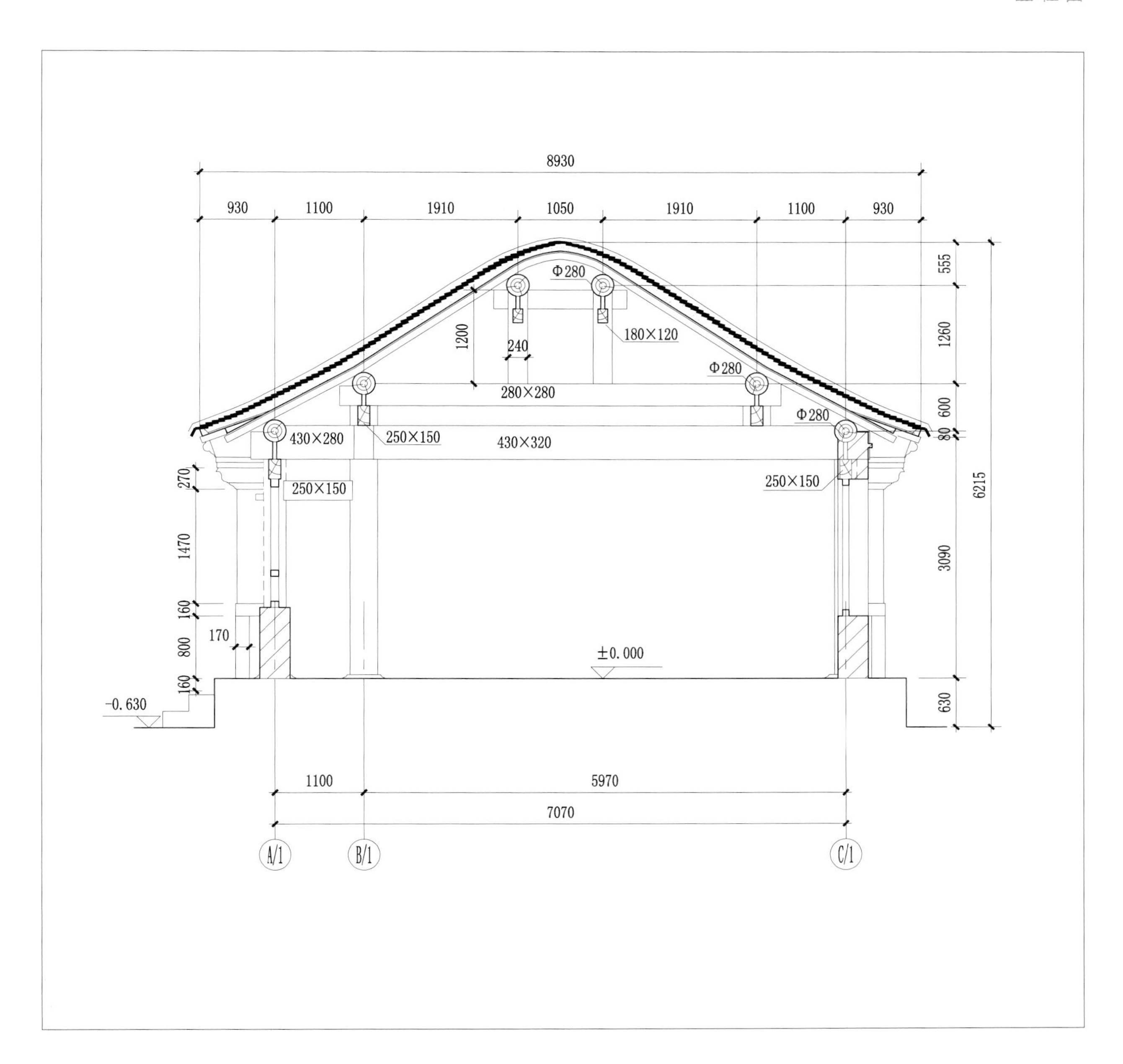

三九　寝殿左耳房正立面图
四〇　寝殿右耳房侧立面图
四一　寝殿耳房剖面图

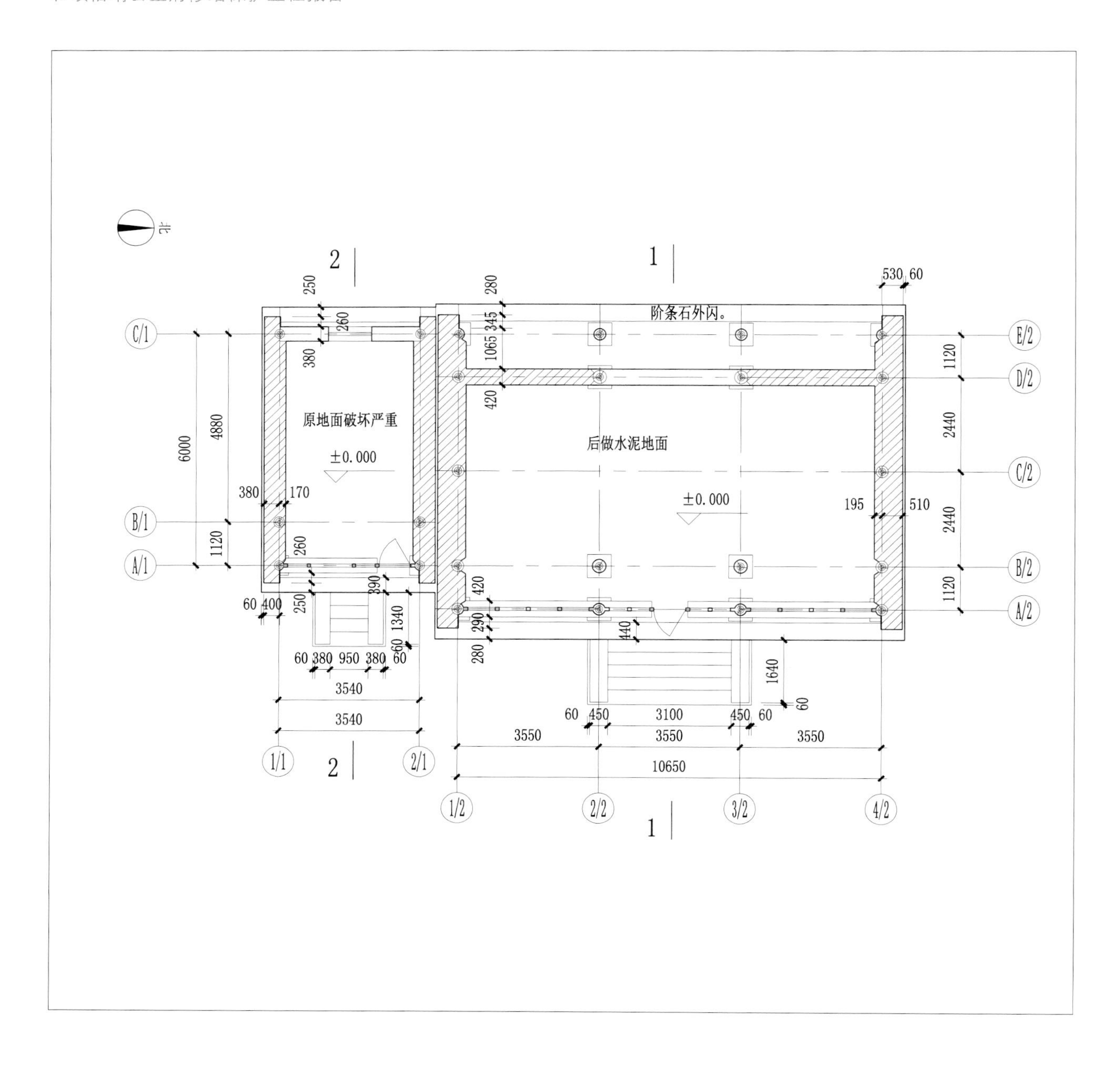

四二　寝殿厢房、厢耳房平面图
四三　寝殿厢房、厢耳房正立面图
四四　寝殿厢房侧立面图

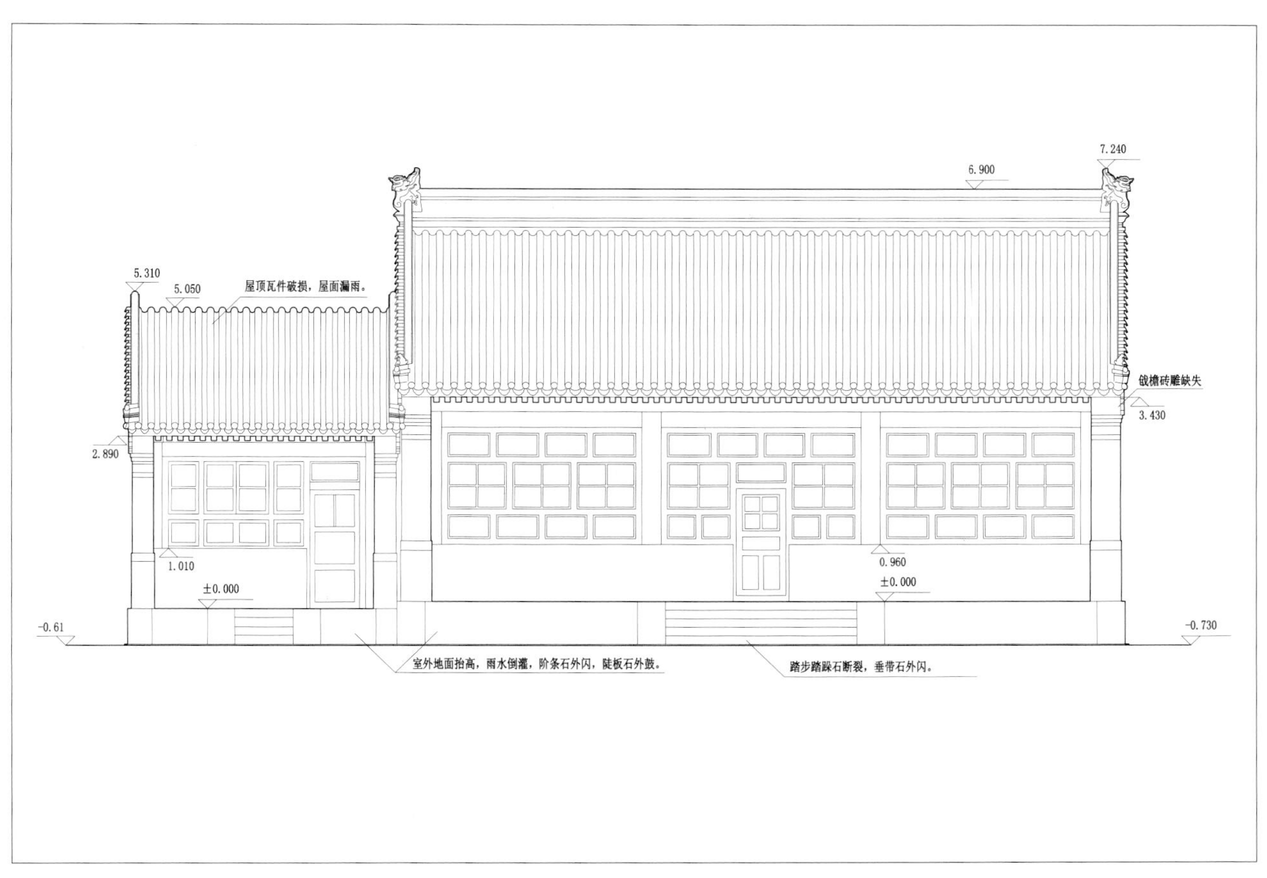
7.240
6.900
5.310
5.050
屋顶瓦件破损，屋面漏雨。
戗檐砖雕缺失
3.430
2.890
1.010
±0.000
0.960
±0.000
-0.61
-0.730
室外地面抬高，雨水倒灌，阶条石外闪，陡板石外鼓。
踏步踏跺石断裂，垂带石外闪。

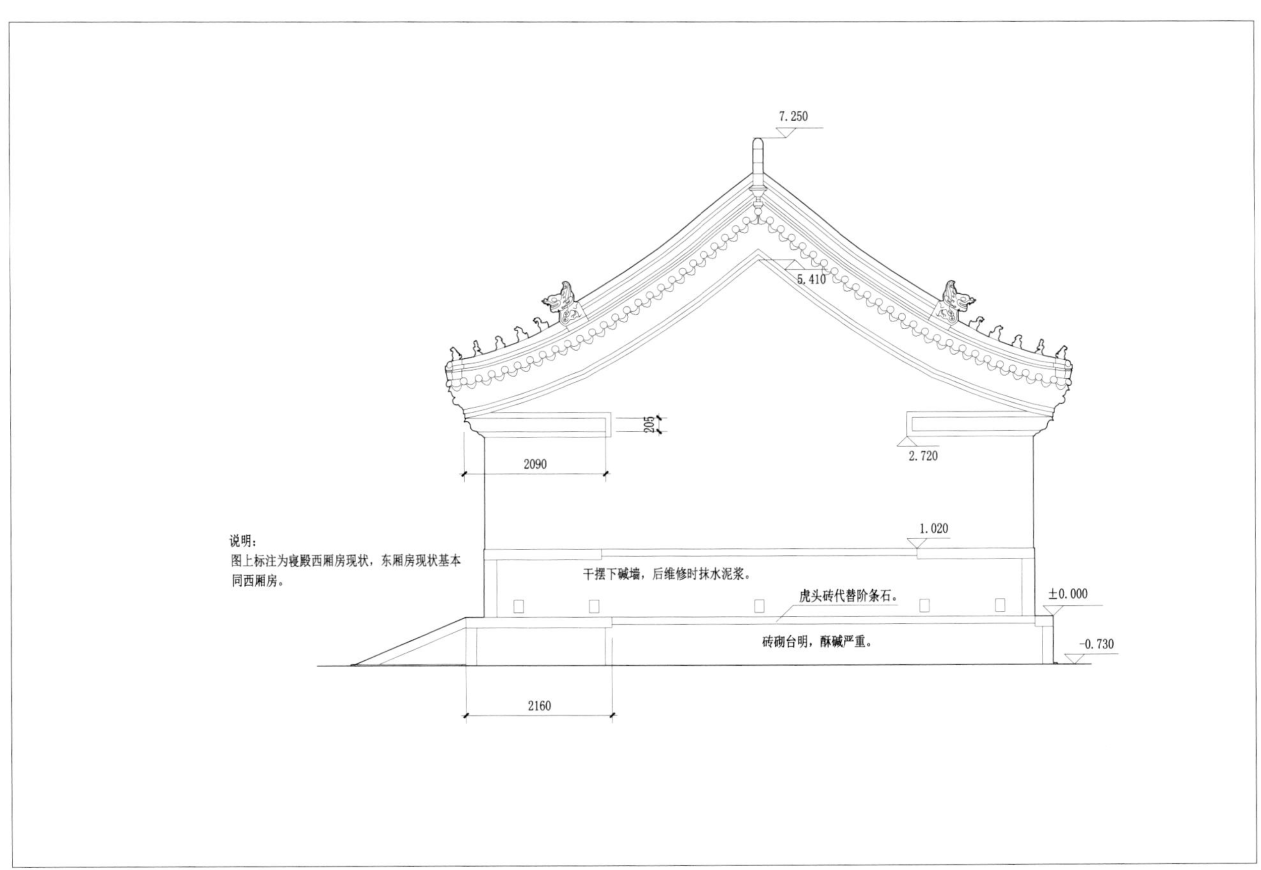
7.250
5.410
205
2090
2.720
1.020
说明：
图上标注为寝殿西厢房现状，东厢房现状基本同西厢房。
干摆下碱墙，后维修时抹水泥浆。
虎头砖代替阶条石。
±0.000
砖砌台明，酥碱严重。
-0.730
2160

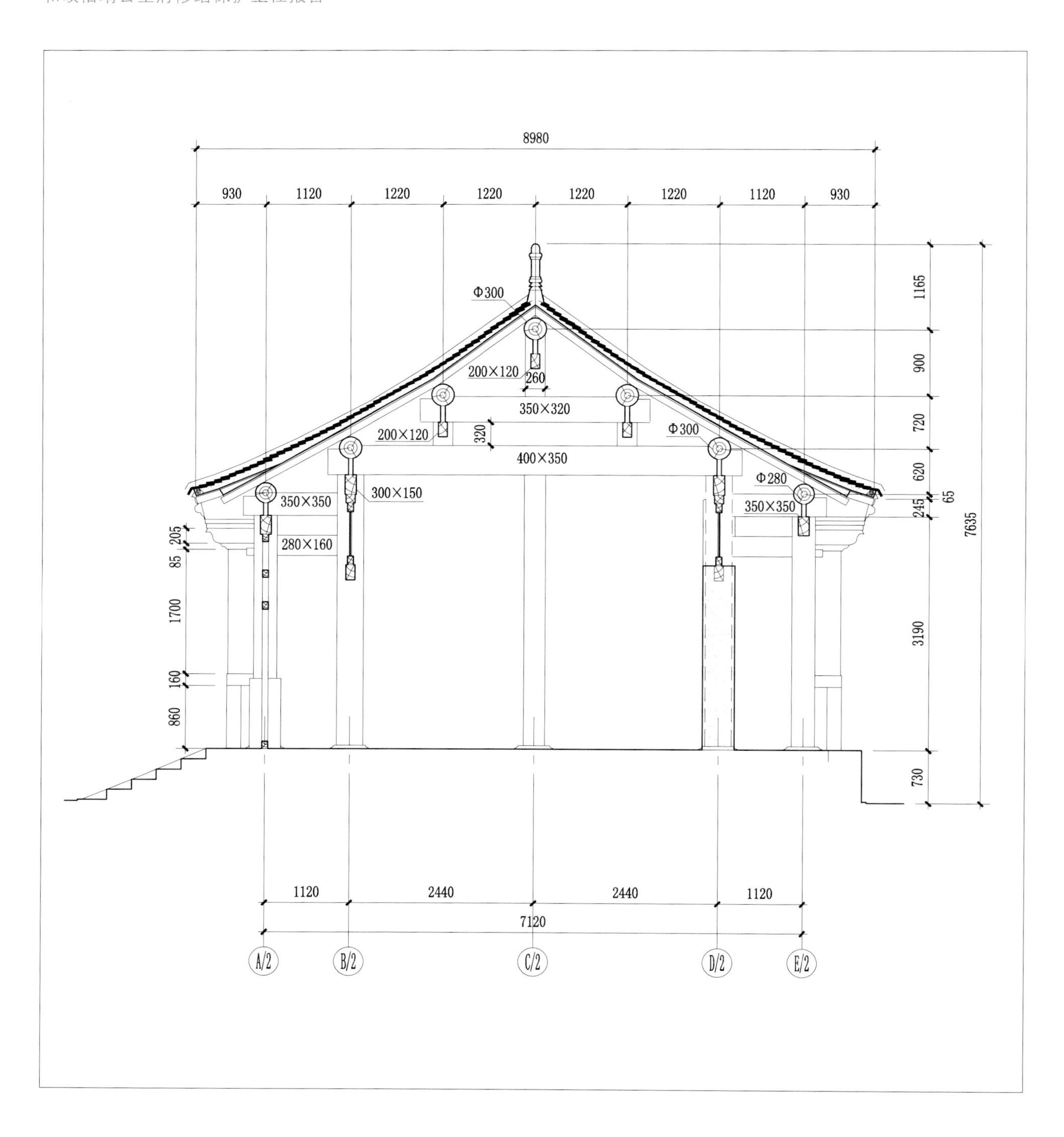

四五　寝殿厢房剖面图

四六　寝殿东、西厢耳房侧立面图

四七　寝殿东、西厢耳房剖面图

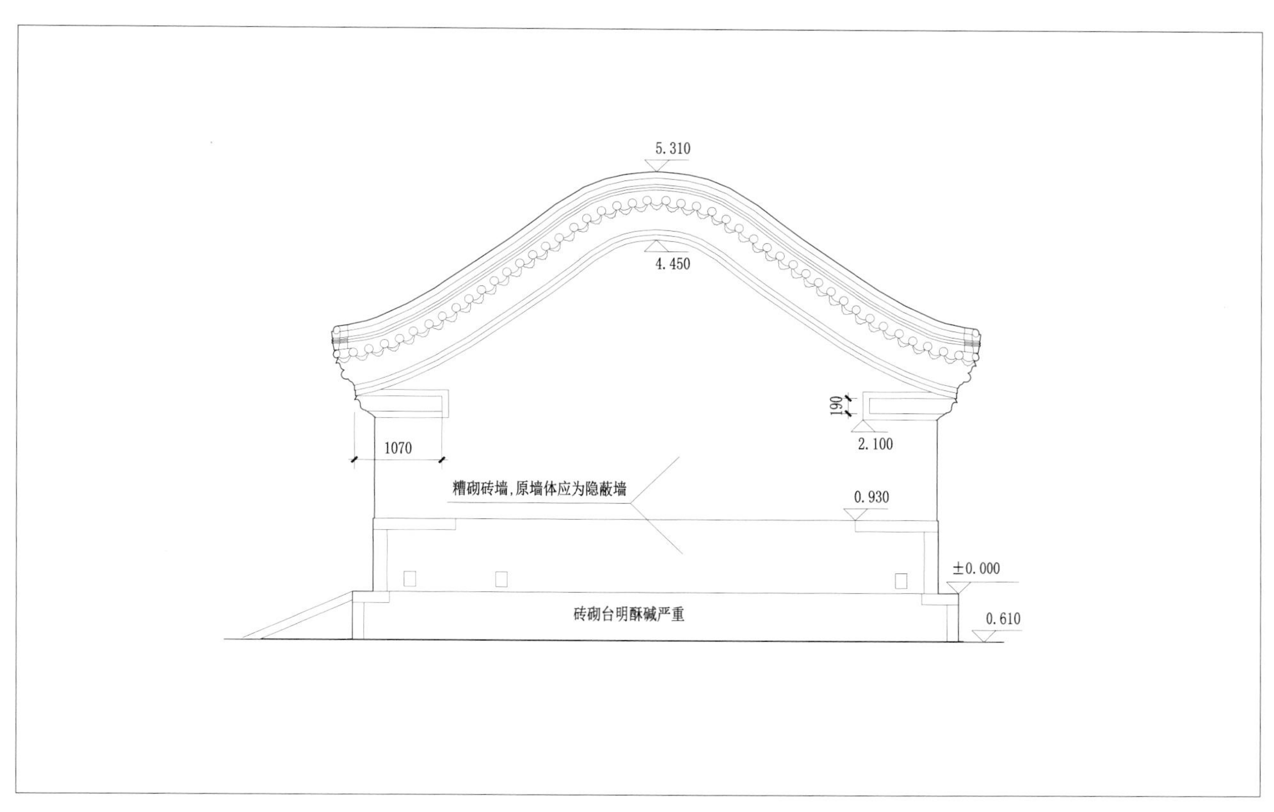

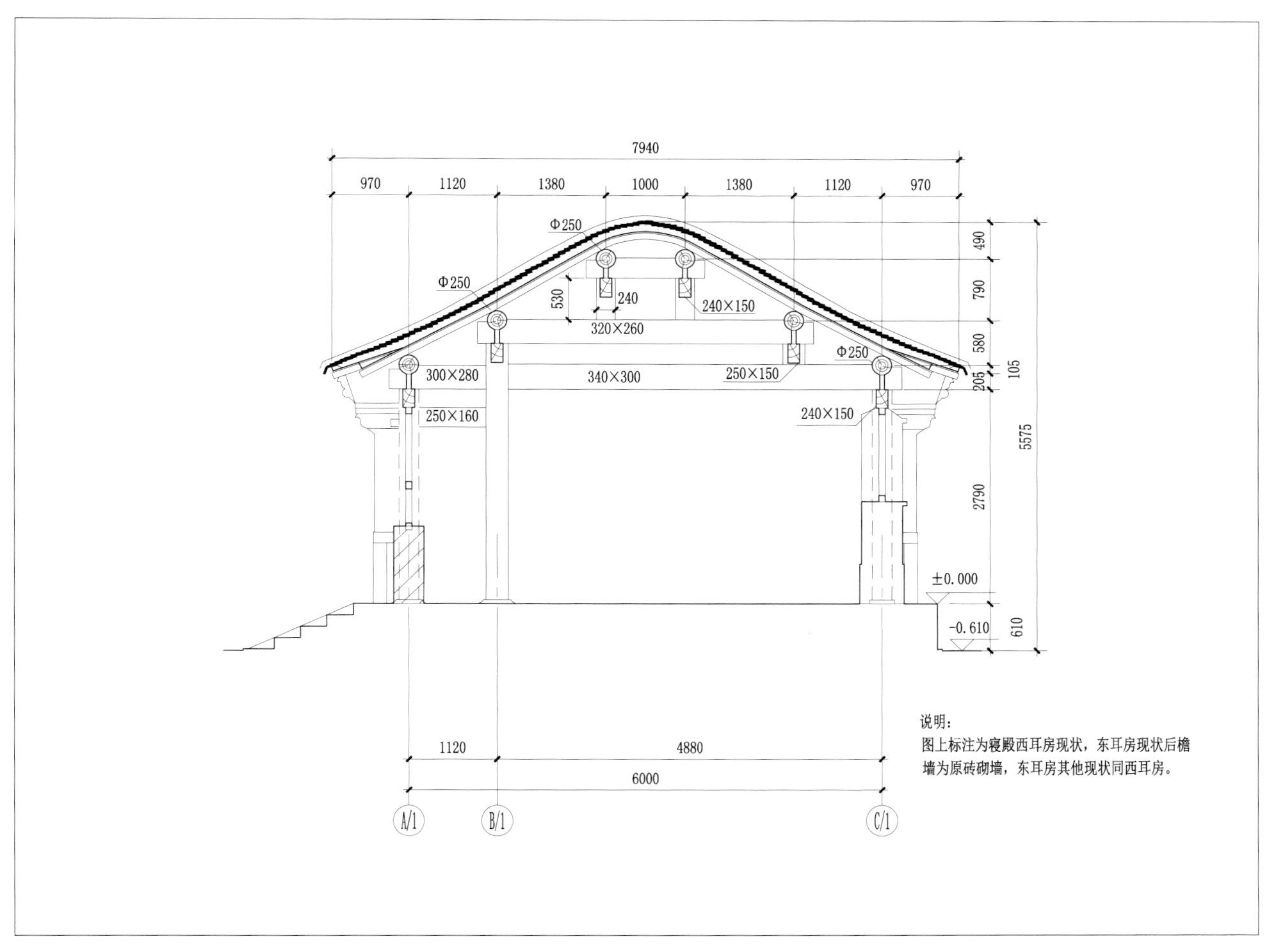

说明:
图上标注为寝殿西耳房现状，东耳房现状后檐墙为原砖砌墙，东耳房其他现状同西耳房。

四八　后罩房平面图
四九　后罩房正立面图

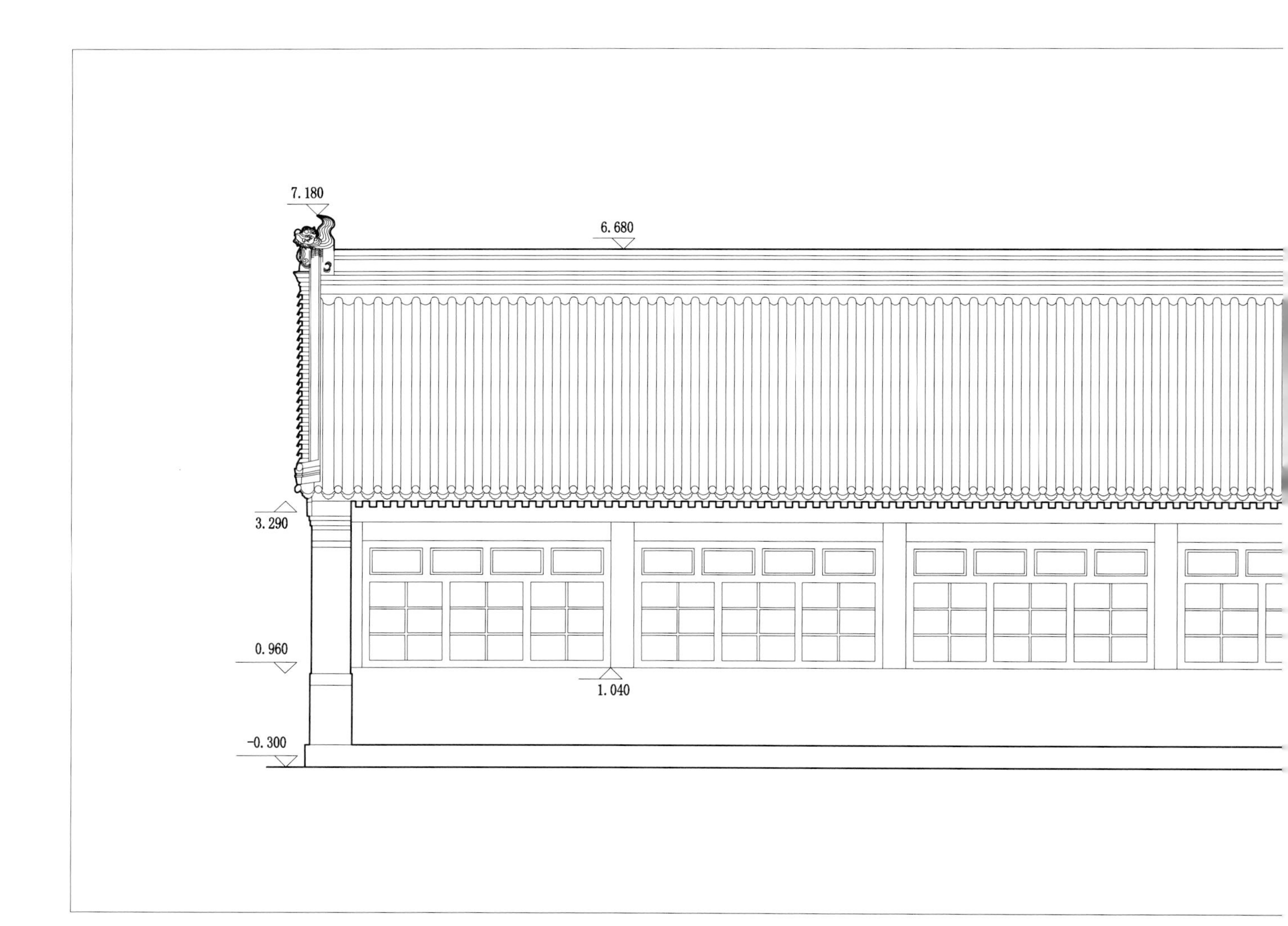

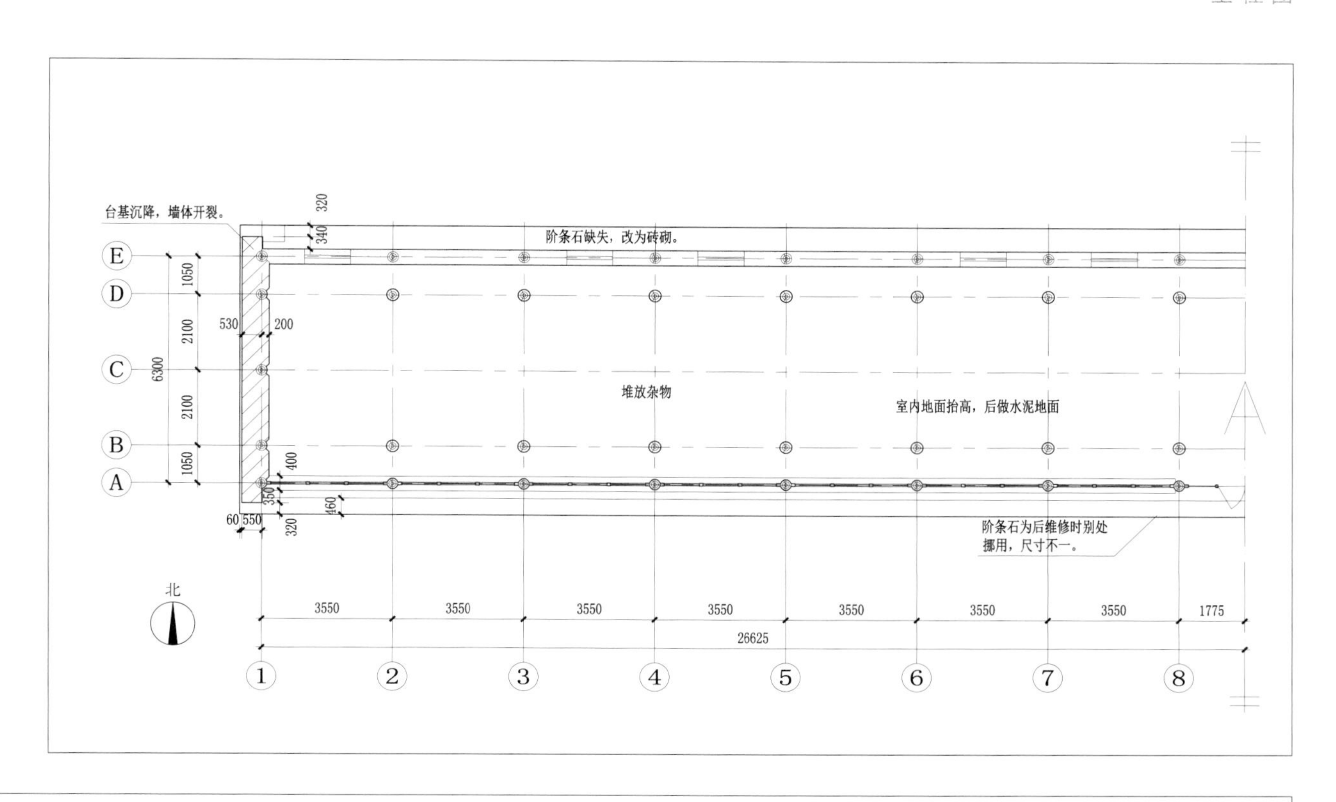
台基沉降，墙体开裂。
阶条石缺失，改为砖砌。
堆放杂物
室内地面抬高，后做水泥地面
阶条石为后维修时别处
挪用，尺寸不一。
北
E
D
C
B
A
1050
2100
2100
1050
6300
530
200
320
340
400
350
320
460
60
550
3550
3550
3550
3550
3550
3550
3550
1775
26625
1
2
3
4
5
6
7
8

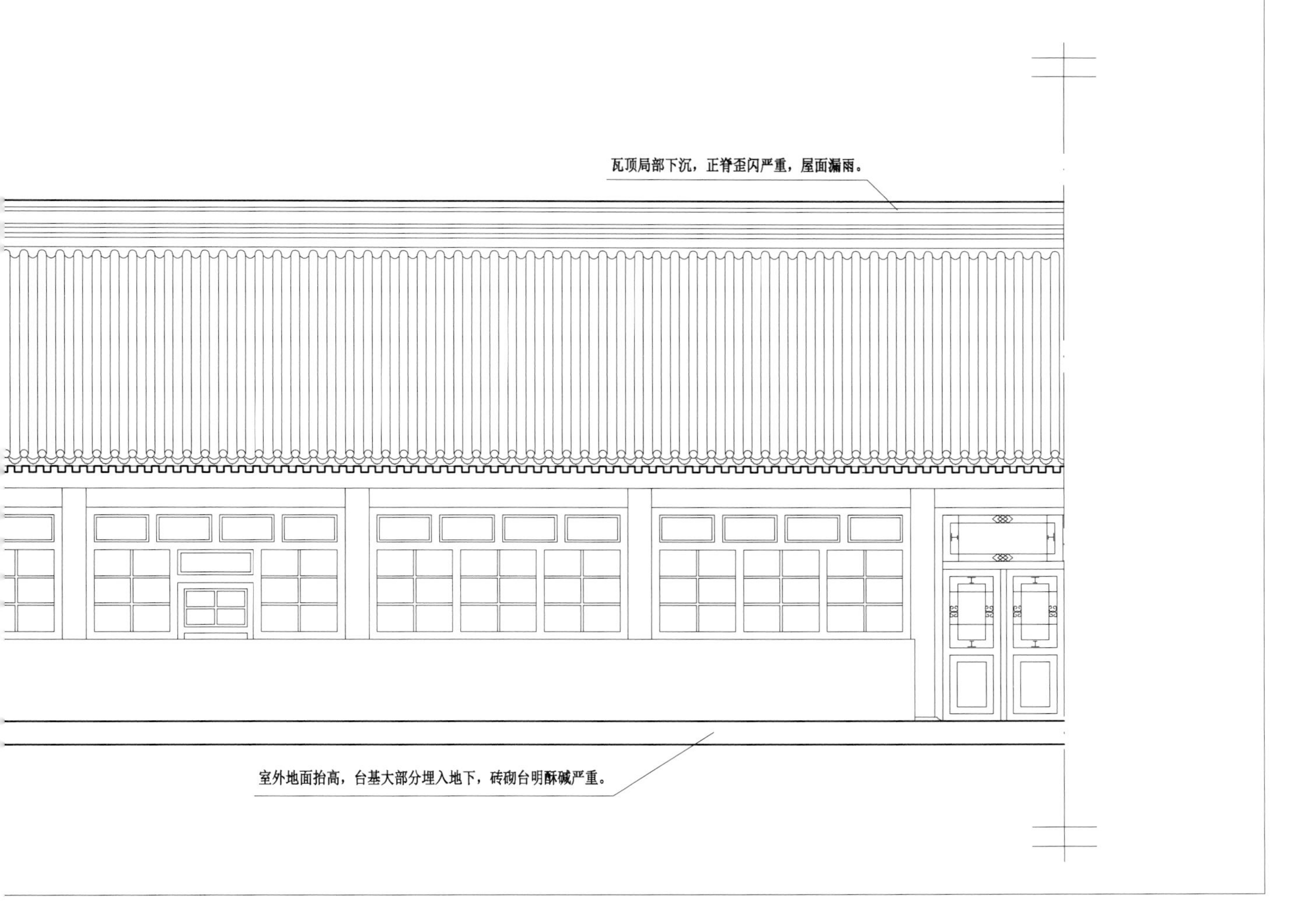
瓦顶局部下沉，正脊歪闪严重，屋面漏雨。
室外地面抬高，台基大部分埋入地下，砖砌台明酥碱严重。

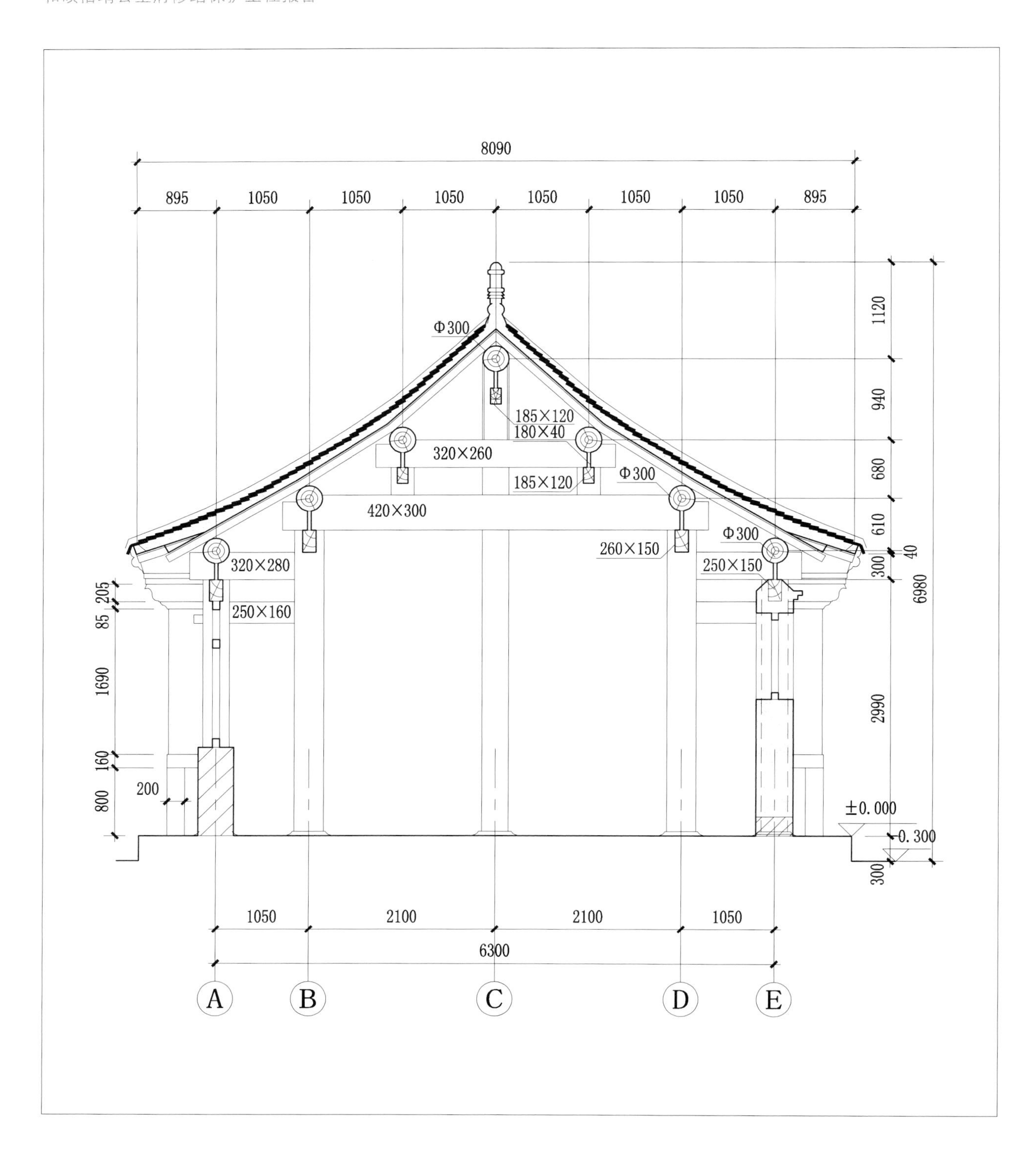
8090
895
1050
1050
1050
1050
1050
1050
895
Φ300
185×120
180×40
320×260
185×120
Φ300
420×300
Φ300
320×280
260×150
250×150
250×160
1120
940
680
610
40
300
6980
2990
205
85
1690
160
200
800
±0.000
-0.300
300
1050
2100
2100
1050
6300
A
B
C
D
E

五〇　后罩房剖面图

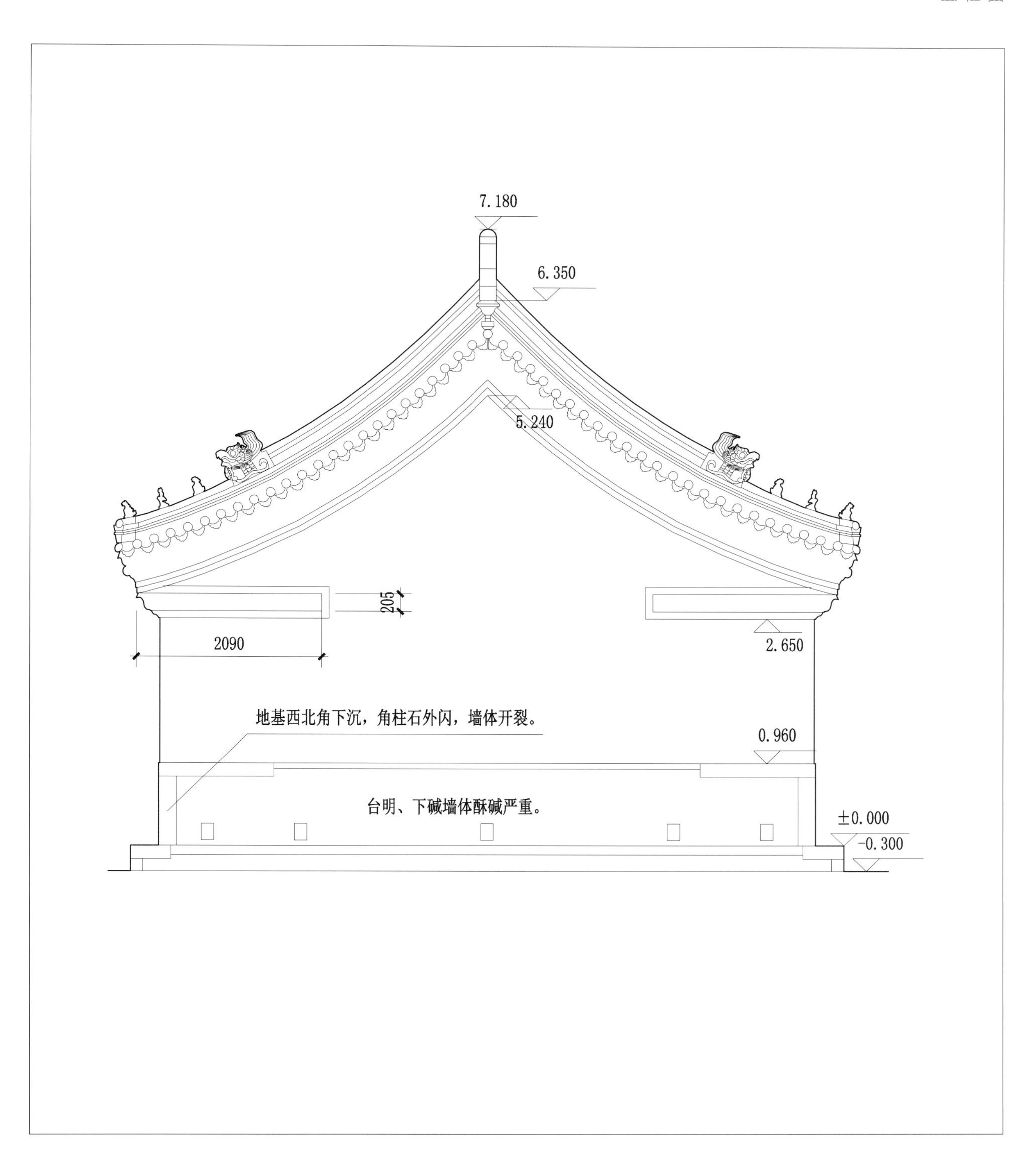
7.180
6.350
5.240
205
2090
2.650
地基西北角下沉，角柱石外闪，墙体开裂。
0.960
台明、下碱墙体酥碱严重。
±0.000
-0.300

五一　后罩房侧立面图

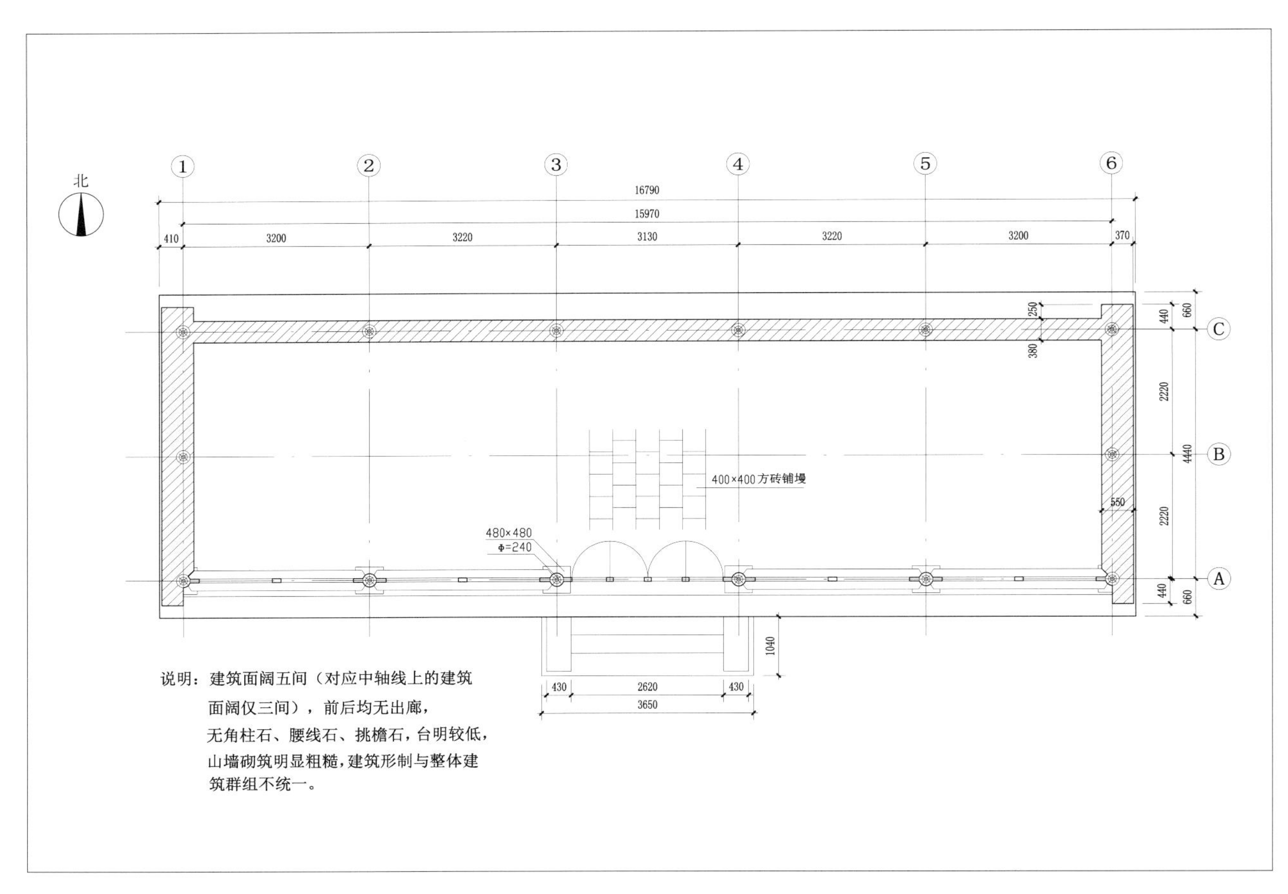

北
1
2
3
4
5
6
16790
15970
410
3200
3220
3130
3220
3200
370
250
440
660
380
2220
4440
2220
550
440
660
C
B
A
400×400方砖铺墁
480×480
Φ=240
1040
430
2620
430
3650
说明：建筑面阔五间（对应中轴线上的建筑面阔仅三间），前后均无出廊，无角柱石、腰线石、挑檐石，台明较低，山墙砌筑明显粗糙，建筑形制与整体建筑群组不统一。

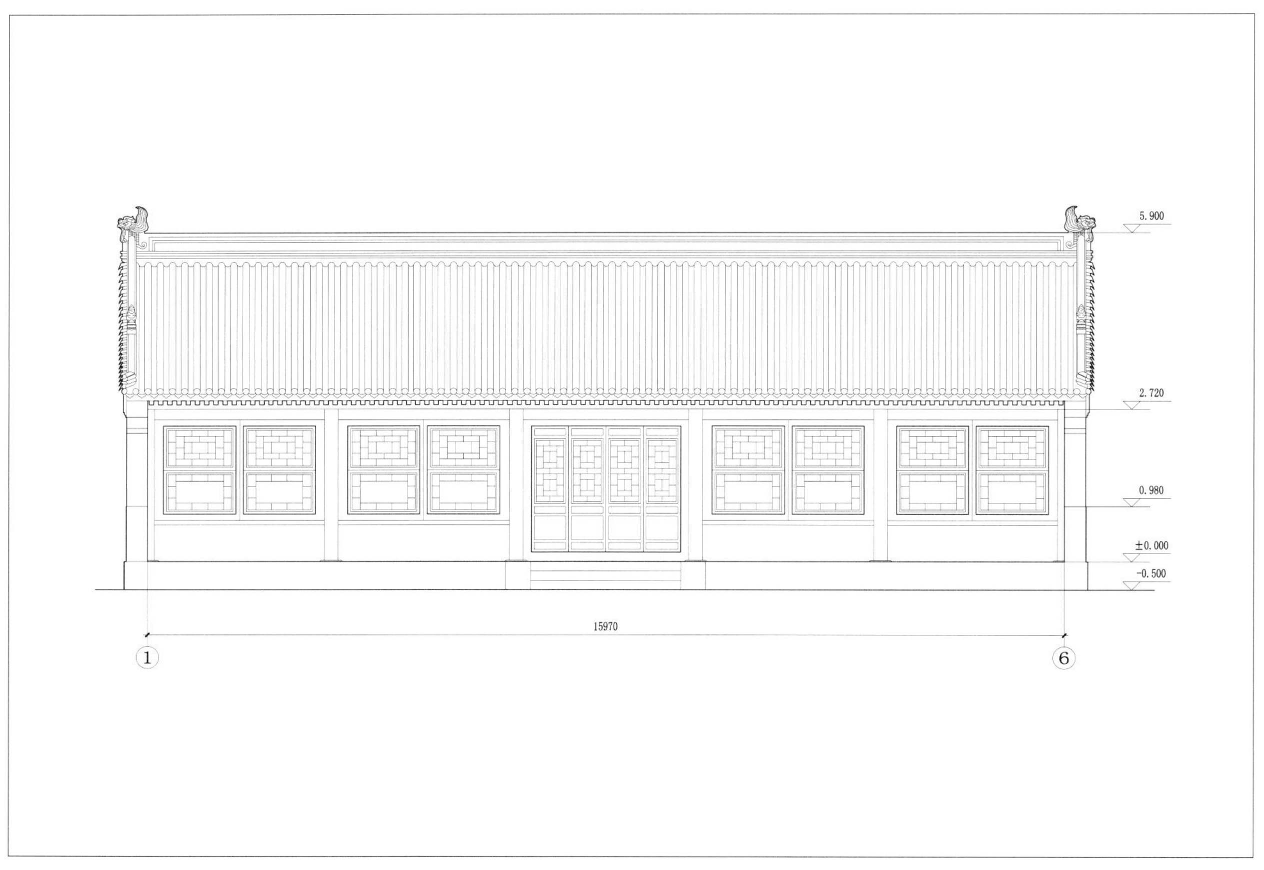

5.900
2.720
0.980
±0.000
-0.500
15970
1
6

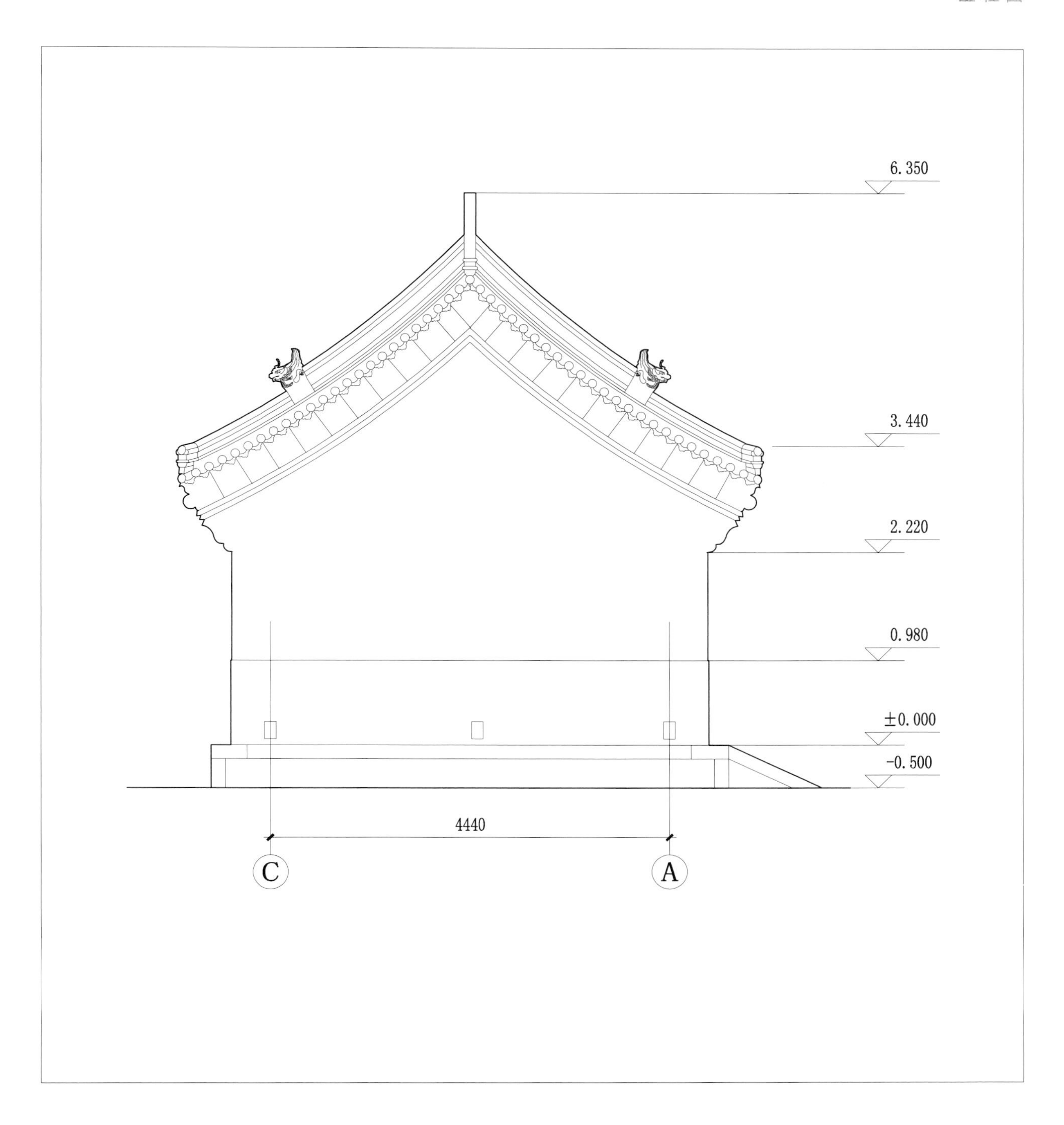

五二　正房平面图
五三　正房正立面图
五四　正房侧立面图

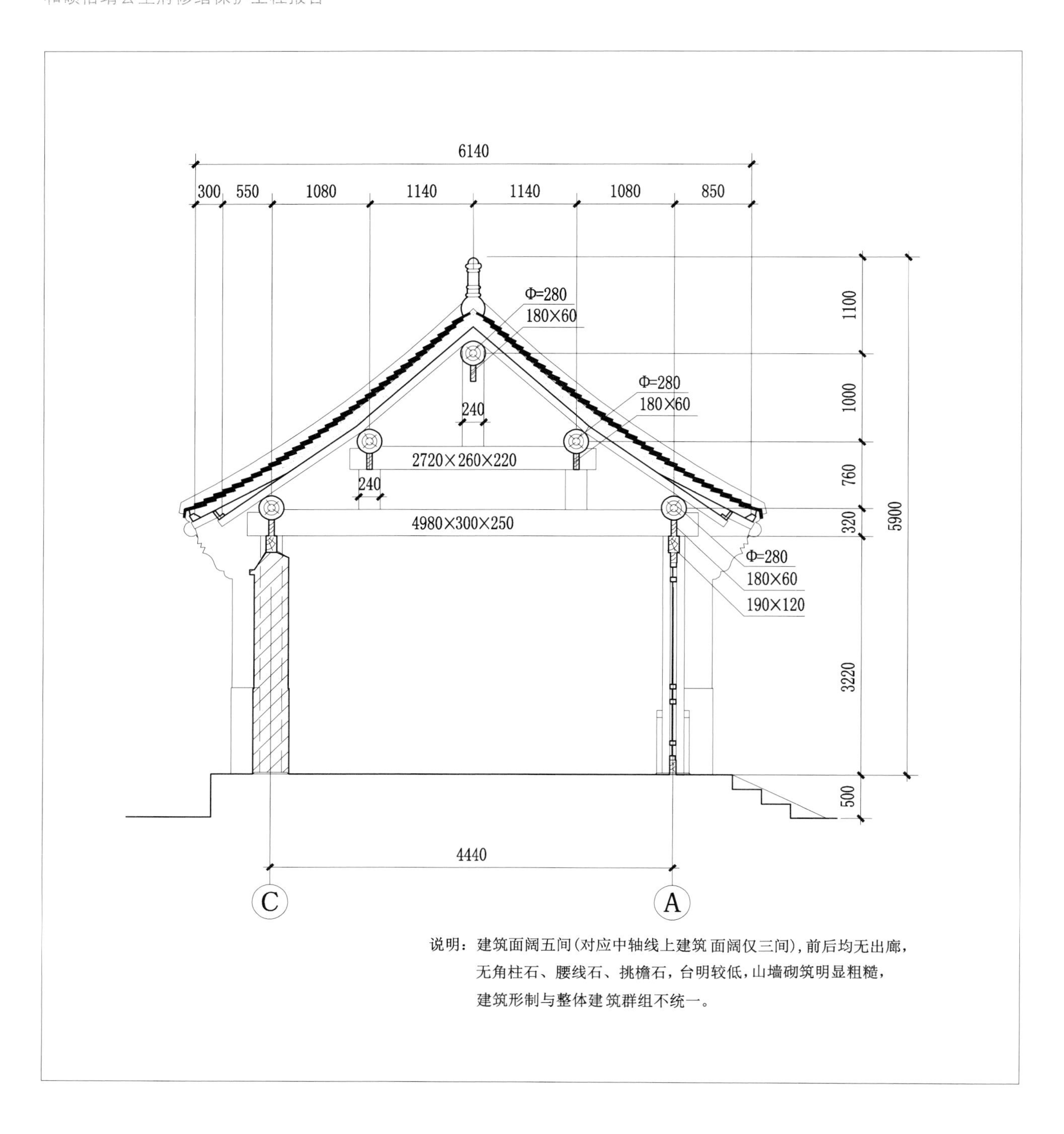
6140
300
550
1080
1140
1140
1080
850
Φ=280
180×60
Φ=280
180×60
240
2720×260×220
240
4980×300×250
Φ=280
180×60
190×120
1100
1000
760
320
5900
3220
500
4440
C
A
说明：建筑面阔五间(对应中轴线上建筑面阔仅三间)，前后均无出廊，
无角柱石、腰线石、挑檐石，台明较低，山墙砌筑明显粗糙，
建筑形制与整体建筑群组不统一。

五五　正房剖面图

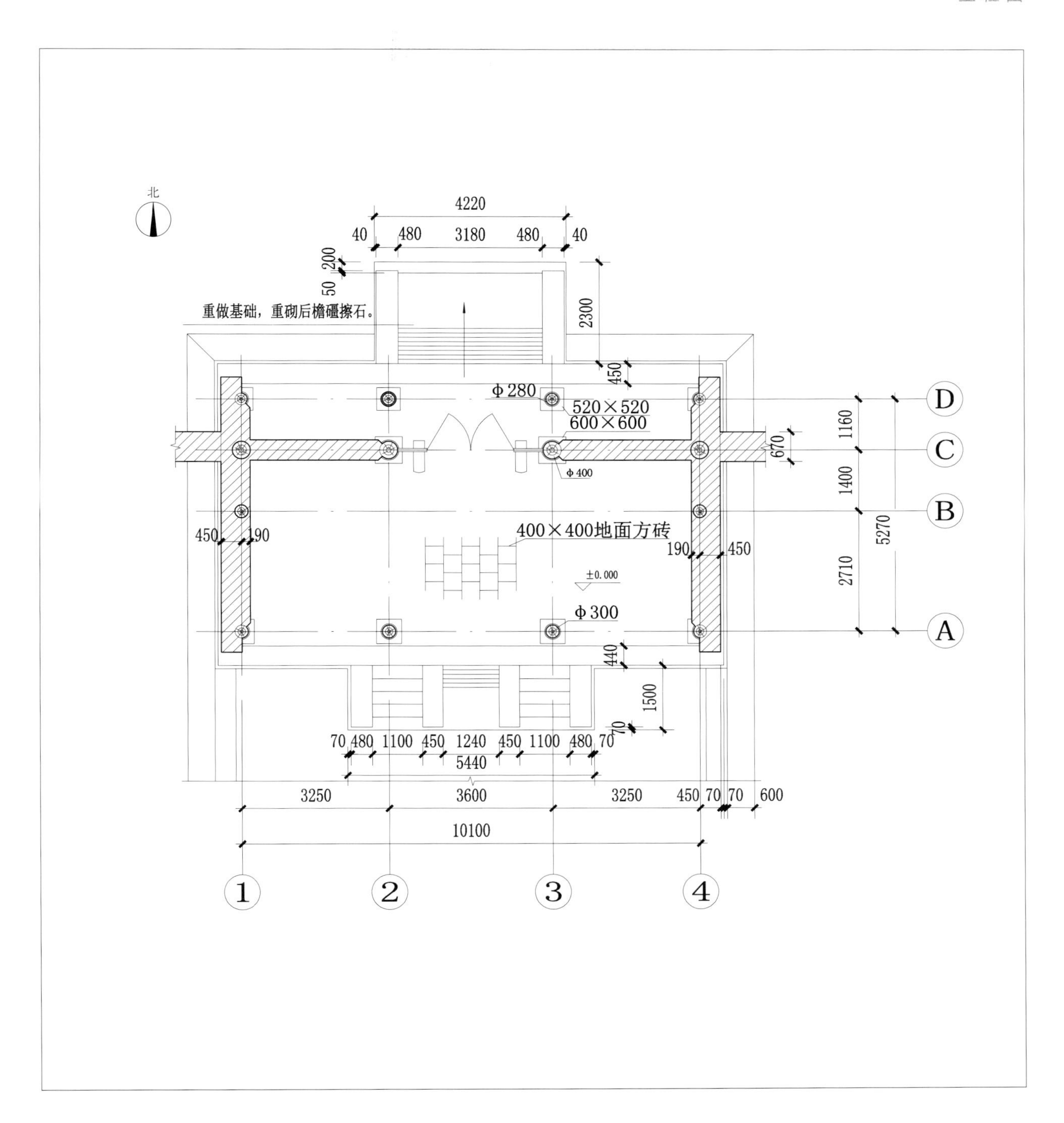

五六　公主府府门施工平面图

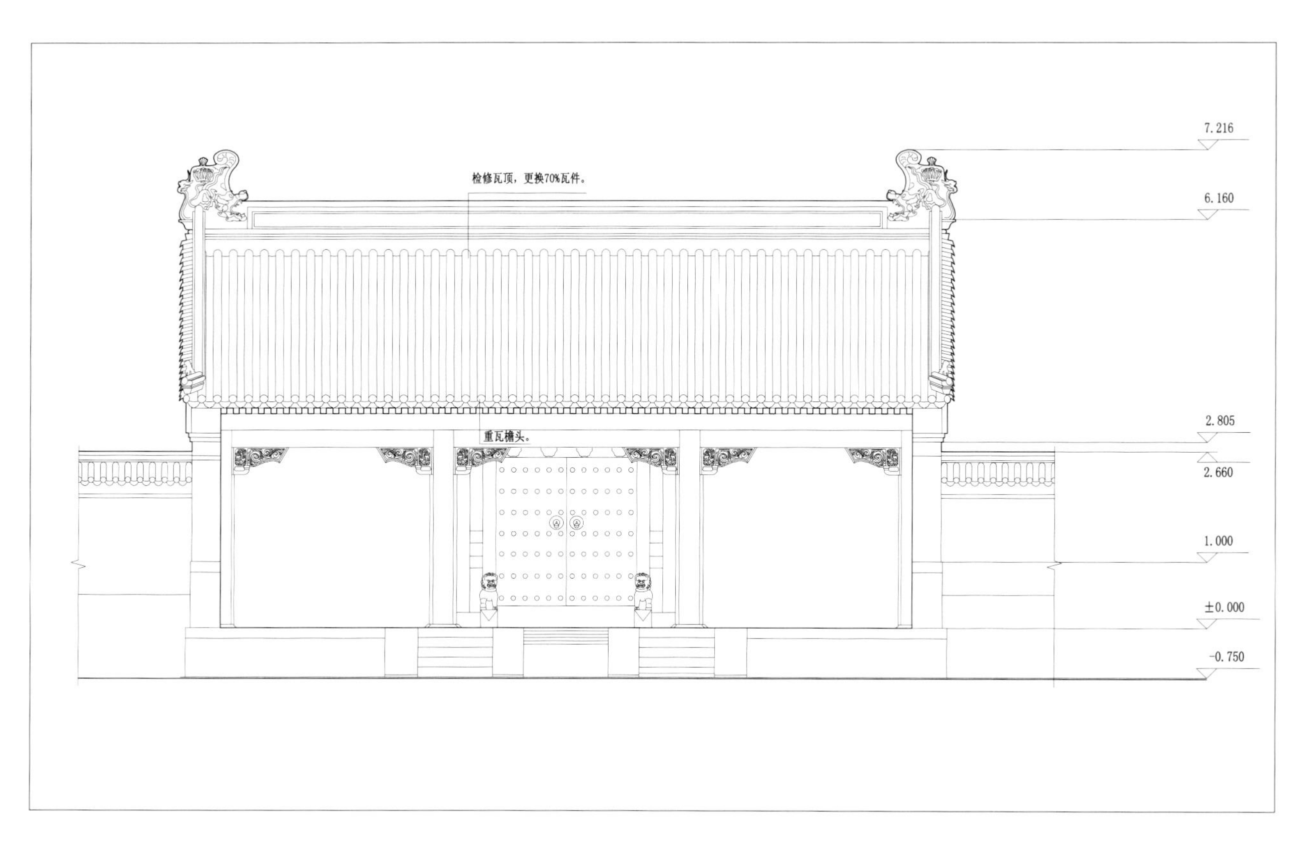
7.216
6.160
检修瓦顶，更换70%瓦件。
2.805
重瓦檐头。
2.660
1.000
±0.000
-0.750

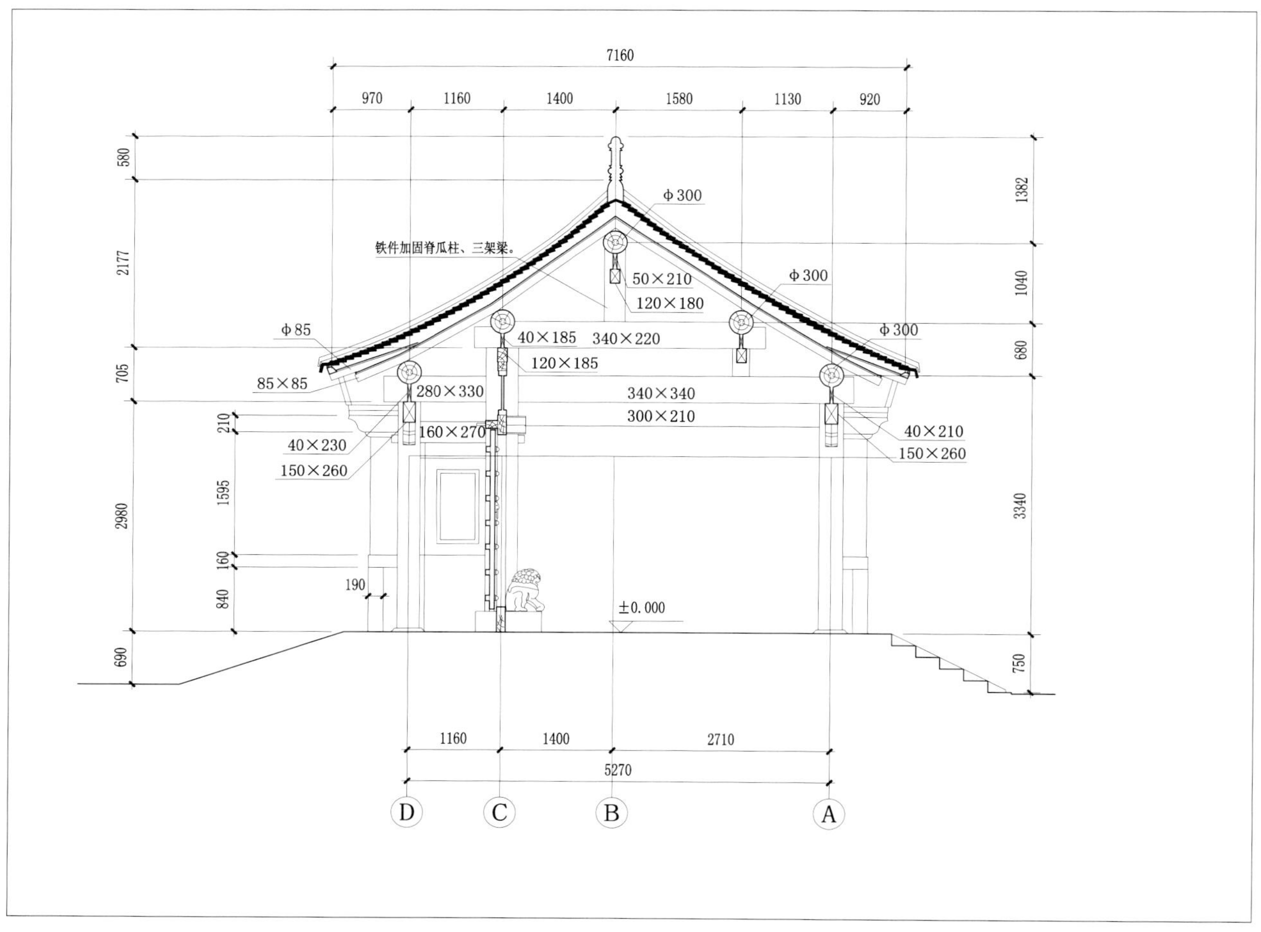
7160
970
1160
1400
1580
1130
920
580
2177
705
210
1595
2980
160
840
190
690
1382
1040
680
3340
750
φ300
铁件加固脊瓜柱、三架梁。
50×210
120×180
φ300
φ85
40×185
340×220
φ300
120×185
85×85
280×330
340×340
300×210
40×210
150×260
160×270
40×230
150×260
±0.000
1160
1400
2710
5270
D
C
B
A

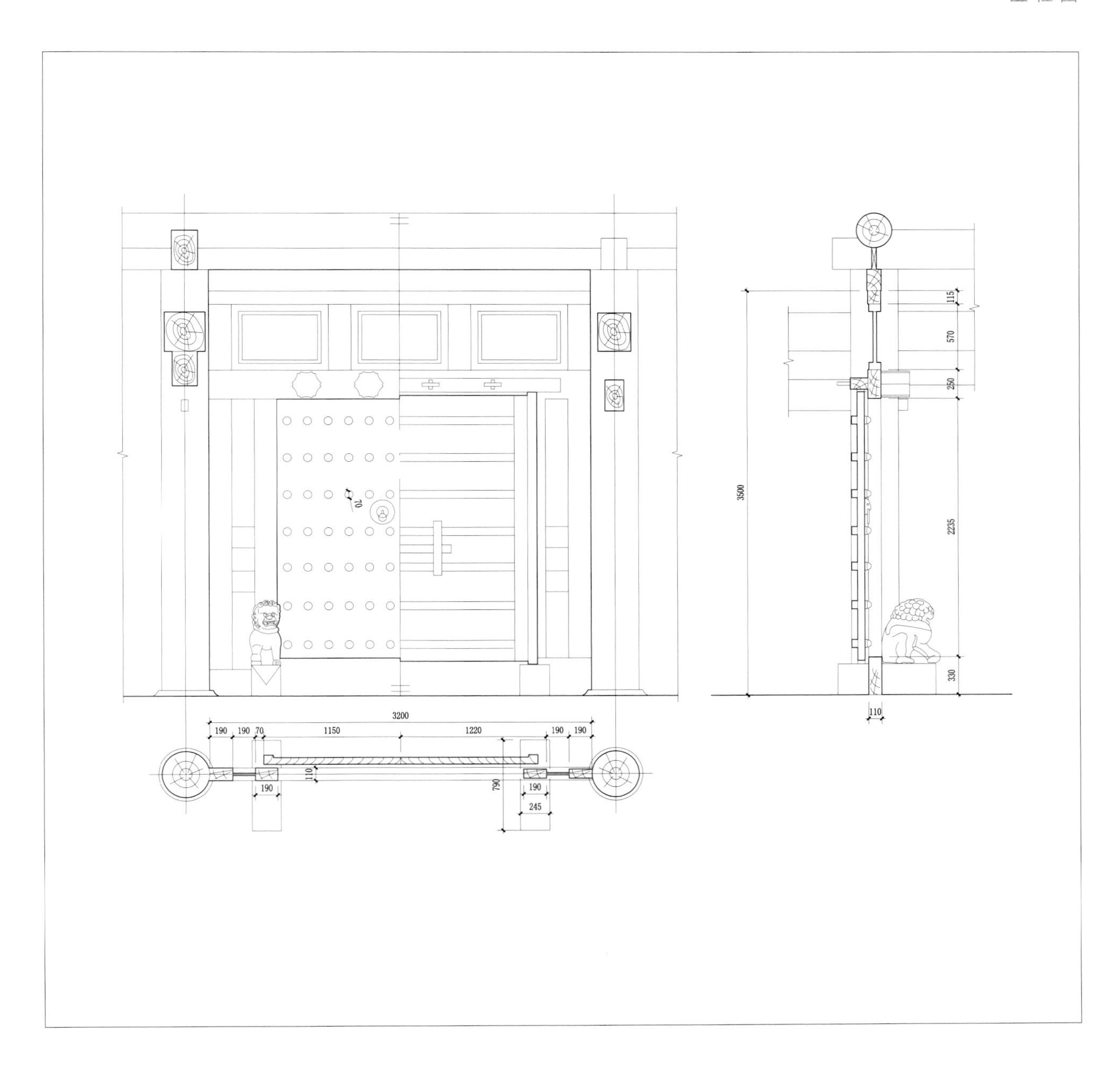

五七　府门正立面图
五八　府门剖面图
五九　府门大样图

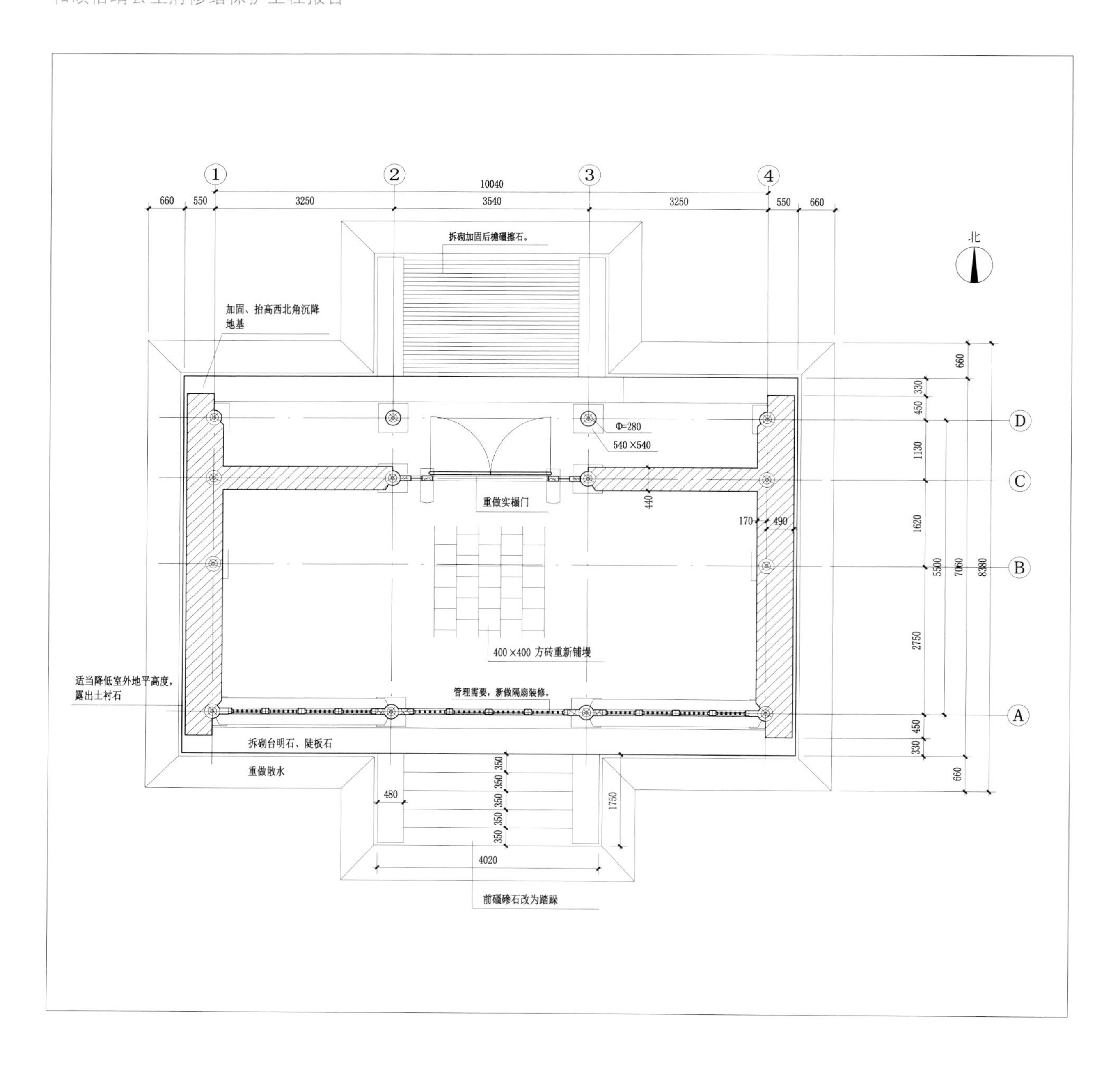

六〇　仪门平面图
六一　仪门正立面图
六二　仪门剖面图

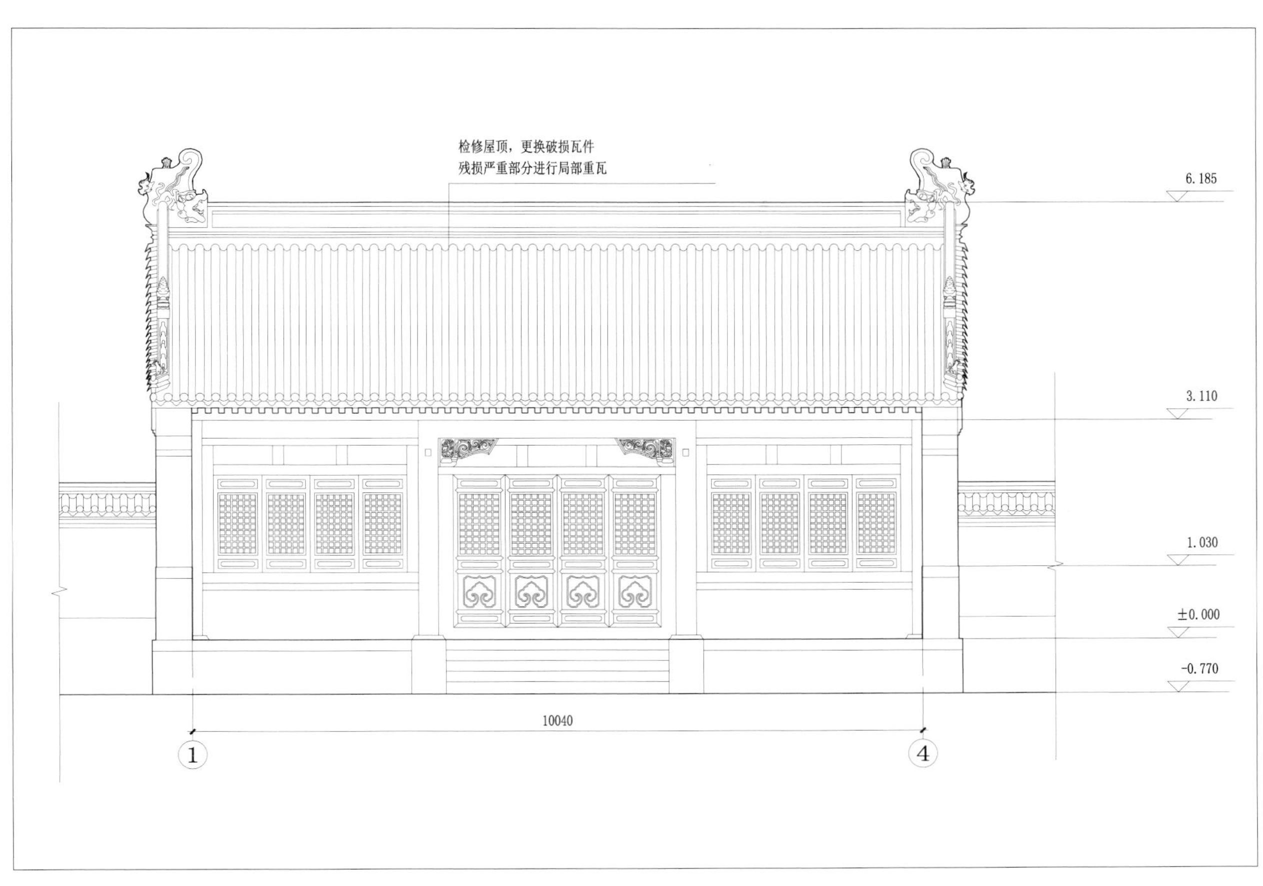
检修屋顶，更换破损瓦件
残损严重部分进行局部重瓦
6.185
3.110
1.030
±0.000
-0.770
10040
1
4

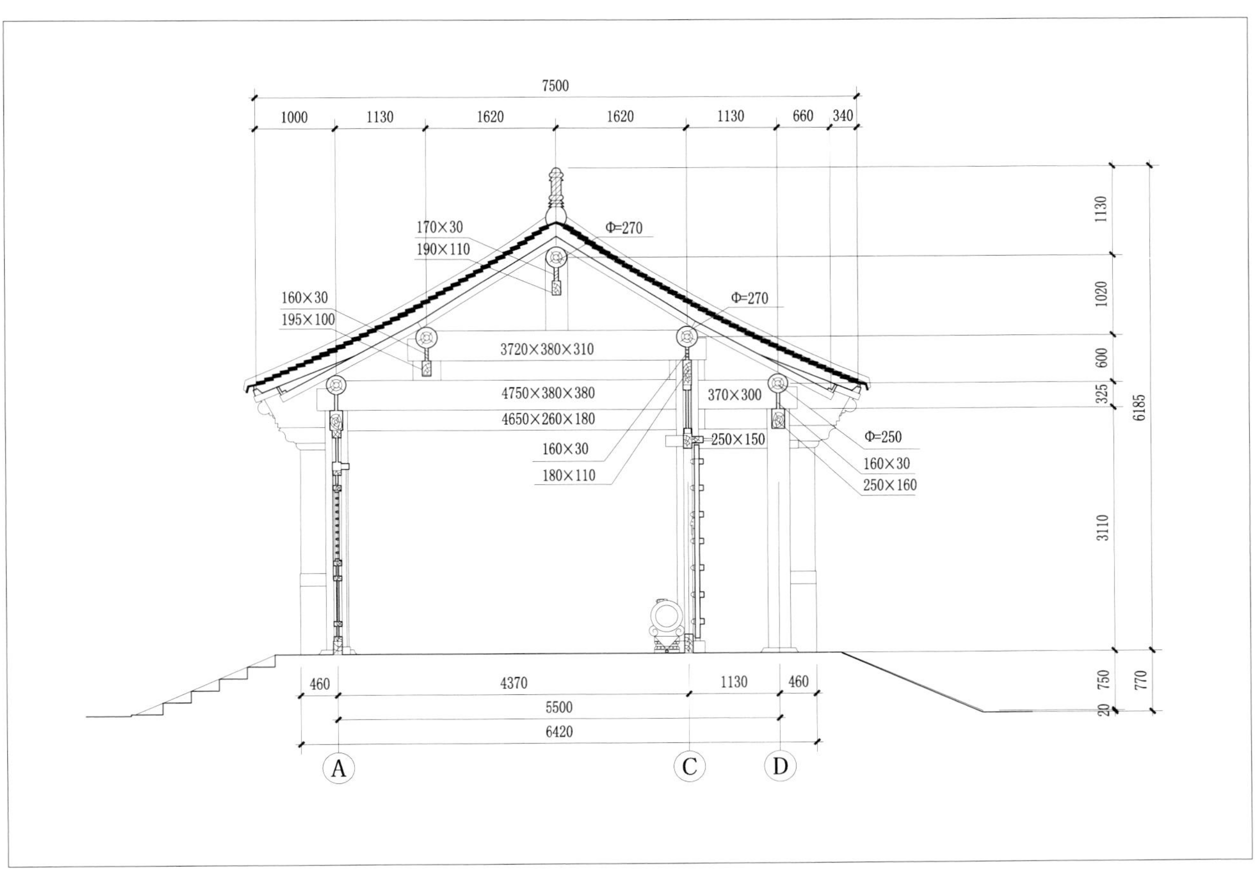
7500
1000
1130
1620
1620
1130
660
340
170×30
190×110
Φ=270
160×30
195×100
Φ=270
3720×380×310
4750×380×380
370×300
4650×260×180
250×150
Φ=250
160×30
180×110
160×30
250×160
1130
1020
600
325
6185
3110
750
770
20
460
4370
1130
460
5500
6420
A
C
D

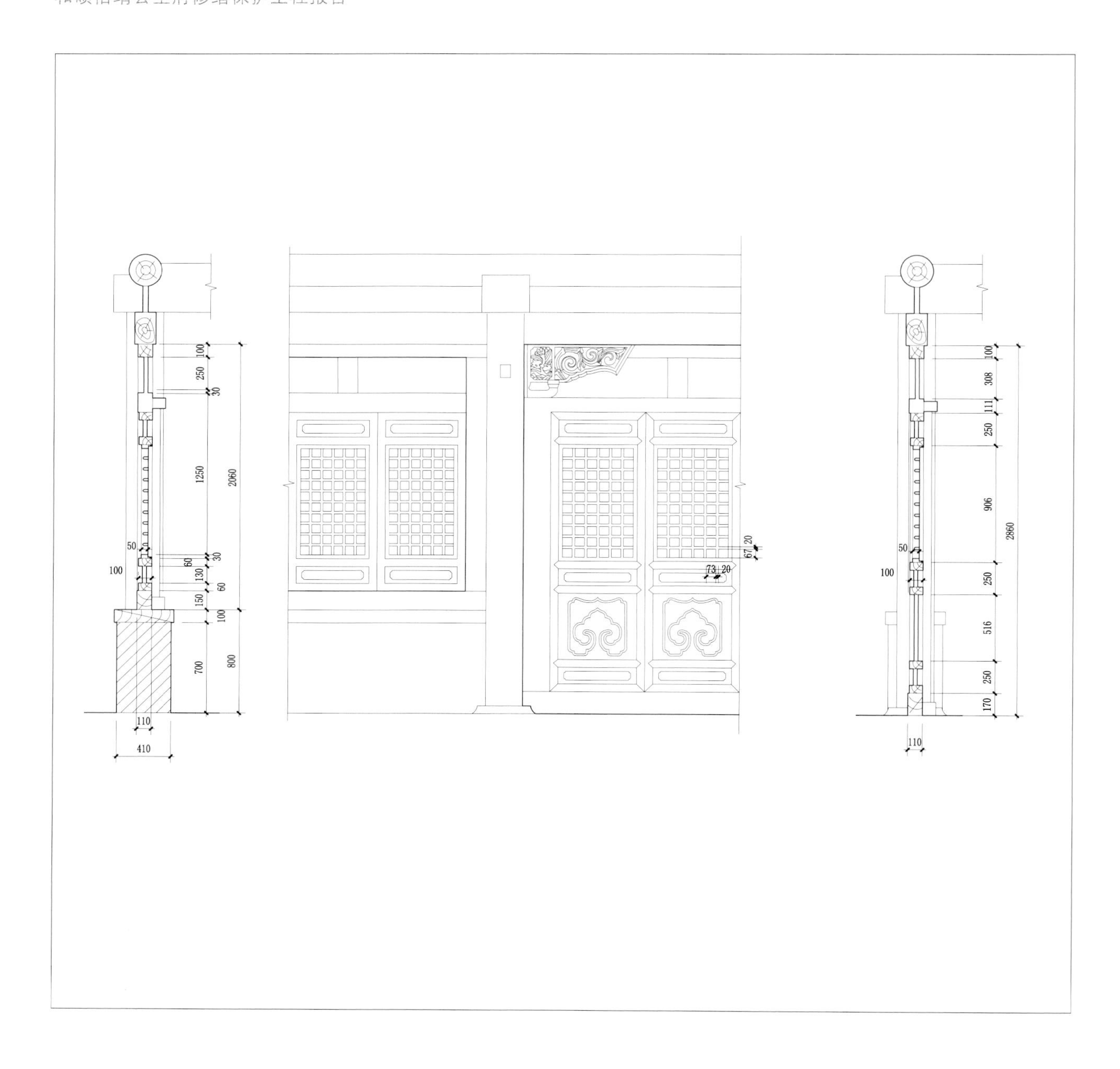

六三　仪门隔扇及槛窗大样图

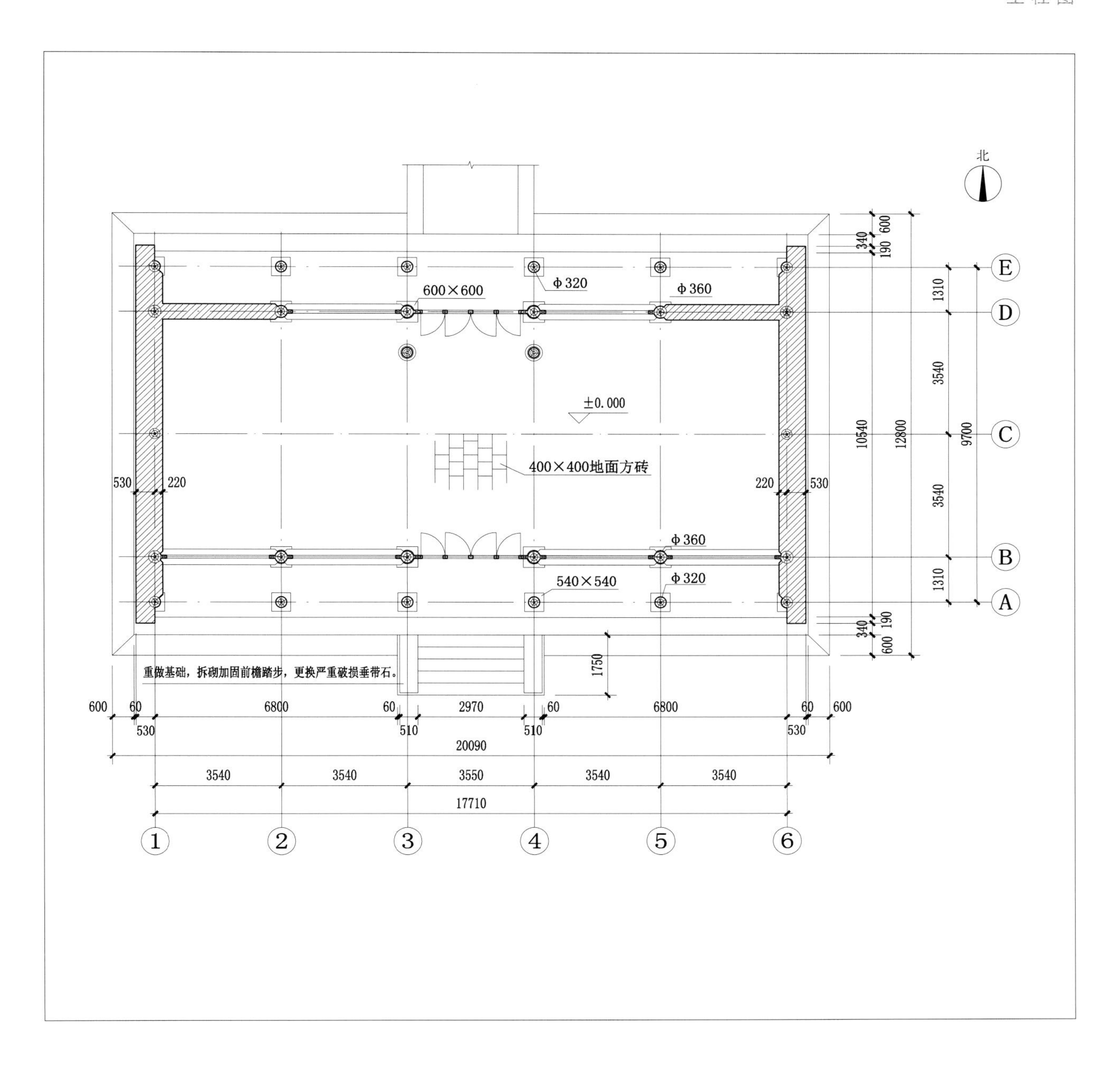
北
600×600
Φ320
Φ360
±0.000
400×400地面方砖
540×540
重做基础，拆砌加固前檐踏步，更换严重破损垂带石。
20090
17710
10540
12800
9700
A
B
C
D
E
1
2
3
4
5
6

六四　静宜堂平面图

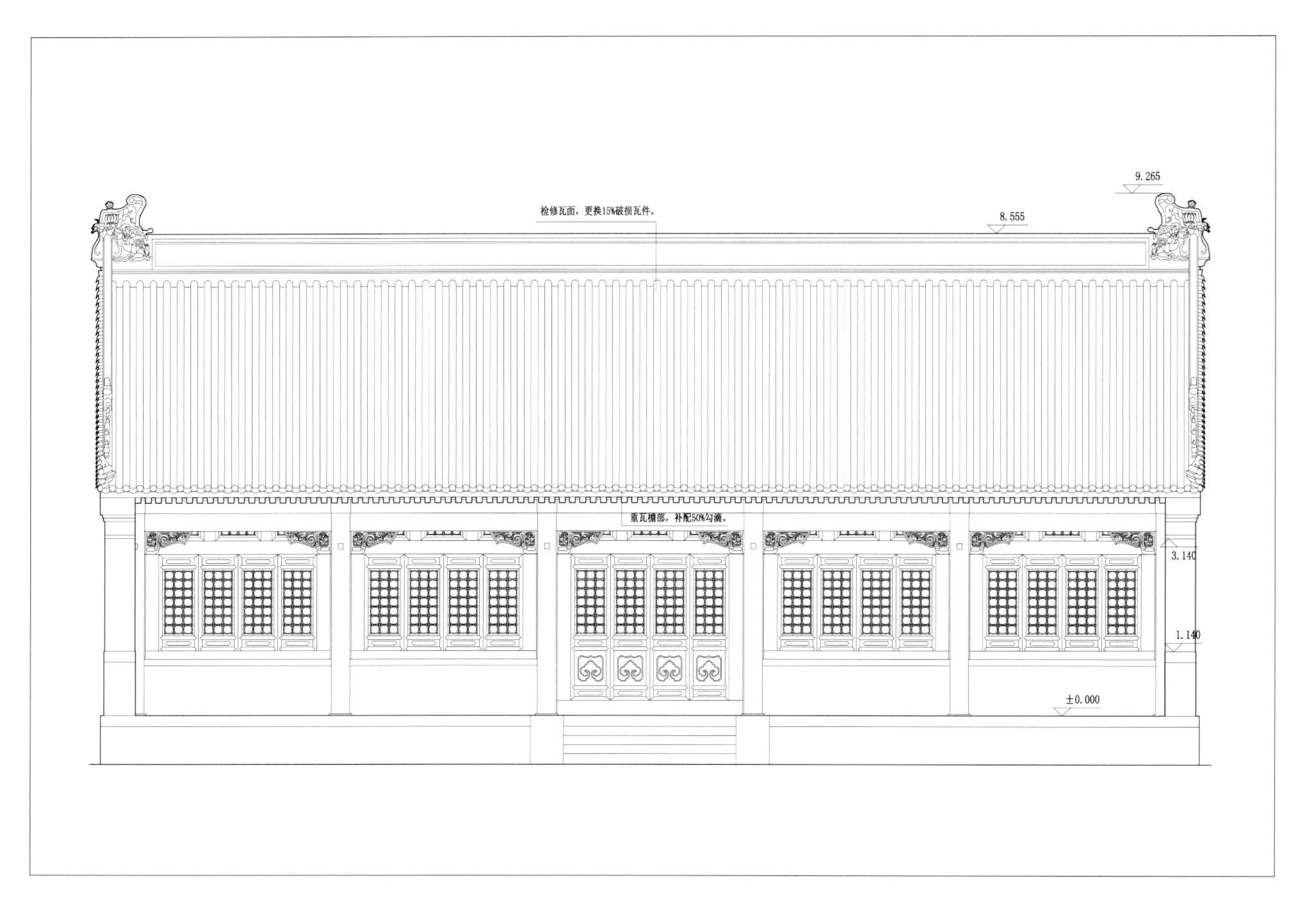
9.265
检修瓦面，更换15%破损瓦件。
8.555
重瓦檐部，补配50%勾滴。
3.140
1.140
±0.000

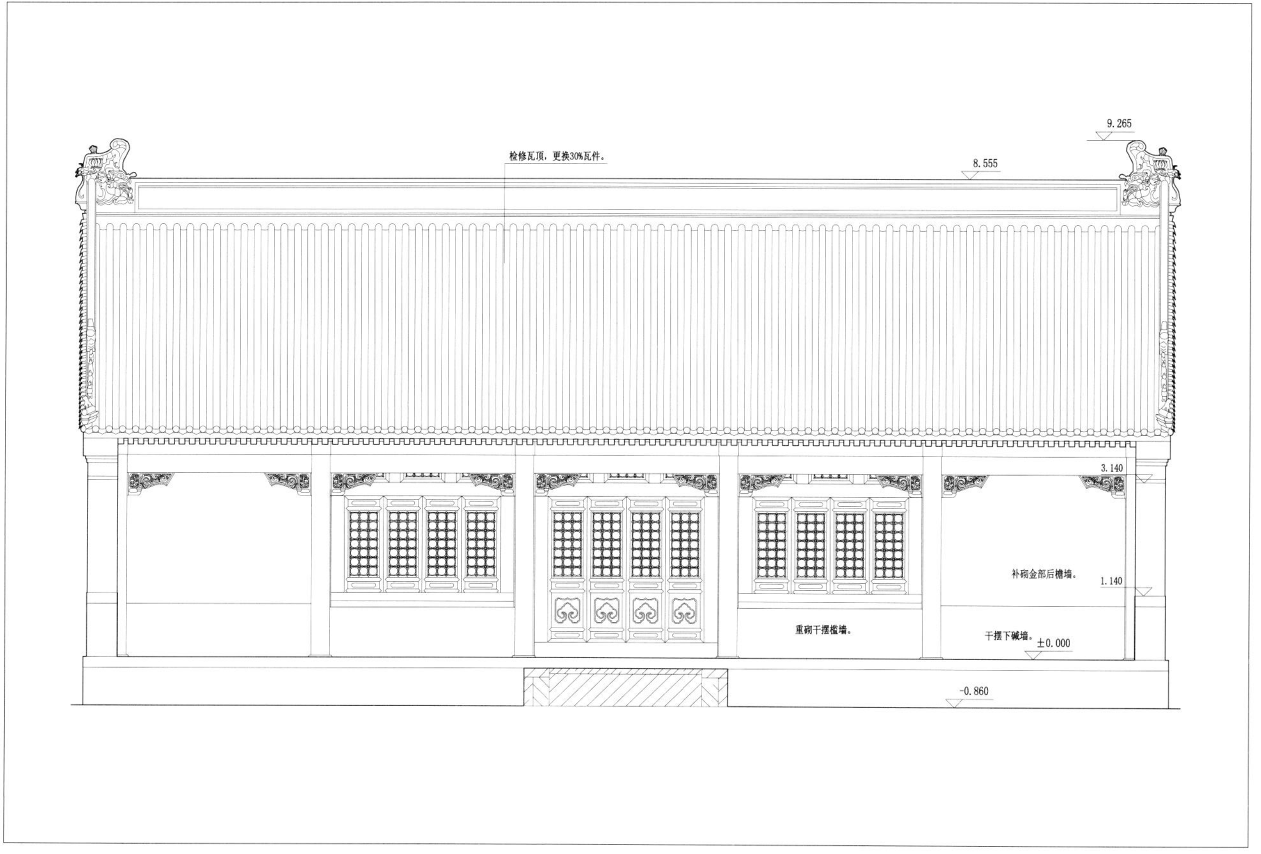
9.265
检修瓦顶，更换30%瓦件。
8.555
3.140
补砌金部后檐墙。
1.140
重砌干摆槛墙。
干摆下碱墙。
±0.000
-0.860

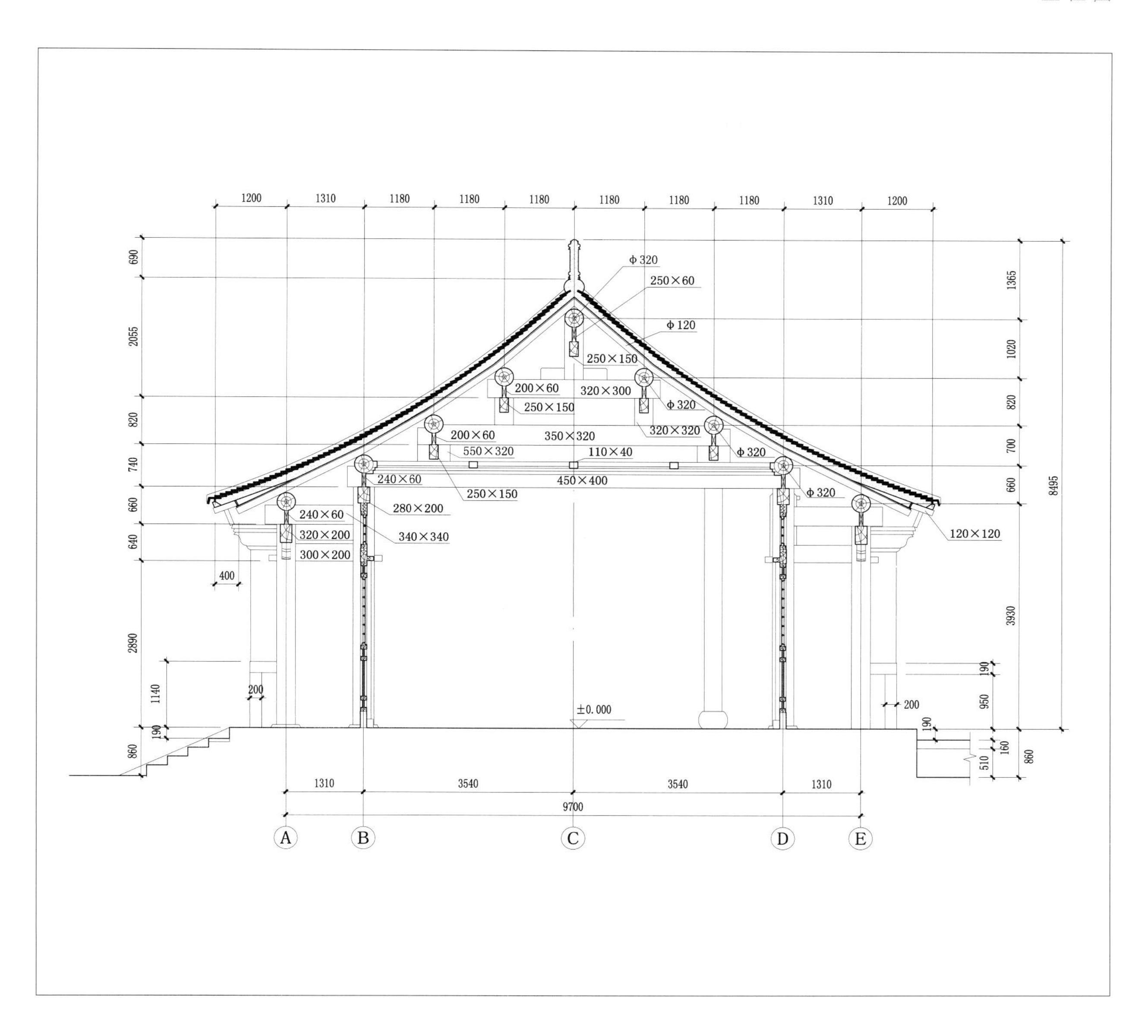

六五　静宜堂正立面图
六六　静宜堂背立面图
六七　静宜堂剖面图

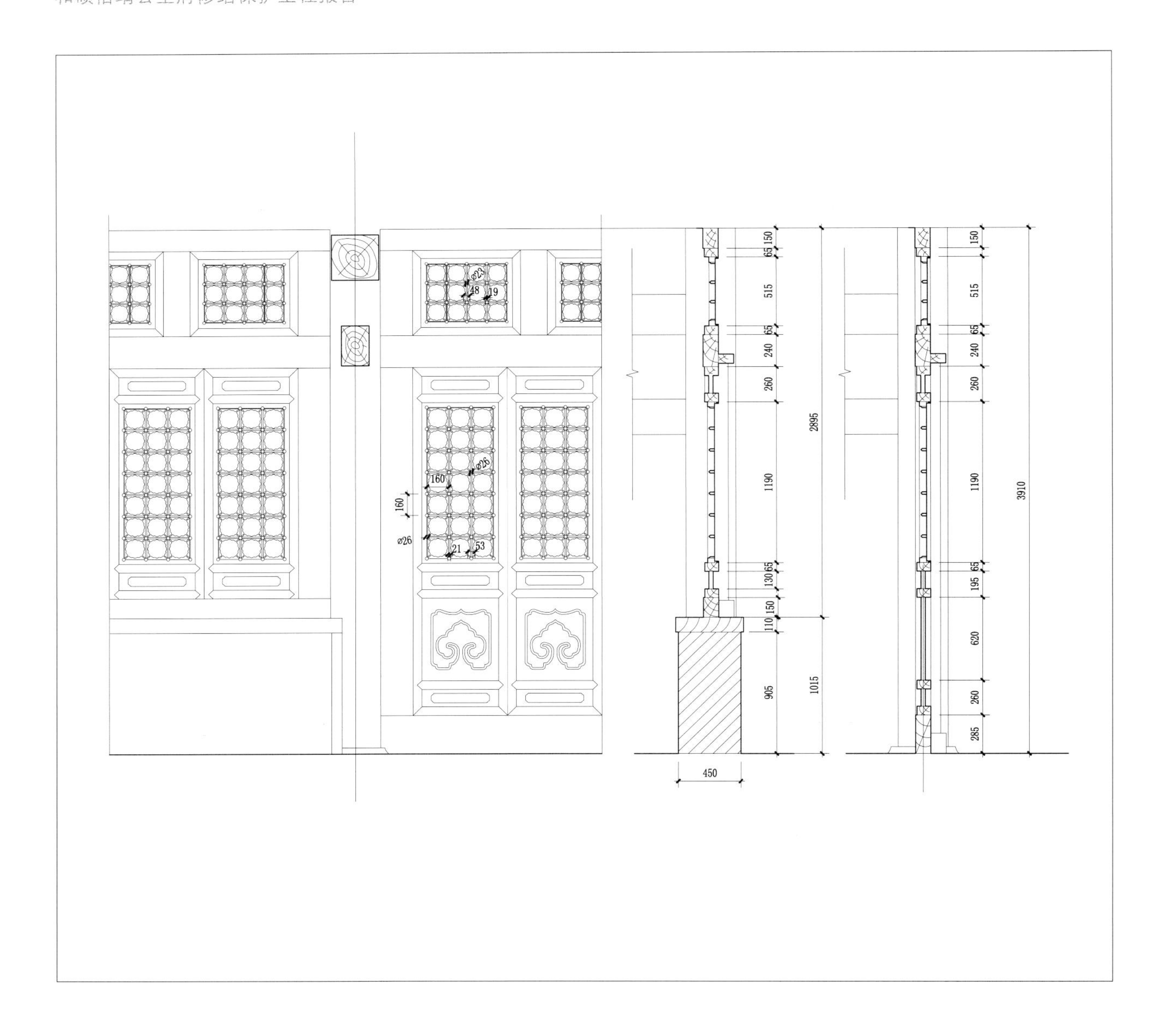

六八　静宜堂隔扇及槛窗施工大样图
六九　静宜堂东厢房、厢耳房平面图
七〇　静宜堂西厢房、厢耳房平面图

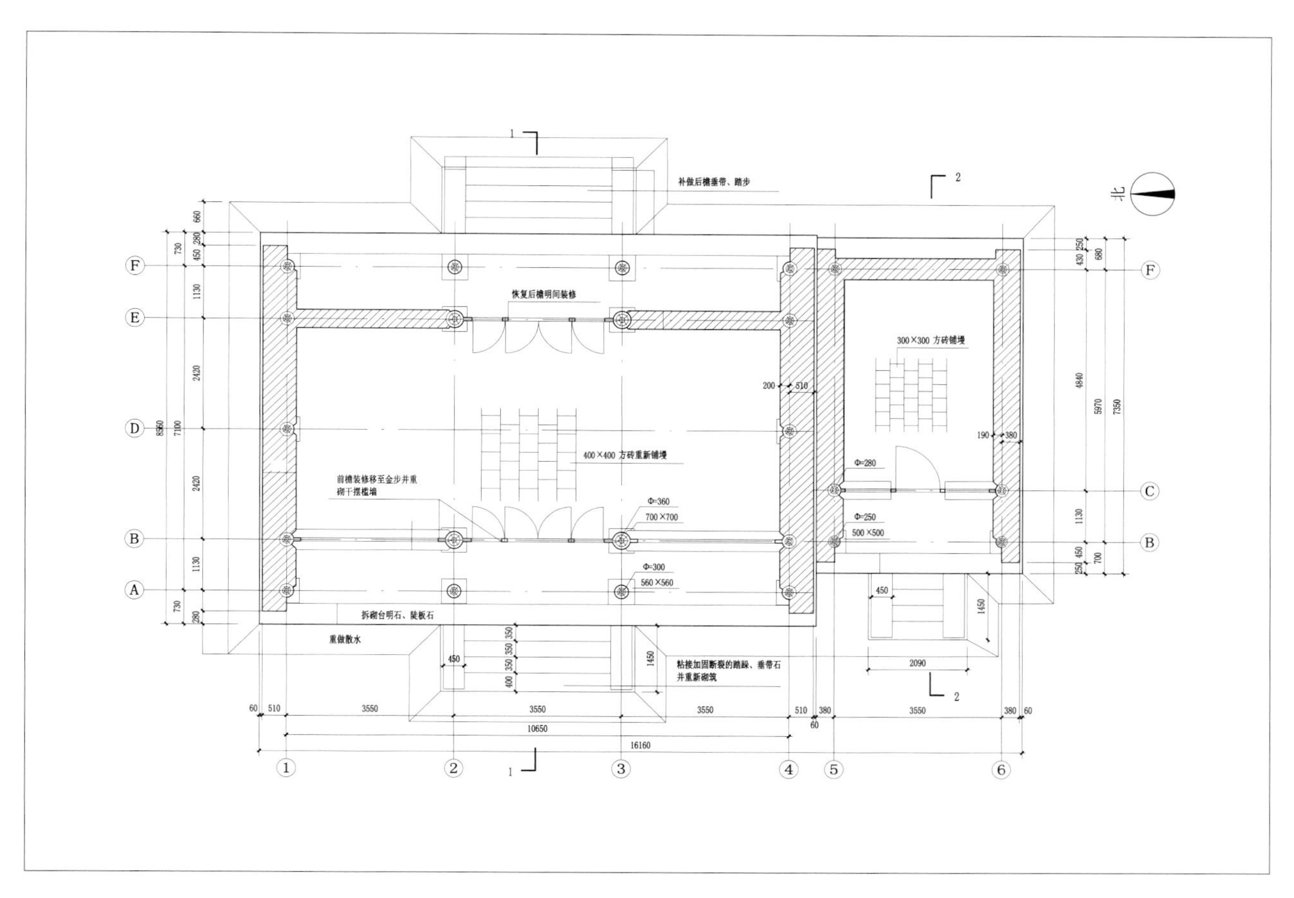
补做后檐垂带、踏步
恢复后檐明间装修
300×300 方砖铺墁
400×400 方砖重新铺墁
前檐装修移至金步并重
砌干摆槛墙
拆砌台明石、陡板石
重做散水
粘接加固断裂的踏跺、垂带石
并重新砌筑
北

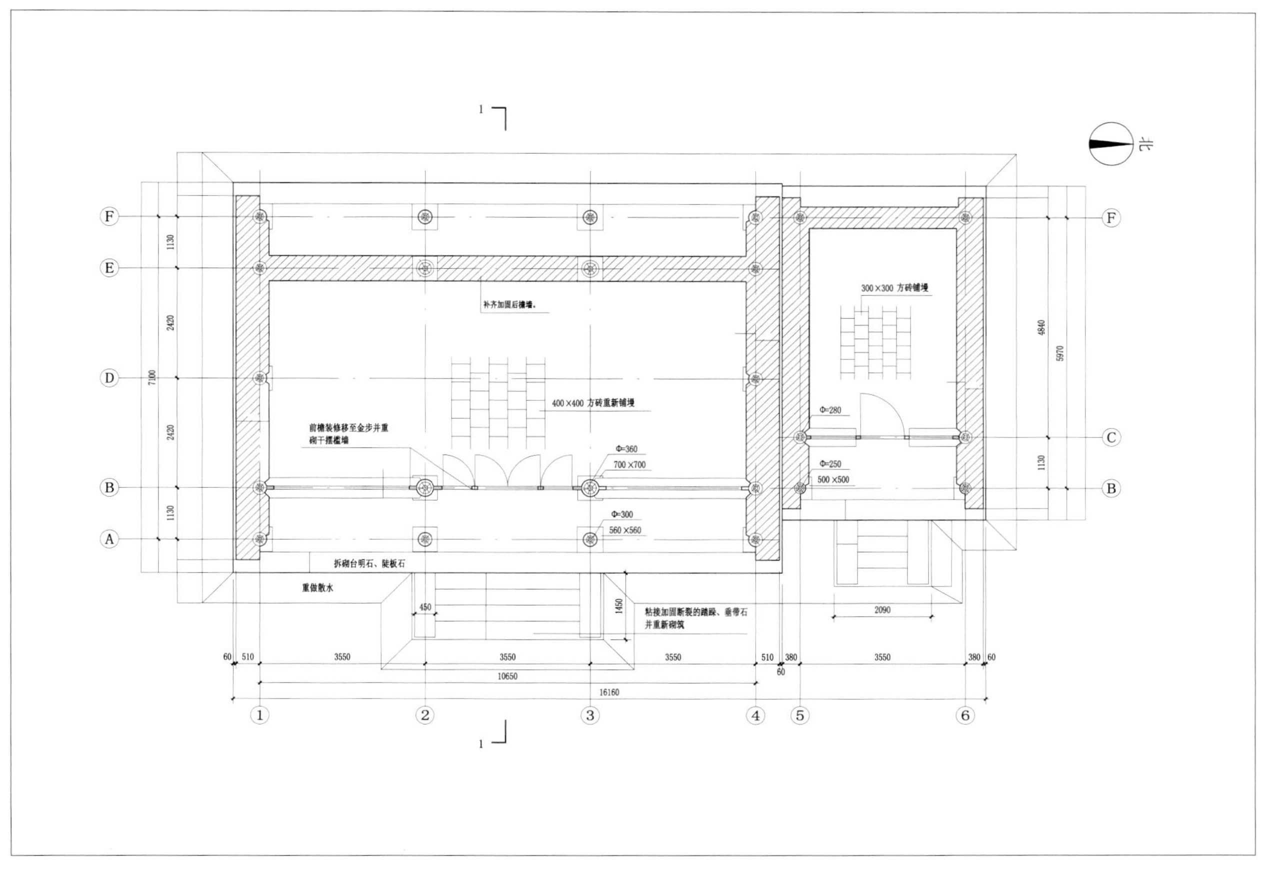
补齐加固后檐墙。
300×300 方砖铺墁
400×400 方砖重新铺墁
前檐装修移至金步并重
砌干摆槛墙
拆砌台明石、陡板石
重做散水
粘接加固断裂的踏跺、垂带石
并重新砌筑
北

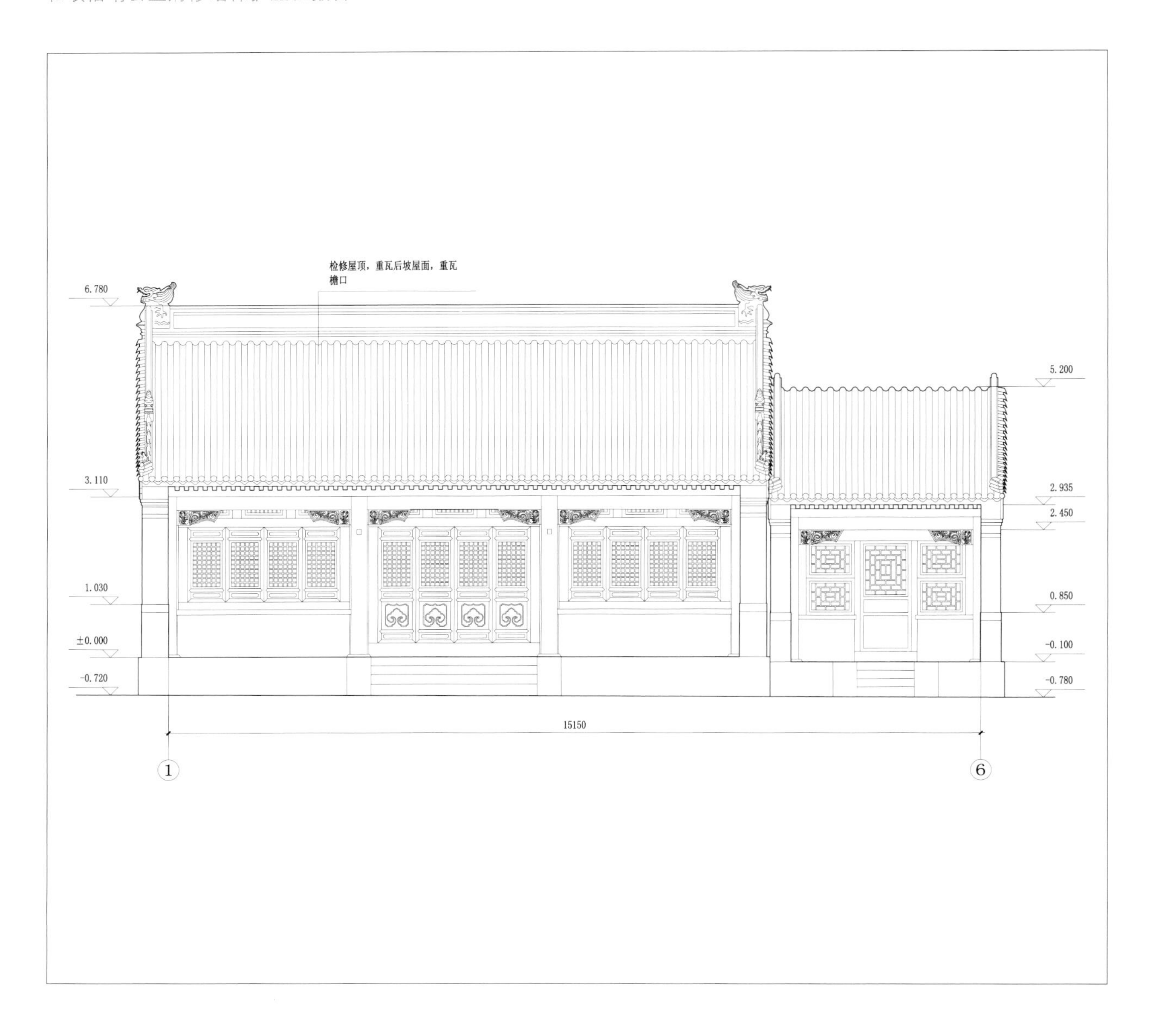

七一　静宜堂厢房、厢耳房正立面图
七二　静宜堂东厢房剖面图
七三　静宜堂西厢房剖面图

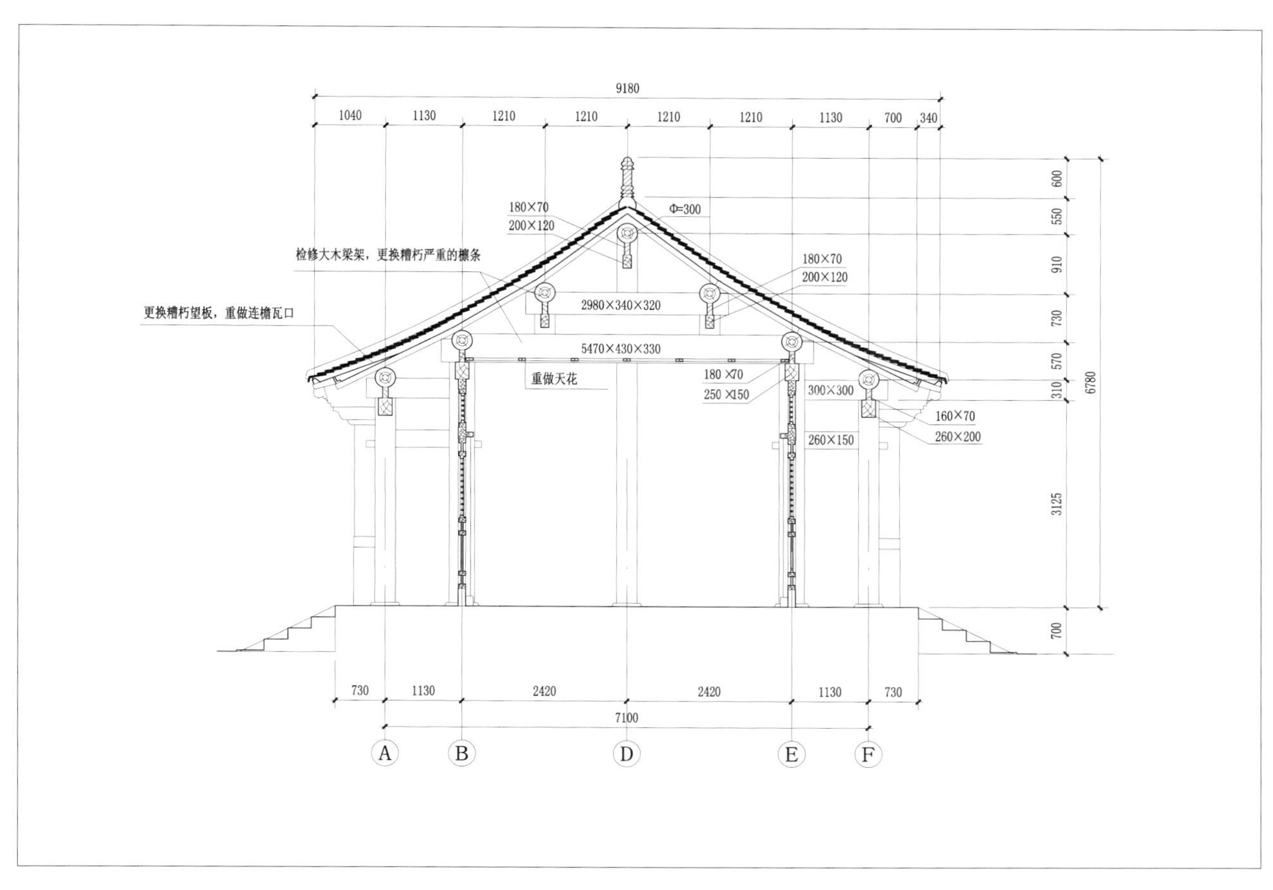
9180
1040
1130
1210
1210
1210
1210
1130
700
340
180×70
200×120
Φ=300
检修大木梁架，更换糟朽严重的檩条
180×70
200×120
2980×340×320
更换糟朽望板，重做连檐瓦口
5470×430×330
重做天花
180×70
250×150
300×300
160×70
260×200
260×150
600
550
910
730
570
310
6780
3125
700
730
1130
2420
2420
1130
730
7100
A
B
D
E
F

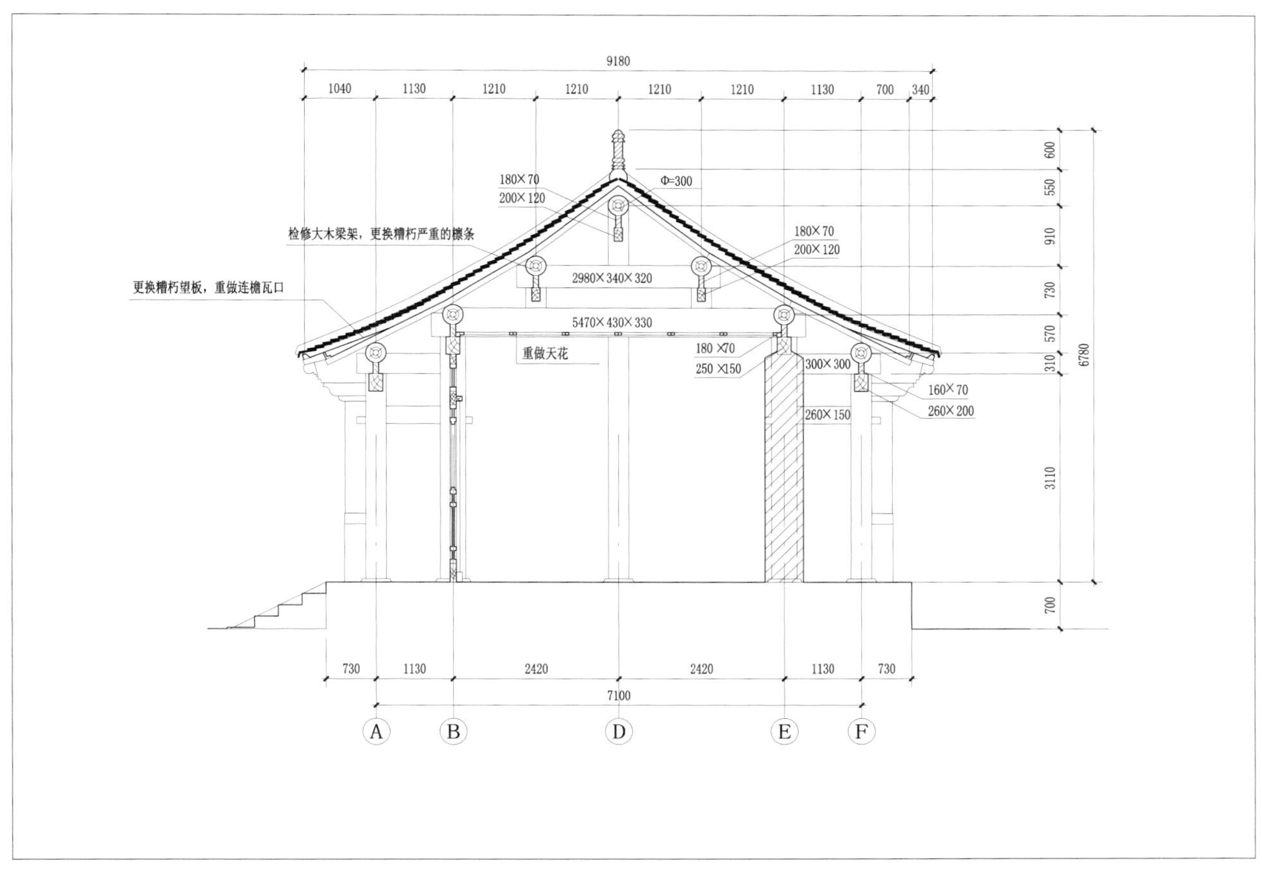
9180
1040
1130
1210
1210
1210
1210
1130
700
340
180×70
200×120
Φ=300
检修大木梁架，更换糟朽严重的檩条
180×70
200×120
2980×340×320
更换糟朽望板，重做连檐瓦口
5470×430×330
重做天花
180×70
250×150
300×300
160×70
260×200
260×150
600
550
910
730
570
310
6780
3110
700
730
1130
2420
2420
1130
730
7100
A
B
D
E
F

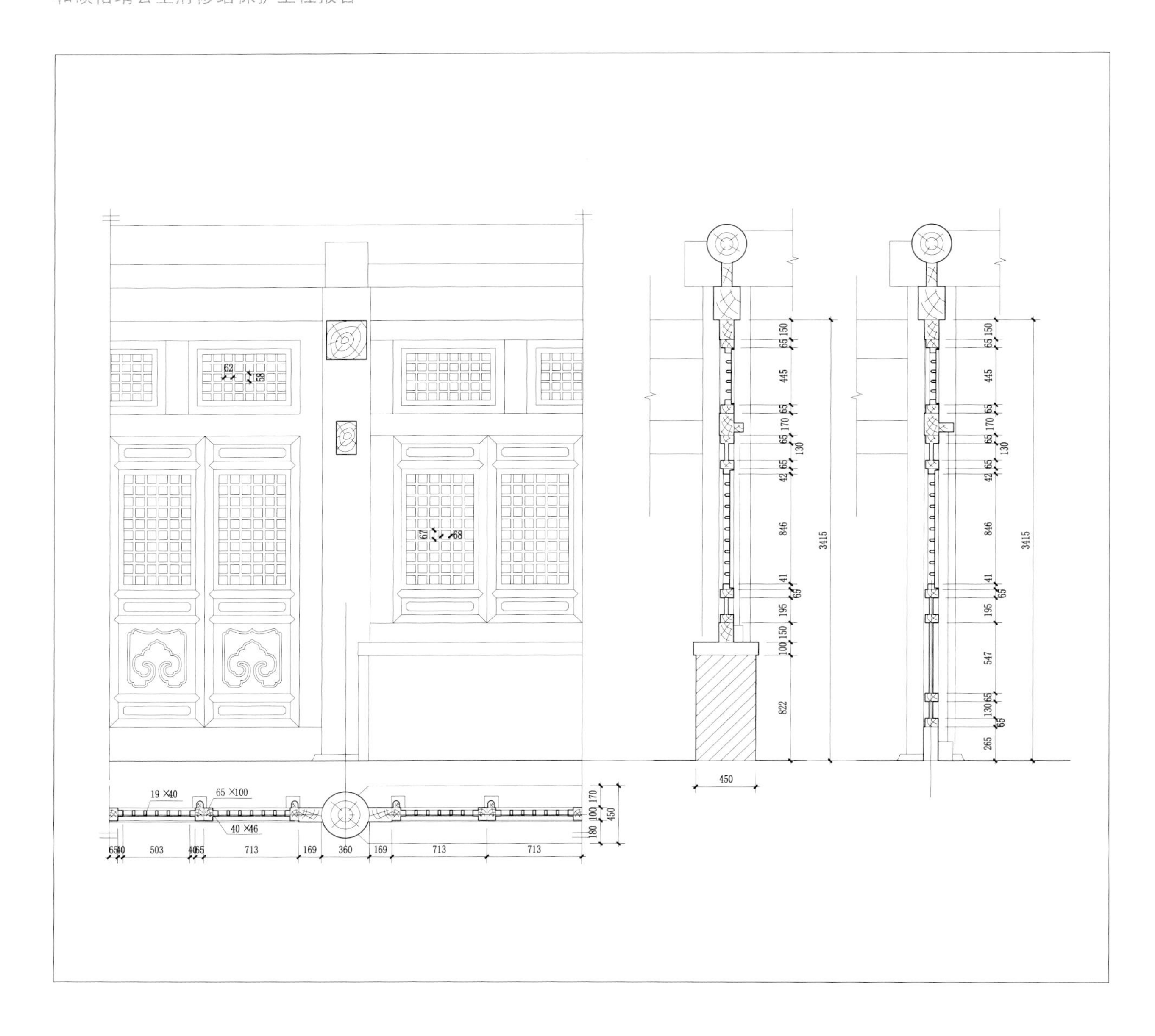

七四　静宜厢房隔扇及槛窗大样图

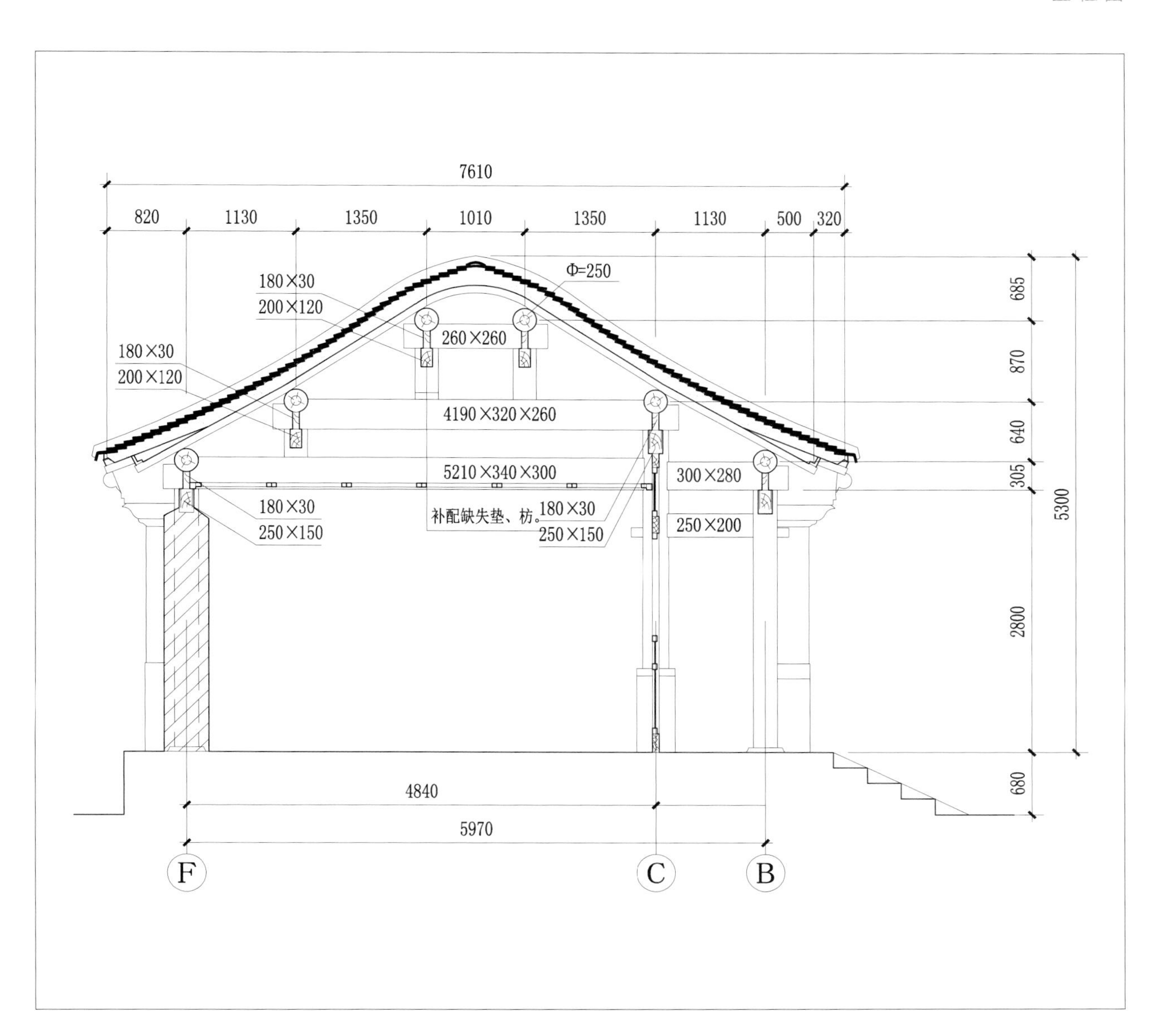

七五　静宜堂厢耳房剖面图

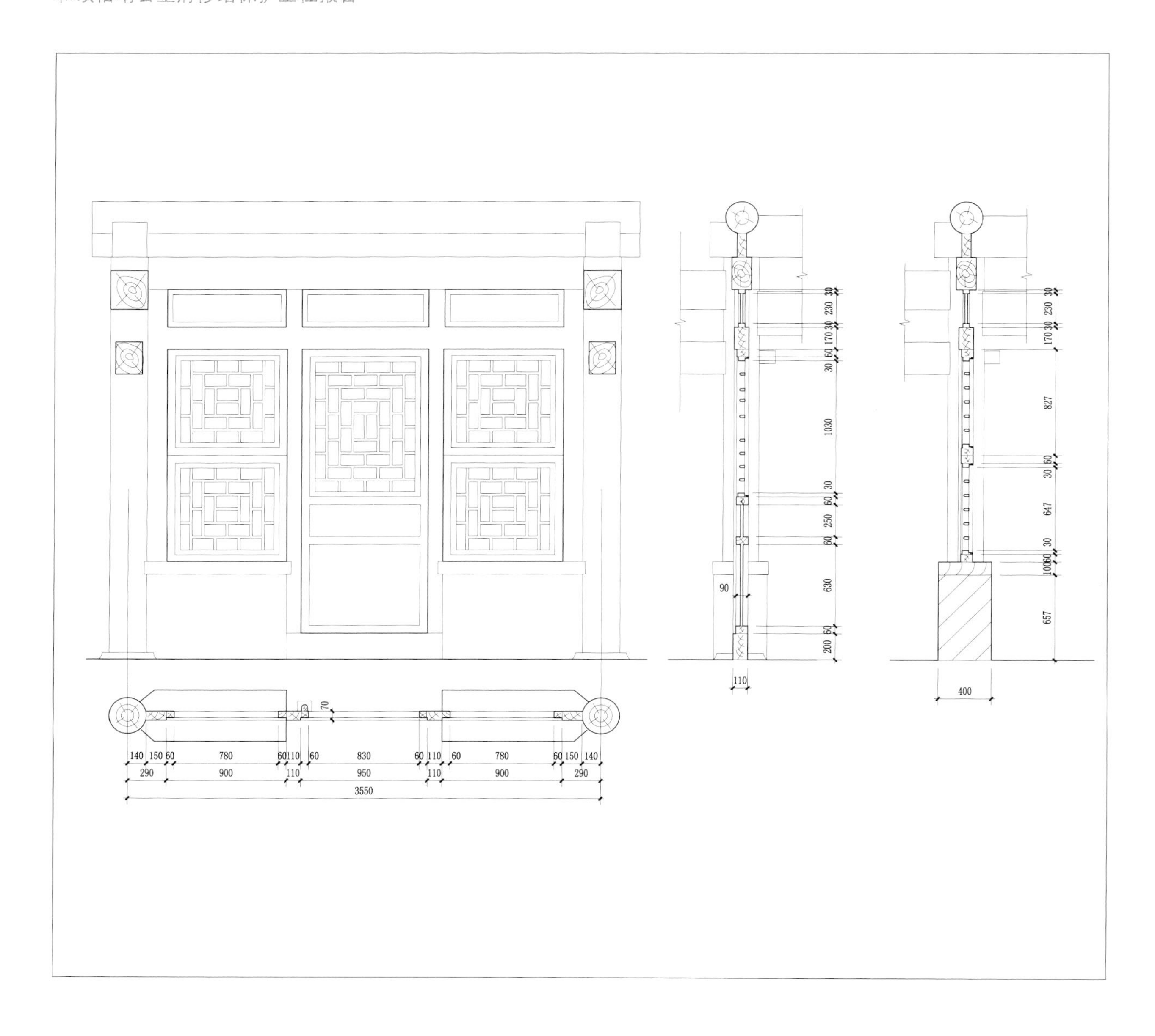

七六　静宜堂厢耳房风门支摘窗大样图

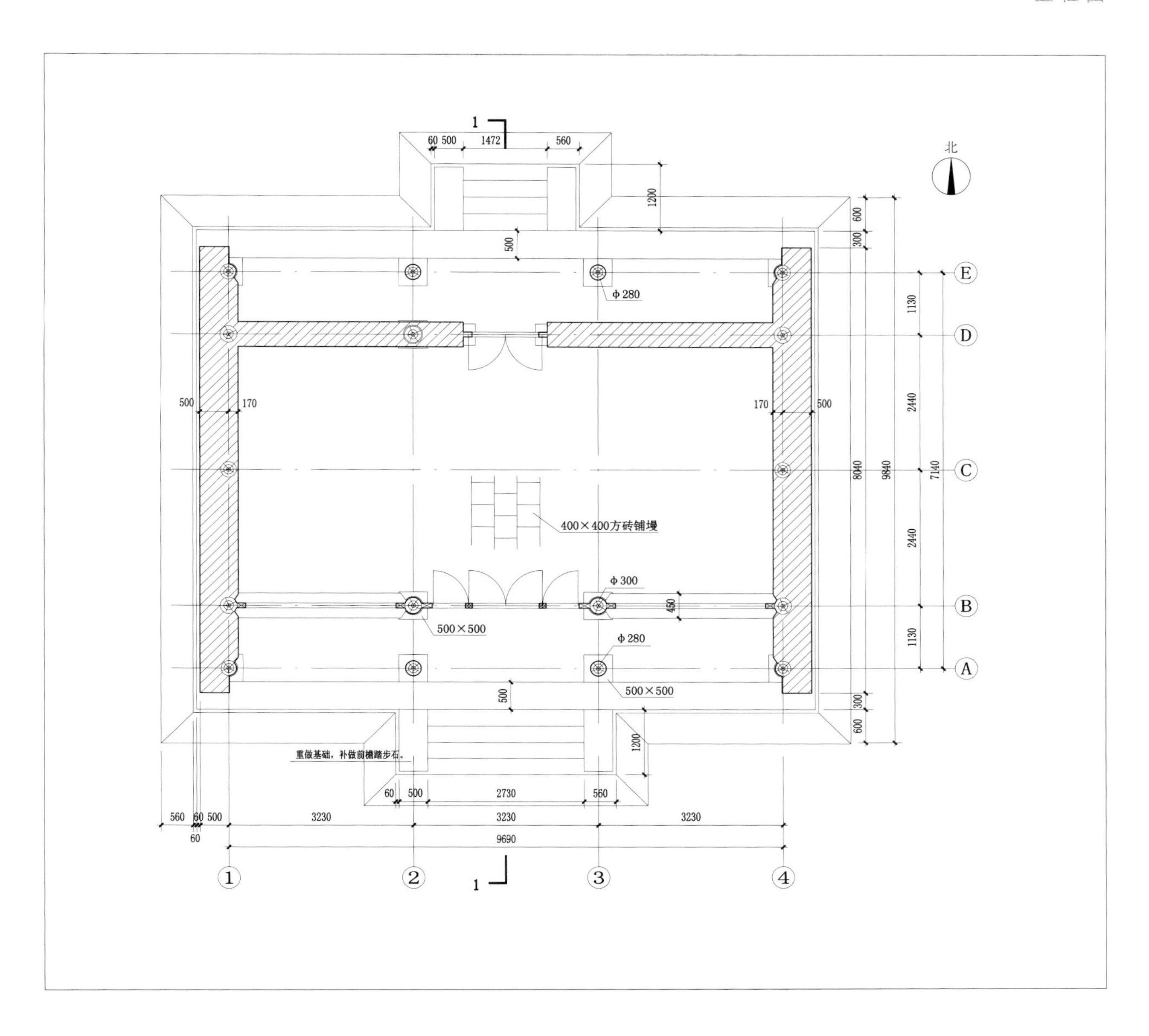

七七　静宜堂左、右朵殿平面图

7.236
6.430
2.600
1.020
±0.000
-0.640
重砌干摆槛墙。

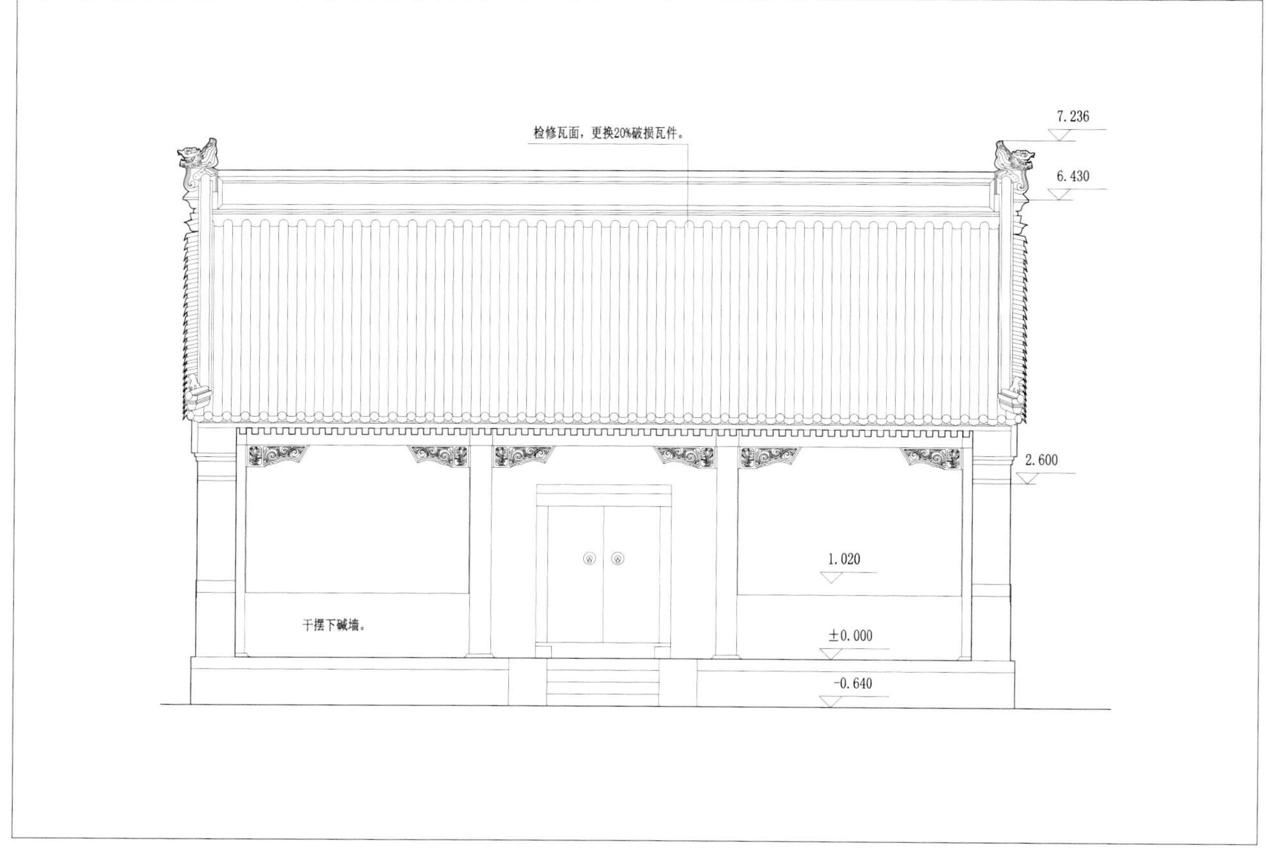
检修瓦面，更换20%破损瓦件。
7.236
6.430
2.600
1.020
±0.000
-0.640
干摆下碱墙。

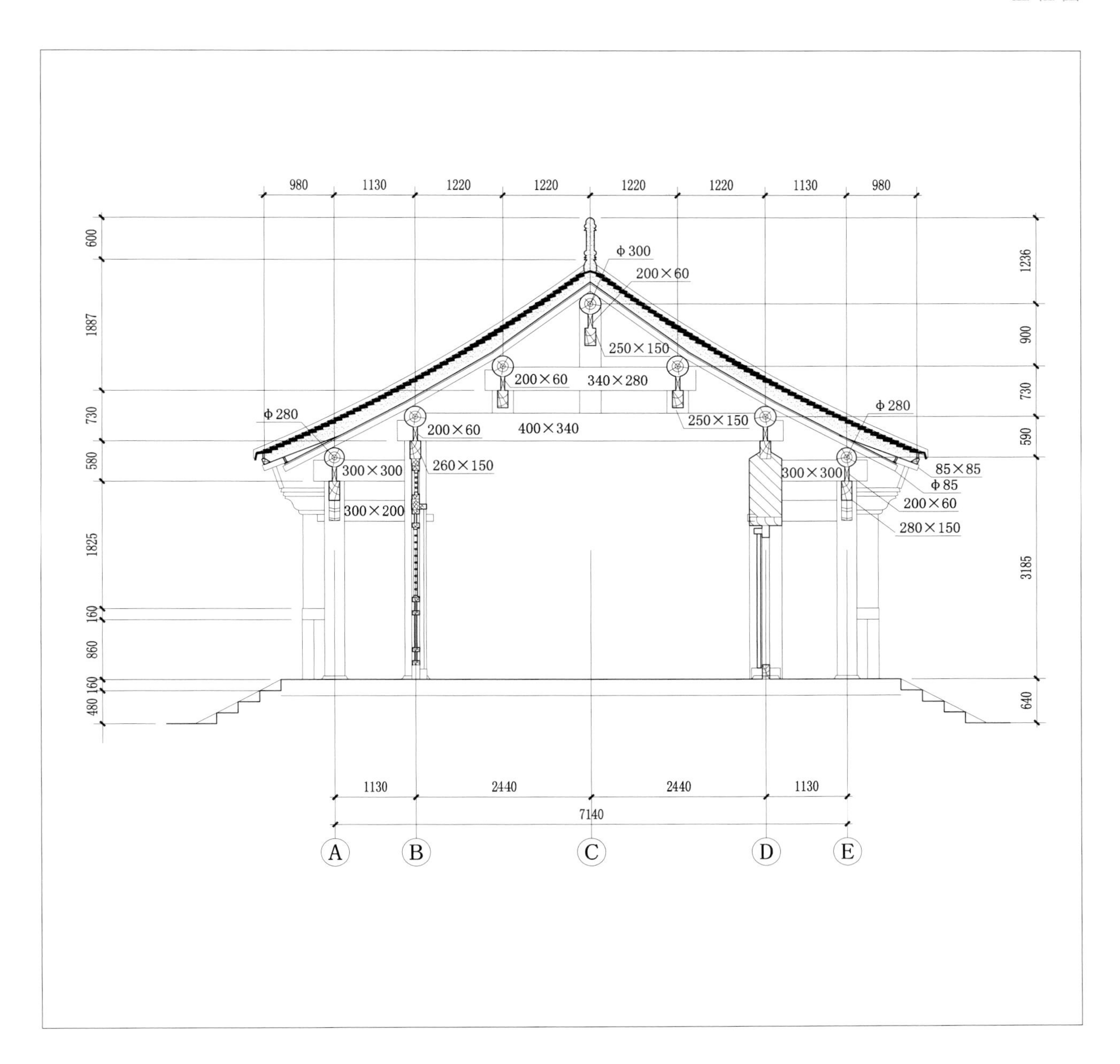

七八　静宜堂左、右朵殿正立面图
七九　静宜堂左、右朵殿背立面图
八〇　静宜堂左、右朵殿剖面图

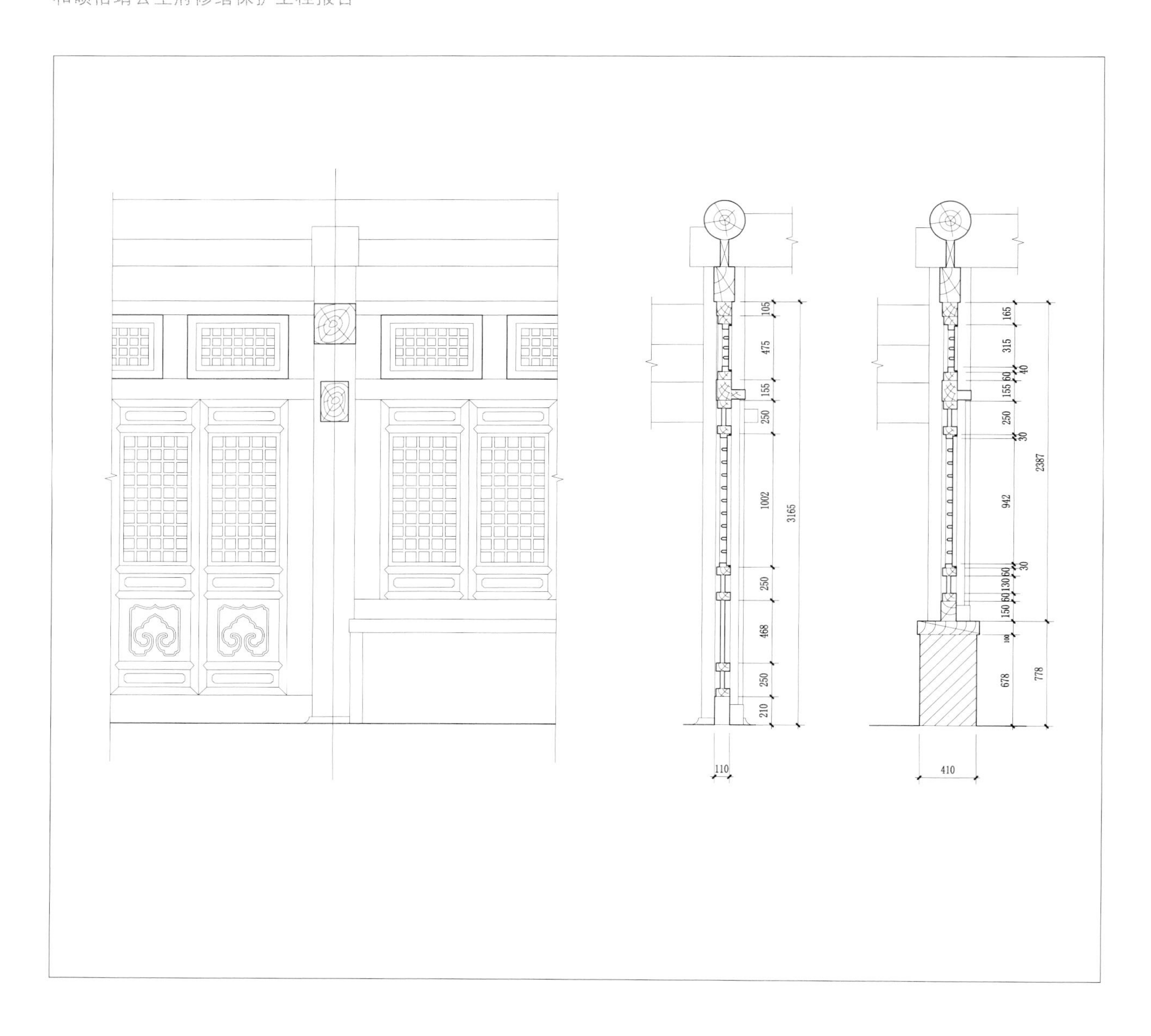

八一 静宜堂左、右朵殿隔扇及槛窗大样图

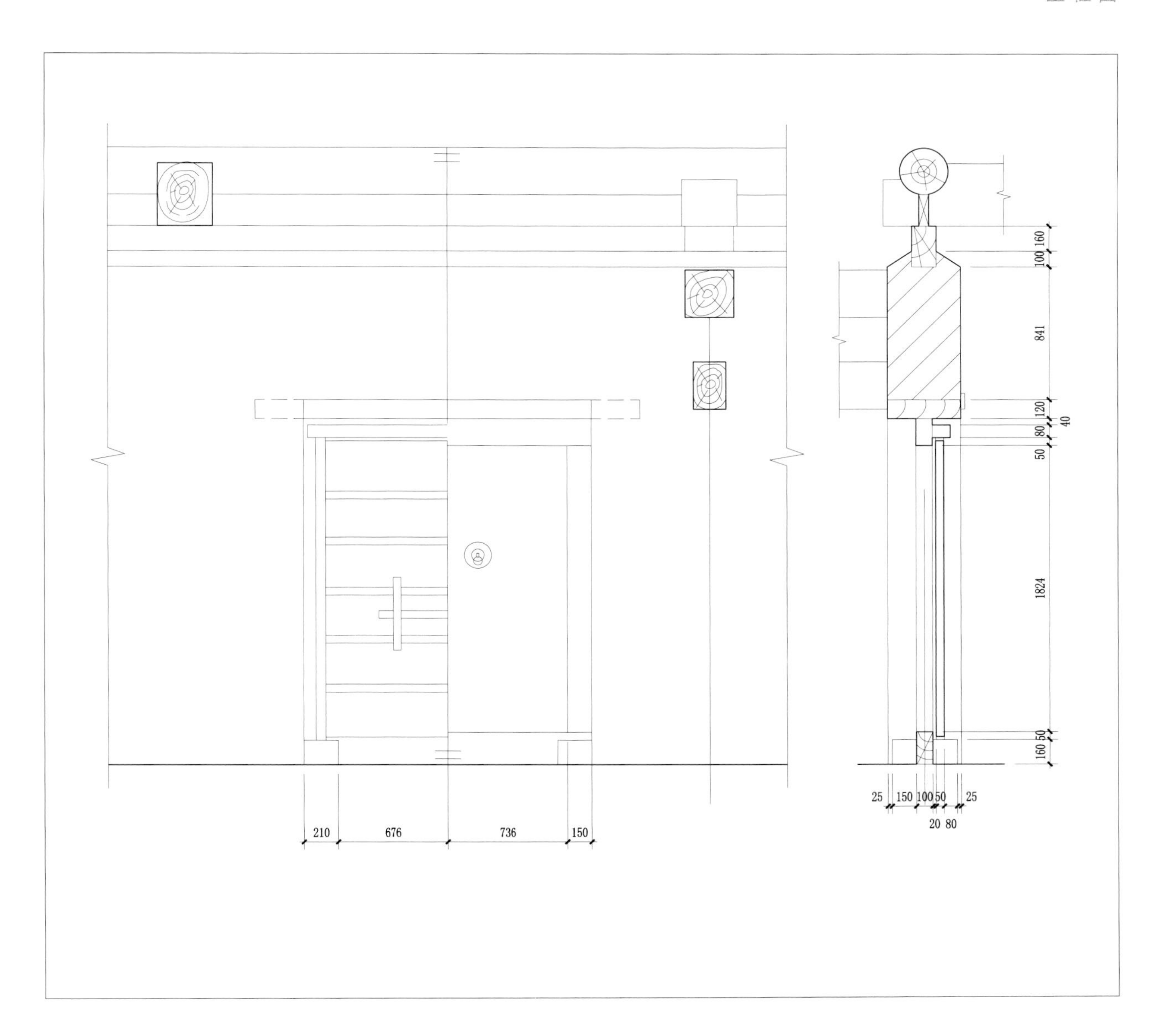

八二　静宜堂左、右朵殿大门大样图

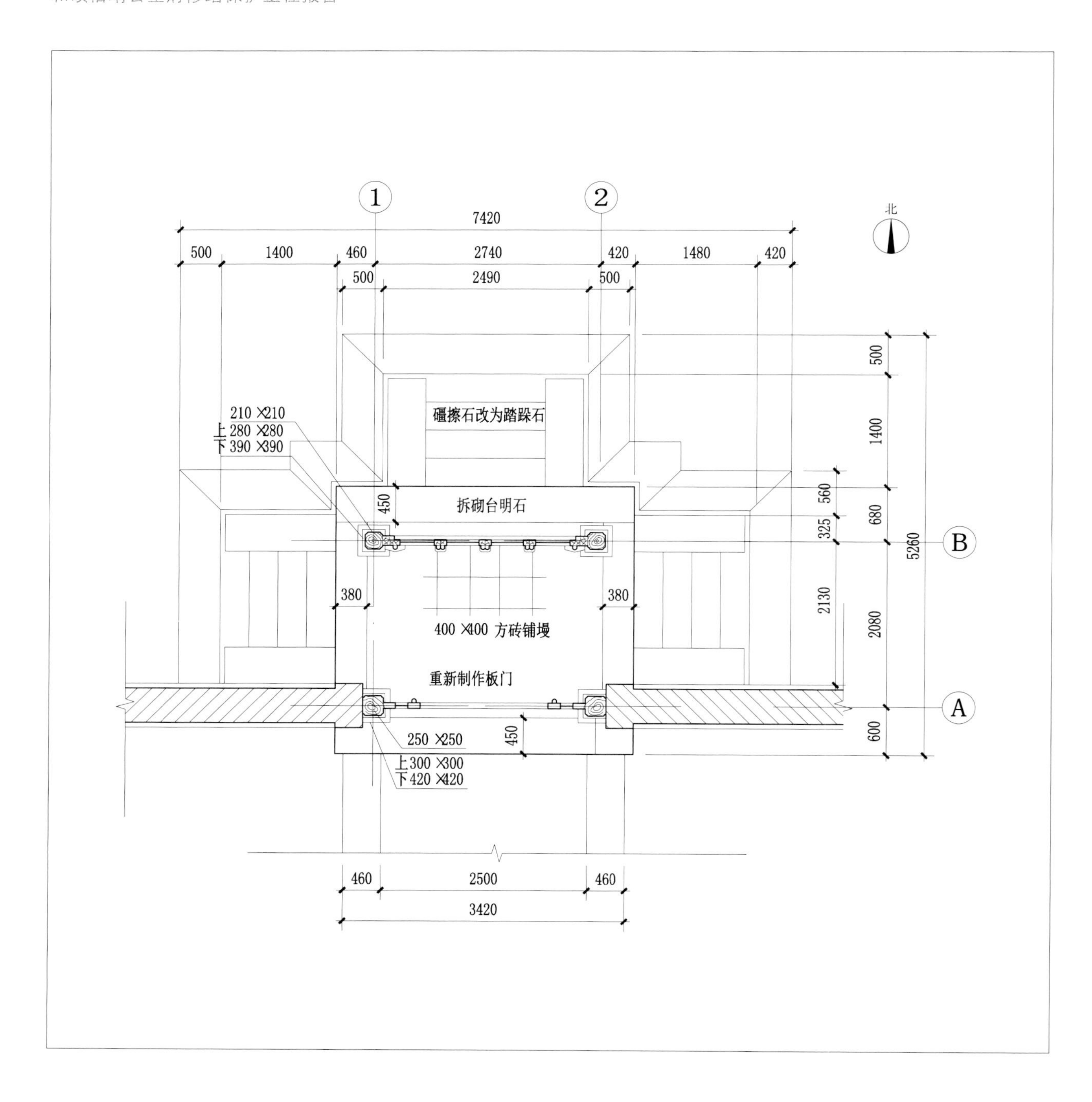

八三　垂花门平面图
八四　垂花门正立面图
八五　垂花门剖面图

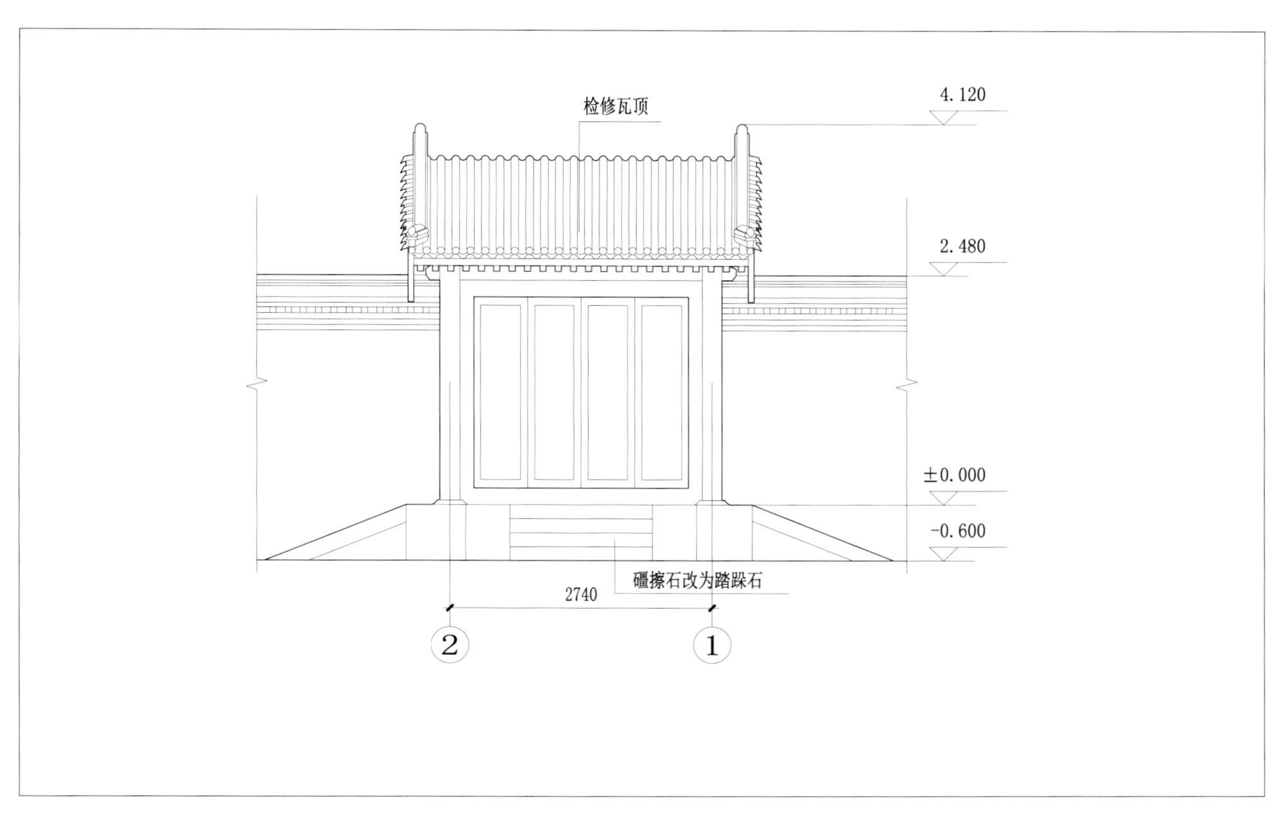
检修瓦顶
4.120
2.480
±0.000
-0.600
礓擦石改为踏跺石
2740
2
1

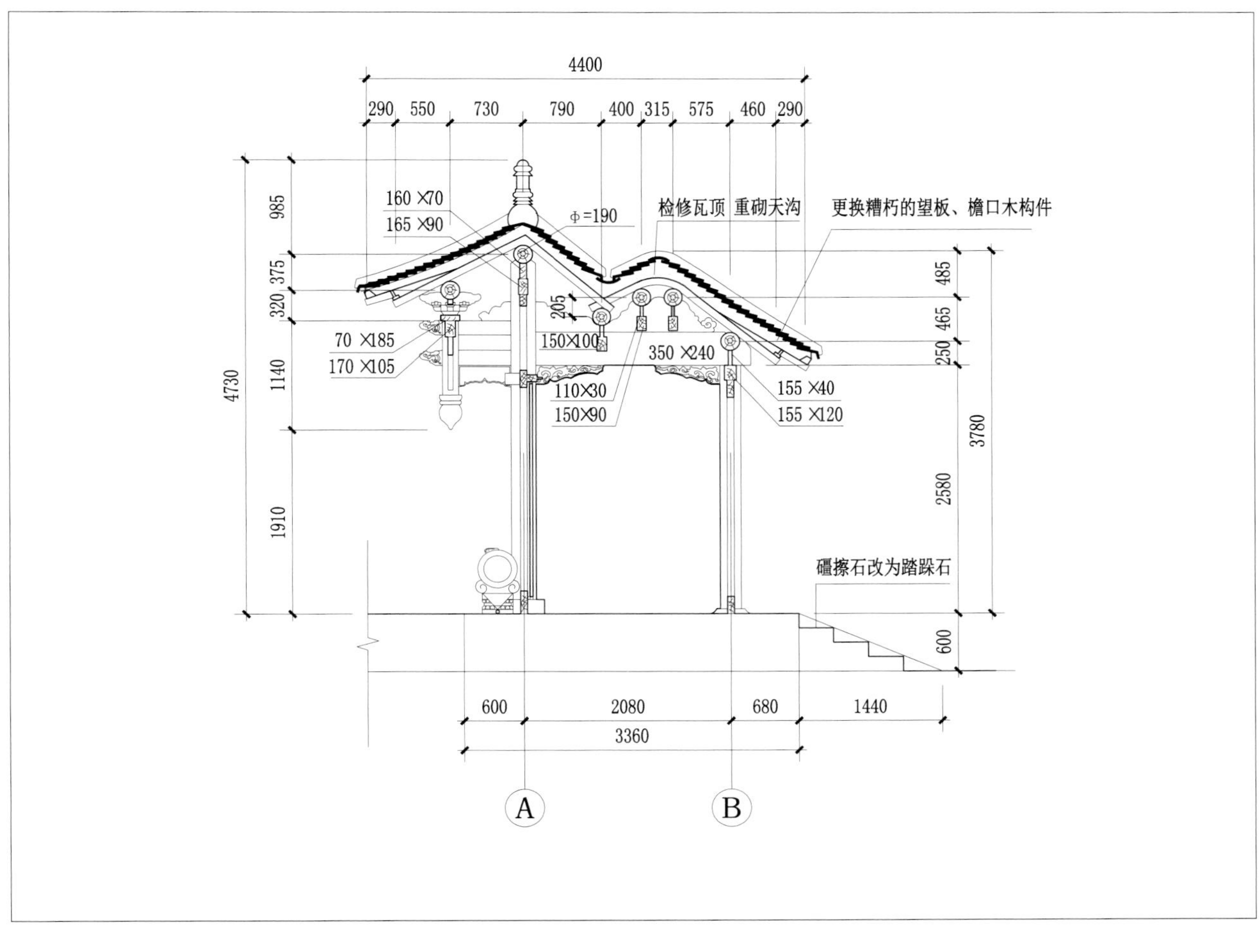
4400
290 550 730 790 400 315 575 460 290
160×70
165×90
φ=190
检修瓦顶 重砌天沟
更换糟朽的望板、檐口木构件
985
375
320
205
70×185
170×105
150×100
350×240
110×30
150×90
155×40
155×120
485
465
250
4730
1140
1910
3780
2580
礓擦石改为踏跺石
600
600 2080 680 1440
3360
A
B

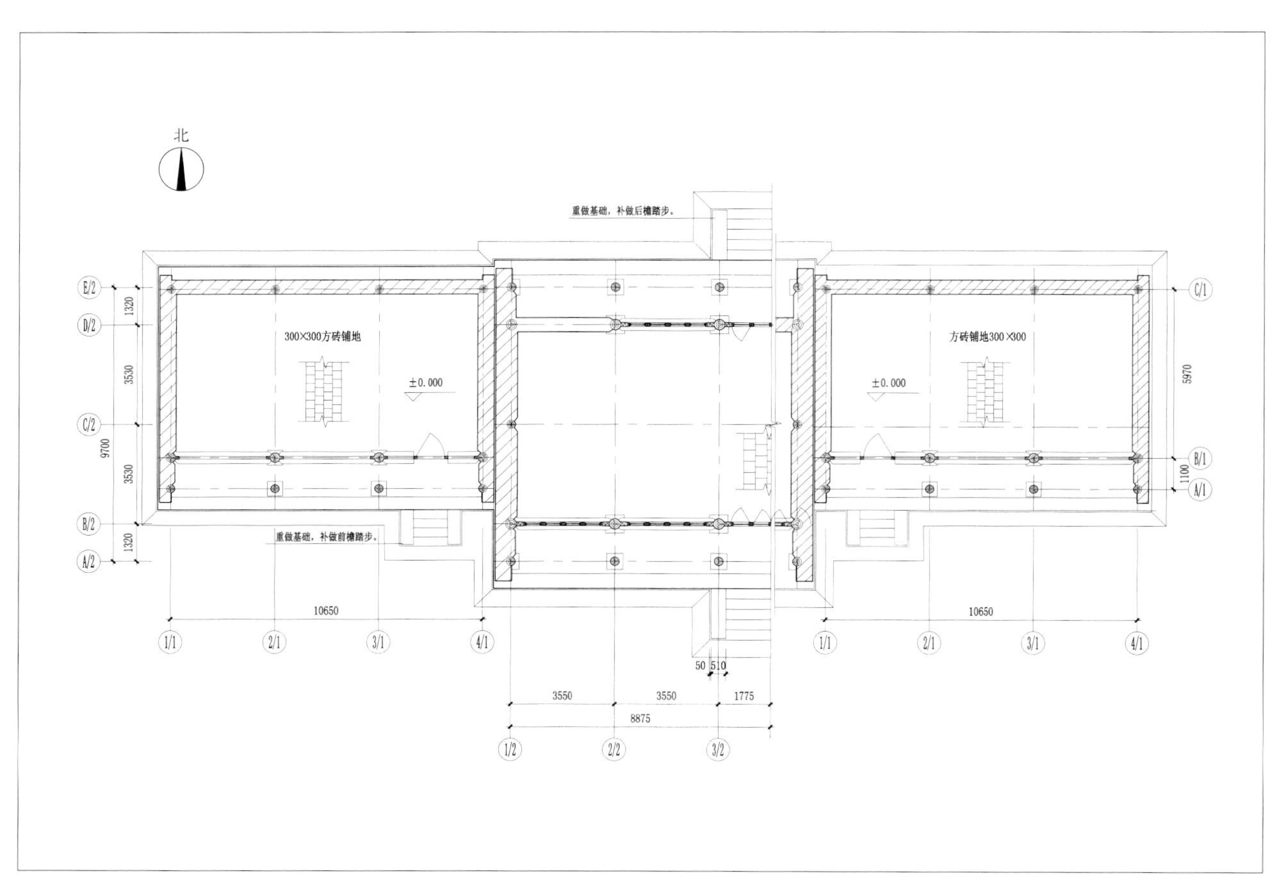
北
重做基础，补做后檐踏步。
300×300方砖铺地
±0.000
方砖铺地300×300
±0.000
重做基础，补做前檐踏步。
E/2
D/2
C/2
B/2
A/2
1320
3530
3530
1320
9700
C/1
B/1
A/1
5970
1100
10650
10650
1/1
2/1
3/1
4/1
1/1
2/1
3/1
4/1
50
510
3550
3550
1775
8875
1/2
2/2
3/2

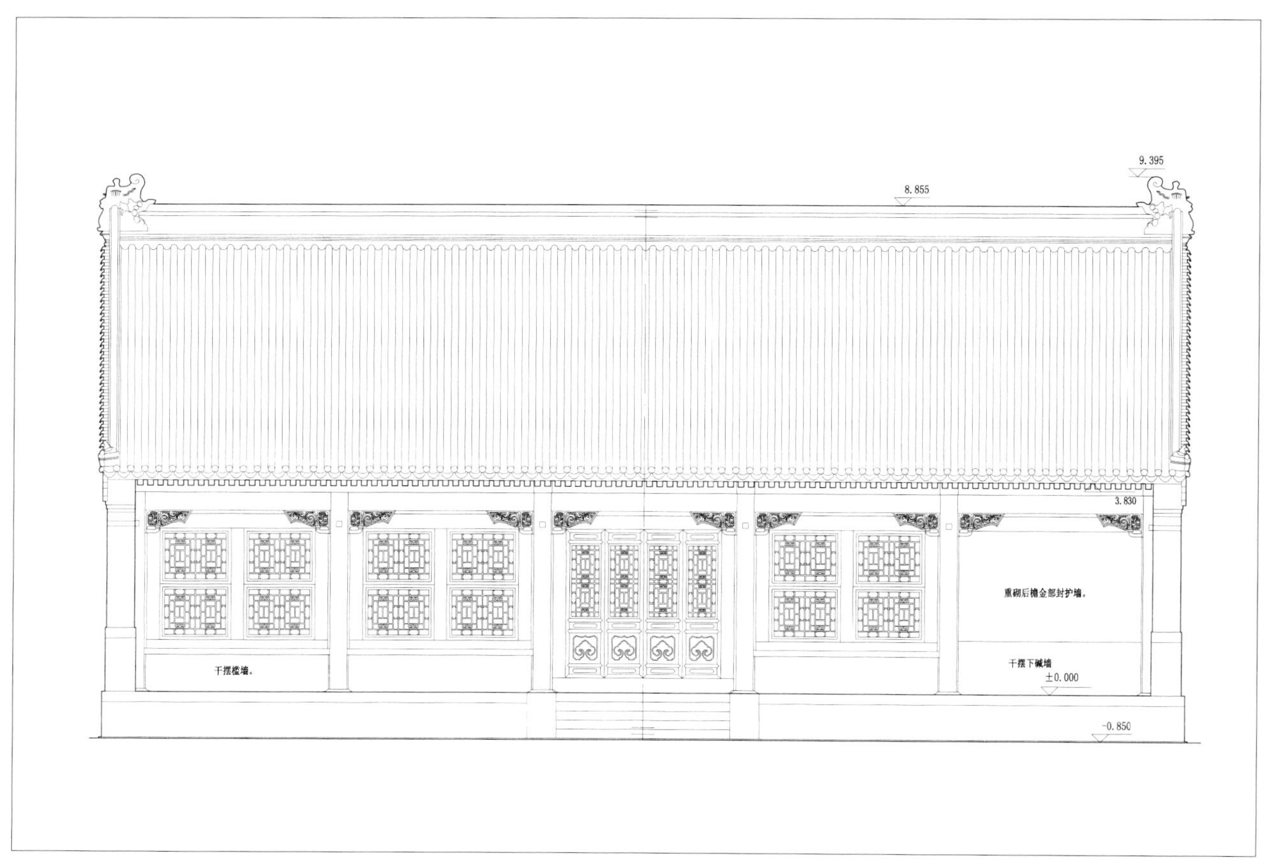
9.395
8.855
3.830
重砌后檐金部封护墙。
干摆槛墙。
干摆下碱墙
±0.000
-0.850

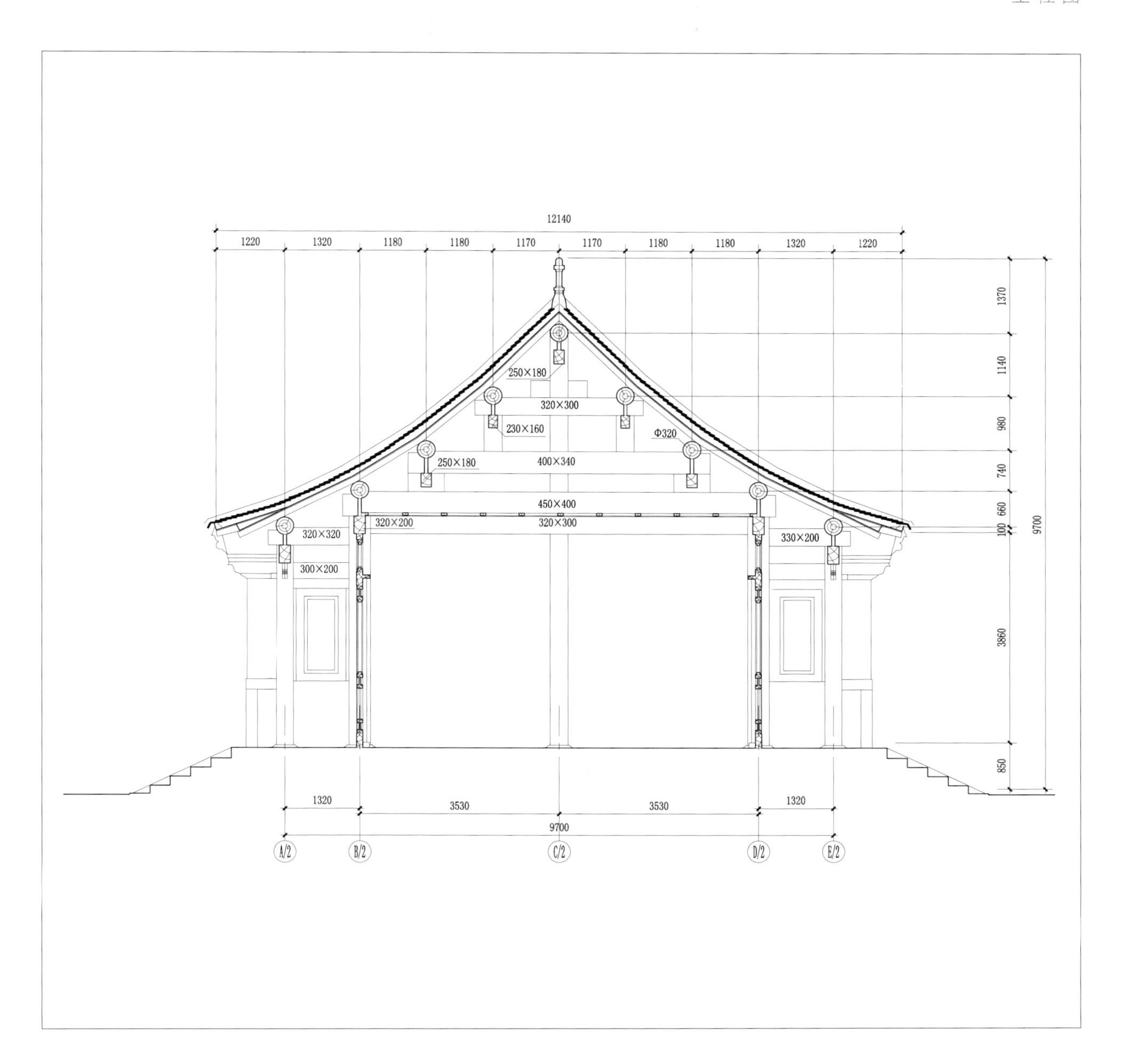

八六　寝殿、寝殿耳房平面图
八七　寝殿正、背立面图
八八　寝殿剖面图

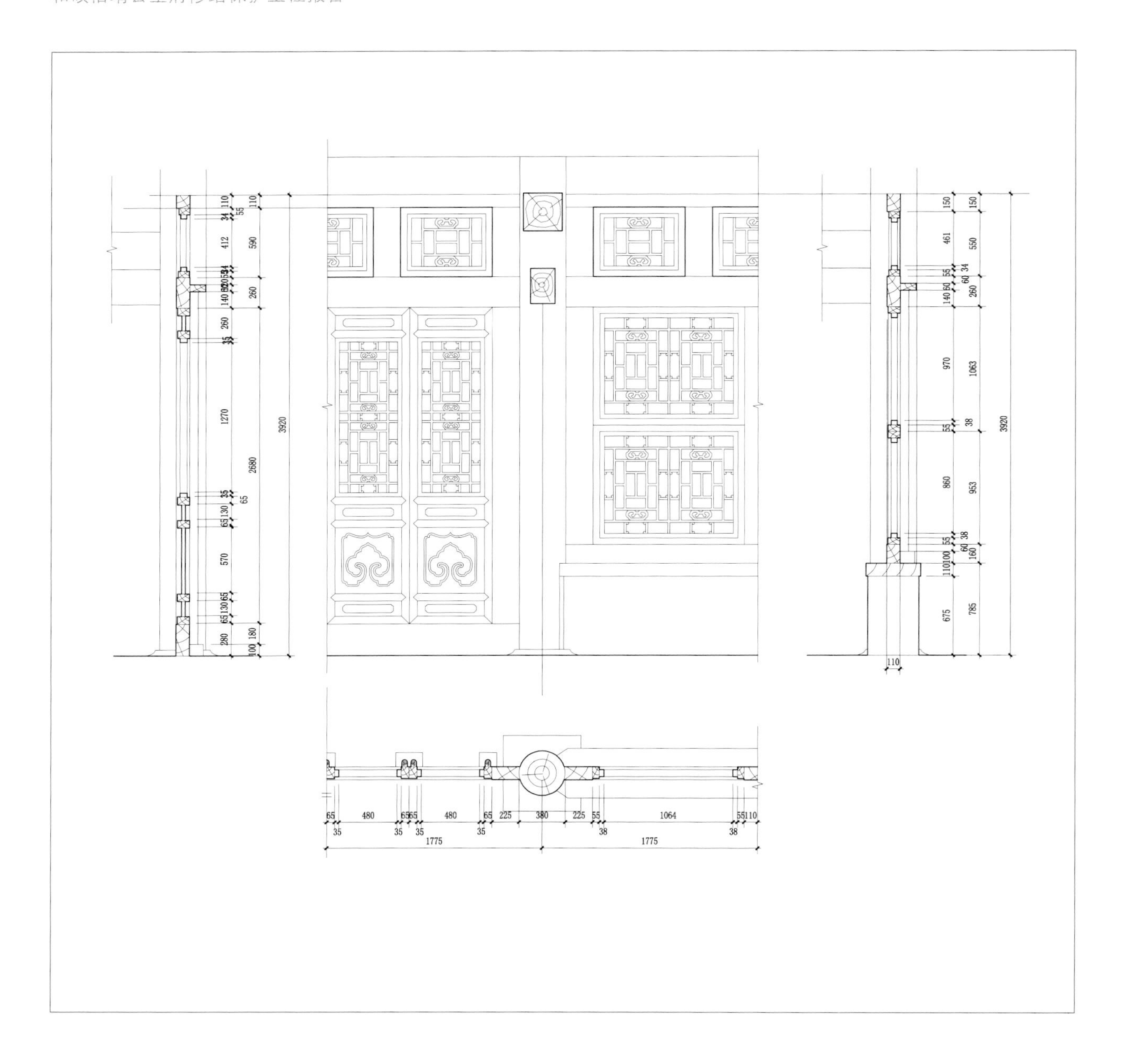

八九　寝殿隔扇及槛窗大样图
九〇　寝殿厢房、厢耳房平面图
九一　寝殿厢房、厢耳房正立面图

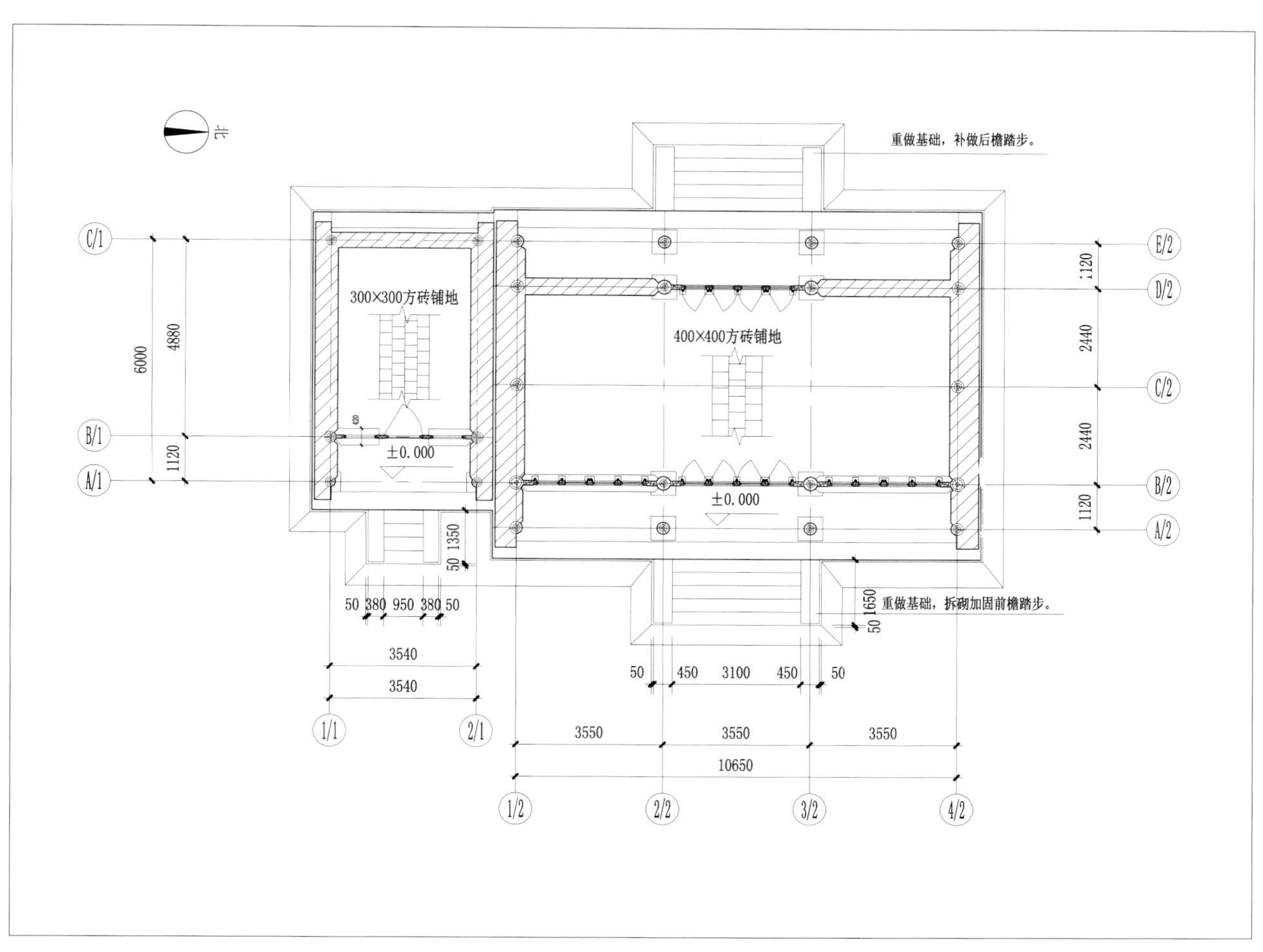
北
重做基础，补做后檐踏步。
300×300方砖铺地
400×400方砖铺地
±0.000
±0.000
重做基础，拆砌加固前檐踏步。
C/1
B/1
A/1
E/2
D/2
C/2
B/2
A/2
1/1
2/1
1/2
2/2
3/2
4/2
6000
4880
1120
1120
2440
2440
1120
1350
50
1650
50
50 380 950 380 50
3540
3540
50 450 3100 450 50
3550
3550
3550
10650

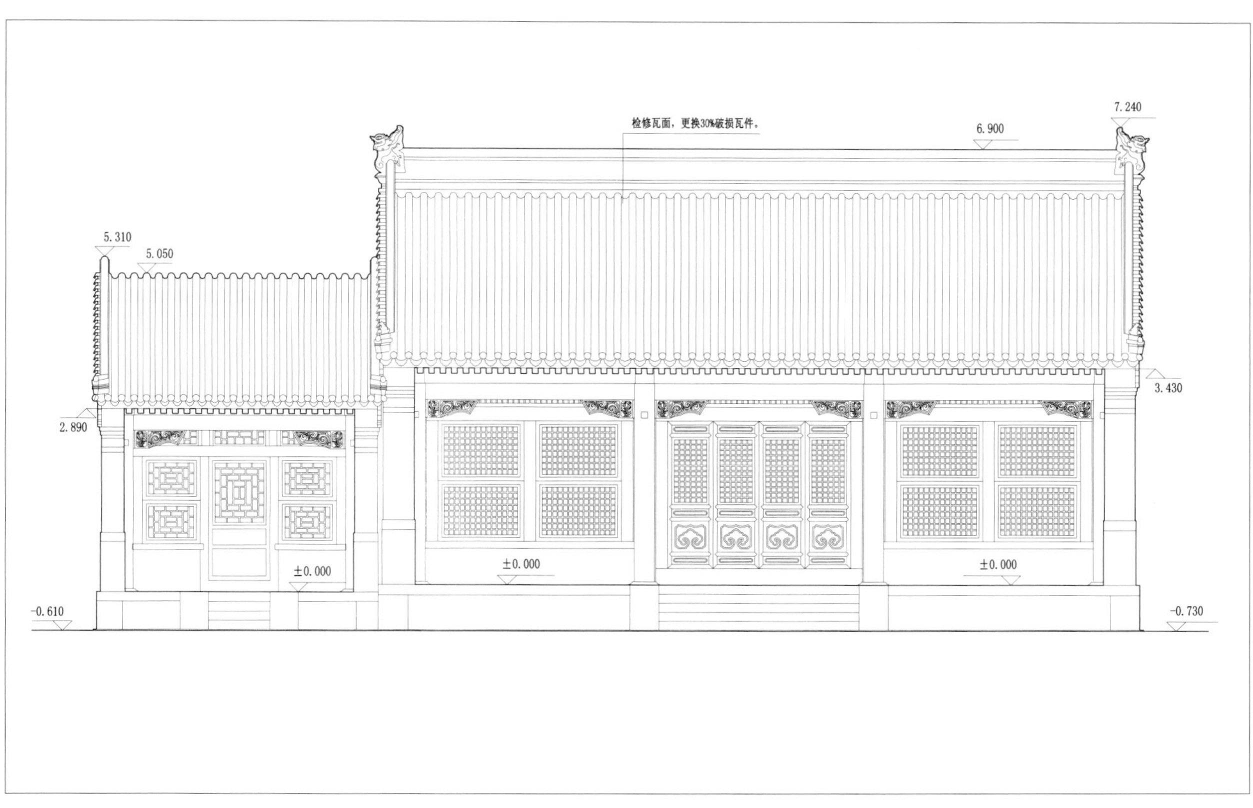
检修瓦面，更换30%破损瓦件。
6.900
7.240
5.310
5.050
3.430
2.890
±0.000
±0.000
±0.000
±0.000
-0.610
-0.730

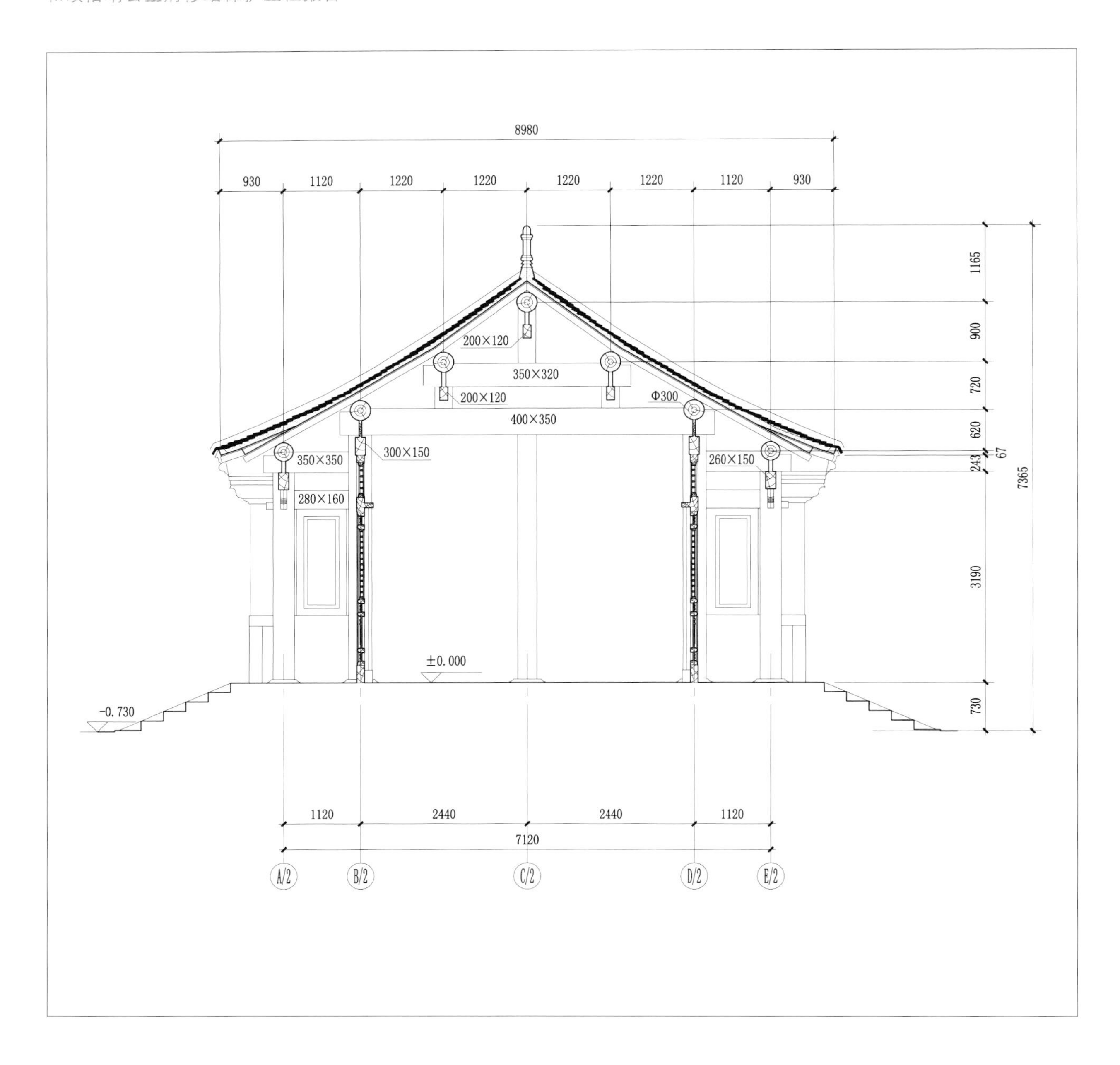
8980
930
1120
1220
1220
1220
1220
1120
930
1165
900
720
620
67
243
7365
3190
730
200×120
350×320
200×120
400×350
Φ300
350×350
300×150
260×150
280×160
±0.000
-0.730
1120
2440
2440
1120
7120
A/2
B/2
C/2
D/2
E/2

九二　寝殿厢房剖面图

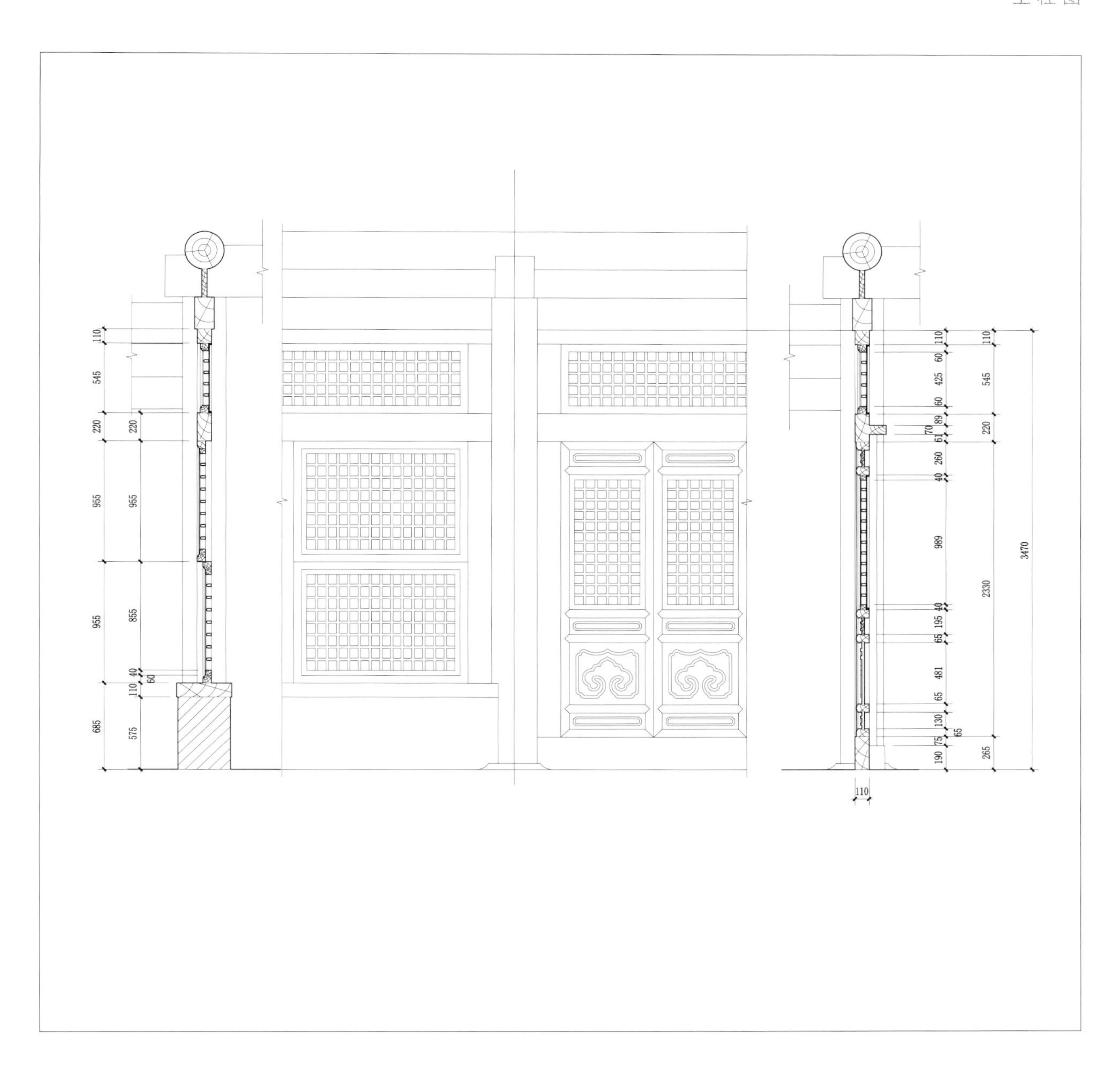

九三　寝殿厢房隔扇及槛窗大样图

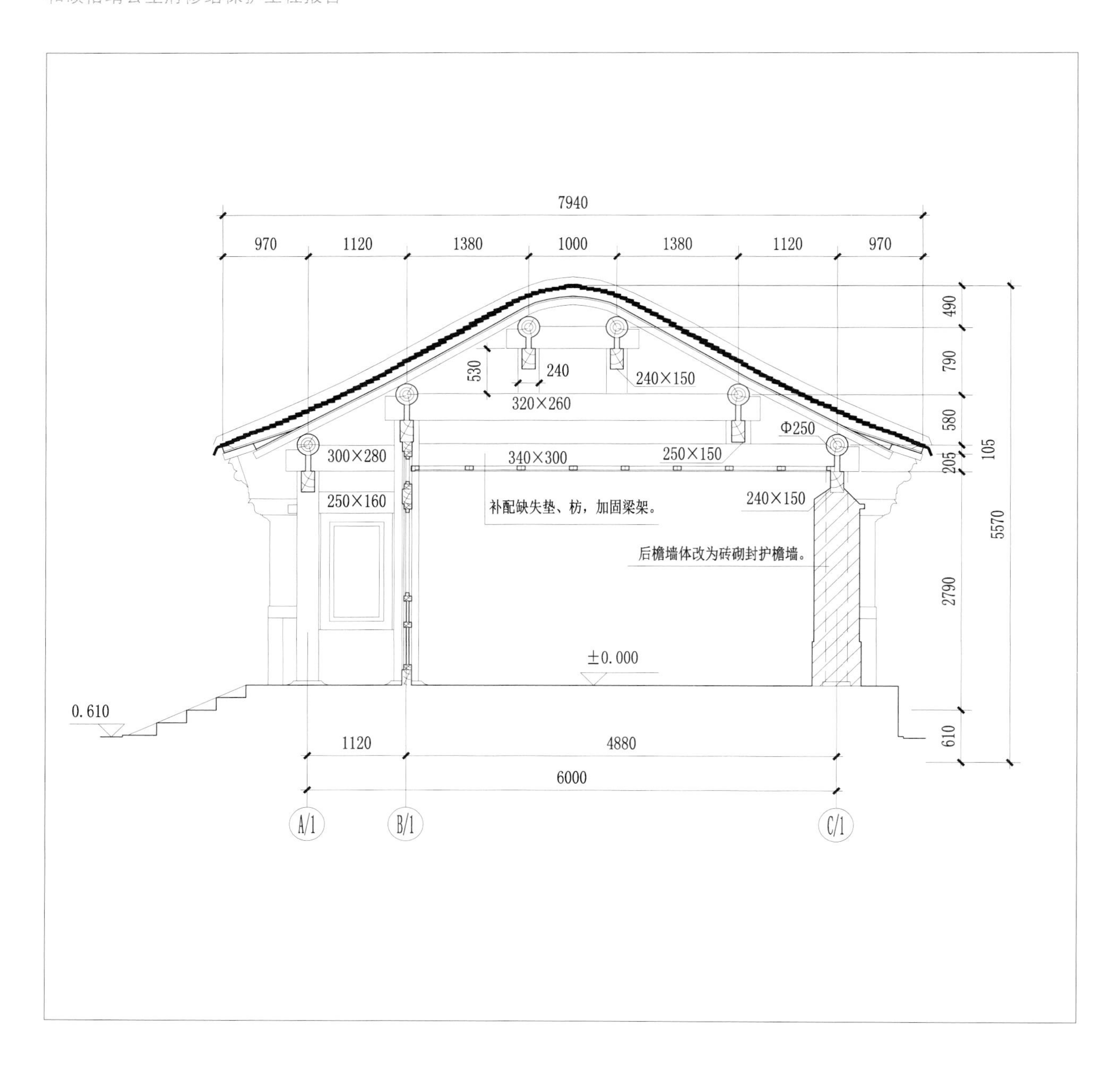

九四　寝殿厢耳房剖面图

九五　寝殿耳房正立面图

九六　后罩房平面图

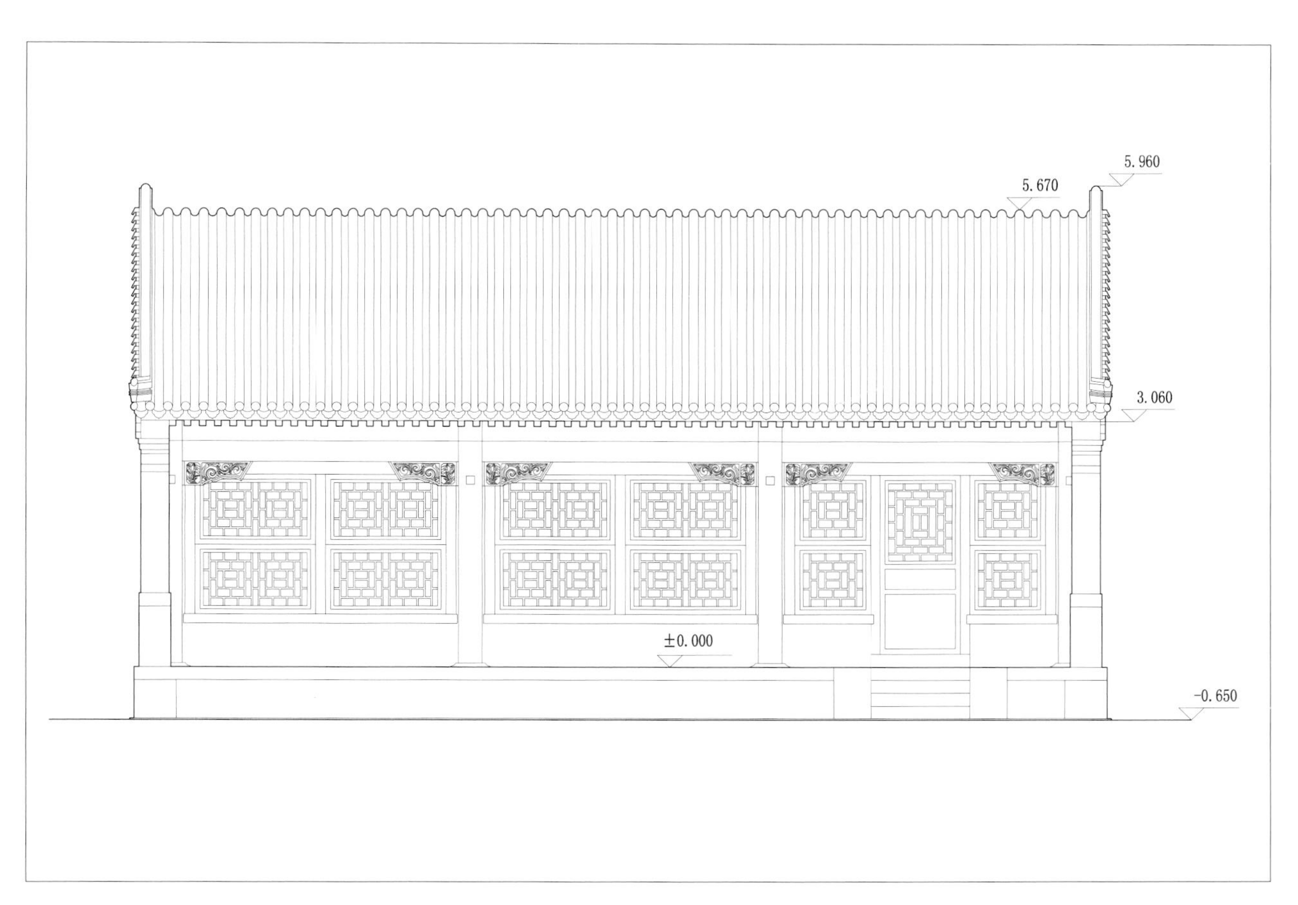
5.960
5.670
3.060
±0.000
-0.650

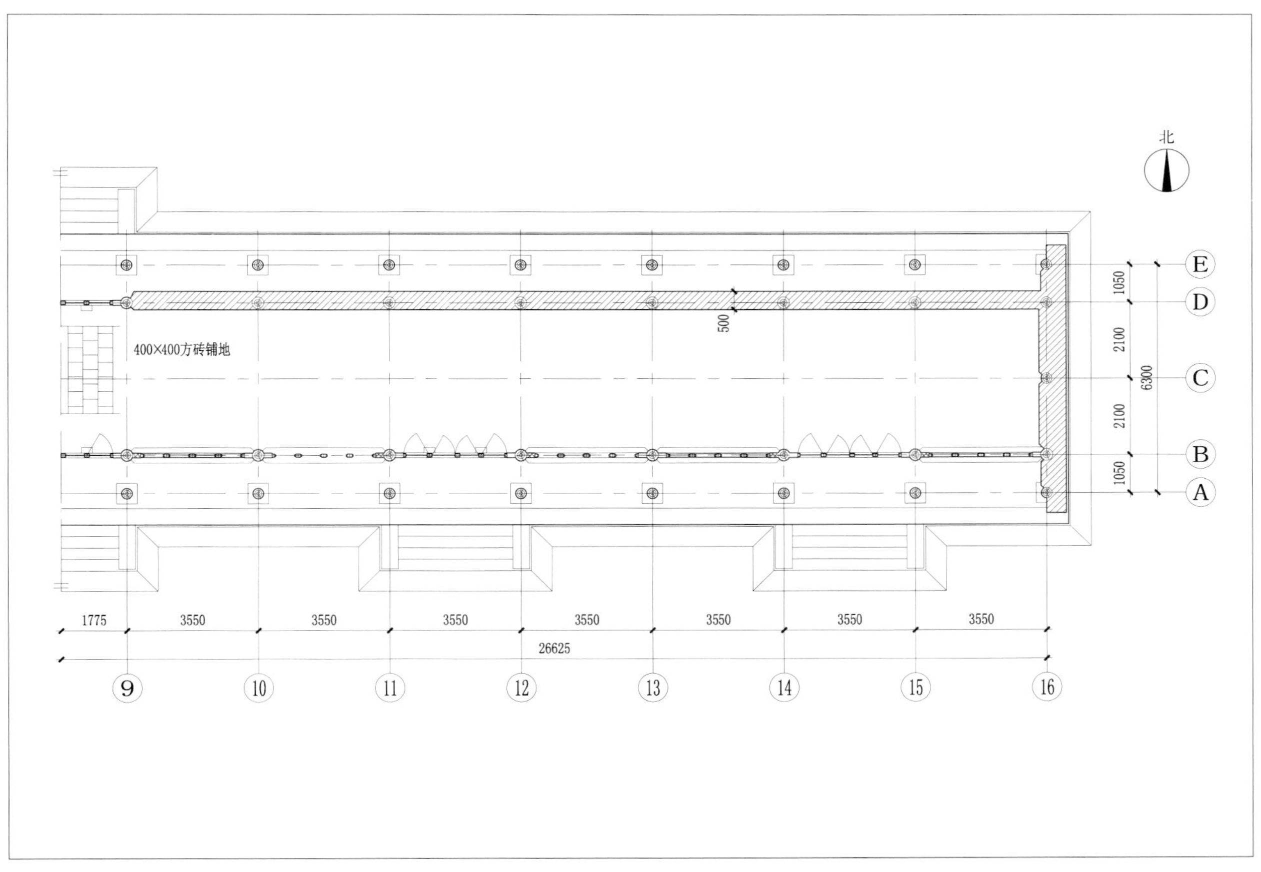
北
400×400方砖铺地
500
1050
2100
6300
2100
1050
E
D
C
B
A
1775
3550
3550
3550
3550
3550
3550
3550
26625
9
10
11
12
13
14
15
16

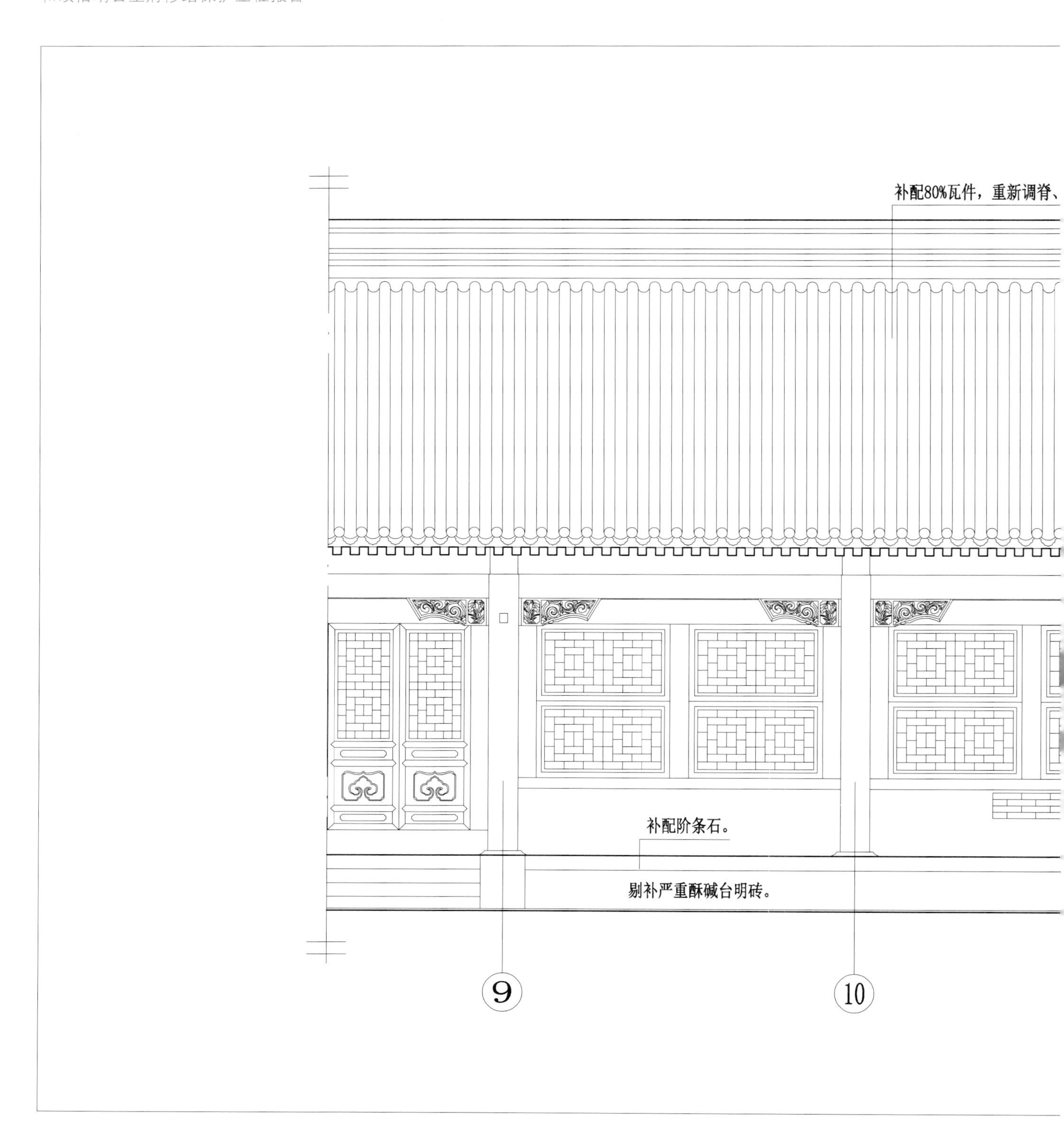

九七　后罩房正立面图

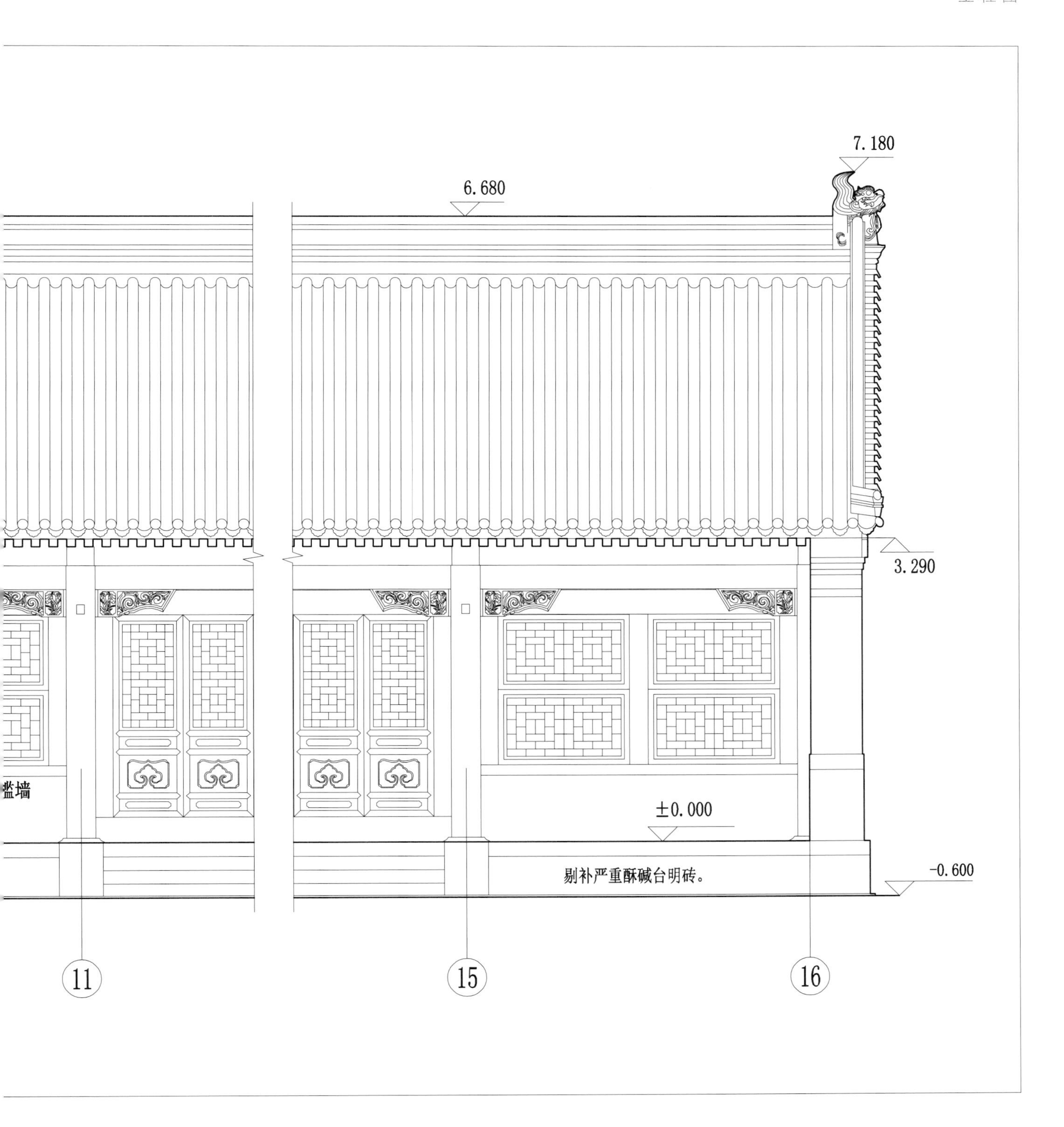
7.180
6.680
3.290
槛墙
±0.000
剔补严重酥碱台明砖。
-0.600
11
15
16

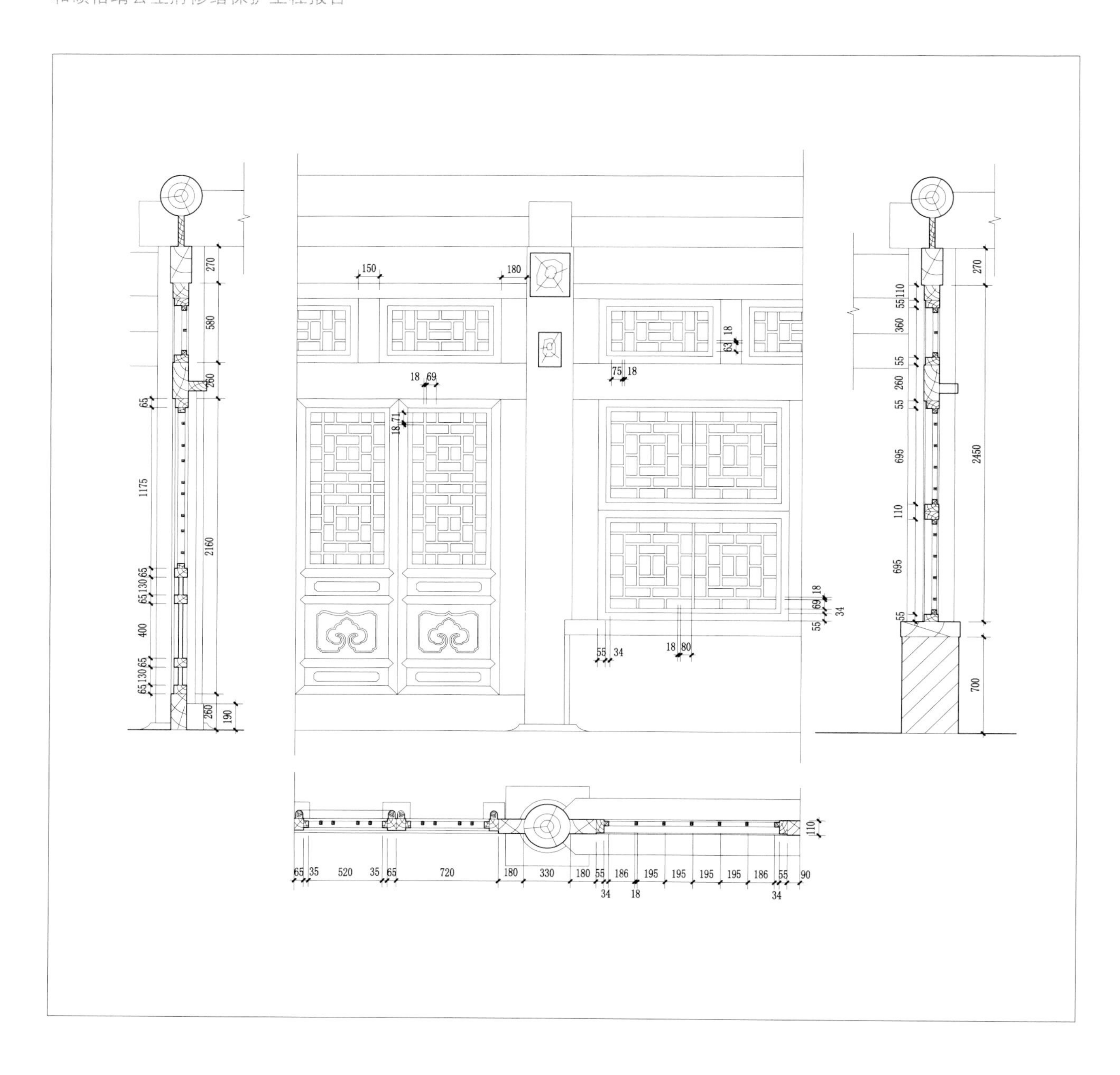

九八　后罩房隔扇及槛窗大样图

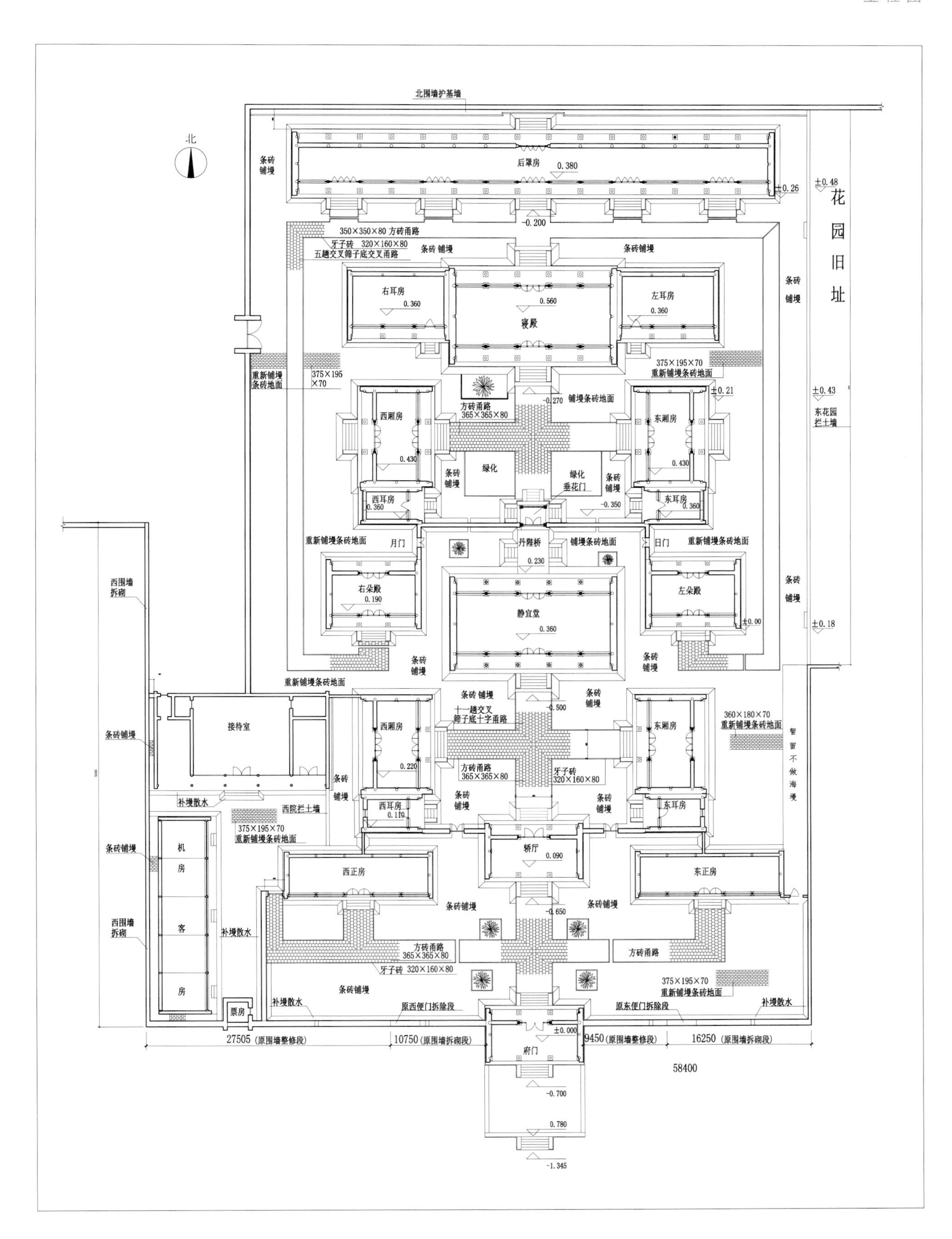

九九　公主府竣工总平面图

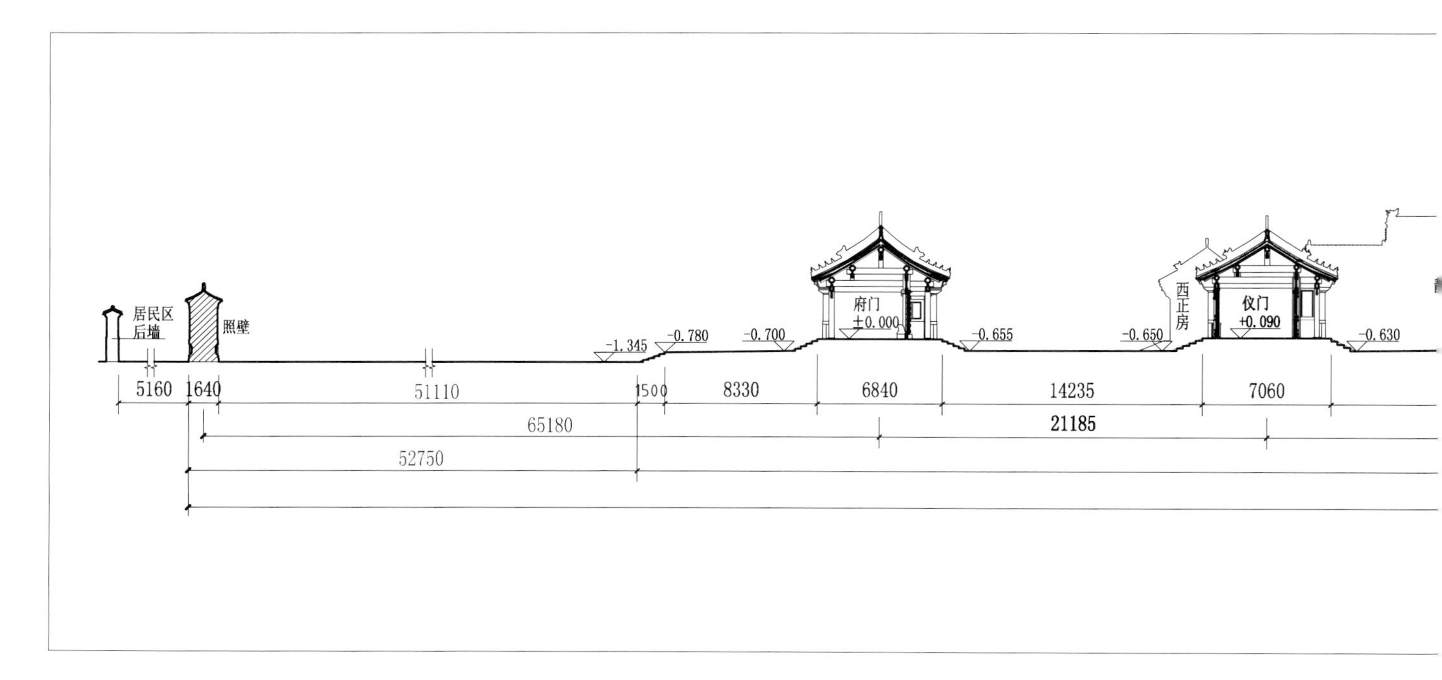

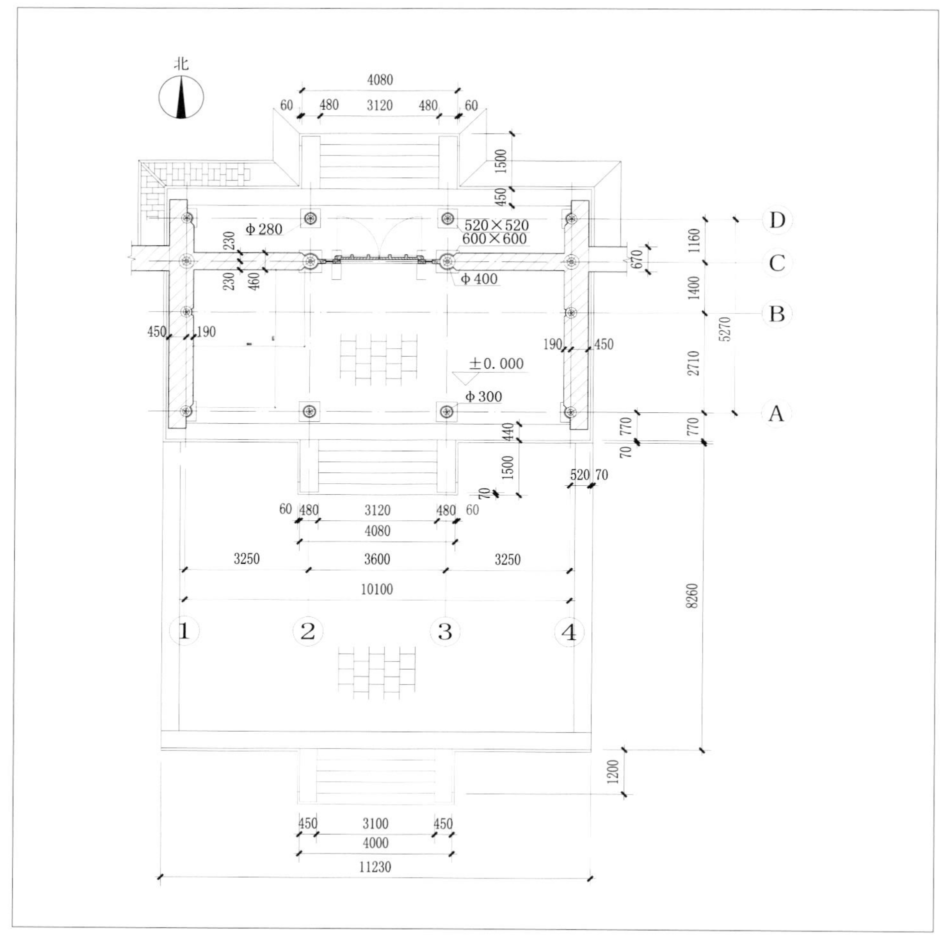

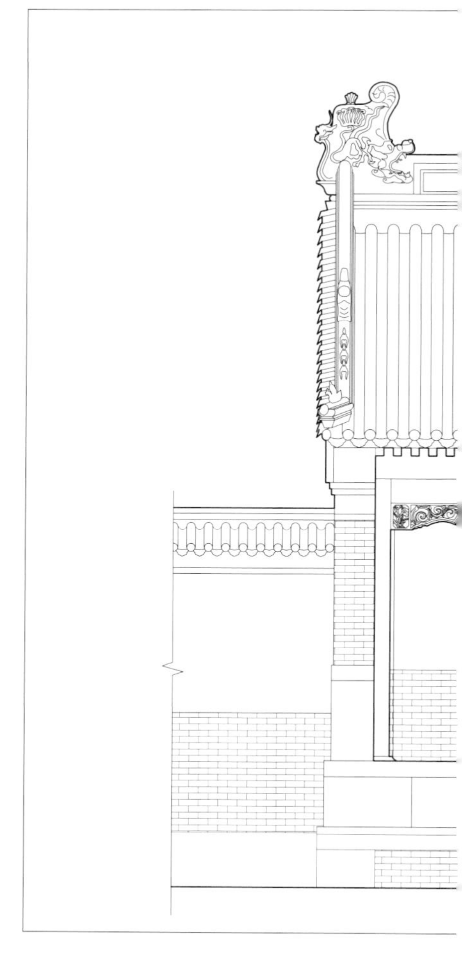

一〇〇　院落横剖面图
一〇一　府门平面图
一〇二　府门正立面图

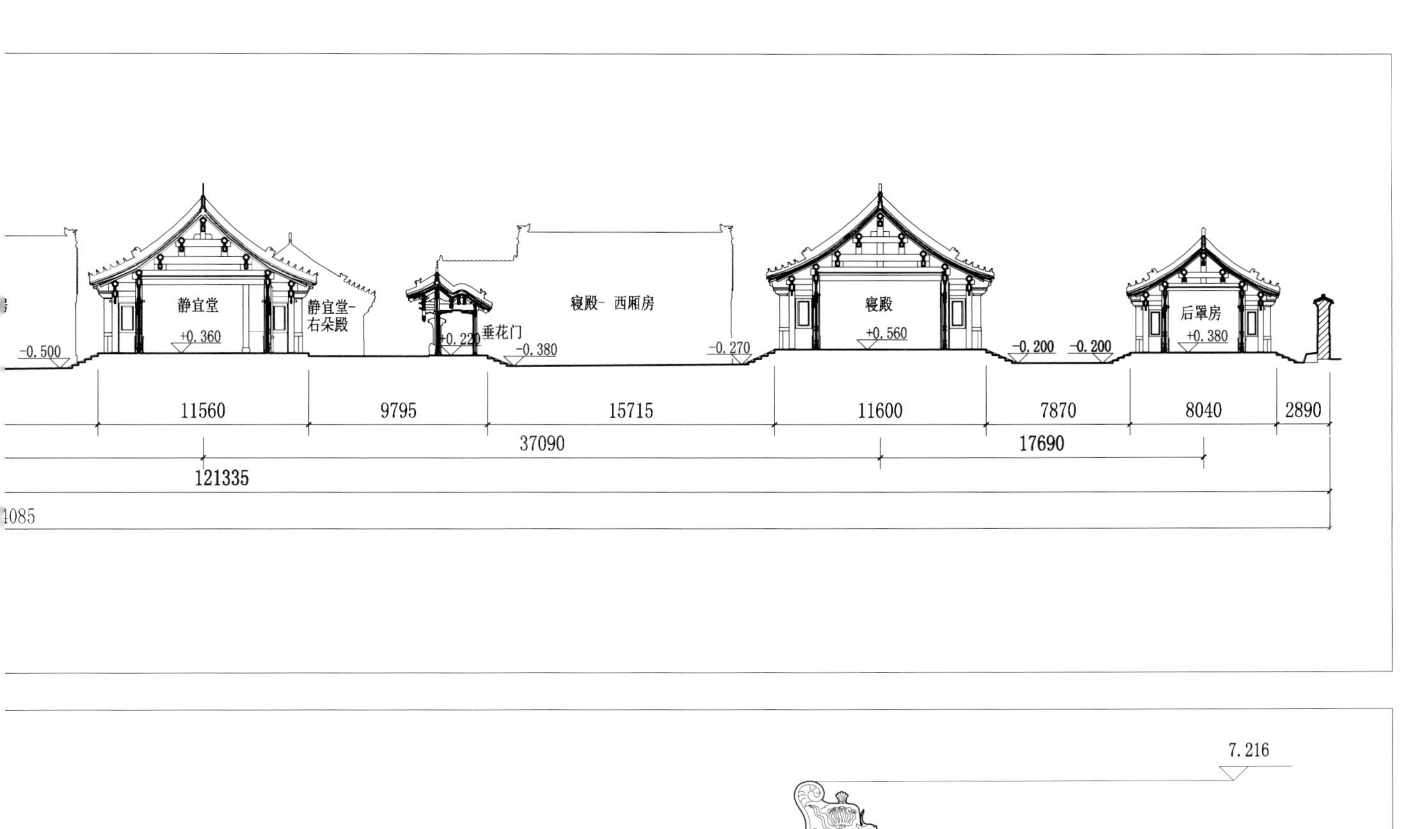
静宜堂
静宜堂-右朵殿
垂花门
寝殿-西厢房
寝殿
后罩房
-0.500
+0.360
+0.220
-0.380
-0.270
+0.560
-0.200
-0.200
+0.380
11560
9795
15715
11600
7870
8040
2890
37090
17690
121335
1085

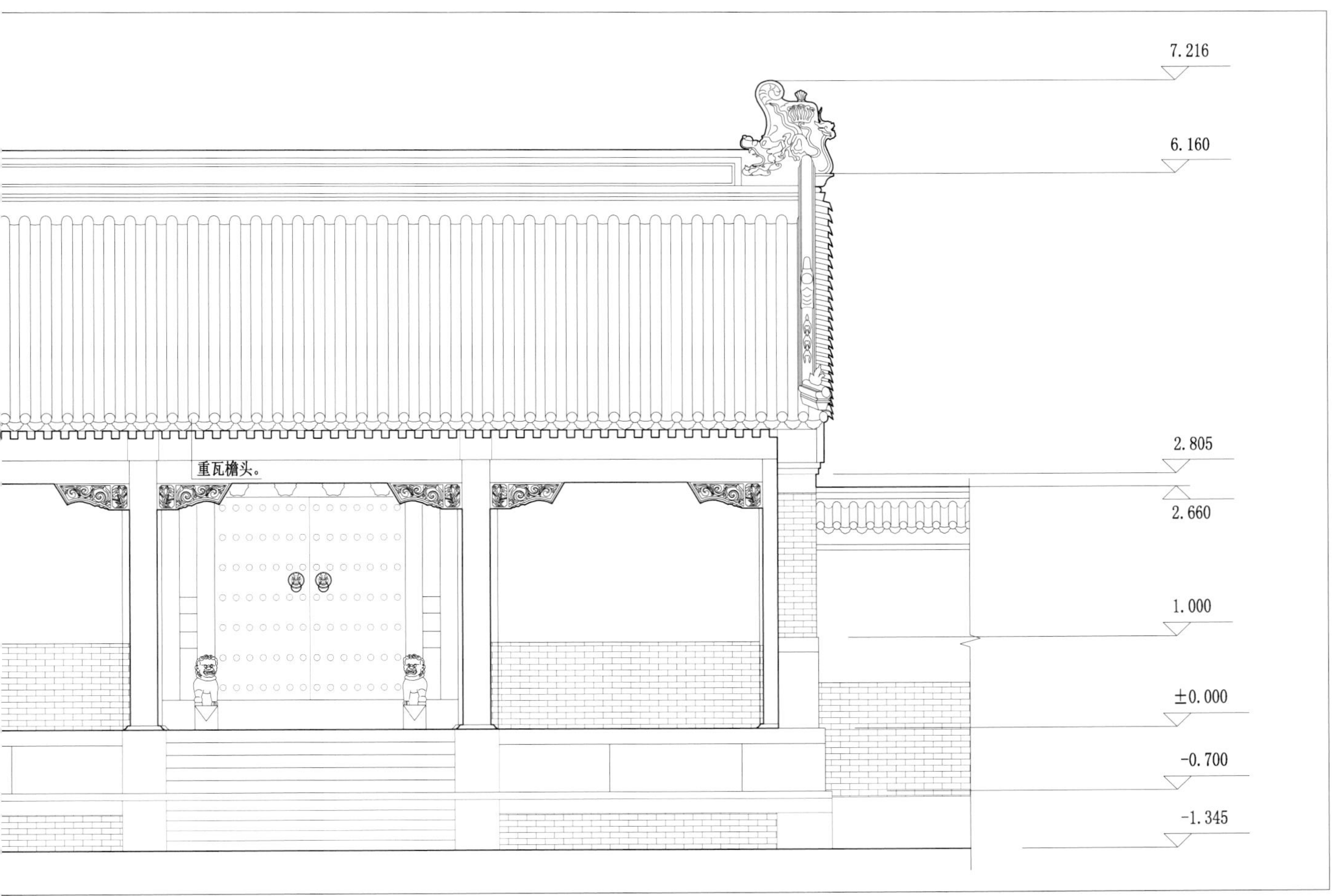
重瓦檐头。
7.216
6.160
2.805
2.660
1.000
±0.000
-0.700
-1.345

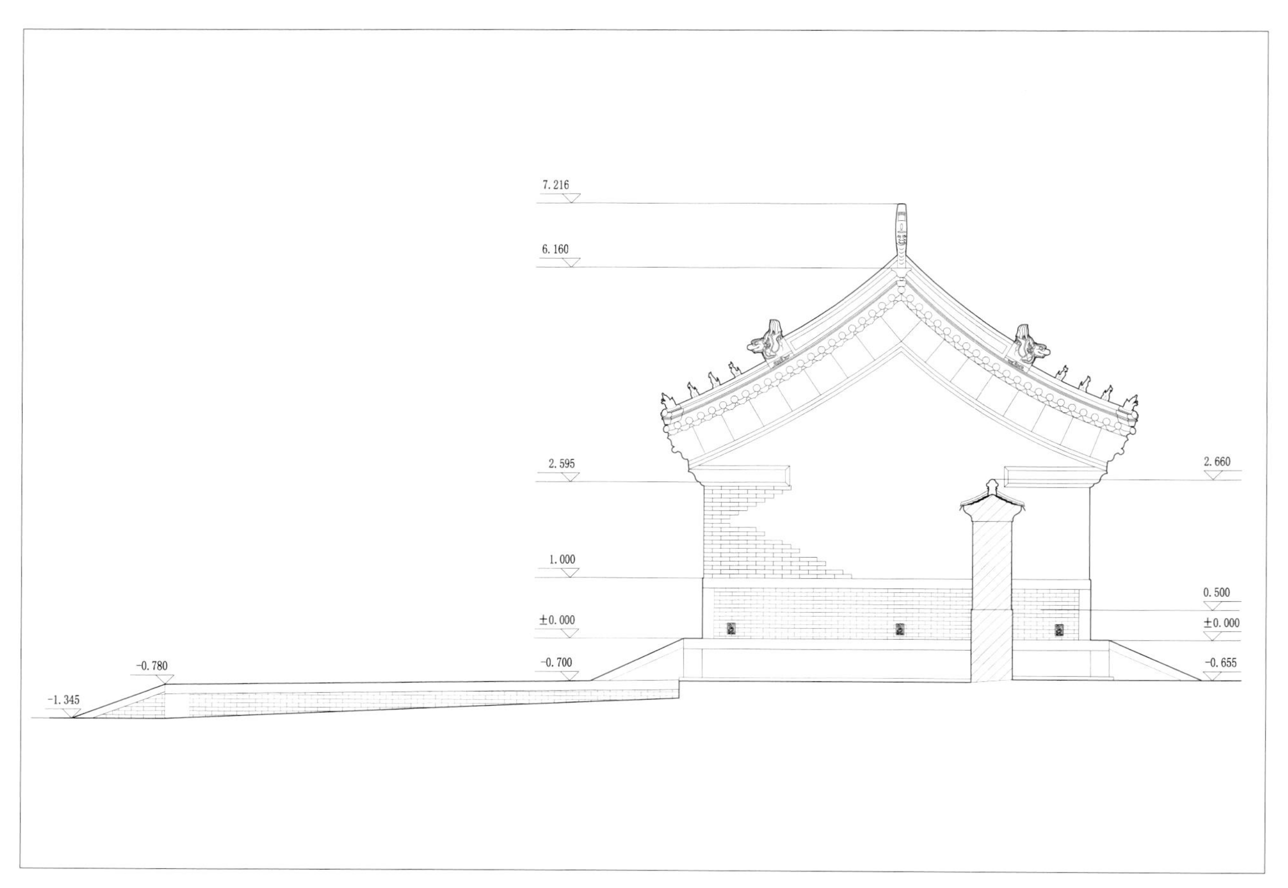
7.216
6.160
2.595
2.660
1.000
0.500
±0.000
±0.000
-0.780
-0.700
-0.655
-1.345

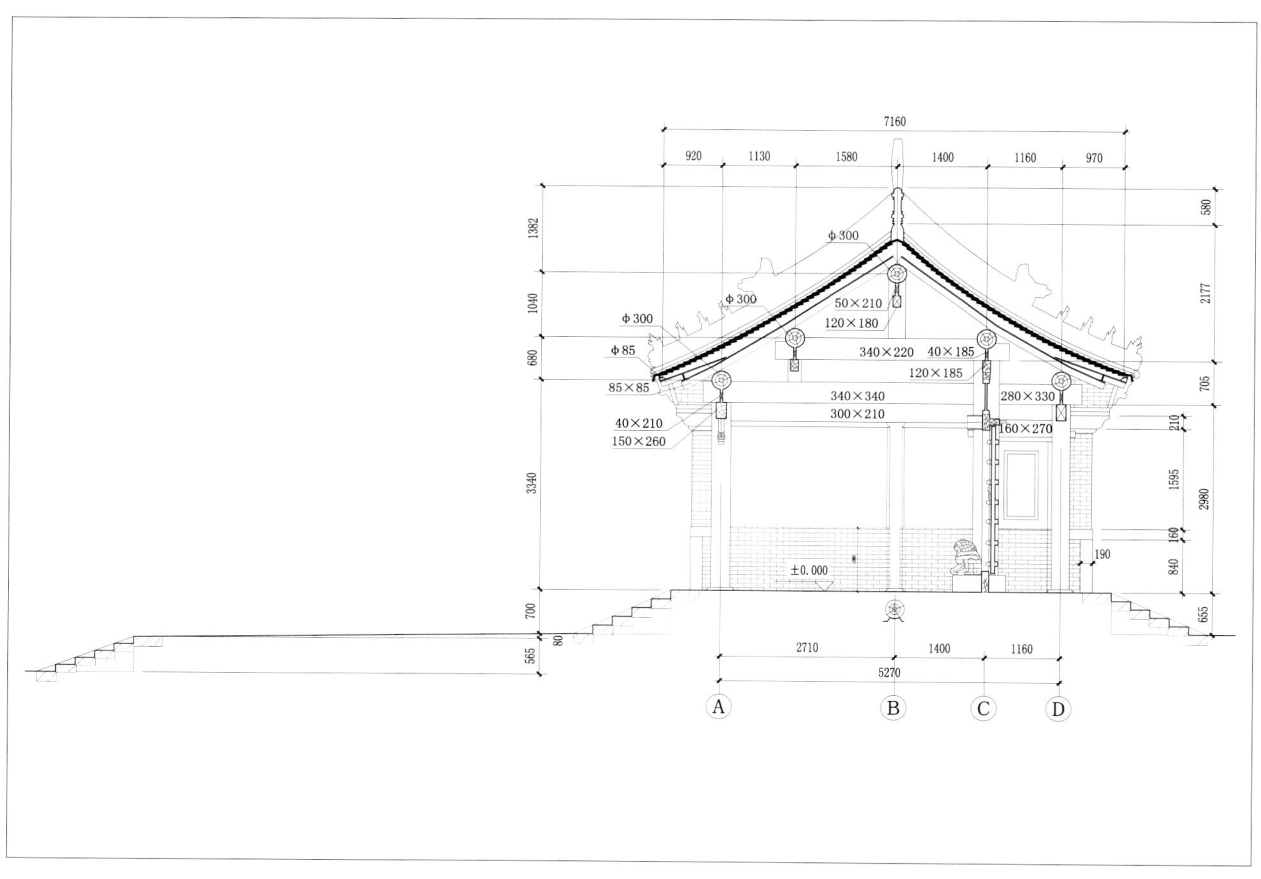
7160
920
1130
1580
1400
1160
970
1382
580
2177
1040
680
705
3340
210
1595
2980
160
840
700
655
80
565
190
φ300
φ300
φ300
φ85
85×85
50×210
120×180
340×220
40×185
120×185
340×340
300×210
280×330
160×270
40×210
150×260
±0.000
2710
1400
1160
5270
A
B
C
D

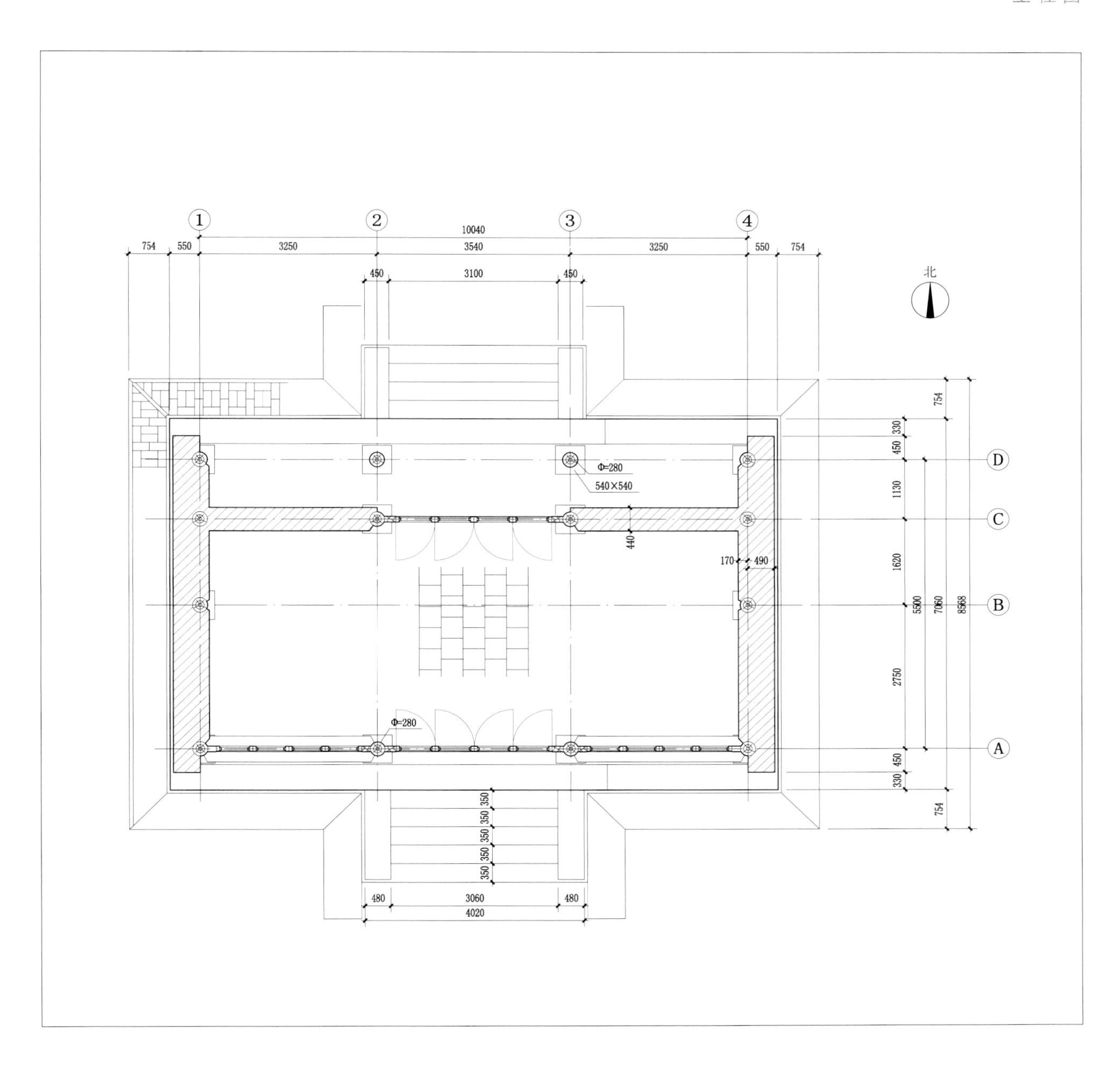

一〇三　府门侧立面图
一〇四　府门剖面图
一〇五　仪门平面图

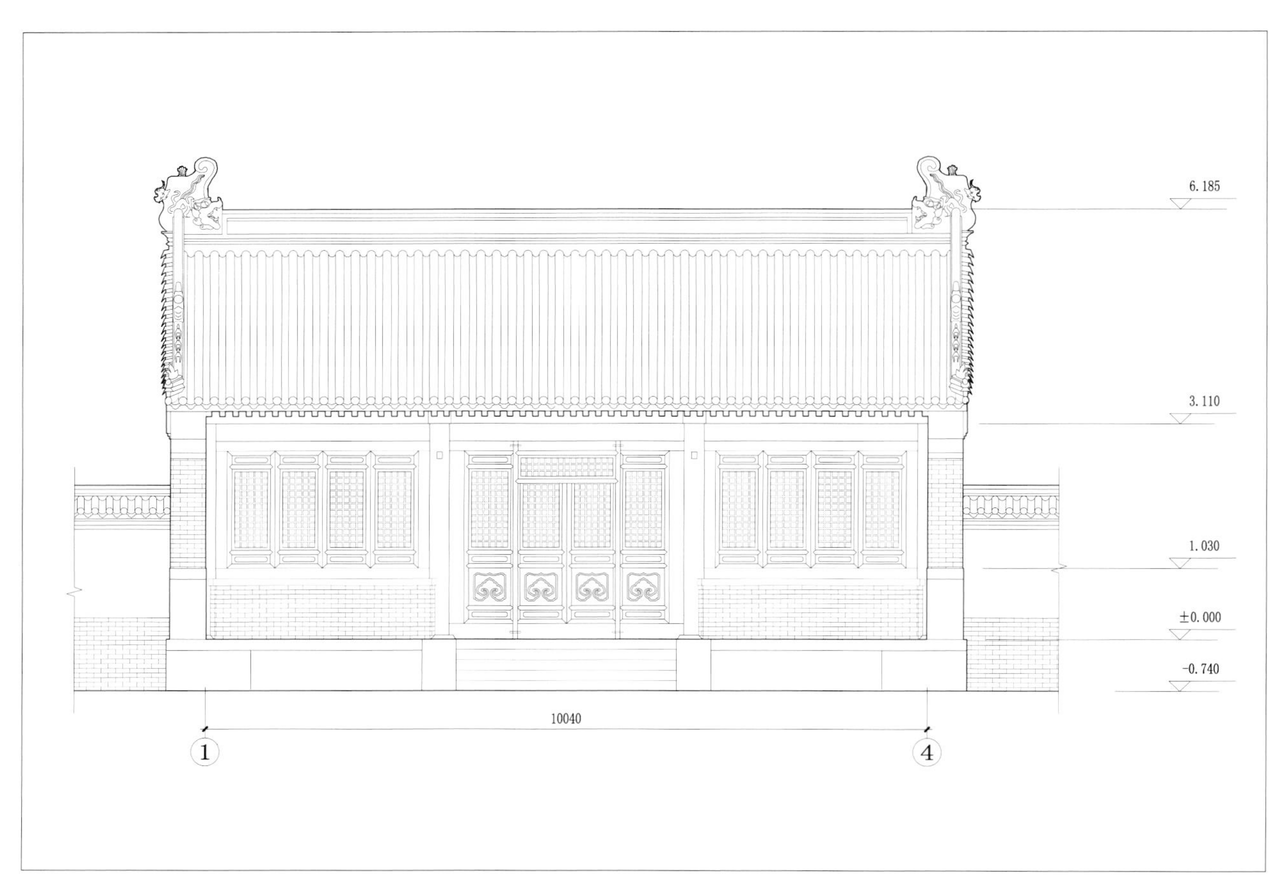
6.185
3.110
1.030
±0.000
-0.740
10040
1
4

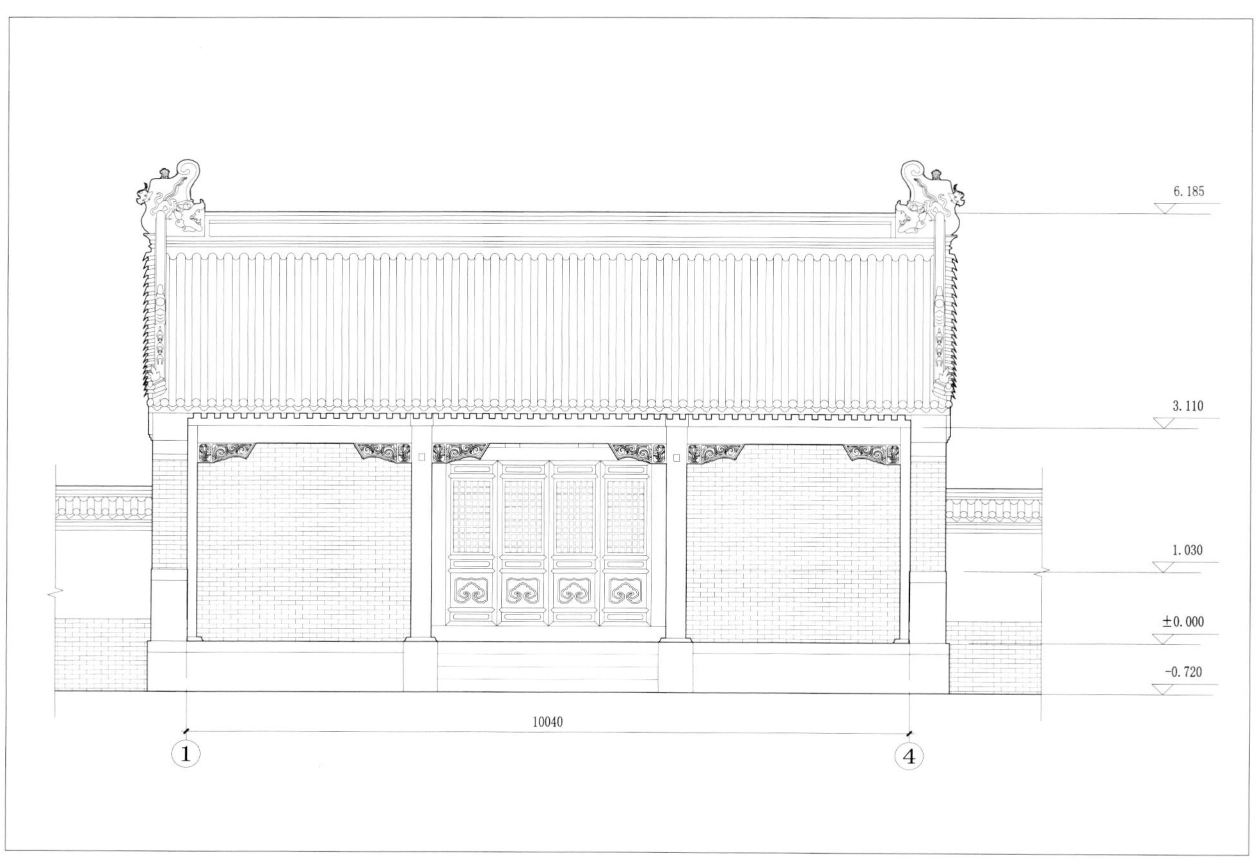
6.185
3.110
1.030
±0.000
-0.720
10040
1
4

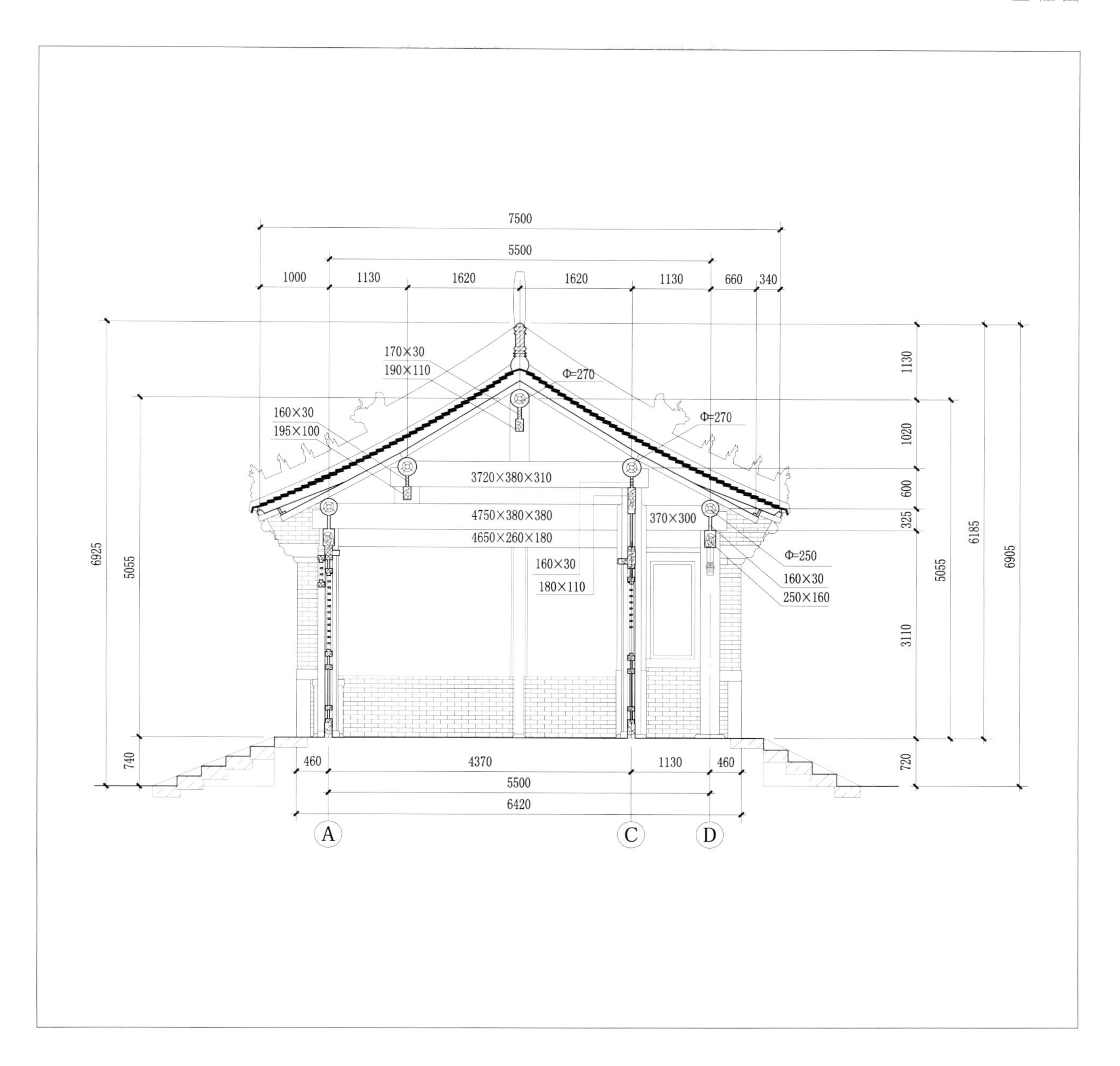

一〇六　仪门正立面图
一〇七　仪门背立面图
一〇八　仪门剖面图

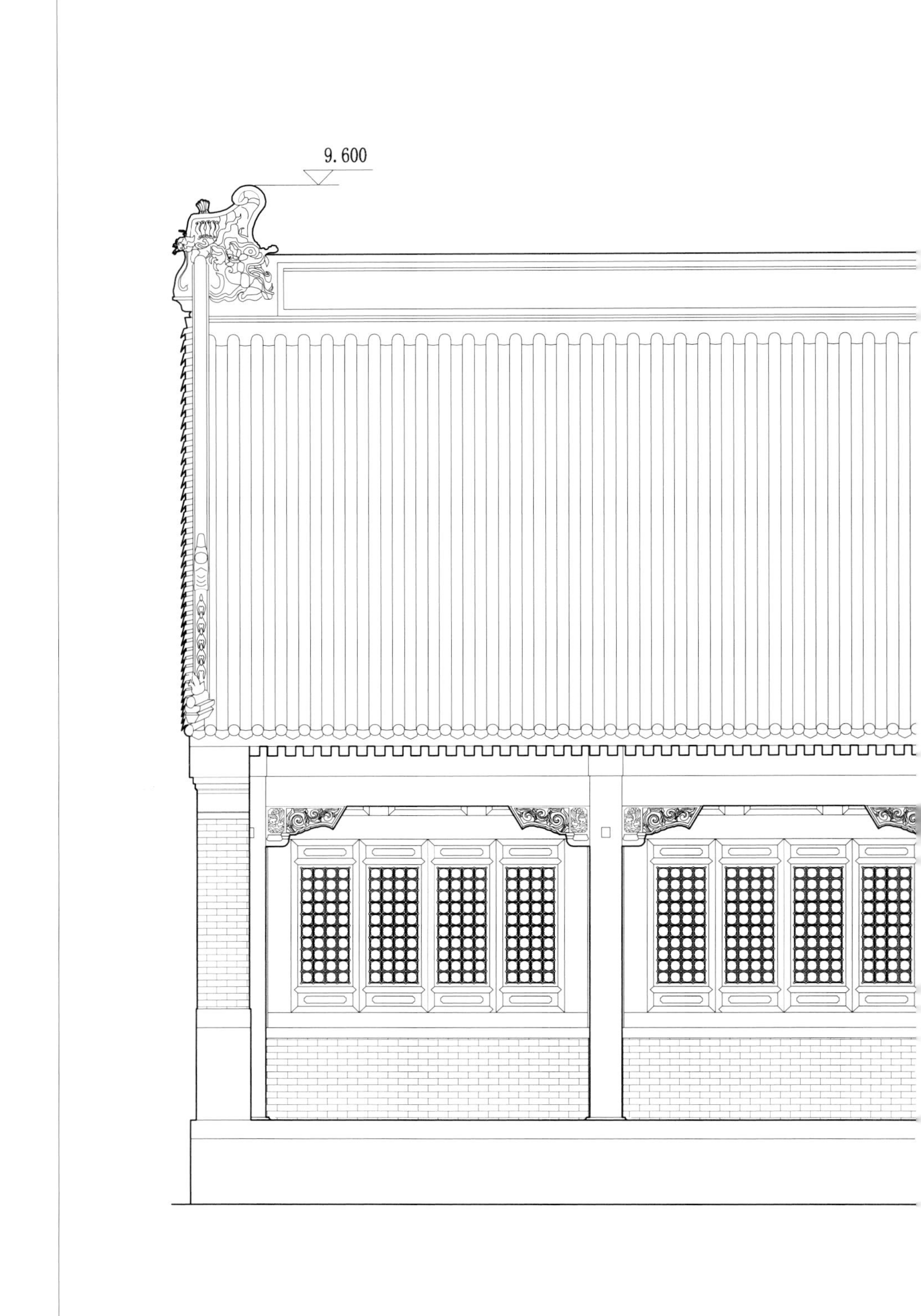

一〇九　静宜堂正立面图

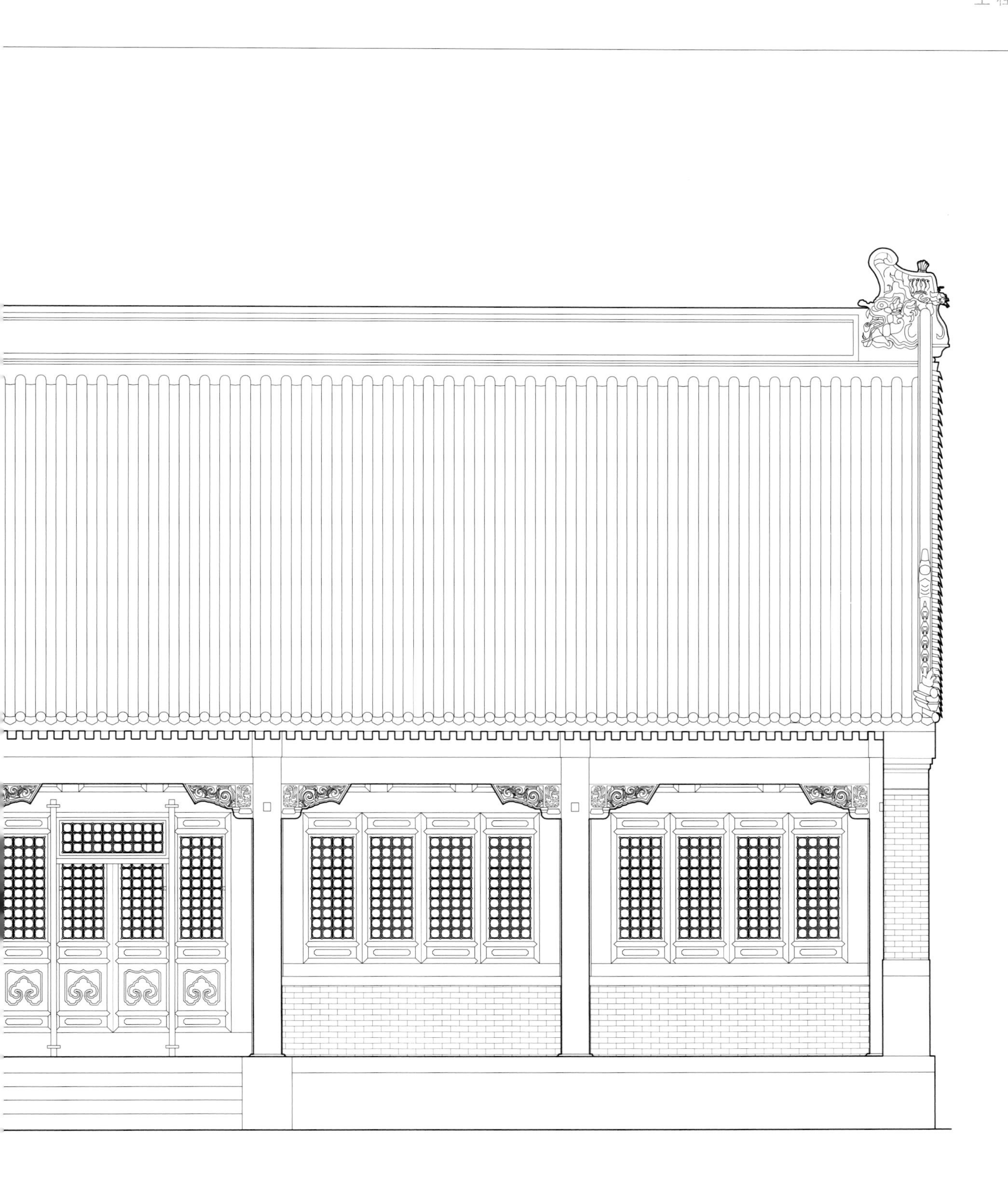

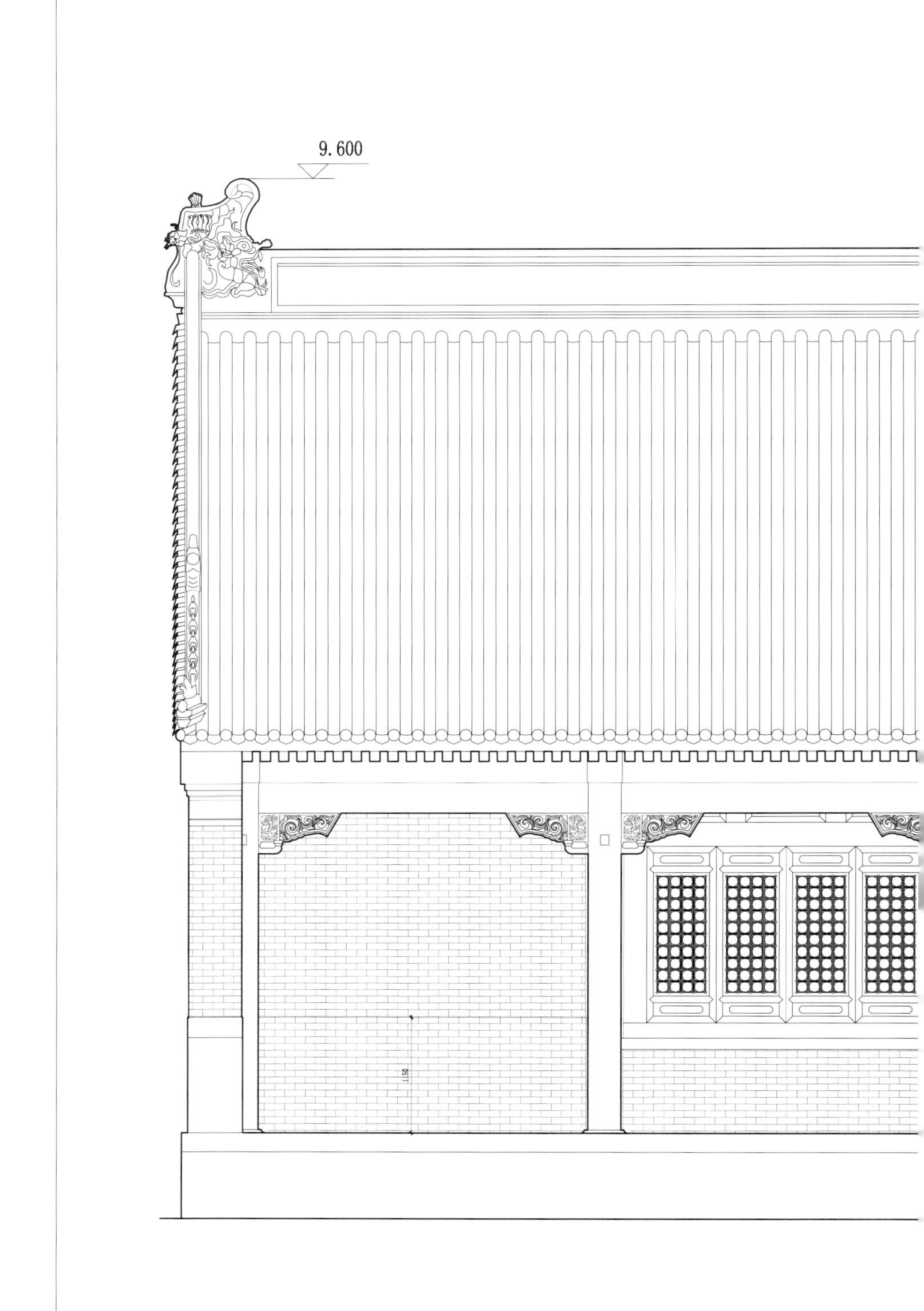

一一〇　静宜堂背立面图

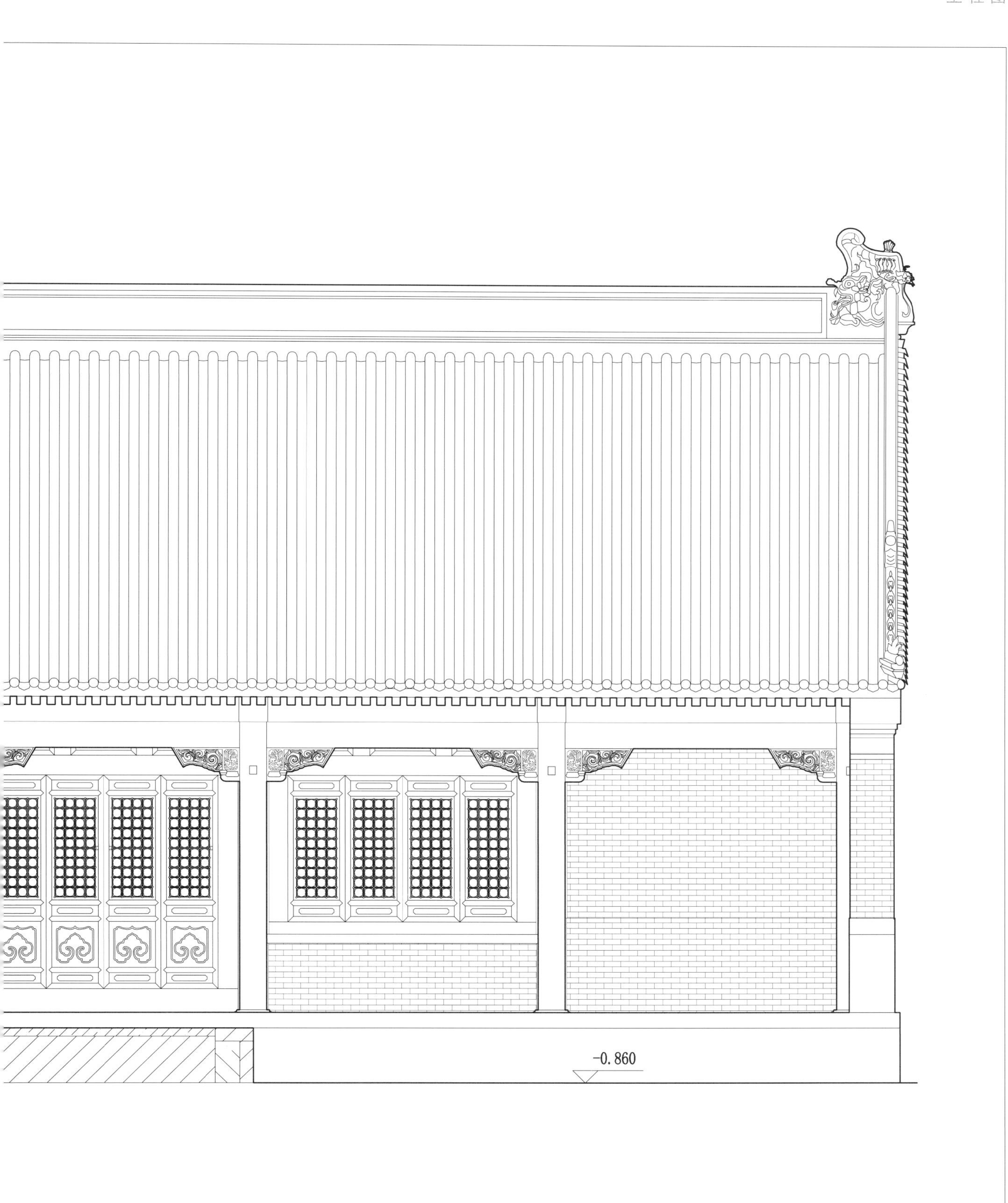
-0.860

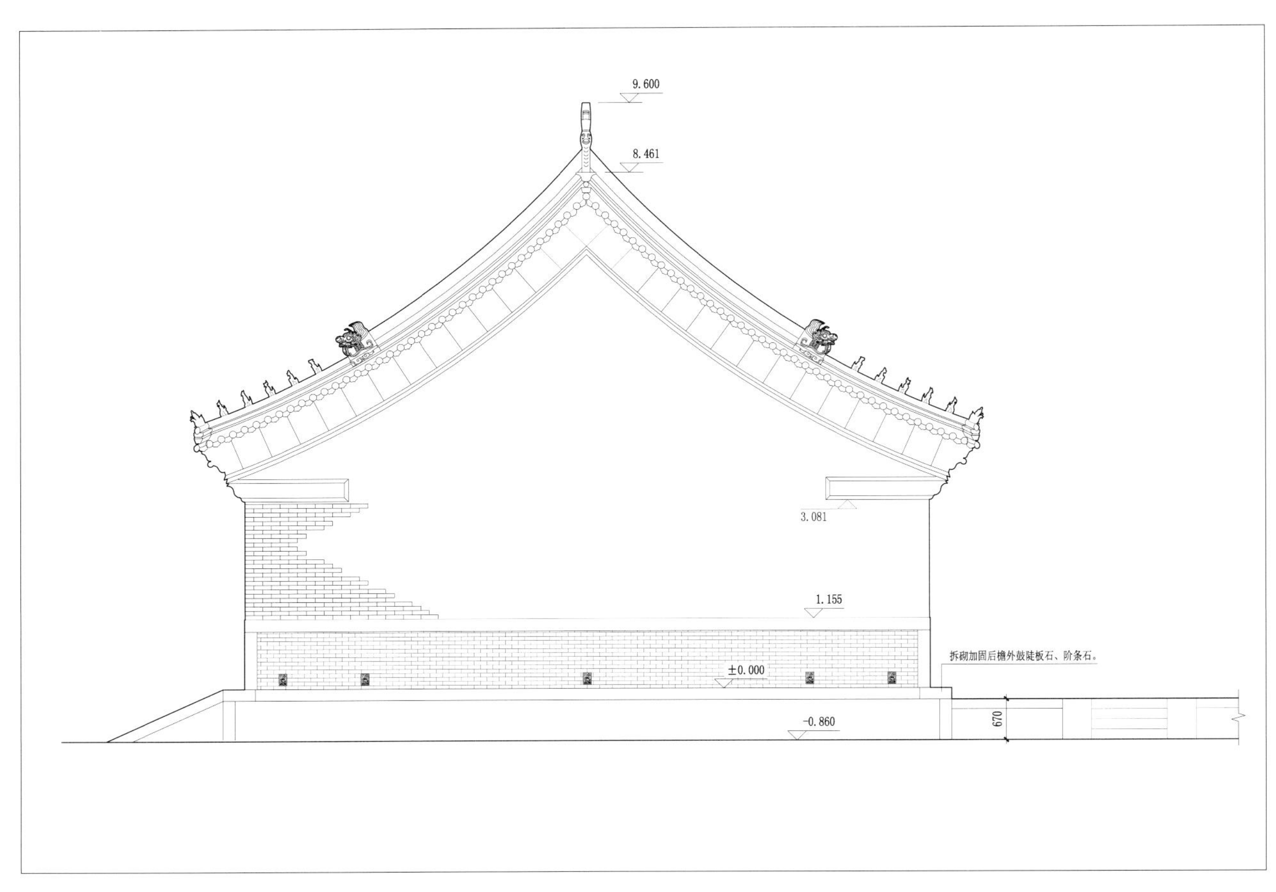
9.600
8.461
3.081
1.155
拆砌加固后檐外鼓陡板石、阶条石。
±0.000
670
-0.860

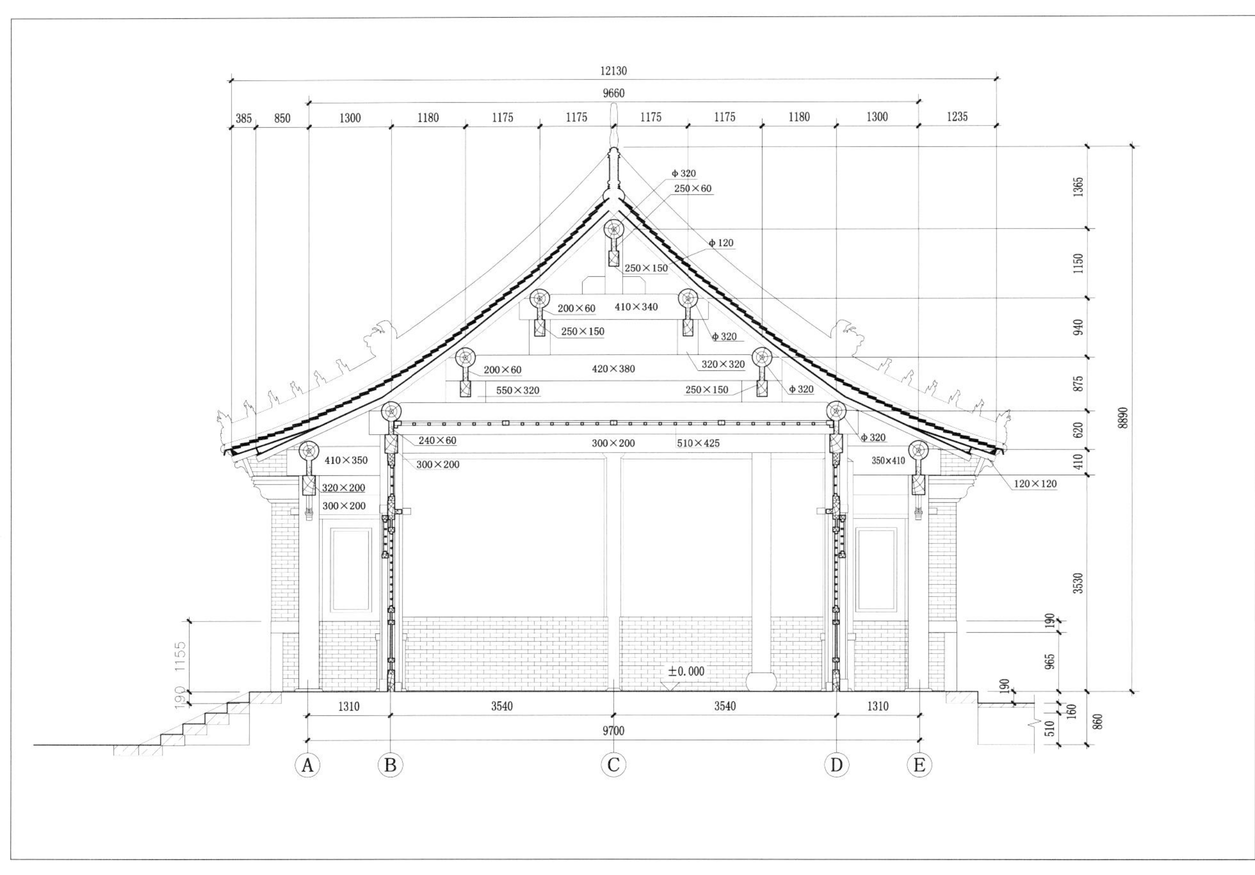
12130
9660
385
850
1300
1180
1175
1175
1175
1175
1180
1300
1235
Φ320
250×60
Φ120
250×150
200×60
410×340
250×150
Φ320
200×60
420×380
320×320
550×320
250×150
Φ320
Φ320
240×60
300×200
510×425
410×350
300×200
350×410
320×200
300×200
120×120
1365
1150
940
875
620
410
3530
190
965
8890
1155
190
±0.000
190
160
510
860
1310
3540
3540
1310
9700
A
B
C
D
E

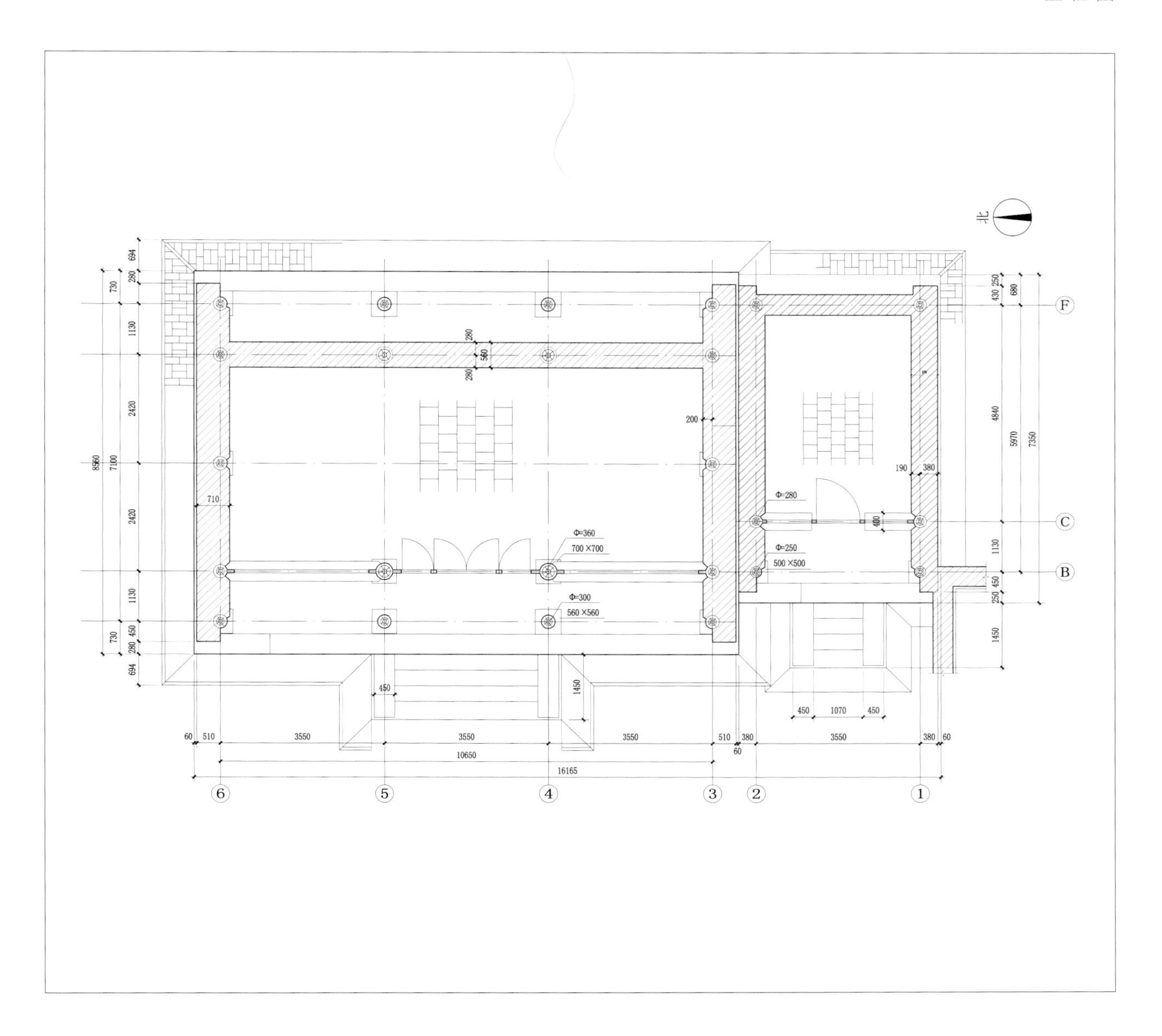

一一一　静宜堂侧立面图

一一二　静宜堂剖面图

一一三　静宜堂厢房、厢耳房平面图

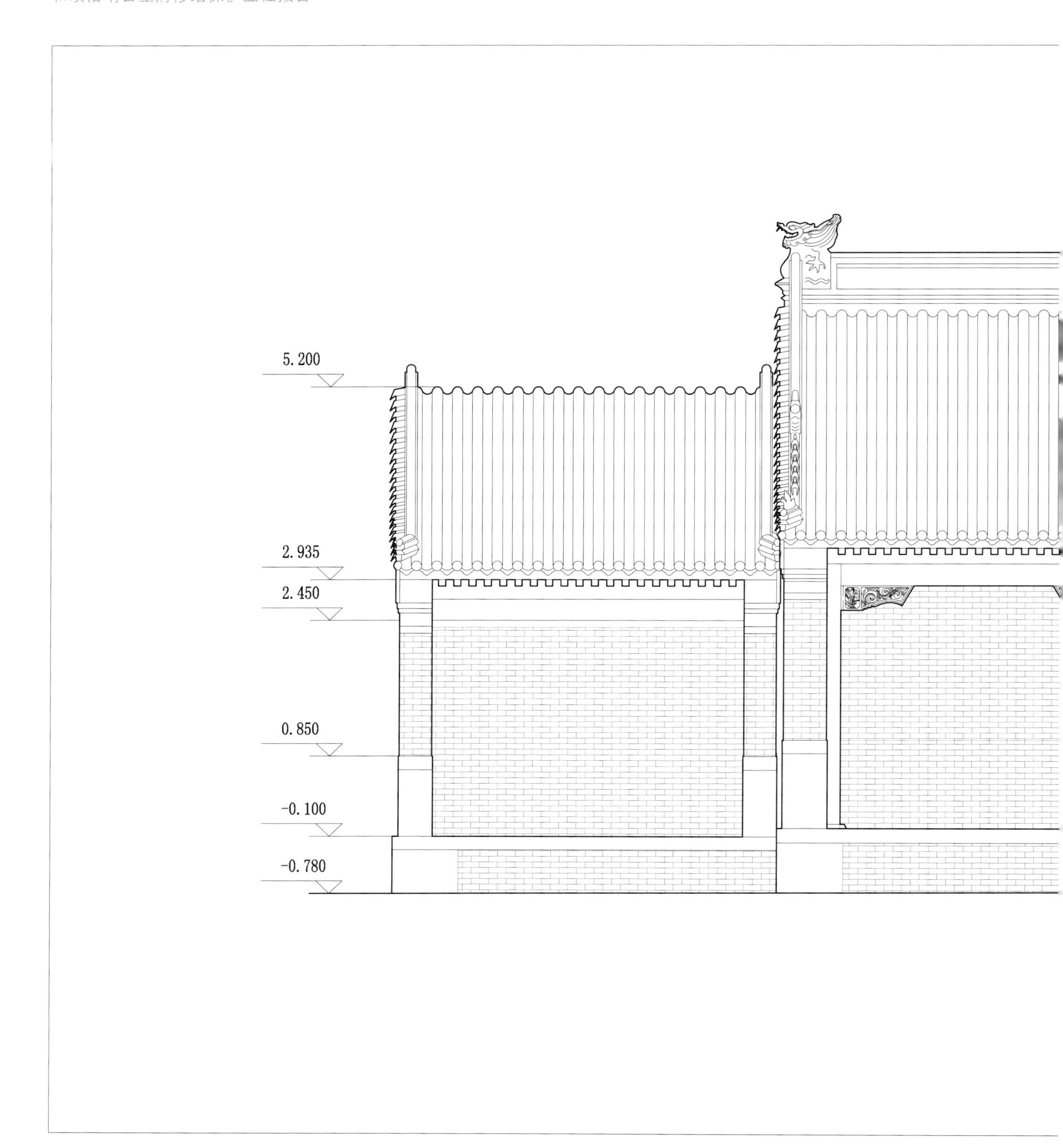

一一四　静宜堂厢房、厢耳房背立面图

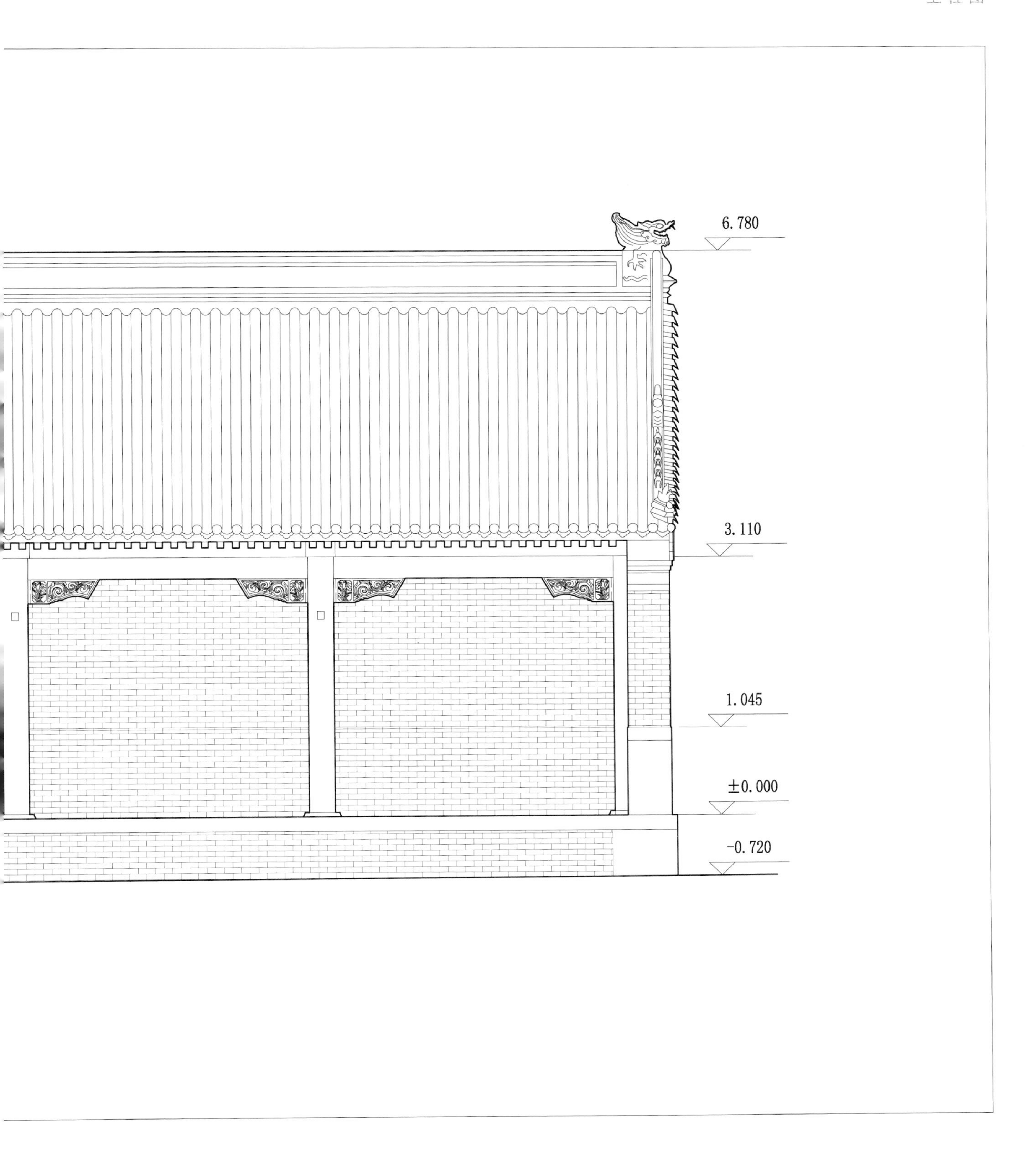
6.780
3.110
1.045
±0.000
-0.720

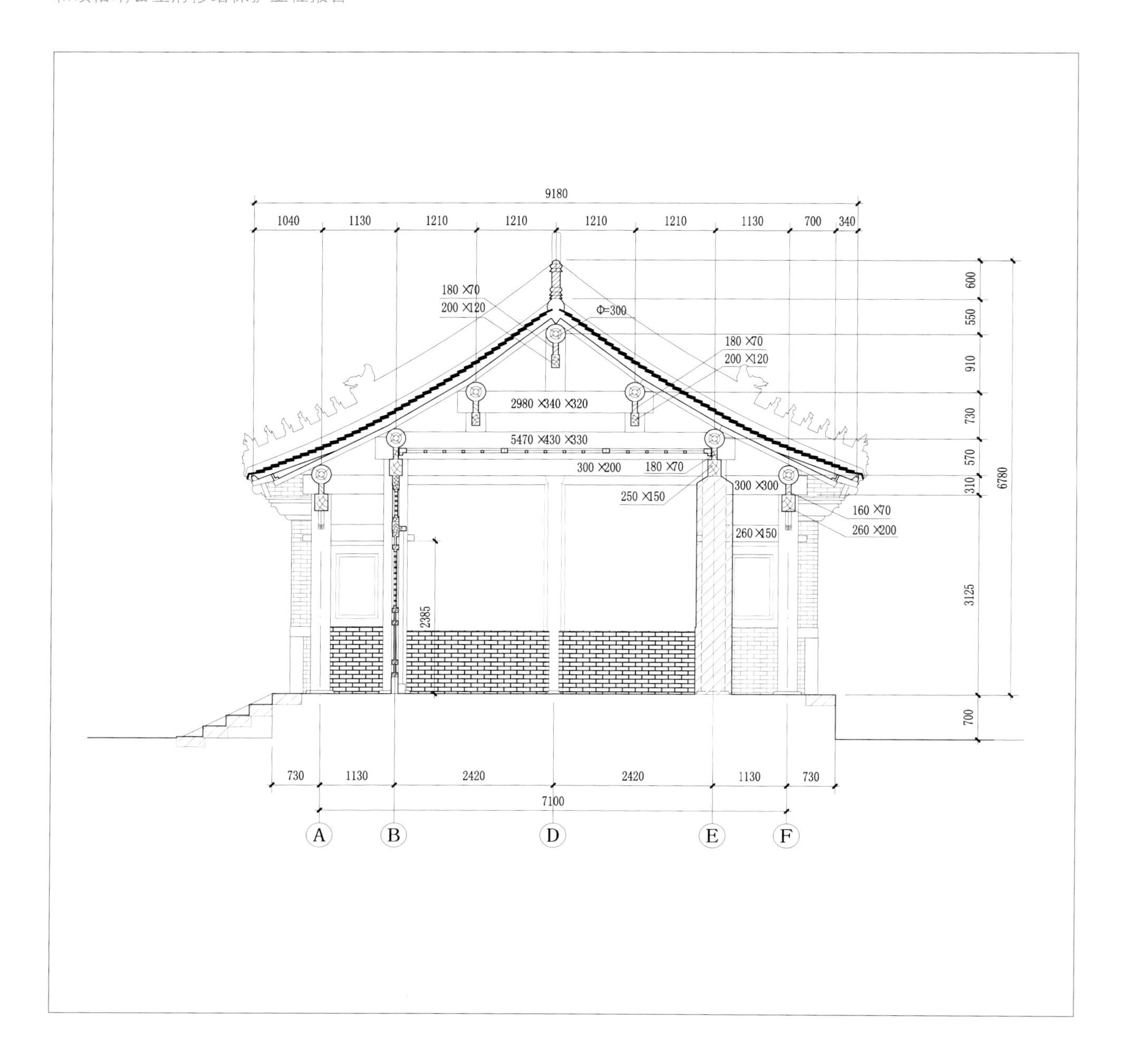

一一五　静宜堂厢房剖面图

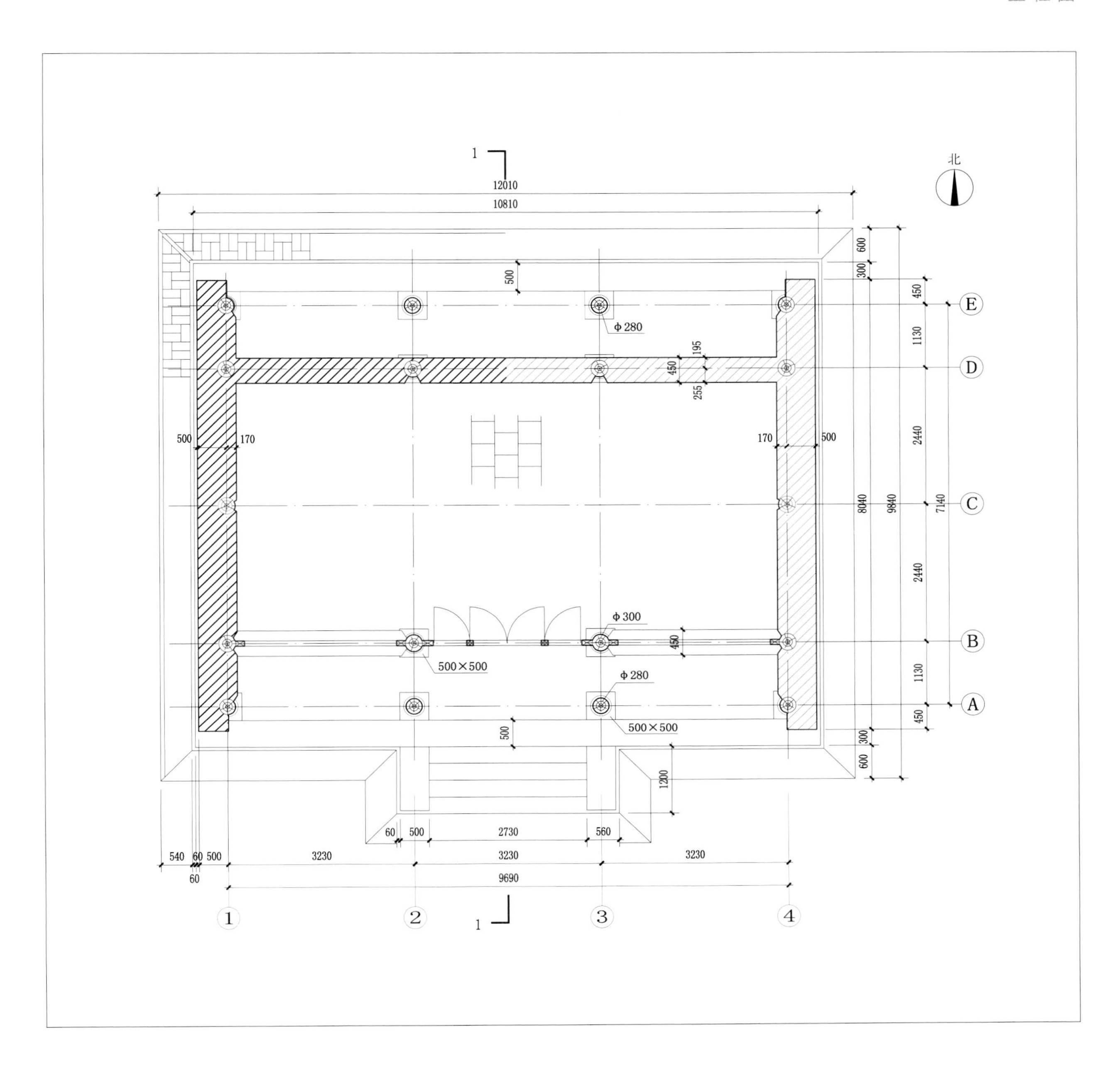

一一六　静宜堂左、右朵殿平面图

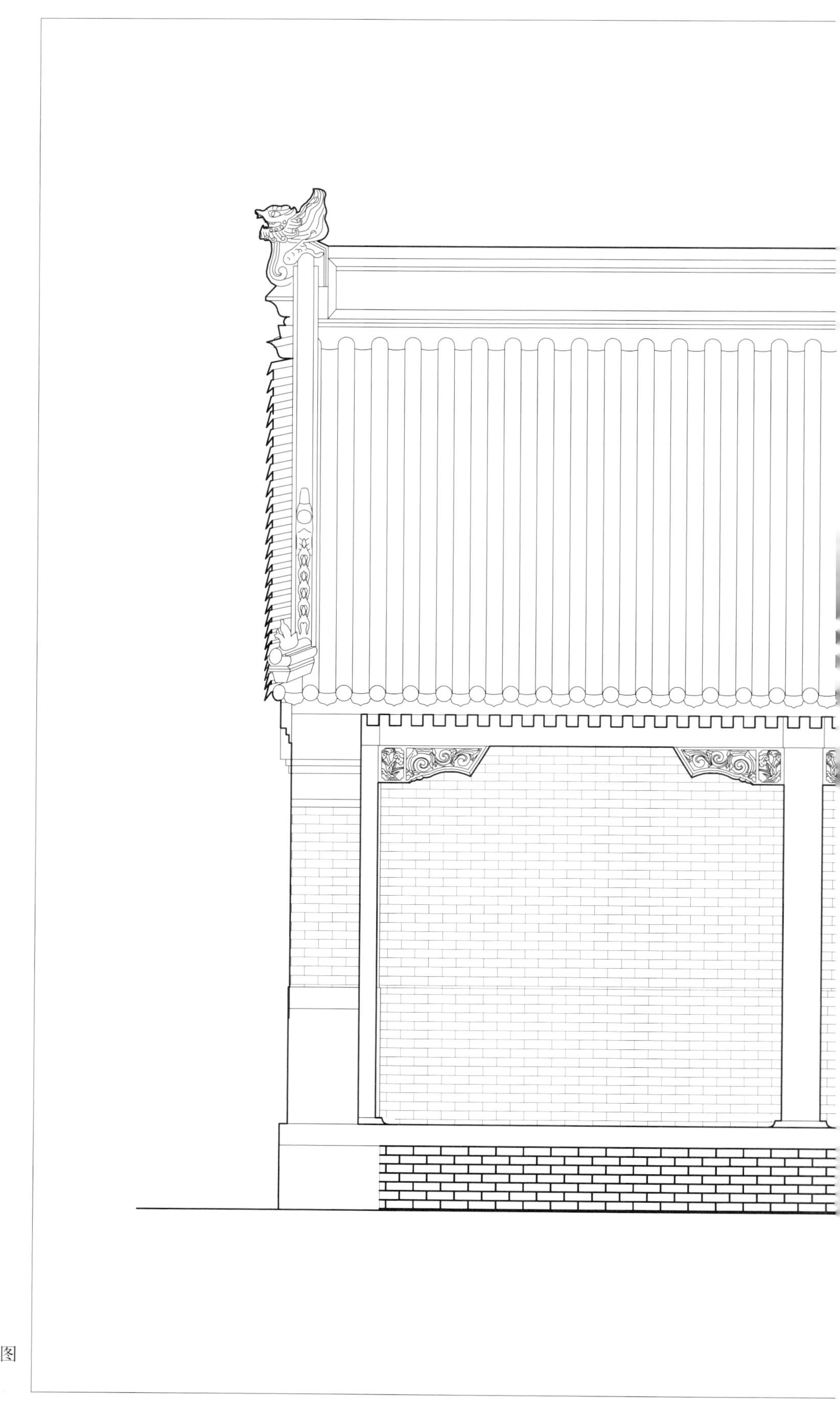

一一七　静宜堂左、右朵殿背立面图

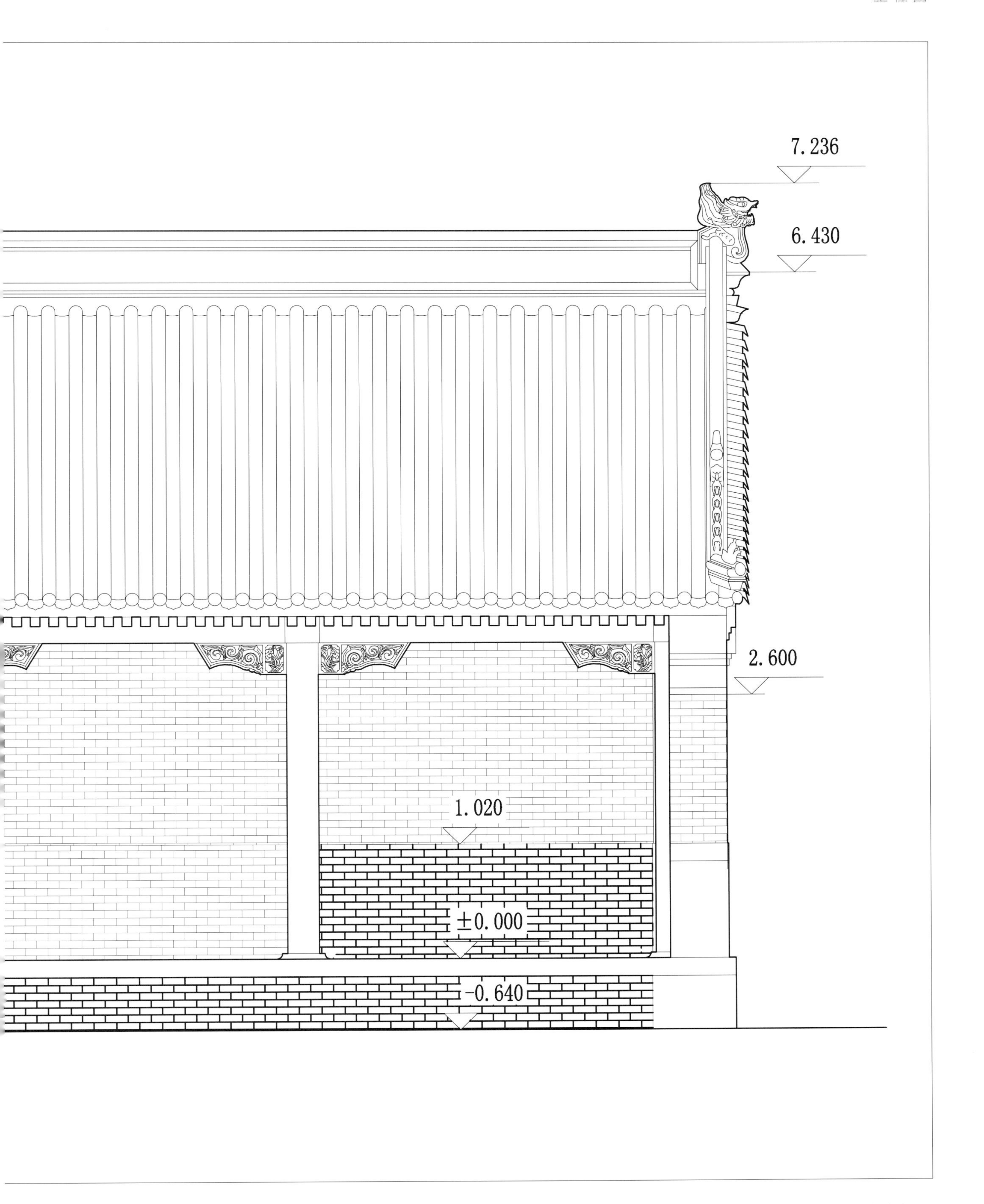
7.236
6.430
2.600
1.020
±0.000
-0.640

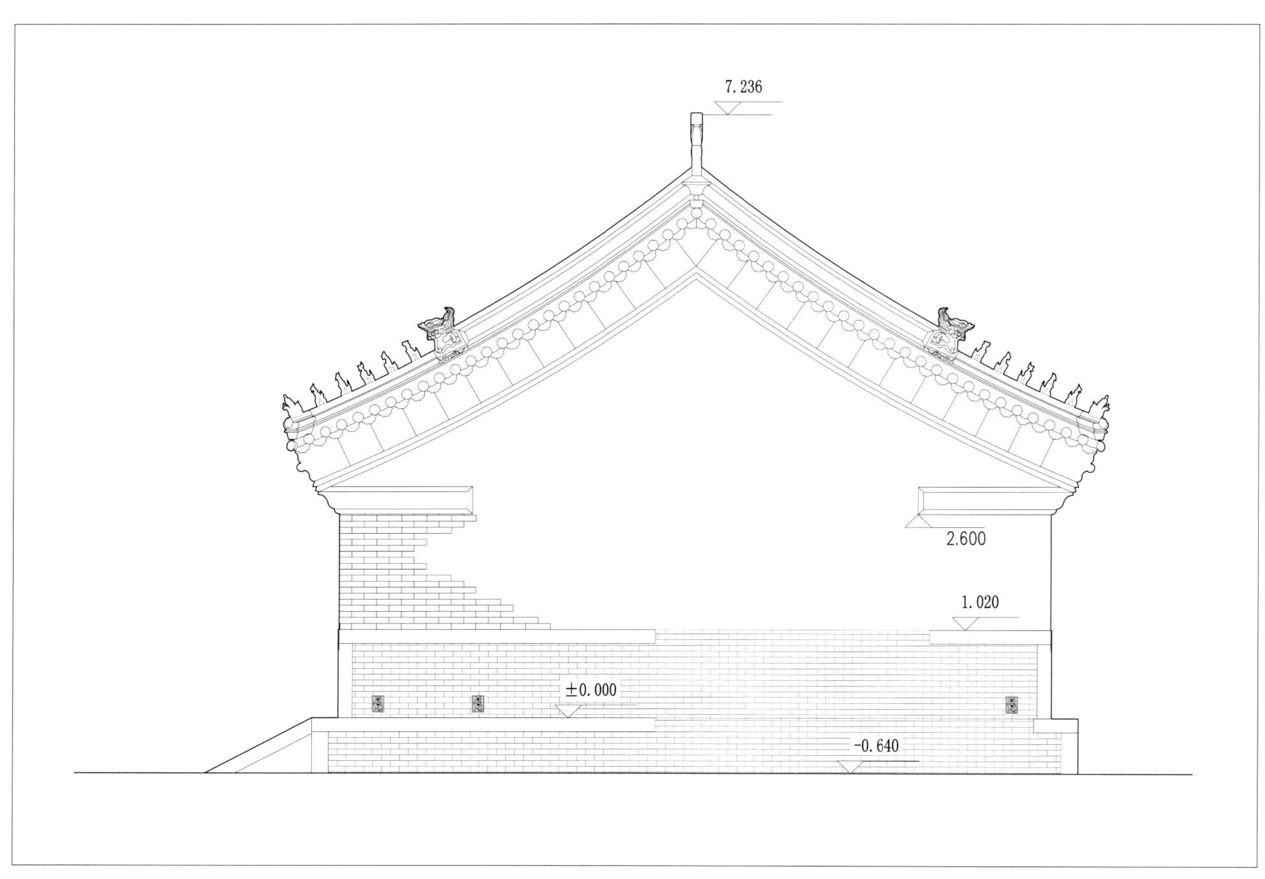
7.236
2.600
1.020
±0.000
-0.640

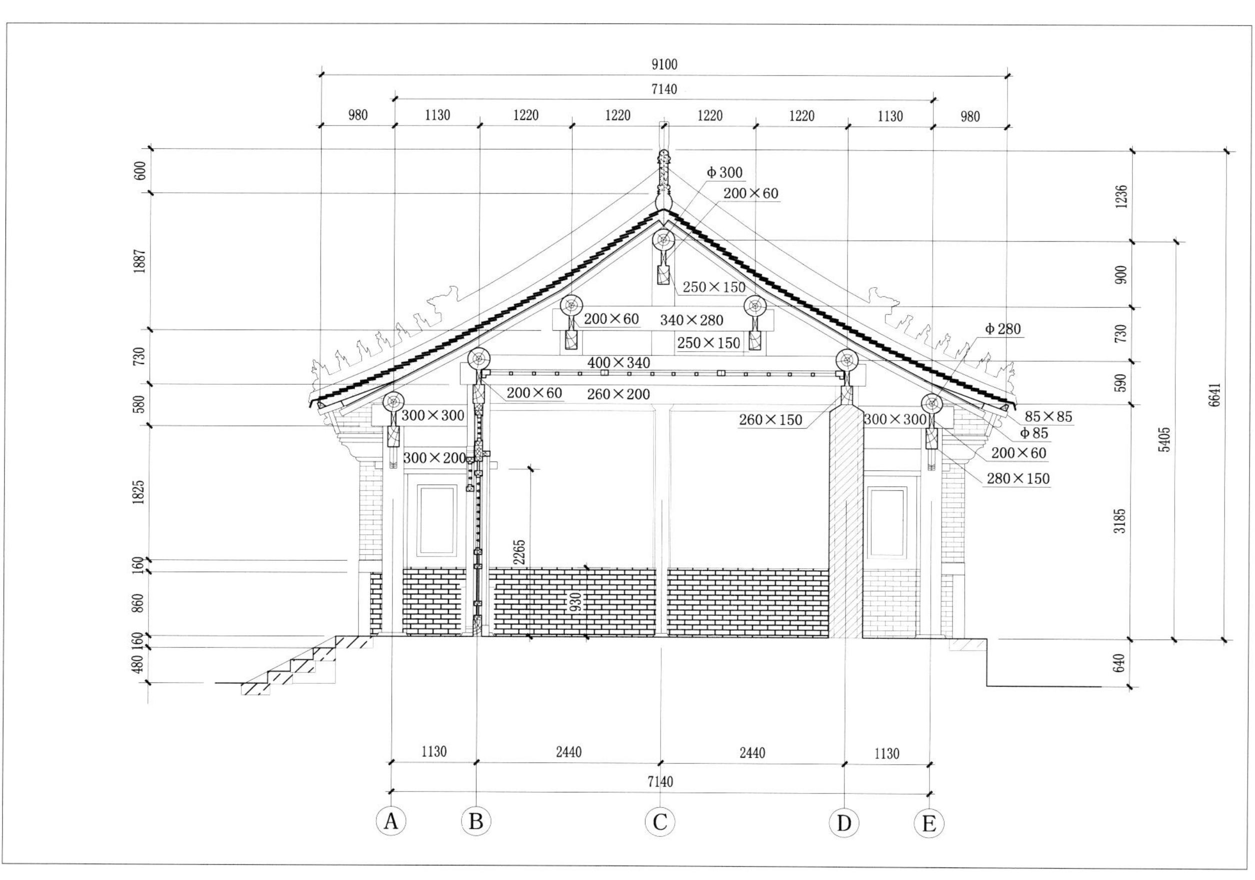
9100
7140
980
1130
1220
1220
1220
1220
1130
980
600
1887
730
580
1825
160
860
160
480
1236
900
730
590
3185
640
5405
6641
φ300
200×60
250×150
200×60
340×280
250×150
φ280
400×340
200×60
260×200
260×150
300×300
300×300
85×85
φ85
200×60
280×150
300×200
2265
930
1130
2440
2440
1130
7140
A
B
C
D
E

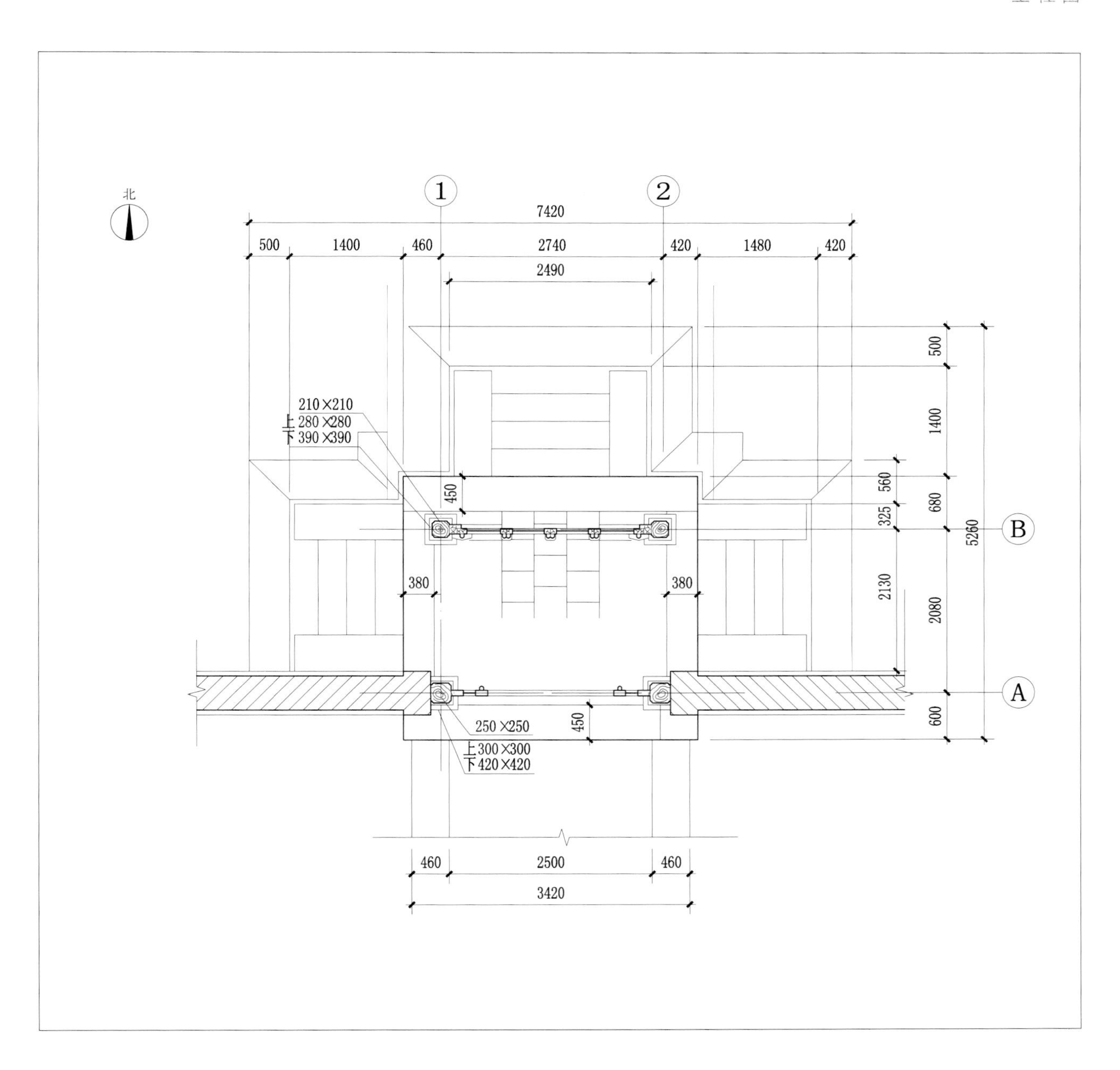

一一八　静宜堂左、右朵殿侧立面图

一一九　静宜堂左、右朵殿剖面图

一二〇　垂花门平面图

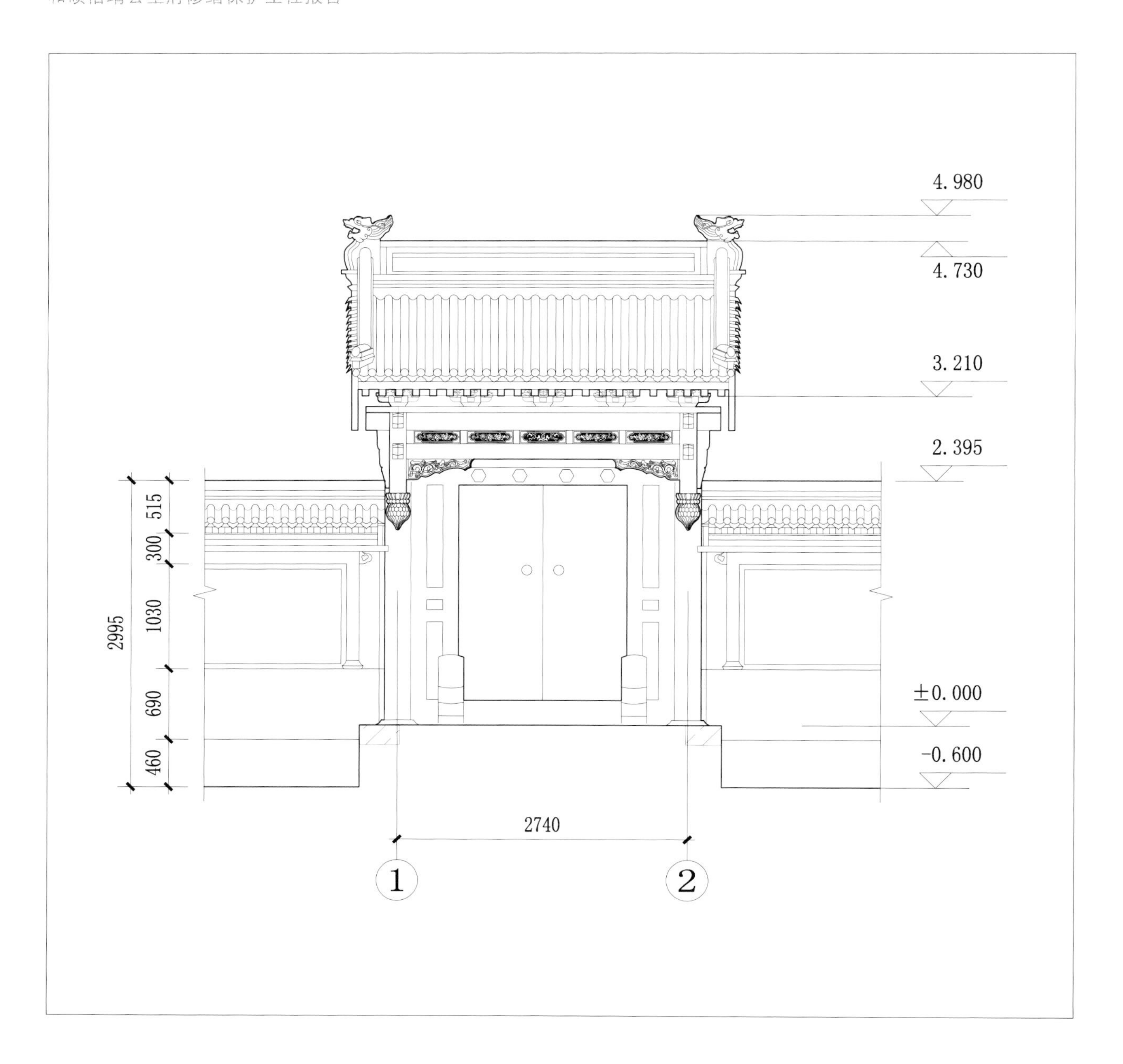
4.980
4.730
3.210
2.395
±0.000
-0.600
515
300
1030
690
460
2995
2740
1
2

一二一　垂花门正立面图

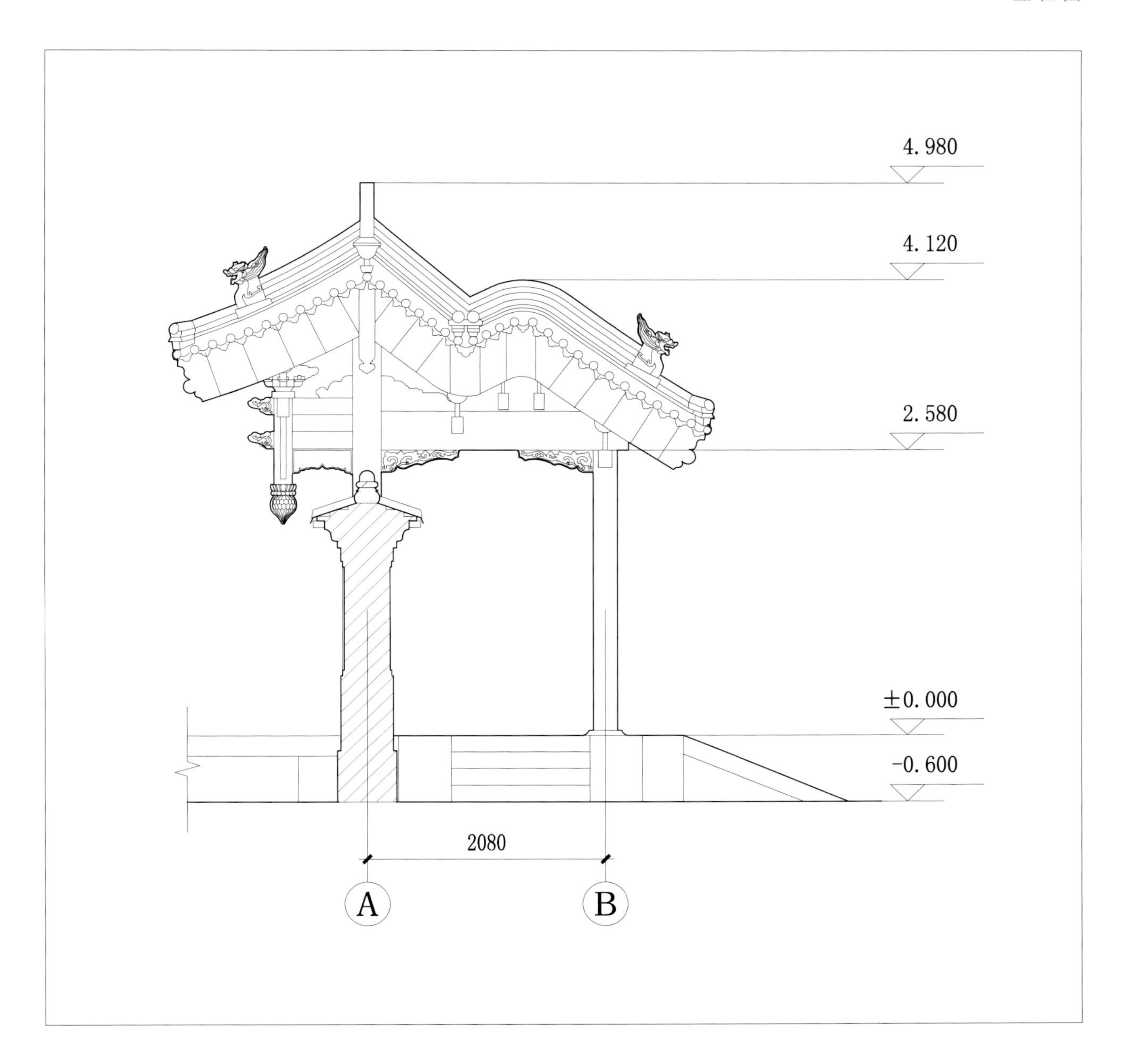

一二二　垂花门侧立面图

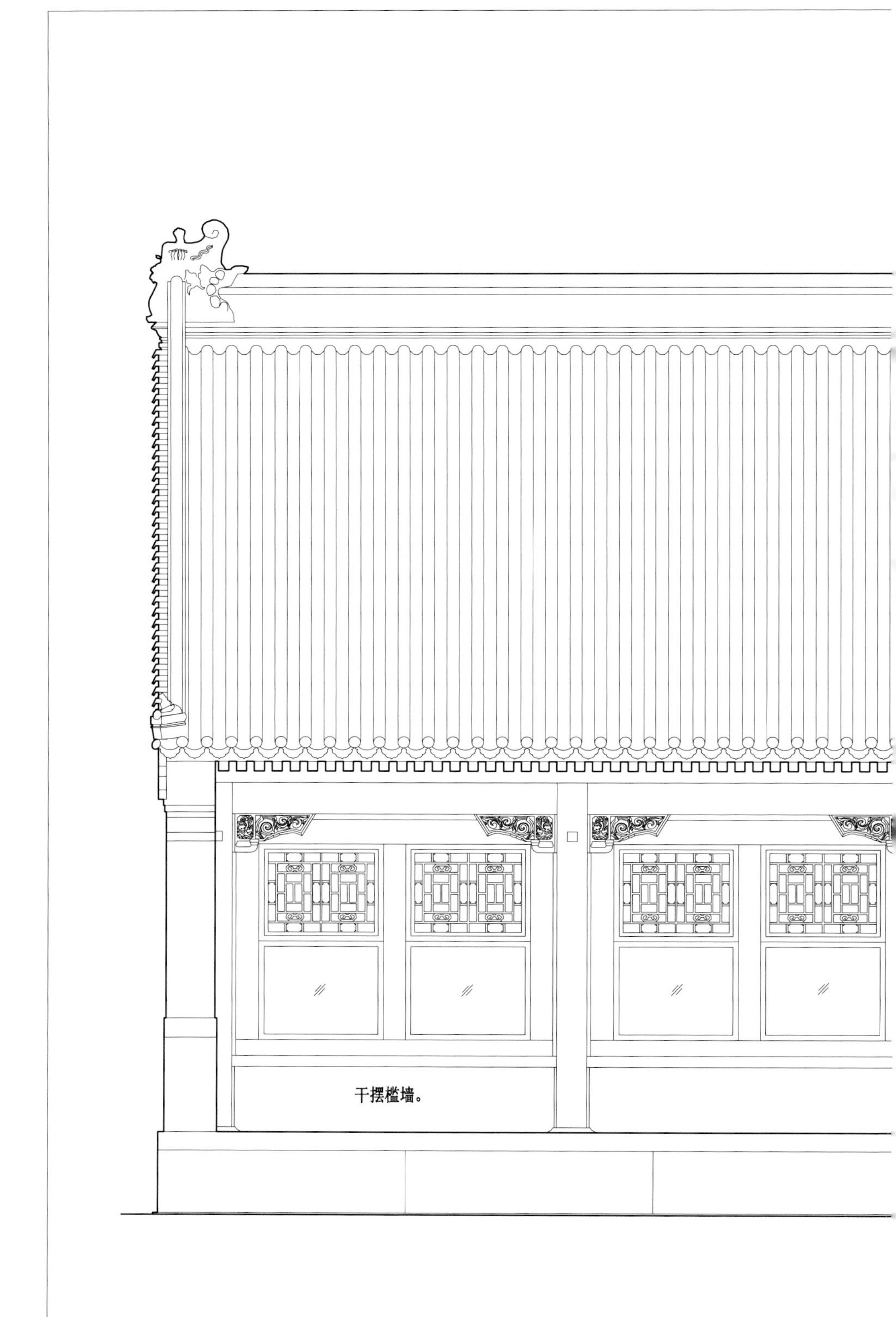

一二三　寝殿、寝殿耳房正立面图

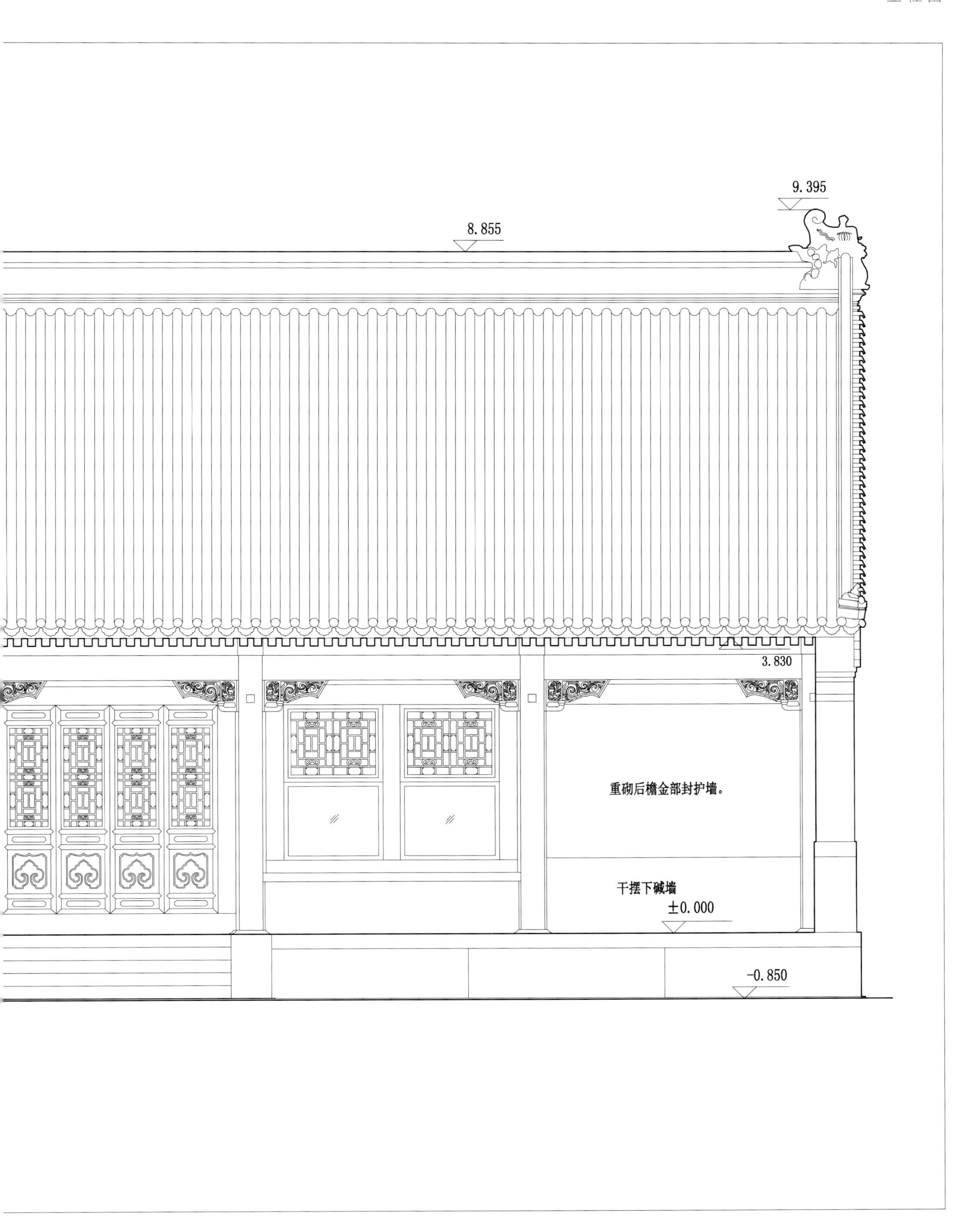
9.395
8.855
3.830
重砌后檐金部封护墙。
干摆下碱墙
±0.000
-0.850

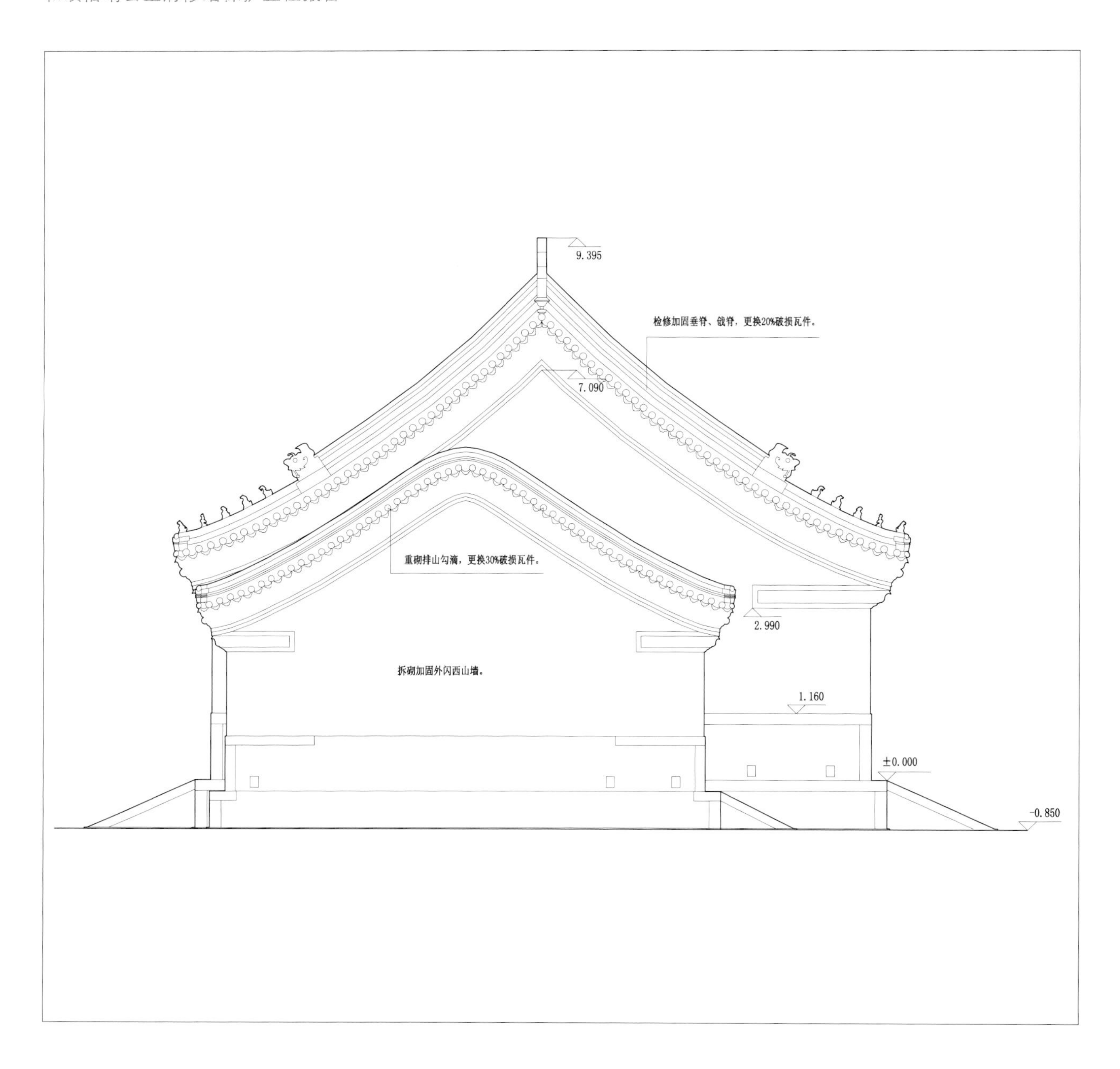

一二四　寝殿、寝殿耳房侧立面图

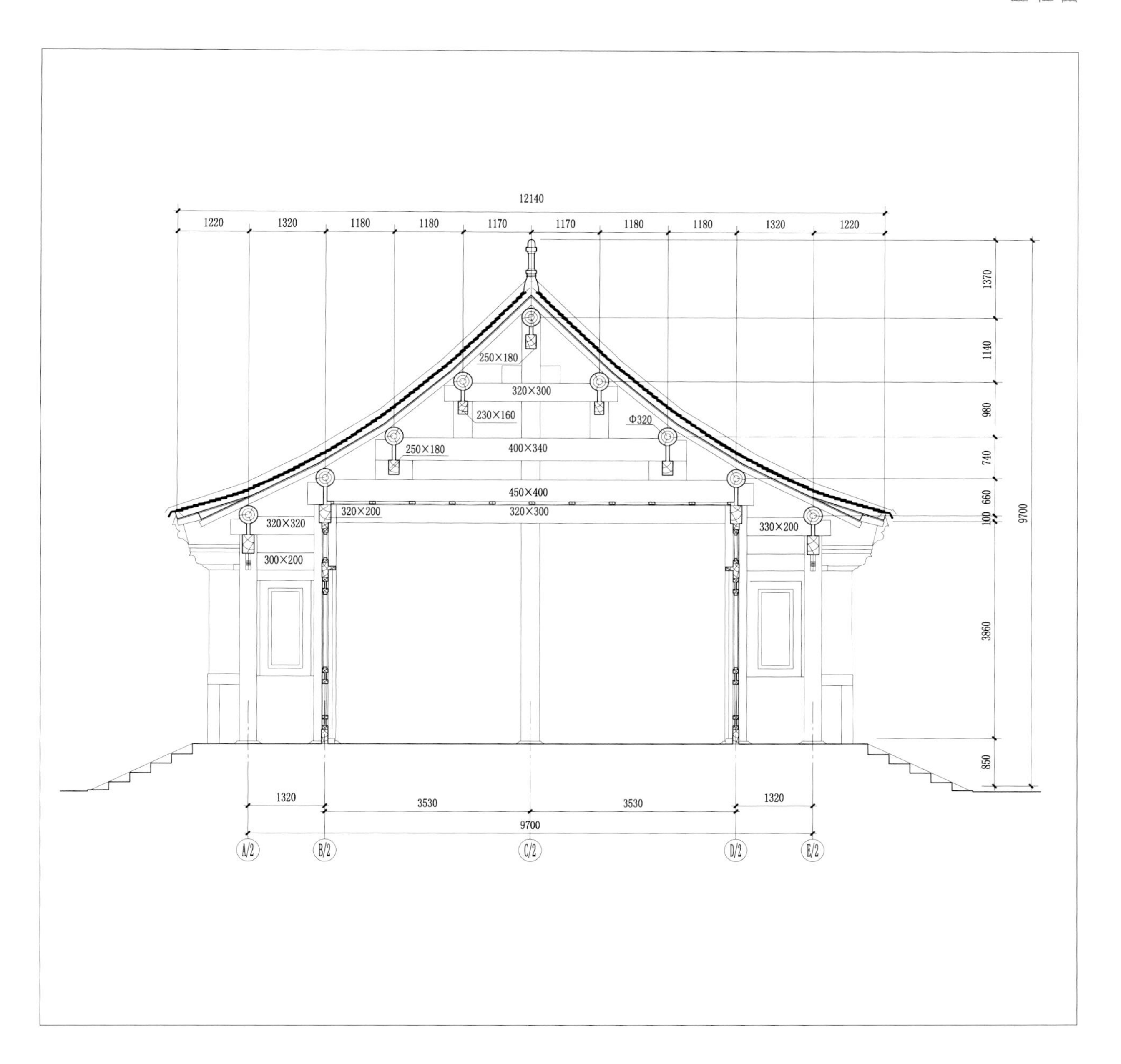
12140
1220
1320
1180
1180
1170
1170
1180
1180
1320
1220
1370
1140
980
740
660
100
9700
3860
850
250×180
320×300
230×160
Φ320
250×180
400×340
450×400
320×200
320×300
320×320
300×200
330×200
1320
3530
3530
1320
9700
A/2
B/2
C/2
D/2
E/2

一二五　寝殿剖面图

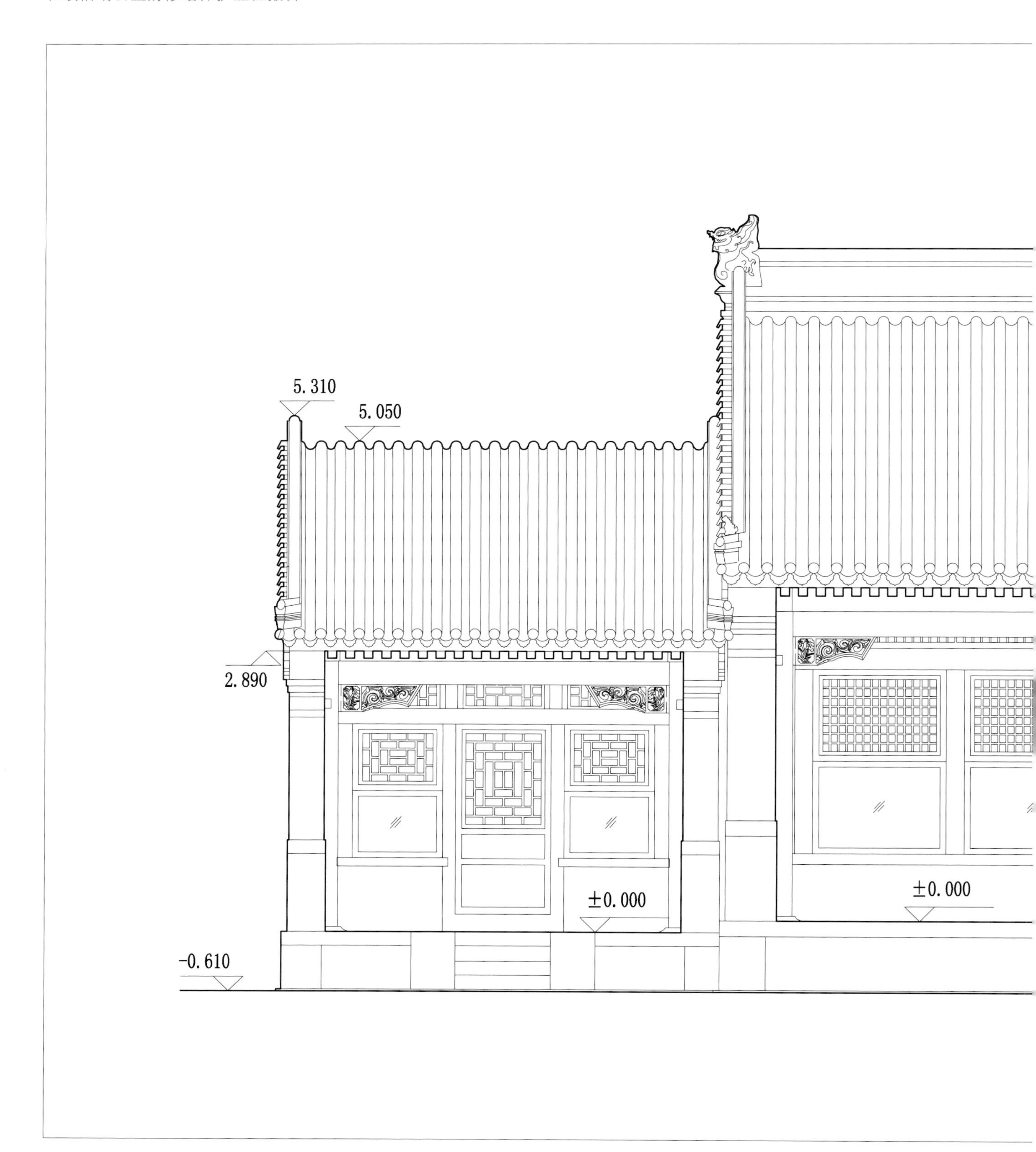

一二六　寝殿厢房、厢耳房正立面图

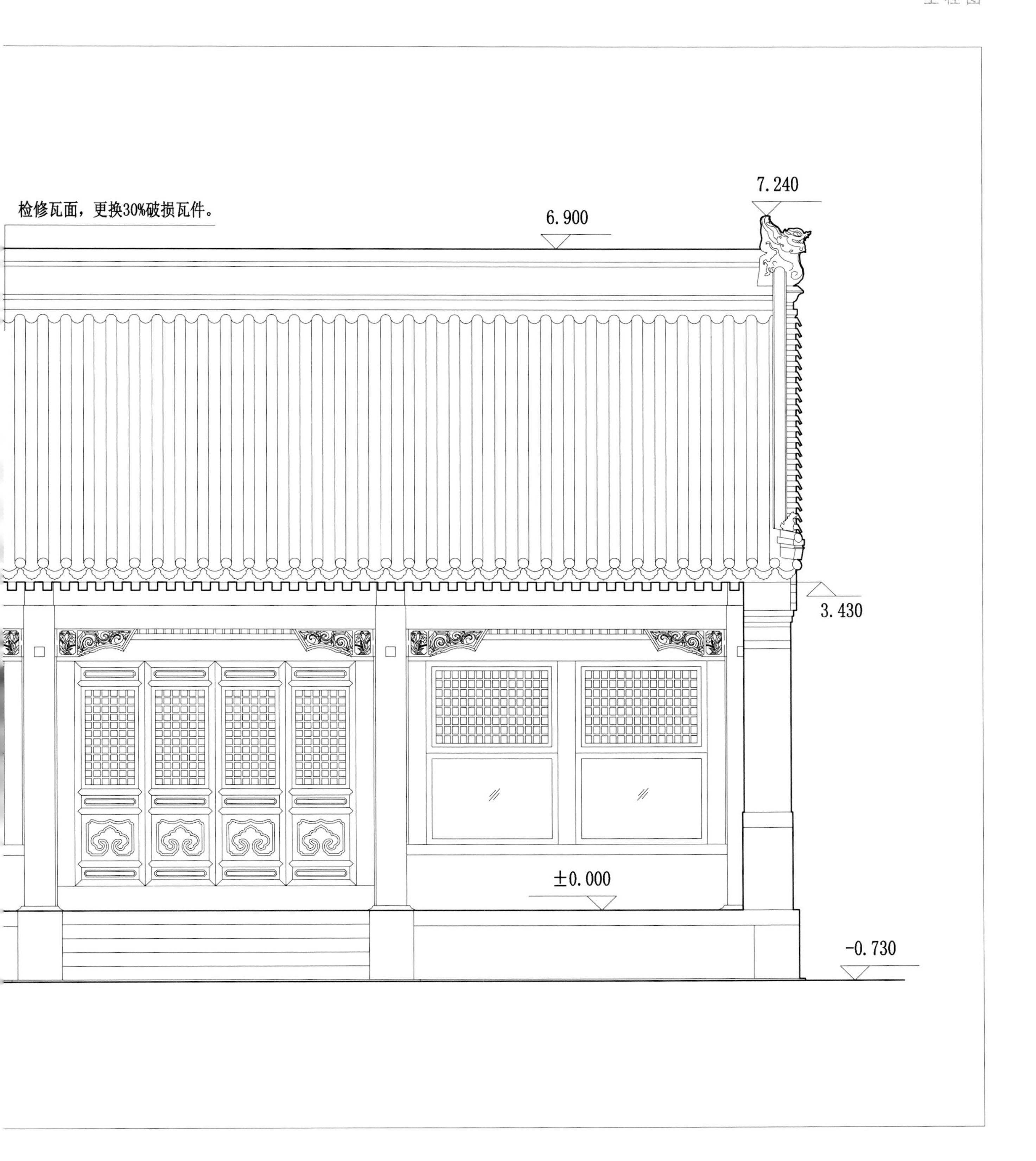
检修瓦面，更换30%破损瓦件。
7.240
6.900
3.430
±0.000
-0.730

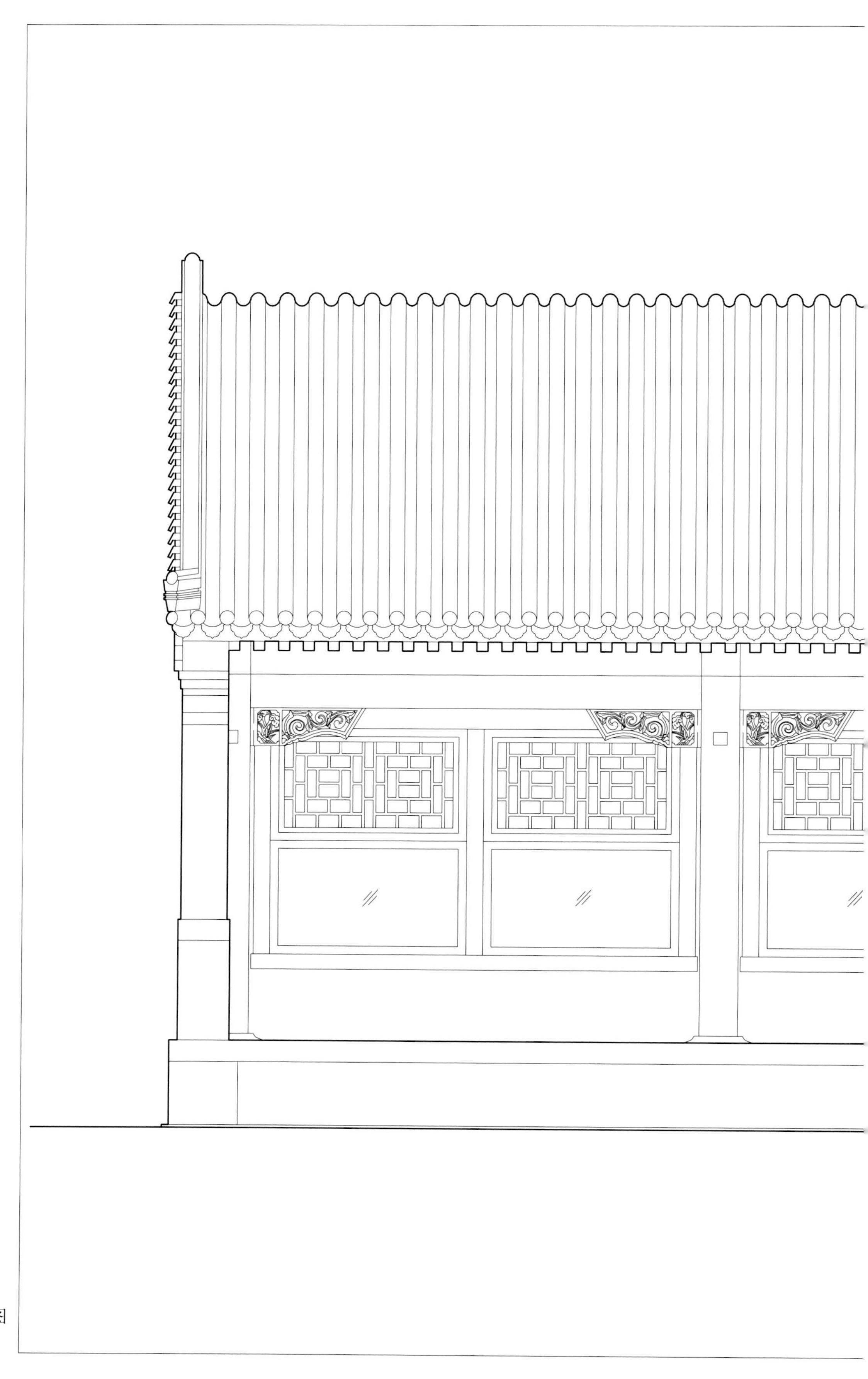

一二七　寝殿耳房正立面图

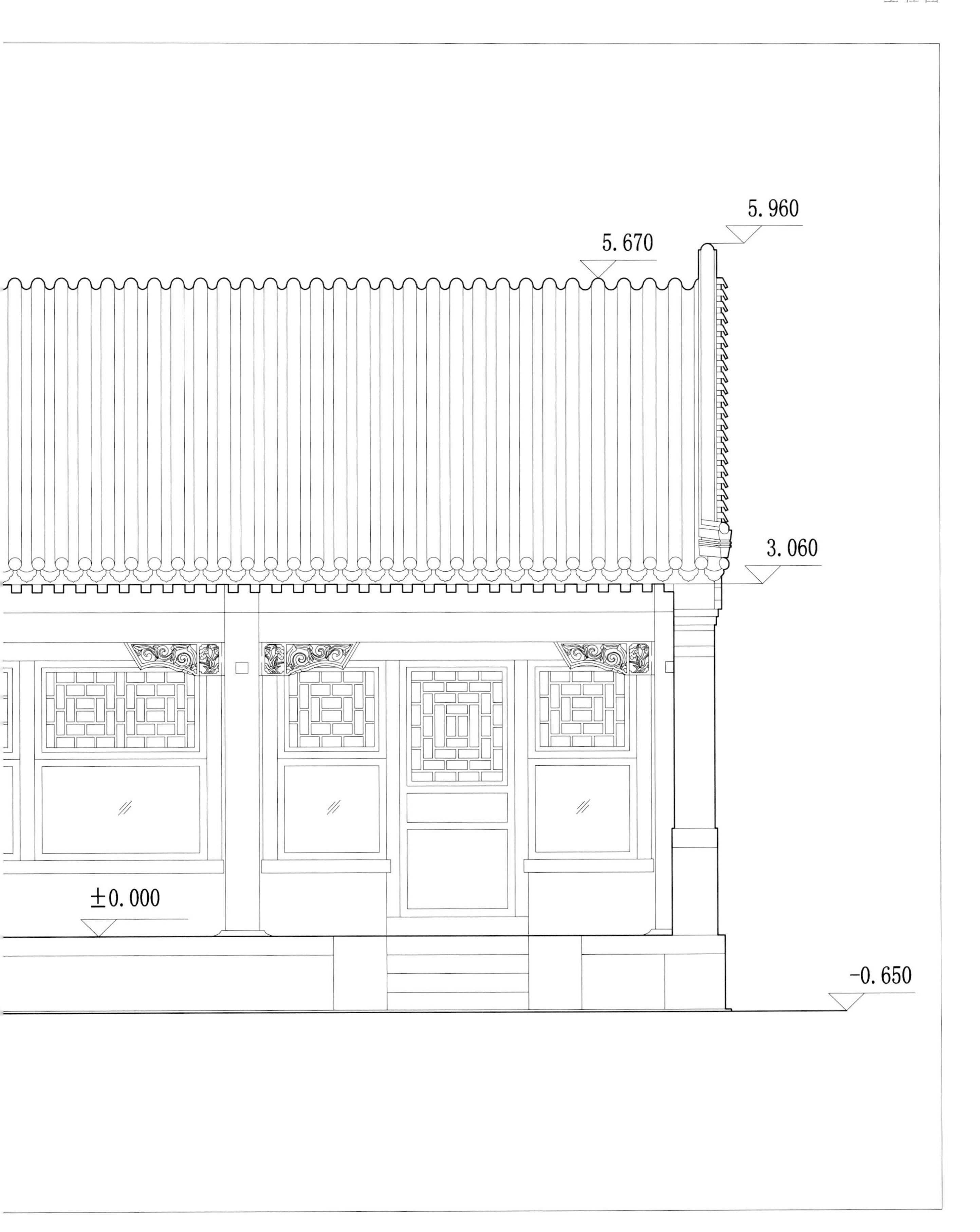
5.960
5.670
3.060
±0.000
-0.650

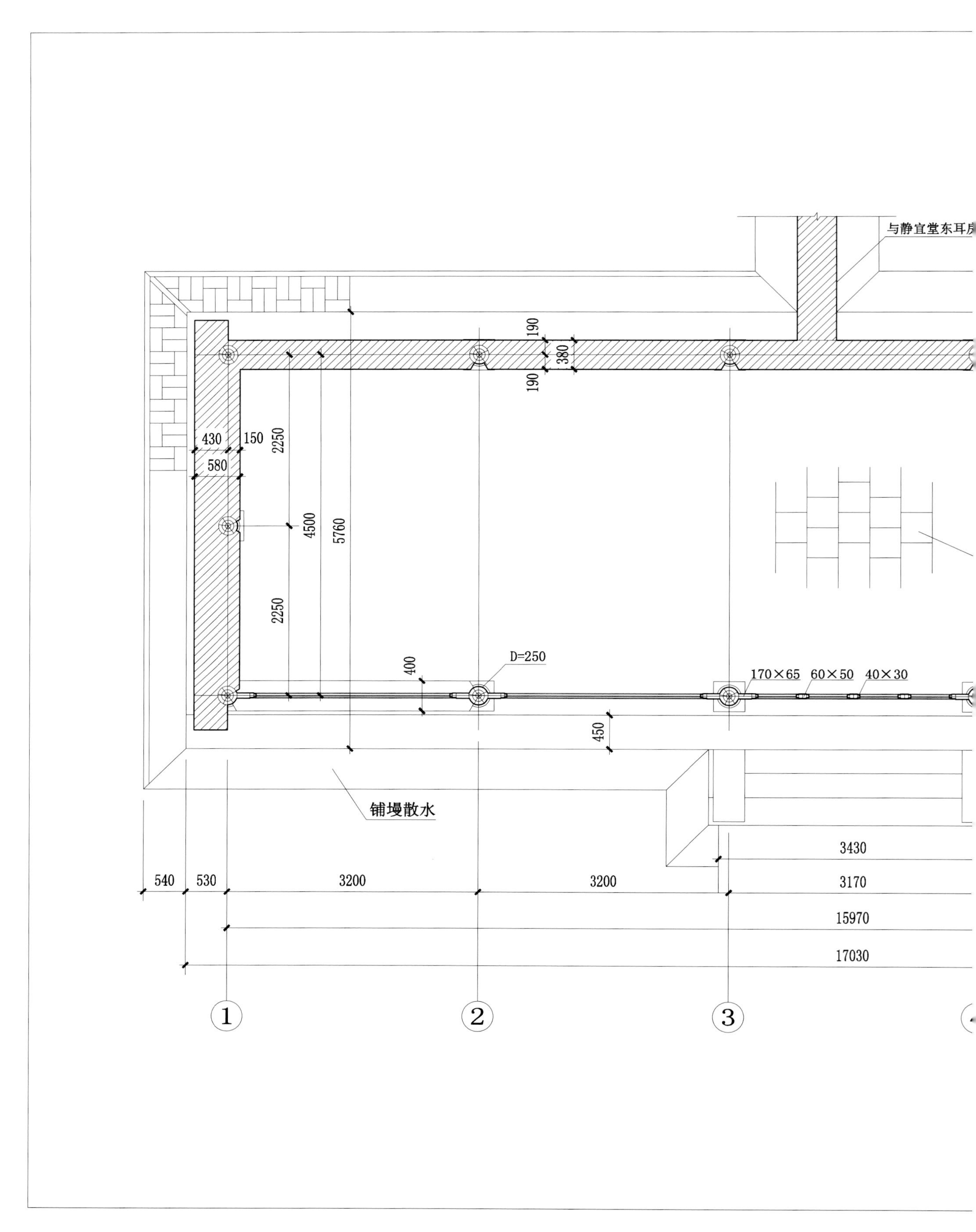
与静宜堂东耳房
190
380
190
430
150
580
2250
4500
5760
2250
400
D=250
170×65
60×50
40×30
450
铺墁散水
3430
540
530
3200
3200
3170
15970
17030
1
2
3

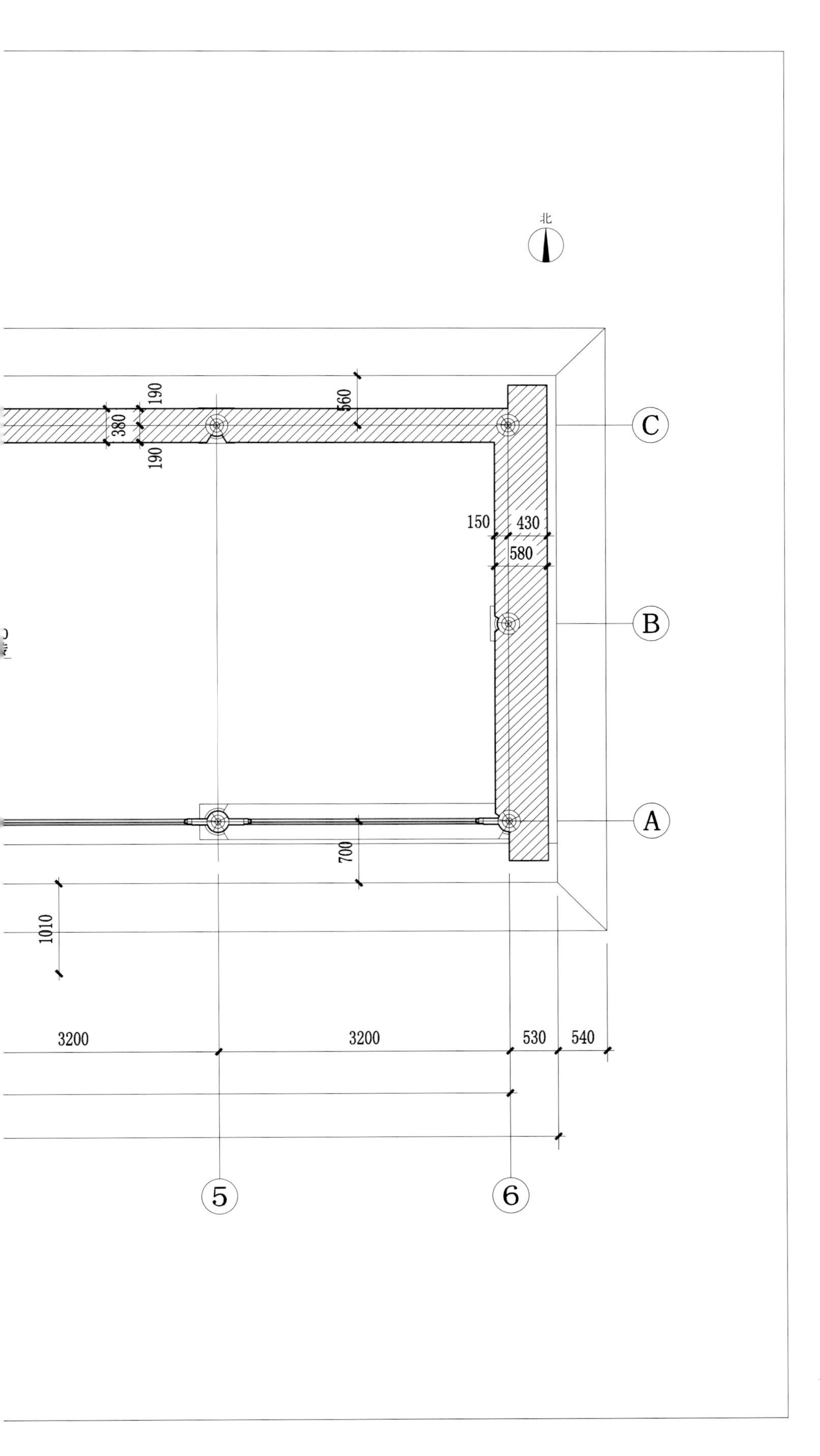

一二八　民国东正房平面图

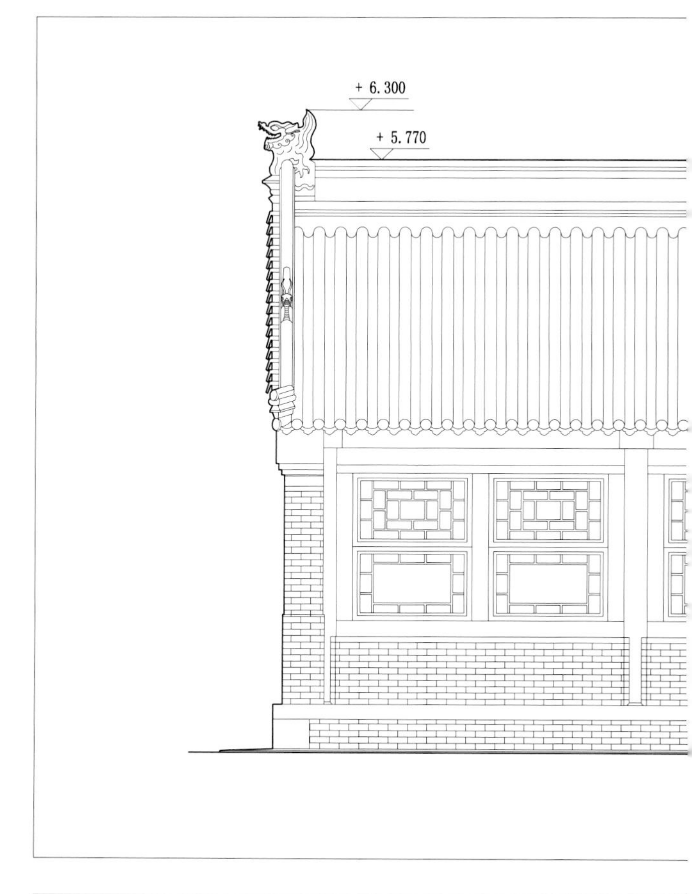

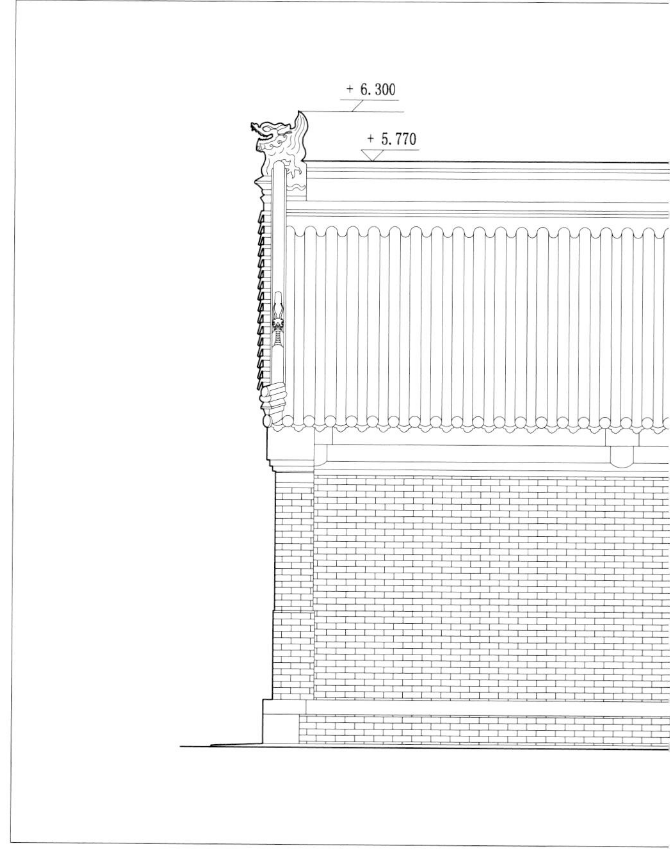

一二九　民国东正房正立面图
一三〇　民国东正房背立面图

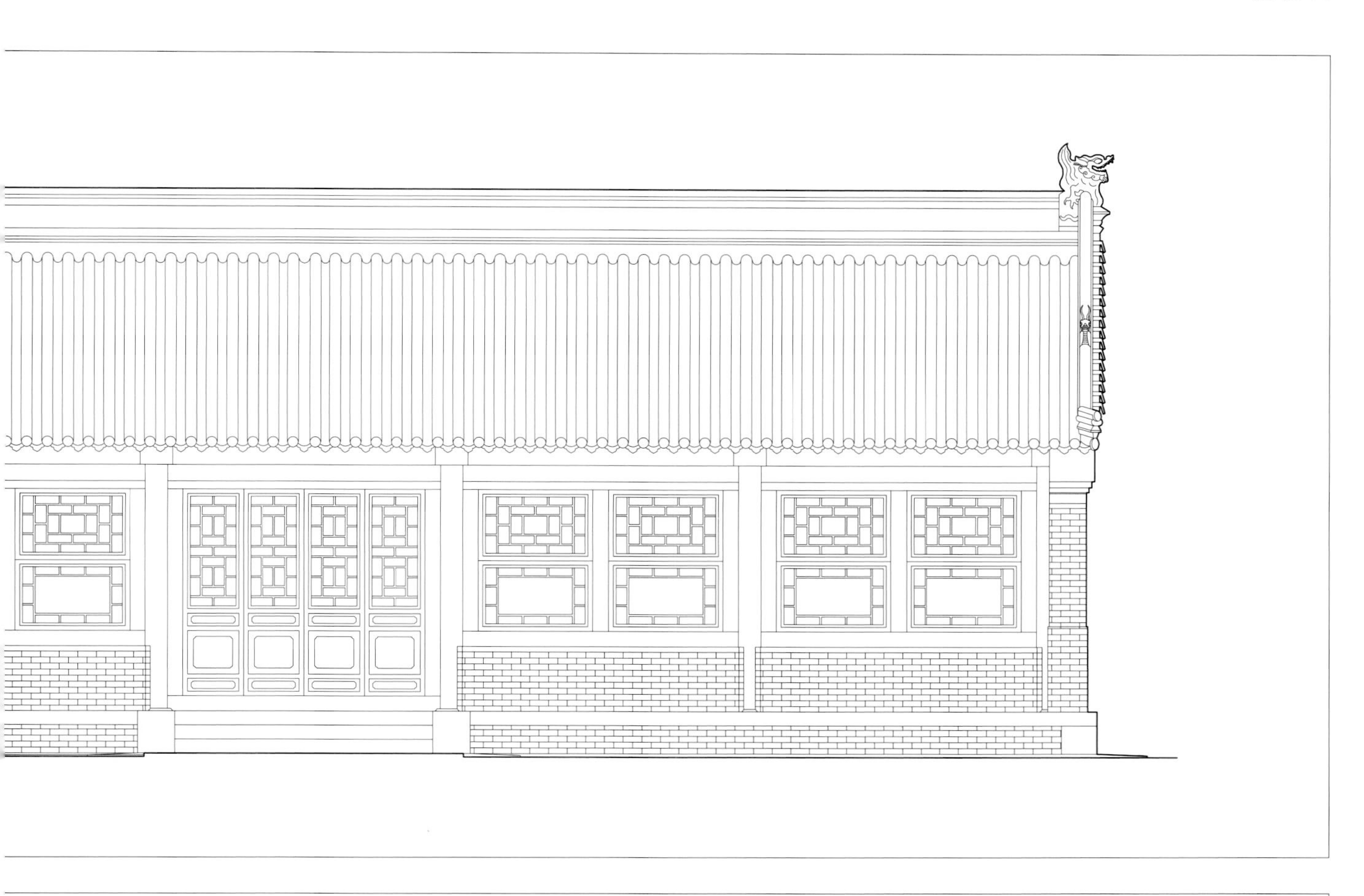

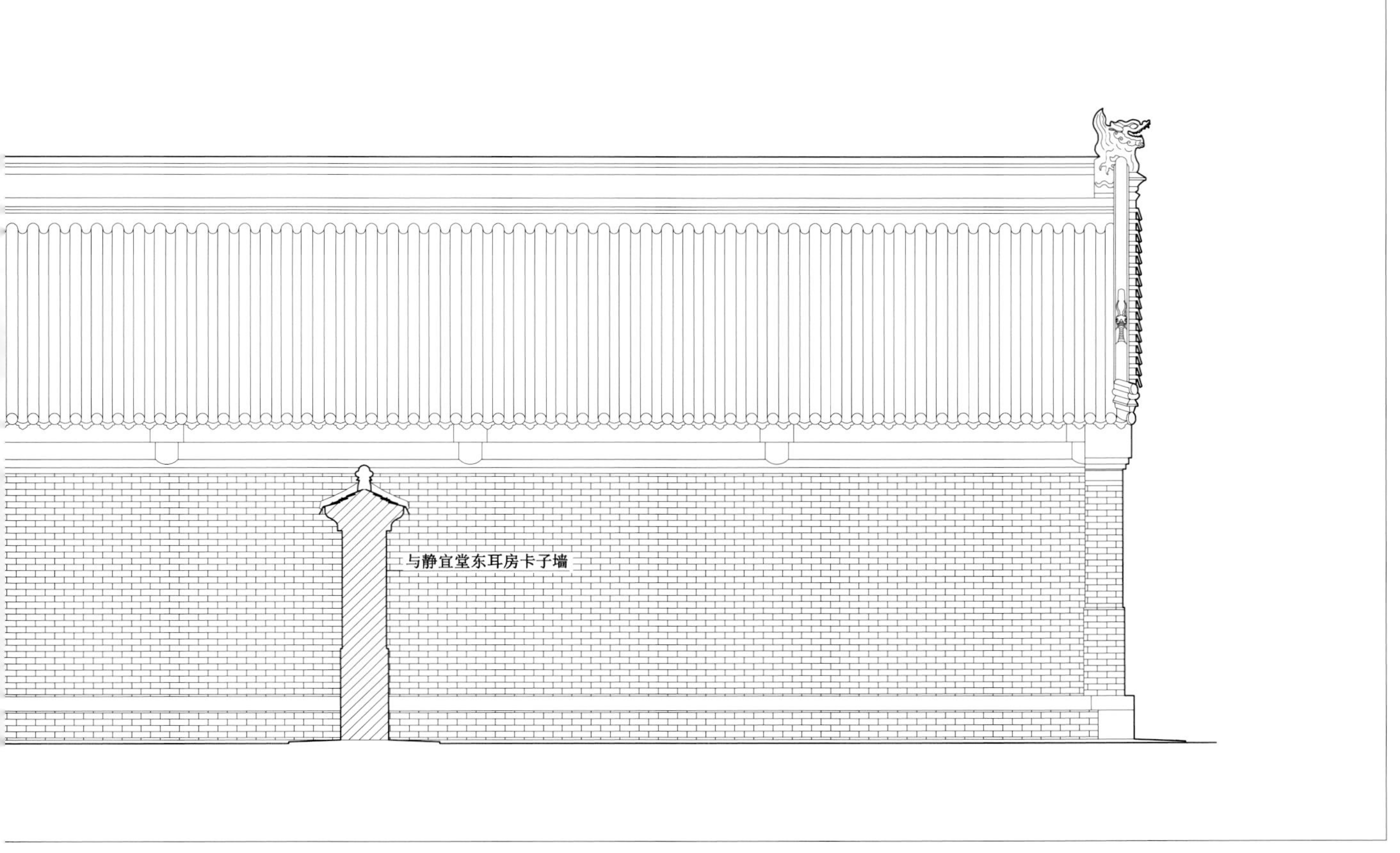
与静宜堂东耳房卡子墙

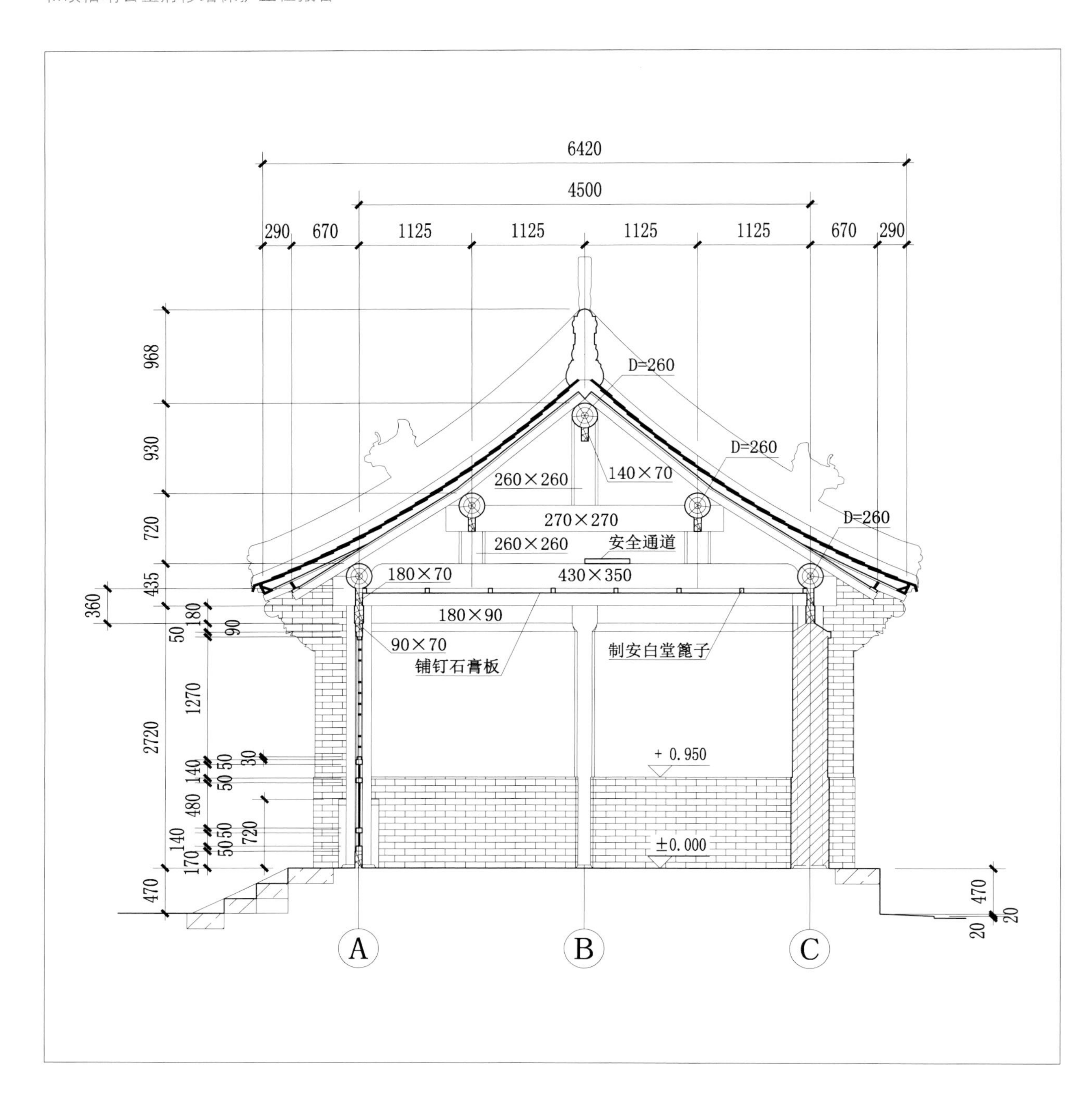

一三一　民国东正房剖面图

图 版

Plate

一 清和硕恪靖公主府（摄于20世纪三四十年代）

二　修缮保护工程实施前公主府府门正面原状（南—北）

三　府门背面（西北—东南）

四 仪门正面（南—北）
五 仪门背面（北—南）

六　仪门侧面（东南—西北）

七　仪门梁架

八　静宜堂正面（南—北）

九　静宜堂侧面（东—西）
一〇　静宜堂侧面（西—东）
一一　静宜堂背面（东北—西南）

一二 静宜堂东厢房正面（西—东）
一三 静宜堂东厢房背面（东—西）
一四 静宜堂左朵殿正面（南—北）
一五 静宜堂左朵殿侧面
（东南—西北）

一六　静宜堂右朵殿正面（南—北）
一七　静宜堂右朵殿侧面（东南—西北）
一八　静宜堂右朵殿侧面（西南—东北）
一九　静宜堂东厢房耳房正面（西—东）
二〇　静宜堂东厢房耳房侧面（东南—西北）

二一　静宜堂西厢房正面（东—西）
二二　静宜堂西厢房背面（西北—东南）
二三　静宜堂西厢房侧面（北—南）

二四　静宜堂西厢房耳房正面（东—西）

二五　静宜堂西厢房侧面下部墙体

二六　静宜堂厢耳房屋面
二七　日门（东—西）
二八　月门（西—东）

二九　垂花门正面（南—北）
三〇　垂花门正面（东南—西北）

三一　垂花门背面（东北—西南）

三二　垂花门侧面（东—西）

蒙古族历史民俗陈列

三三　寝殿正面（南—北）
三四　寝殿正面（东南—西北）
三五　寝殿背面（东北—西南）

三六　寝殿屋面
三七　寝殿东厢房正面（西—东）
三八　寝殿东厢房背面（东—西）

三九　寝殿西厢房正面（东—西）

四〇　寝殿西厢房侧面（西北—东南）

四一　寝殿东厢耳房正面（西—东）
四二　寝殿西厢耳房背面
（西南—东北）

四三　寝殿左耳房正面（南—北）
四四　寝殿右耳房正面（南—北）
四五　寝殿右耳房背面（东北—西南）
四六　寝殿右耳房后檐墙体

四七　后罩房正面（西南—东北）

四八　后罩房背面（西北—东南）

四九 后罩房侧面（东—西）

五〇　后罩房屋面（东—西）

五一 修缮保护工程实施中府门拆除瓦顶施工现场

五二 府门补配连檐、瓦口施工现场

五三 府门屋面整修施工现场

五四　府门拆除后檐后补配礓礤施工现场

五五　府门拆除月台台帮、阶条石施工现场

五六　府门后檐恢复踏跺施工现场

五七　府门东山墙剔除不规则水泥柱施工现场

五八　府门重新砌筑月台台帮、归安阶条石施工现场

五九　府门砌筑月台踏跺基础施工现场

六〇　府门月台踏跺归安后施工现场

六一　府门月台地面油灰勾缝施工现场

六二　仪门屋面宽瓦施工现场

六三　仪门陡板石拆安施工现场

六四 仪门踏跺归安后施工现场

六五 仪门槛墙剔补施工现场

六六 仪门槛墙墁水活施工现场

六七　静宜堂椽、望、连檐、瓦口补配后施工现场

六八　静宜堂山墙柱根墩接后刷沥青防腐施工现场

六九　静宜堂后檐后加墙体拆除施工现场

七〇　静宜堂砌筑后檐丝缝墙施工现场

七一　静宜堂装修制安施工现场

七二　静宜堂拆除踏跺施工现场

七三　静宜堂后檐陡板石拆安施工现场
七四　静宜堂廊地面灰土夯实施工现场
七五　静宜堂廊地面墁地施工现场

七六　静宜堂东厢房墩接柱子施工现场
七七　静宜堂东厢房剔补下碱墙施工现场
七八　静宜堂东厢房瓦顶宽瓦施工现场

七九　静宜堂东厢房砌筑槛墙施工现场

八〇　静宜堂东厢房砌筑后檐廊内金里墙施工现场

八一　静宜堂东厢房前檐踏跺拆除施工现场

八二　静宜堂东厢房白樘箅子安装施工现场

八三　静宜堂东厢耳房砌筑槛墙施工现场

八四　静宜堂东厢耳房砌筑后檐台帮施工现场

八五 静宜堂西厢房新补配垫板枋、随檩枋施工现场

八六 静宜堂西厢房宽瓦施工现场

八七 静宜堂西厢房槛墙砌筑施工现场

八八 静宜堂西厢房剔补山面下碱墙施工现场

八九 静宜堂西厢房拆安踏跺施工现场

九〇　静宜堂西厢耳房宼瓦施工现场

九一　静宜堂西厢耳房砌筑后檐槛墙施工现场

九二 静宜堂右朵殿检修瓦顶施工现场

九三 静宜堂左朵殿砌筑槛墙、下碱墙施工现场

九四 静宜堂左朵殿槛墙墁干活施工现场

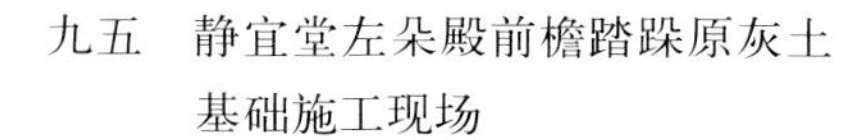

九五　静宜堂左朵殿前檐踏跺原灰土基础施工现场

九六　静宜堂左朵殿砌筑前檐踏跺施工现场

九七　静宜堂左朵殿勘探后檐踏跺基础施工现场

九八　静宜堂左朵殿前檐阶条石拆安施工现场

九九　静宜堂左朵殿廊地面灰土夯实施工现场

一〇〇　静宜堂右朵殿山墙柱墩接后施工现场

一〇一　静宜堂右朵殿前檐槛墙及后檐体原基础施工现场
一〇二　静宜堂右朵殿槛墙墁干活、墁水活施工现场
一〇三　静宜堂右朵殿廊地面灰土夯实施工现场

一〇四　静宜堂右朵殿前檐踏跺原灰土基础施工现场

一〇五　日门砌筑卡子墙施工现场

一〇六　日门墙帽瓷瓦施工现场

一〇七　月门砌筑卡子墙体施工现场
一〇八　丹陛桥拆安踏跺施工现场
一〇九　垂花门补配花板、立柱、连笼枋施工现场
一一〇　垂花门拆除室内水泥垫层施工现场
一一一　垂花门室内地面灰土夯实施工现场
一一二　垂花门地面十字缝细墁施工现场

一一三　垂花门拆除后檐踏跺施工现场

一一四　垂花门恢复踏跺施工现场

一一五　寝殿垂带踏跺归安施工现场

一一六　寝殿陡板石归安施工现场

一一七 寝殿垂带踏跺安装施工现场

一一八　寝殿槛框安装施工现场

一一九　寝殿白樘箅子补配、安装施工现场

一二〇　厢房抹灰前墙面洇水施工现场

一二一　清理厢房踏跺基础施工现场

一二二　寝殿耳房墙体拆除施工现场

一二三　寝殿右耳房柱糟朽清理施工现场

一二四　寝殿右耳房柱包镶施工现场
一二五　寝殿耳房大木归安施工现场
一二六　寝殿右耳房大木安装施工现场
一二七　寝殿耳房大木铁扒钉加固施工现场
一二八　耳房抹灰前钉麻揪施工现场

一二九　后罩房柱墩接施工现场

一三〇　后罩房补配木构件施工现场

一三一　后罩房糟朽望板施工现场

一三二　后罩房更换糟朽椽飞施工现场
一三三　后罩房抹护板灰施工现场
一三四　后罩房屋面苫背施工现场
一三五　后罩房抹青灰背施工现场
一三六　后罩房屋面瓮瓦施工现场

一三七　后罩房瓦面夹陇施工现场
一三八　后罩房墙体剔补施工现场
一三九　后罩房砌筑墙体施工现场
一四〇　后罩房阶条石补配施工现场
一四一　后罩房山面台帮软活处理施工现场
一四二　后罩房垂带踏跺基础做级配沙石施工现场

工程名称
部位
台阶基础
项目内容

一四三　后罩房装修安装施工现场

一四四　后罩房内墙面抹灰施工现场

一四五　清理照壁墙面旧灰层施工现场

一四六　抹灰墙钉麻揪施工现场

一四七　吊顶建筑安全通道制安施工现场

一四八　吊顶建筑安全通道制安施工现场

一四九　天花吊顶施工现场

一五〇 顶棚糊布施工现场
一五一 裱糊面层纸施工现场

一五二　彩绘遗迹勘查现场
一五三　木构件砍静挠白施工现场
一五四　木构件楦缝施工现场
一五五　灰油熬制现场
一五六　血料制作现场

一五七 梳麻现场

一五八 木构件汁油浆施工现场

一五九　木构件捉缝灰施工现场
一六〇　木构件使麻施工现场
一六一　木构件压麻灰施工现场
一六二　木构件细灰施工现场

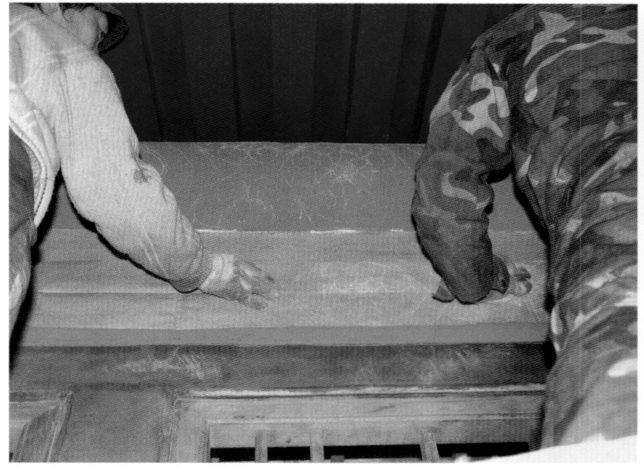

一六三 木构件细灰后磨细钻生施工现场

一六四 彩画排谱子施工现场

一六五 彩画沥粉施工现场

一六六　彩画包金胶施工现场
一六七　彩画贴金施工现场
一六八　装修地仗施工现场
一六九　绦环线、云盘线贴金施工现场

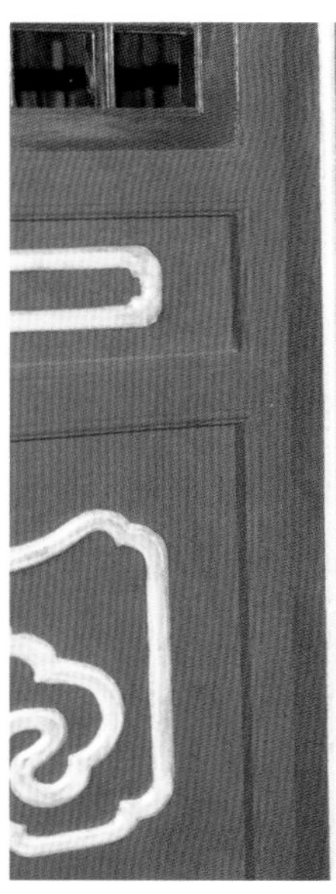

一七〇　抹灰刷浆西围墙施工现场

一七一　砌筑西小院隔墙施工现场

一七二　挡土墙砌筑施工现场

一七三　挡土墙做防水层施工现场
一七四　北围墙护基墙砌筑施工现场
一七五　排水、消防管沟定位施工现场
一七六　管沟开挖施工现场

一七七　管道铺设施工现场
一七八　砌筑检查井施工现场
一七九　砌筑积水井施工现场
一八〇　甬路打点、墁水活施工现场

消火栓

一八一　院落地面铺墁施工现场
一八二　院落地面扫缝施工现场
一八三　甬路、地面桐油钻生施工现场
一八四　吻桐油钻生施工现场
一八五　走兽桐油钻生施工现场
一八六　检验装修木材含水率现场

一八七　槛墙验收现场
一八八　装修验收现场

一八九 内装修验收现场

一九〇 内蒙古自治区党委常委、宣传部部长乌兰到公主府视察工作

一九一　国家文物局原文保司文物处处长许言到公主府修缮保护工程现场指导工作

一九二　内蒙古文化厅文物处处长王大方、呼和浩特市文化局副局长凌玲到公主府指导工作

一九三　河北省古代建筑保护研究所所长郭瑞海、书记李宏杰到公主府检查工作

一九四　故宫博物院建筑彩画专家
　　　　王仲杰到公主府讲授彩画工艺

一九五　故宫博物院建筑彩画专家
　　　　王仲杰现场指导彩画工作

一九六　修缮保护工程完工后公主府全景（摄于2013年）

一九七　照壁

一九八　照壁

一九九　府门正面（南—北）

二〇〇　府门背面（北—南）
二〇一　府门前檐明间檐部彩画

二〇二　府门内檐梁架彩画
二〇三　府门大门

二〇四 仪门正面（南—北）

二〇五　仪门走兽钻生

二〇六　仪门背面（北—南）

二〇七 仪门大门

二〇八 仪门山面梁架彩画

二〇九　静宜堂正面（南—北）
二一〇　静宜堂走兽钻生
二一一　静宜堂踏跺

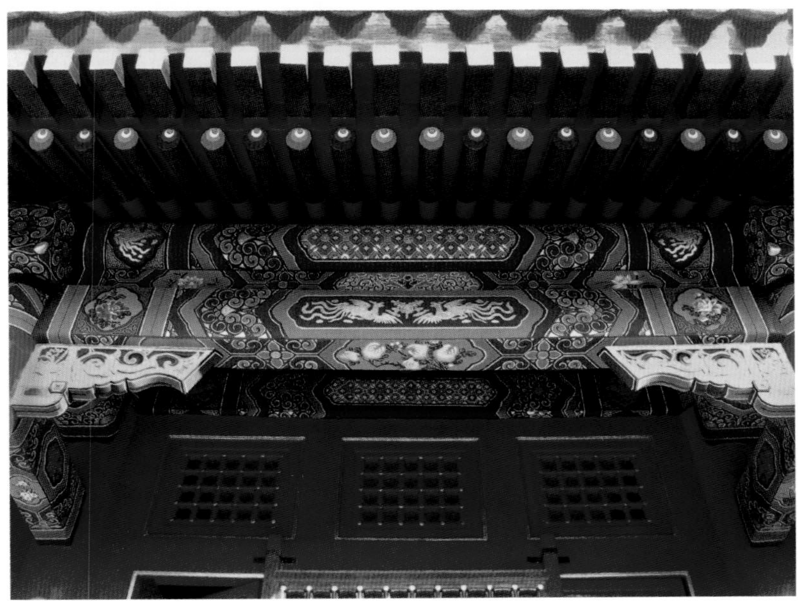

二一二 静宜堂背面（西北—东南）

二一三 静宜堂明间彩画

二一四　静宜堂内檐梁彩画
二一五　静宜堂上身墙刷包金土、拉大边
二一六　静宜堂左朵殿正面（东南—西北）
二一七　静宜堂左朵殿次间檐部彩画

二一八　静宜堂右朵殿正面（东南—西北）

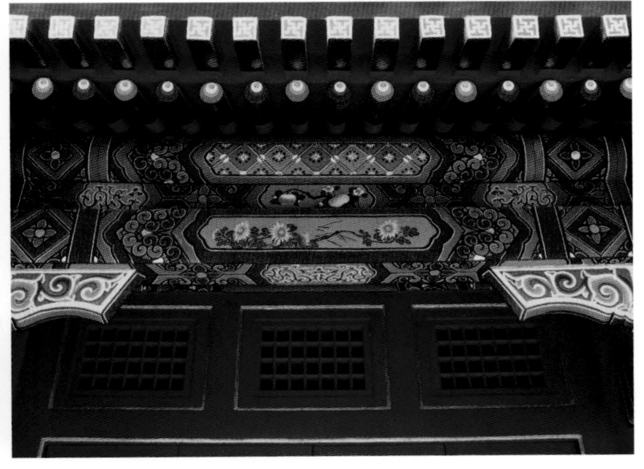

二一九　静宜堂右朵殿背面（西北—东南）
二二〇　静宜堂右朵殿明间檐部彩画
二二一　静宜堂右朵殿次间檐部彩画

二二二　静宜堂东厢房、耳房正面（西—东）
二二三　静宜堂东厢房、耳房背面（东南—西北）
二二四　静宜堂东厢房次间檐部彩画
二二五　月门（西—东）

二二六　垂花门全景

二二七　垂花门正面（东南—西北）

二二八　垂花门背面（西北—东南）

二二九　垂花门内檐抱头梁、驼峰、雀替彩画
二三〇　垂花门内檐彩画
二三一　丹陛桥踏跺归安后现状

二三二　寝殿正面（南—北）
二三三　寝殿背面（西北—东南）
二三四　寝殿明间檐部彩画
二三五　寝殿左耳房正面（东南—西北）
二三六　寝殿左耳房背面（东北—西南）

二三七　寝殿右耳房背面（西南—东北）
二三八　寝殿右耳房背面（东北—西南）
二三九　寝殿右耳房明间檐部彩画
二四〇　寝殿东厢房及耳房正面（西—东）
二四一　寝殿东厢房及耳房背面（东—西）

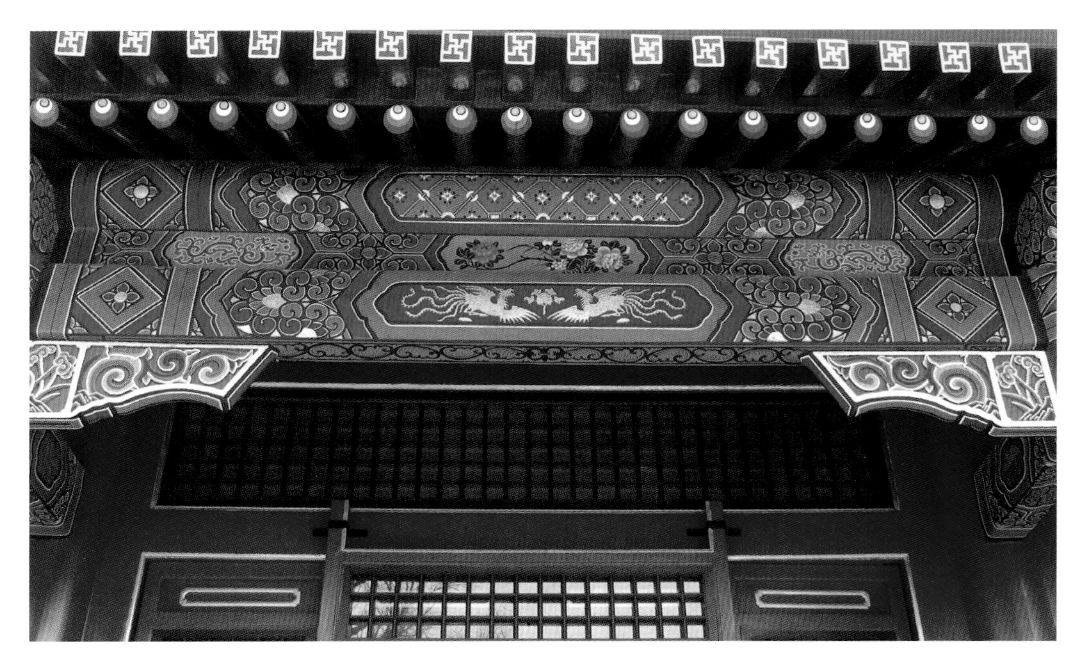

二四二　寝殿东厢房明间檐部彩画
二四三　寝殿东厢耳房檐部彩画
二四四　寝殿西厢房及耳房正面（东—西）
二四五　寝殿西厢房及耳房背面（西—东）

二四六　后罩房正面（西南—东北）

二四七　后罩房背面（西北—东南）
二四八　后罩房前檐彩画

二四九　积水井、检查井、消防井、安防井

二五〇　民国东正房正面（西北—东南）

后 记

2000年8月，笔者前往北京送呈和硕恪靖公主府申报全国第五批国保单位的材料，并前往看望罗哲文先生。罗老热情地接待我们一行人，并情深意切地叮嘱大家："公主府我去过，它早就应该是'国保'了，你们要好好保护呀！"罗老语重心长的一席话，至今令人记忆犹新。2001年6月23日，国务院正式公布公主府为全国第五批重点文物保护单位。

罗老的话对公主府维修保护方面的工作影响深远。在自治区文化厅文物处领导的大力支持下，我们对公主府的维修保护进行了科学合理的项目申报。自治区文化厅文物处的领导亲自带领我们去国家文物局，咨询全国范围内古建筑维修领域名列前茅的施工单位，最终选定具有国家文物局颁发的古建筑设计甲级、施工一级资质的河北省古代建筑保护研究所来承担公主府的设计和施工工作。

从2003年立项，到2005年开始施工，直至2009年竣工，公主府维修保护工程前后历时约六年，河北省古代建筑保护研究所同志们认真的工作精神，忘我的工作态度，令人记忆深刻。由于呼和浩特市特殊的气候条件，每年的施工期只有半年左右，这给河北省古代建筑保护研究所的工作安排造成了极大的困难。他们每年从4月份进场直到10月份撤离，每年都有将近半年的时间离家在外，这样的情况持续了四年之久。项目负责人刘清波同志白天在现场指挥，晚上回去绘图做小结，即使他的老父亲病危也没有离开工地，直到老人过世后才回家。这种工作高于一切的态度，使所有人为之动容。

为了将公主府修缮工程做成精品，我们每年邀请国家文物局专家组的有关专家来现场指导，故宫博物院古建处、文保中心的专家们在公主府修缮的四年中，几乎每年都要来公主府现场指导；中国文化遗产研究院的几位总工程师先后来到公主府进行现场指导；文物保护专家陆寿龄先生在2006年参观公主府修缮时，向我们推荐了故宫博物院的彩画专家王仲杰先生。王老虽年事已高，但仍旧愉快地答应了我们的请求，并多次来公主府现场指导工作。此外，我们还积极邀请来呼和浩特开会的国家文物局领导及其他课题组专家至现场指导工作，分析问题，找出解决办法。

在“三防”工程和附属配套工程中，我们多次召开各工种协调会，要求各工种根据各自不同的技术参数要求，统一规划，本着不重复施工、科学合理、互不干扰的原则，在保证达到各自技术规范要求的前提下，最终保质、保量地完成了各工种的工作任务。

由于各项工作都是按照技术规范要求严格进行，且前期设计规划合理，因此，无论是古建筑修缮，还是“三防”和附属配套工程，不但保证了施工质量，还为国家节省了大量经费。

作为呼和浩特博物馆一届领导班子，能够遇上公主府三百多年来的首次大修，是难得的机遇，我们自始至终本着上对祖宗留下的文化遗产的虔诚、下对子孙后代文化遗产传承负责的态度来做好每一项工作。

经过三年的努力，《和硕恪靖公主府修缮保护工程报告》终于付梓在即，在此对每一位对公主府维修保护工程提供过帮助和支持的领导、专家、同事再次诚挚致谢！

呼和浩特博物馆

赵江滨

2013年9月30日